云途力行

金磐石 主编

清华大学出版社
北京

图书在版编目（CIP）数据

云途力行 / 金磐石主编．— 北京：清华大学出版社，2023.6
（云鉴）
ISBN 978-7-302-63902-2

Ⅰ．①云… Ⅱ．①金… Ⅲ．①数据处理中心 Ⅳ．① TP308

中国国家版本馆 CIP 数据核字 (2023) 第 115944 号

责任编辑： 张立红
封面设计： 钟　达
版式设计： 梁　洁
责任校对： 赵伟玉　卢　嫣　葛珍彤
责任印制： 丛怀宇

出版发行： 清华大学出版社
网　　址： http://www.tup.com.cn，http://www.wqbook.com
地　　址： 北京清华大学学研大厦 A 座　**邮　　编：** 100084
社 总 机： 010-83470000　**邮　　购：** 010-62786544
投稿与读者服务： 010-62776969，c-service@tup.tsinghua.edu.cn
质 量 反 馈： 010-62772015，zhiliang@tup.tsinghua.edu.cn
印 装 者： 天津鑫丰华印务有限公司
经　　销： 全国新华书店
开　　本： 185mm×260mm　**印　张：** 26　**字　数：** 524 千字
版　　次： 2023 年 7 月第 1 版　**印　次：** 2023 年 7 月第 1 次印刷
定　　价： 138.00 元

产品编号：102342-01

编委会

主　编

金磐石

副主编

林磊明　王立新

参编人员

（按姓氏笔画为序）

丁海虹　马　鸥　马　琳　王升东　王如柳　王红亮　王旭佳　王　荔
王　婷　王嘉欣　王慧星　韦嘉明　车　凯　方天戟　方华明　邓　宏
邓　峰　石晓辉　卢山巍　叶志远　田　蓓　冯　林　邢　磊　师贵粉
曲　鸣　乔佳丽　刘科含　李　月　李　宁　李世宁　李晓栋　李晓墩
李　琪　李　颖　李　巍　延　皓　杨　永　杨贵垣　杨晓勤　杨瑛洁
杨愚非　肖　鑫　吴　磊　佘春燕　邹洵游　沈　呈　张正园　张旭军
张达赢　张　沛　张宏亮　张春阳　张晓东　张晓旭　张银雪　张清瑜
张　鹏　张　蕾　陈文兵　陈必仙　陈荣波　范　鹏　林华兵　林　浩
林舒杨　周　昕　周明宏　周泽斌　周海燕　单洪博　孟　敏　赵世辉
赵刘韬　赵姚姚　赵勇祥　郝尚青　钟景华　侯　飞　侯　杰　姜寿明
贺　颖　贾　东　夏春华　徐　涛　高建芳　桑　京　黄国玮　曹佳宁
常冬冬　渠文龙　彭海平　韩　玉　韩　旭　韩　博　程子木　舒　展
赖　鑫　管　笑　樊明汉　颜　凯　薛金曦

推荐序

壬寅岁末，我应邀参加了中国建设银行的“建行云”发布会，第一次对建行云的缘起、发展和应用有了近距离的了解，对其取得的成果印象深刻。我自己也是中国建设银行的长期客户，从过去必须去建行网点柜台办理业务，到现在通过手机几乎可以完成所有银行事务，切切实实地经历了建行信息化的不断进步，其背后无疑离不开“建行云”的支撑。这次，中国建设银行基于其在云计算领域所做出的积极探索和累累硕果，结集完成“云鉴”丛书，并邀我为丛书作序，自然欣然允之。

2006年，亚马逊发布EC2和S3，开启了软件栈作为服务的新篇章，其愿景是计算资源可以像水和电一样按需提供给公众使用。公众普遍感知到的云计算时代亦由此开始。2016年，我在第八届中国云计算大会上发表了题为“云计算：这十年”的演讲，回顾了云计算十年在技术和产业领域所取得的巨大进展，认为云计算已经成为推动互联网创新的主要信息基础设施。随着互联网计算越来越呈现出网络化、泛在化和智能化趋势，人类社会、信息系统和物理世界正逐渐走向“人机物”三元融合，这需要新型计算模式和计算平台的支撑，而云计算无疑将成为其中代表性的新型计算平台。演讲中我将云计算的发展为三个阶段，即2006—2010年的概念探索期，2011—2015年的技术落地期，以及2016年开启的应用繁荣期，进而，我用“三化一提升”描述了云计算的未来趋势，“三化”指的是应用领域化、资源泛在化和系统平台化，而“一提升”则指服务质量的提升，并特别指出，随着万物数字化、万物互联、“人机物”融合泛在计算时代的开启，如何有效高效管理各种网络资源，实现资源之间的互联互通互操作，如何应对各种各样的应用需求，为各类应用的开发运行提供共性支撑，是云计算技术发展需要着重解决的问题。

现在来回看当时的判断，我以为基本上还是靠谱的。从时代大势看，当今世界正在经历一场源于信息技术的快速发展和广泛应用而引发的大范围、深层次的社会经济革命，数字化转型成为时代趋势，数字经济成为继农业经济、工业经济之后的新型经济形态，正处于成形展开期。人类社会经济发展对信息基础设施的依赖日益加重，传统的物理基础设施也正在加快其数字化进程。从云计算的发展看，技术和应用均取得重大进展，“云、边、端”融合成为新型计算模式，云计算已被视为企业发展战略的核心考量，云数据中心的建设与运营、云计算技术的应用、云计算与其他数字技术的结合日趋成熟，领域化的解决方案不断涌现，确是一派“应用繁荣”景象。按我前面 5 年一个阶段的划分，云计算现在是否又进入了一个新阶段？我个人观点：是的！我以为，可以将云计算现在所处的阶段命名为“原生应用繁荣期”，这是上一阶段的延续，但也是在云计算基础设施化进程上的一次提升，其形态特征是应用软件开始直接在云端容器内开发和运维，以更好适应泛在计算环境下的大规模、可伸缩、易扩展的应用需求。简言之，这将是一次从“上云”到“云上”的变迁。

很高兴看到“云鉴”丛书的出版，该丛书以打造云计算领域的百科全书为目标，力图专业而全面地展现云计算几近 20 年的发展。丛书分成四卷，第一卷《云启智策》针对泛在计算时代的新模式、新场景，描绘其对现代企业战略制定的影响，将云计算视为促进组织变革、优化组织体系的必由途径；第二卷《云途力行》关注数据中心建设的绿色发展，涉及清洁能源、节能减排、低碳技术、循环经济等一系列绿色产业结构的优化调整，我们既需要利用云计算技术支撑产业升级、节能减排、低碳转型，还需要加大对基础理论和关键技术的研究开发，降低云计算自身在应用过程中的能耗；第三卷《云术专攻》为云计算技术的从业者介绍了云计算技术在不同领域的大量应用和丰富实践；第四卷《云涌星聚》，上篇介绍了云计算和包括大数据在内的其他数字技术的关系，将云计算定位为数字技术体系中的基础支撑，下篇遵循国家“十四五”规划的十大关键领域，按行业和应用场景编排，介绍了云赋能企业、赋能产业的若干案例，描绘了云计算未来智能化、生态化的发展蓝图。

中国建设银行在云计算技术和应用方面的研发和实践，可圈可点！为同行乃至其他行业的数字化转型提供了重要示范。未来，随着云原生应用的繁荣发展，云计算将迎来新的黄金发展期。希望中国建设银行能够不忘初心，勇立潮头，持续关注云计算技术的研发和应用，以突破创新的精神不断拓宽云服务的边界，用金融级的可信云服务，推动更多的企业用云、“上云”，“云上”发展！希望中国建设银行能够作为数字技术先进生产力的代表，始终走在高质量发展的道路上。

也希望“云鉴”丛书成为科技类图书中一套广受欢迎的著作，为读者带来知识，带来启迪。

谨以此为序。

中国科学院院士

发展中国家科学院院士

欧洲科学院外籍院士

梅　宏

癸卯年孟夏于北京

推荐序

随着新一轮科技革命和产业变革的兴起，云计算、5G、人工智能等数字化技术产业迅速崛起，各行业数字化转型升级速度加快，金融业作为国民经济的支柱产业，更须积极布局数字化转型。此次应中国建设银行之邀，为其云计算发展集大成之作的“云鉴”丛书作序，看到其以云计算为基础的数字化转型正在稳步前行，非常欣慰。当今社会，信息基础设施的主要作用已不是解决连通问题，而是为人类的生产与生活提供充分的分析、判断和控制能力。因此，代表先进计算能力的云计算势必成为基础设施的关键，算力更会成为数字经济时代的新生产力。

数字经济时代，算力如同农业时代的水利、工业时代的电力，既是国民经济发展的重要基础，也是科技竞争的新焦点。加快算力建设，将有效激发数据要素创新活力，加快数字产业化和产业数字化进程，催生新技术、新产业、新业态、新模式，支撑经济高质量发展。中国建设银行历经十余载打造了多功能、强安全、高质量的“建行云”，是国内首个使用云计算技术建设并自主运营云品牌的金融机构。“云鉴”丛书凝聚了中国建设银行多年来在云计算和业务领域方面的知识积累，同时汲取了互联网和其他行业的云应用实践经验，内容包括云计算战略的规划与执行、数据中心建设与运营、云计算和相关技术应用与实践，以及“十四五”规划中十大智慧场景的案例解析等。丛书力求全面、务实，广大的上云企业、数字化转型组织在领略云计算的技术精髓和价值魅力的同时，也能借鉴和参考。

我一贯认为数字化技术的本质是“认知”技术和“决策”技术。

它的威力在于加深对客观世界的理解，产生新知识，发现新规律。这与《云启智策》卷指引构建云认知、制定云战略、实施云建设、指挥云运营、做好云治理不谋而合。当然，计算无处不在，算力已成为经济高质量发展的重要引擎。而发展先进计算，涉及技术变革、系统创新、自主可控、绿色低碳、高效智能、低熵有序、开源共享等诸多方面。这在《云途力行》卷对数据中心的规划、设计、建设、运营等方面的描述和《云术专攻》卷从技术角度阐述基于云计算的通用网络技术、私有云、行业云、云安全、云运维等内容中都有所体现。另外，《云涌星聚》卷中的百尺竿头篇全面介绍了云原生平台，特别是大数据、人工智能等与云计算技术结合的内容，更将技术变革和系统创新体现得淋漓尽致。我们要满腔热情地拥抱驱动数字经济的新技术，不做表面文章，为经济发展注入新动能。扎扎实实地将数字化技术融入实体经济中，大家亦可以在《云涌星聚》卷中的百花齐放篇书写的 13 个数字化技术服务实体经济的行业案例中受到启迪。

期待中国建设银行在数字经济的浪潮中继续践行大行担当，支持国家战略，助力国家治理，服务美好生活，构筑高效、智能、健康、绿色、可持续的金融科技发展之路。

中国工程院院士
中科院计算所首席科学家
李国杰
癸卯年春于北京

序

癸卯兔年，冬末即春，在“建行云”品牌发布之际，“云鉴”系列丛书即将付梓。近三年的著书过程，也记录了中国建设银行坚守金融为民初心、服务国家建设和百姓生活的美好时光。感慨系之，作序以述。

科学技术是第一生产力。历史实践证明，从工业 1.0 时代到工业 4.0 时代，科技领域的创新变革将深刻改变生产关系、世界格局、经济态势和社会结构，影响千业百态和千家万户。如今，以云计算、大数据、人工智能和区块链等科技为标志的“第四次工业革命浪潮”澎湃到来，科技创新正在和金融发展形成历史性交汇，由科技和金融合流汇成的强大动能改变了金融行业的经营理念、业务模式、客户关系和运行机制，成为左右竞争格局的关键因素。

数字经济时代，无科技不金融。在科技自立自强的号召下，中国建设银行开启了金融科技战略，探索推进金融科技领域的市场化、商业化和生态化实践。在此过程中，中国建设银行聚焦数字经济时代的关键生产力——算力，开展了云计算技术研究，并基于金融实践推进云计算应用落地，“建行云”作为新型算力基础设施应运而生。2013 年以来，“建行云”走过商业软件、互联网开源、信创、全面融合等技术阶段，如今已进入自主可控、全域可用、共创共享的新发展阶段，也描绘着未来“金融云”的可能模样。

金融事业赓续，初心始终为民。在新发展理念的指引下，中国建设银行厚植金融人本思维，纵深推进新金融行动，以新金融的“温柔手术刀”纾解社会痛点，让更有温度的新金融服务无远弗届。在“建行云”构建的丰富场景里，租住人群通过“建融家园”实现居有所安，小微业主凭借“云端普惠”得以业有所乐，莘莘学子轻点“建融慧学”圆梦学有所成，众多用户携手“建行生活”绘就着向往中的美好家园景象。我们也更深切地察觉，在烟火市井，而非楼宇里，几万元的小微贷款便可照亮奋进梦想，更实惠的金融服务也能点燃美好希望，金融初心常在百姓茶饭之间。

做好金融事业，归根结底是为了百姓安居乐业。这些年来，中国建设银行积极开展了许多创新探索，为的是让我们的金融事变成百姓的体己事，让金融工作更能给人踏实感；我们勇于以首创精神打破金融边界的底气和保证，也来自无数为实现美好生活而拼搏努力的人们。在以“云上金融”服务百姓的美好过程中，中国建设银行牵头编写了“云鉴”系列丛书，目的是分享云计算的发展历程，探究云计算的未来方向，为“云上企业”提供参考，为“数字中国”绵捐薄力。奋进伟大新时代，中国建设银行愿与各界一道，以新金融实干践行党的二十大精神，走好中国特色金融发展之路，在服务高质量发展、融入新发展格局中展现更大作为，为实现第二个百年奋斗目标和中华民族伟大复兴贡献力量！

田国立

中国建设银行党委书记、董事长

田国立

前 言

尽管数百年来金融本质没有变，金融业态却在不断演变。在数字经济蓬勃发展的今天，传统银行主要依赖线下物理场所获客活客的方式已不可取，深度融入用户生产生活场景、按个体所需提供金融服务成为常态。越来越多的金融活动从物理世界映射到数字空间，金融行为、金融监管、风险防控大量转化为各种算法模型的运算，这必然要求金融机构提供更加强大的科技服务与算力支撑。

事非经过不知难。中国建设银行也曾经历过算力不足、扩容、很快又不足的循环之中，也曾对“网民的节日、科技人的难日”深有体会，更多次为保业务连续不中断，疲于调度计算、存储及网络资源。为变被动应对为主动适应，中国建设银行早在 2010 年新一代系统建设初期，就引入了云计算技术，着眼于运维的自动化和资源的弹性供给，加快算力建设战略布局。2013 年，中国建设银行建成当时金融行业规模最大的私有云。2018 年，为更好赋能同业，助力社会治理体系和治理能力现代化，在完成云计算自主可控及云安全能力建设的基础上，中国建设银行开始对外提供互联网服务及行业生态应用，并遵循行业信创要求进行适配改造，目前已实现全栈自主化。2023 年 1 月 31 日，中国建设银行正式发布“建行云”品牌，首批推出 10 个云服务套餐，助推行业数字化转型提质增效。

有“源头活水”，方得“如许清渠”。金融创新与科技发展紧密相连，商业模式进化与金融创新紧密相连。回顾“建行云”的建设历程，有助于明晰云计算在金融领域的发展脉络，揭示发展规律；沉淀建设者的知识成果，有助于固化成熟技术，夯实基础，行稳致远；总结经验，分享心路历程，有助于后来者少走弯路，更好地实现跨越式发展。

为此，着眼于历史性、知识性、生动性，中国建设银行联合业界专家编纂“云鉴”丛书，分为《云启智策》《云途力行》《云术专攻》和《云涌星聚》四卷，涵盖云计算战略的规划与执行、数据中心建设与运营、云计算和相关技术的应用与实践，以及“十四五”规划中十大智慧场景的案例解析等诸多内容。

“建行云”的建设虽耗时10余年，终为金融数字化浪潮中一朵浪花。“云鉴”丛书虽沉淀众多建设者的智慧，也仅是对云计算蓝图的管中窥豹。我们将根据业界反馈及时修订，与各界携手共建共享，以此推动金融科技高质量发展。

特别感谢腾讯云计算（北京）有限责任公司、中数智慧（北京）信息技术研究院有限公司、北京趋势引领信息咨询有限公司、阿里云计算有限公司、北京金山云网络技术有限公司、华为技术有限公司、北京神州绿盟科技有限公司、北京奇虎科技有限公司等众多专家对本书的大力支持和无私贡献。

金磐石

中国建设银行首席信息官

金磐石

目录

目 录

概述篇

第一章 数据中心发展现状与未来展望

导　读

2021 年，国务院印发的《“十四五”数字经济发展规划》中提到，到 2025 年，中国数字经济迈向全面扩展期，数字经济核心产业增加值占 GDP 的比重达到 10%，相较于 2020 年的 7.8%，增长了 28%，作为数字经济的底座，数据中心的地位日益凸显。数据中心作为数据的中心、计算的中心和网络的中心，作为互联网和各行业数字化的技术载体，已经成为数字中国、智慧城市、企业数字化转型升级的基石，成为支撑我国数字经济发展的关键算力基础。

数据中心作为数字经济的核心引擎，对工业互联网和数字经济的高质量发展起到了至关重要的作用。然而，数据中心还面临如何确保数据的绝对安全及如何实现技术与业务的相互融合等问题，需要不断通过绿色低碳的优化向“碳中和”方向迈进，真正实现从“能耗大户”向“数字经济发动机”的转变。

第一节　数据中心概述

一、定义

什么是数据中心？目前尚无统一的定义，通常来说，对“数据中心”比较典型的定义有以下两种。

一种是以 GB 50174—2017《数据中心设计规范》为代表，将数据中心定义为：为集中放置的电子信息设备提供运行环境的建筑场所，它可以是一栋或几栋建筑物，也可以是一栋建筑物的一部分，包括主机房、辅助区、支持区和行政管理区等。

另一种是以 GB/T 3313—2016《信息技术服务 数据中心服务能力成熟度模型》和 GB/T 32910.1—2017《数据中心 资源利用 第 1 部分：术语》为代表，将数据中心定义为：由计算机场地（机房）、其他基础设施、信息系统软硬件、信息资源（数据）和人员以及相应的规章制度组成的实体。

在第一种定义下，数据中心是一种以建筑空间为电子信息设备提供运行环境的场所，不包括室外以集装箱、车辆、船舶等装置为电子信息设备提供运行环境的场所。在第二种定义下，数据中心是涵盖了计算机场所、基础设施及软硬件、信息资源、人员和运维管理等的完整的实体。

本书中所称的数据中心通常指第一种定义下的数据中心，在数据中心运营管理等章节中，也涵盖了人员以及规章制度等第二种定义下的相关内容。

在 GB/T 28827.4—2019《信息技术服务 运行维护 第 4 部分：数据中心服务要求》中，对数据中心所拥有的资源进行了层次划分，如图 1-1 所示。

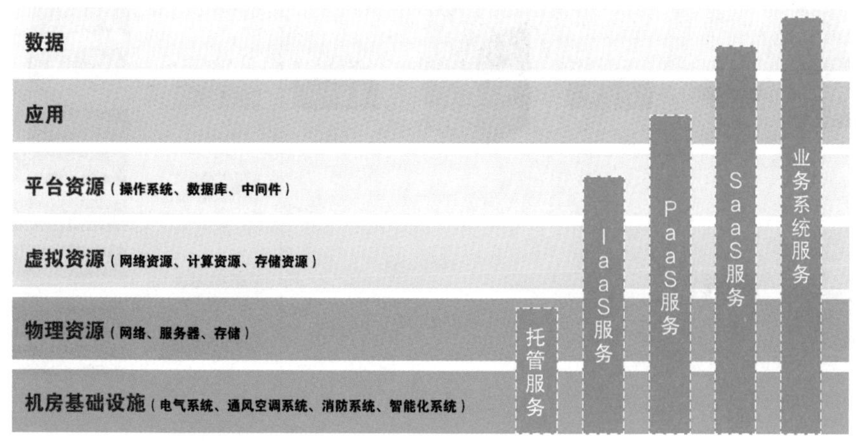

图 1-1 数据中心的资源划分

二、组成

1. 功能区

根据系统运行特点及设备具体要求，数据中心宜由主机房、辅助区、支持区、行政管理区等功能区组成。

主机房：主要用于数据处理、设备安装和运行的建筑空间，包括服务器机房、网络机房、存储机房等功能区域。

辅助区：用于电子信息设备和软件的安装、调试、维护、运行监控和管理的场所，包括进线间、测试机房、总控中心、消防和安防控制室、拆包区、备件库、打印室、维修室等区域。

支持区：为主机房、辅助区提供动力支持和安全保障的区域，包括变配电室、柴油发电机房、电池室、空调机房、动力站房、不间断电源系统用房、消防设施用房等。

行政管理区：用于日常行政管理及客户对托管设备进行管理的场所，包括办公室、门厅、值班室、盥洗室、更衣间和用户工作室等。

2. 设施

数据中心的设施通常分为两类，分别是基础设施和 IT 设备。

基础设施：主要包括建筑结构、电气系统、制冷系统、综合布线、消防系统、给水排水、智能化系统和管理系统等，如图 1-2 所示。

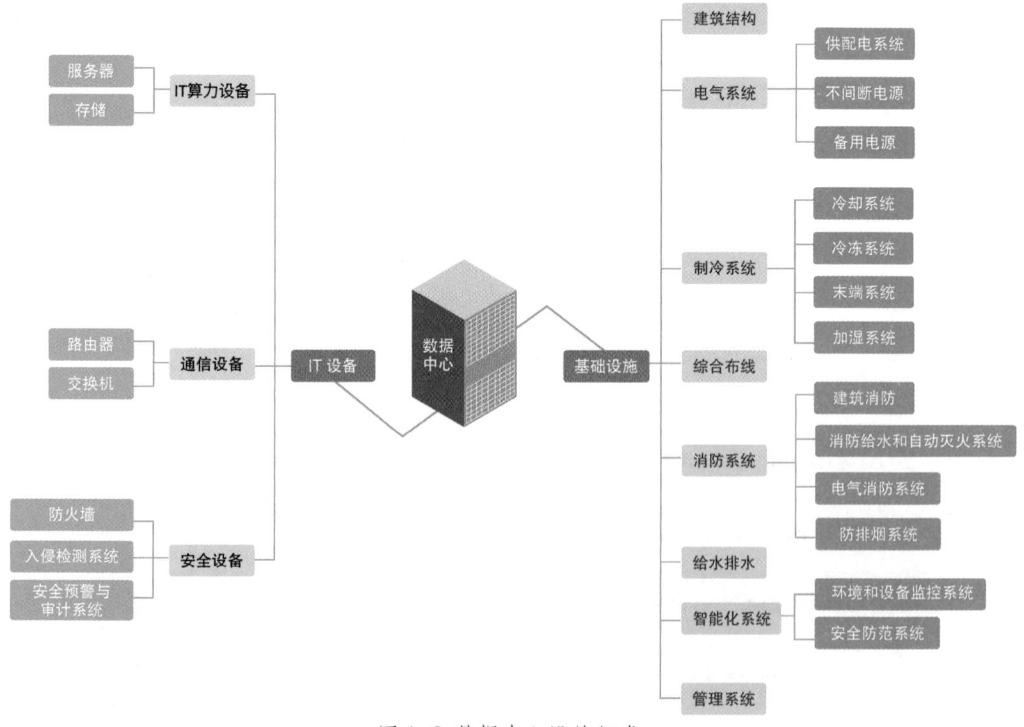

图 1-2 数据中心设施组成

IT 设备：是真正实现计算和通信功能的设备，包括以服务器、存储为代表的 IT 算力设备，以路由器、交换机为代表的通信设备，以防火墙、入侵检测系统、安全预警与审计系统等为代表的安全设备。

三、分类

数据中心并没有统一的分类方式，不同视角和应用场景下数据中心的分类方式也不相同。通常情况下，我们可以按照以下几种方式进行划分。

1. 按建设标准划分

按照《数据中心设计规范》，目前国内数据中心分为 A 级、B 级、C 级三个等级。A 级为“容错”系统，可靠性和可用性等级最高；B 级为“冗余”系统，可靠性和可用性等级居中；C 级为满足基本需要的系统，可靠性和可用性等级最低。数据中心的建设标准应根据数据中心的使用性质、数据丢失或网络中断在经济或社会上造成的损失或影响程度确定，同时应综合考虑建设投资。等级越高的数据中心，可靠性也越高，但投资也会相应增加。

2. 按建设规模划分

2013 年，工业和信息化部、国家发展改革委、自然资源部、电监会、能源局发布的《关于数据中心建设布局的指导意见》（工信部联通〔2013〕13 号）中，对数据中心的建设规模按标准机架数进行了划分，这个分类方式也是目前被引用最广的分类方式，见表 1-1。

表 1-1　数据中心的建设规模及其相应的标准机架数

序号	数据中心的建设规模	标准机架数 N（个）
1	超大型数据中心	N ≥ 10 000
2	大型数据中心	10 000 > N ≥ 3 000
3	中、小型数据中心	N < 3 000

注：此处标准机架为换算单位，以功率 2.5kW 为一个标准机架。

2021 年 6 月，国家住房和城乡建设部办公厅下发了关于工程建设强制性国家规范《数据中心项目规范（征求意见稿）》公开征求意见的通知，对数据中心的建设规模按设计最大用电负荷进行划分，见表 1-2。

表 1-2　数据中心的建设规模及其相应的设计最大用电负荷

序号	数据中心的建设规模	设计最大用电负荷 P（MVA）
1	超大型数据中心	$P \geqslant 40$
2	大型数据中心	$40 > P \geqslant 10$
3	中型数据中心	$10 > P \geqslant 5$
4	小型数据中心	$P < 5$

3. 按拥有者和服务对象划分

数据中心可以从数据中心拥有者和服务对象的视角进行划分，见表 1-3。

表 1-3　按拥有者和服务对象划分的数据中心类型及特点

数据中心类型		特点
自有数据中心		自建、自营的用于支撑自身业务的数据中心
对外经营数据中心	运营商数据中心	由通信运营商建设的提供对外服务的数据中心
	第三方数据中心	由除通信运营商以外的其他组织建设的提供对外服务的数据中心

自有数据中心往往由具有强大实力的企业自主建设，主要用于支持企业自身的业务。例如，大型金融机构自建的用于处理自身金融业务的数据中心、运营商自建的用于处理运营商自身内部系统业务的数据中心等。

有些组织的自有数据中心会利用自身富余的数据中心资源向同业提供外包数据中心服务，如某些大型银行会利用自己的数据中心，为乡镇银行提供数据中心服务（同业外包）；有的组织由于自有数据中心资源不足，也会在自有数据中心的基础上使用外包数据中心服务。

对外经营数据中心基于经营主体不同可分为两类：运营商数据中心和第三方数据中心。

运营商数据中心，顾名思义，是由通信运营商建设的供其他企业使用的数据中心。互联网时代初期，企业接入互联网不便，运营商在为企业提供互联网接入服务的同时，也会在其互联网节点机房中为企业提供一定数量的机柜，企业可以将其数据中心设备部署于此，方便企业向其用户提供基于互联网的服务。虽然运营商数据中心在网络接入方面具有优势，但随着企业数据中心对业务连续性要求的不断提高，为了避免单一运营商的网络接入中断给自己的业务造成严重影响，企业往往要求网络接入来自至少两个不同运营商的多路由。

第三方数据中心，也被称作运营商中立数据中心。由于该类数据中心不是运营商建设的，客户使用此类数据中心时，可以选择任意运营商网络，而各运营商也非常愿意提供网络接入服务，很好地满足了多路由接入需求。

4. 按服务对象划分

按照数据中心的服务对象不同，数据中心可以分为很多类型，见表 1-4。在这种分类下，不同类型的数据中心往往对应不同的数据中心监管部门。例如，公共服务数据中心由国家机关事务管理局主要监管，银行保险数据中心由国家金融监督管理总局主要监管，运营商数据中心由工业和信息化部主要监管等。

表 1-4　按服务对象划分的数据中心类型及服务领域

数据中心类型		服务领域
公共服务数据中心	政务数据中心	支持政府政务服务的数据中心，如海关信息中心、人民银行数据中心、金税工程数据中心等
	学校数据中心	支持院校教学的数据中心
	医院数据中心	支持医院业务的数据中心
企业数据中心（EDC）	金融数据中心	为银行、保险、证券等金融行业服务的数据中心
	工业企业数据中心	为工业企业、制造业企业等提供服务的数据中心
	航空数据中心	如各航司数据中心、航信数据中心等
互联网数据中心（IDC）		本意指提供互联网服务的数据中心，现引申为提供互联网接入服务的外包数据中心

5. 按资源分层服务划分

数据中心可基于不同层次资源提供的不同服务进行划分，见表 1-5。

表 1-5　按资源分层服务划分的数据中心类型及特点

数据中心类型	特点
业务服务数据中心	这类数据中心拥有应用系统资源，可以直接支撑企业的业务
算力服务数据中心（云计算数据中心）	这类数据中心拥有信息系统硬件资源，并直接或者间接拥有机房基础设施资源，提供算力服务，供业务系统使用。其中，拥有并使用以云计算技术为代表的虚拟资源提供算力服务的数据中心又被称为云计算数据中心
场地服务数据中心	仅拥有机房基础设施资源，为信息系统硬件提供稳定的电力供应和运行环境的数据中心

6. 按用途和地位划分

随着客户对业务连续性的要求越来越高，传统的单一业务应用系统或者系统加数据备份的方式已经不能满足客户的业务要求，各种不同的业务系统高可用方案随之诞生。与之相对应也就产生了数据中心分类，见表 1-6。

表 1-6　按用途和地位划分的数据中心类型及特点

数据中心类型	特点
生产中心	承载组织业务的关键数据中心，业务应用系统在此数据中心运行
灾备中心	在生产中心遭遇灾难场景无法提供服务的情况下，为确保组织的业务不会因生产中心的服务中断而中断，通常会建设灾备中心。灾备中心根据其与生产中心的空间距离不同，可分为同城灾备中心和异地灾备中心
多活中心	业务应用系统采用多活架构被部署到不同的数据中心。当多活架构中的某个数据中心服务中断时，其余数据中心可以立刻接管该数据中心中断的服务
测试中心	承担测试任务的数据中心，可能存在多种测试系统和测试环境。通常业务应用系统及其变更部署到生产中心（灾备中心、多活中心）运行前，要先在测试中心通过测试

第二节　数据中心的发展历程

一、发展阶段

数据中心的发展大约经历了以下 5 个阶段。

1. 电子管和晶体管时代 / 集成电路时代（1990 年前）

20 世纪 40 年代出现了全球首台全自动电子数字积分计算机“埃尼阿克”（Electronic Numerical Integrator And Calculator，ENIAC）。ENIAC 于 1946 年 2 月 15 日运行成功，标志着电子数字计算机的诞生，人类从此迈进了电子计算机时代。直到 20 世纪 70 年代，以电子管和晶体管为主要部件的大型机、超级计算机逐渐被以集成电路技术为基础的 PC 机和早期服务器替代，出现了早期的中型机房。在 20 世纪 90 年代前的这段漫长时期，数据中心以政府和科研应用为主，商业应用较少，数据中心建设规模较大，但数量较少。在技术和管理方面，这一时期主要关注硬件的可靠性。

2. 互联网初期（20 世纪 90 年代）

这一时期，大量互联网公司涌现，商业数据中心进入发展初期，数据中心建设规模不大，但数量显著增加。20 世纪 90 年代中期，互联网对市场产生了巨大影响，为接下来十几年数据中心的部署提供了更多的选择。通信运营商利用自身的通信机房为用户提供网络接入服务的同时，也开始提供主机托管、资源出租、系统维护、流量分析、系统检测等服务，这种数据中心服务模式被大多数公司所接受，数据中心 IT 设备、供电设备、制冷设备逐渐专业化。这一时期计算资源再次集中的过程绝不是对第一阶段的简单复制，它有两个典型的特点：一个是分散的计算单元的计算能力急速发展；另一个是个体的计算资源被互联网整合，并不断演进。在技术和管理方面，这一时期主要关注数据的可靠性。

3. 数据大集中时代（21 世纪初期 10 年）

从 20 世纪末期开始，政府信息、互联网数据、金融交易数据激增，政府、科研及商业数据中心进入蓬勃发展时期，大、小型数据中心均加速建设。我国各大行业根据自身业务的需要，陆续着手建设自己的业务网络，其中以银行、保险、邮政、税务等行业为典型代表，它们或者将数据传输到省级中心，或者建立大型的区域数据中心甚至是全国的数据中心，这个时代被人们称为“数据大集中时代”。进入 21 世纪初期，上述行业已基本完成了“数据大集中”并进入了最后的扫尾阶段。这个时代的典型特点是：基础网络已经基本到位，基本的业务已经在基础网络上运行。与此同时，为了适应竞争的需要，企业还要对原有业务基础网络进行优化和改造，使之更加适应业务发展和管理优化的需要。企业信息化建设的重点是多业务整合，即通过采用新的技术来整合分散的业务系统，再造业务流程，使之更加符合客户的个性化需求。多业务整合意味着数据类型的多样化。通过业务整合，数据中心集中管理的数据不再是原来较为单一的字符型数据，而是包括字符、图片、报表、扫描件甚至语音、视频等更为多样的数据类型，这意味着数据中心需要处理、存储和传输种类更多、规模更大、重要程度更高的数据。然而，多业务整合在提升了企业的核心竞争力的同时，也集中了企业的数据安全风险。由于各种类型的业务数据直接汇聚到数据中心进行统一管理，数据中心变得愈加庞大和复杂，数据中心的数据也变得愈加关键。因此，任何断电、系统故障、人为操作不当都有可能造成关键数据丢失，继而造成企业业务的停滞和不可估量的经济损失。在技术和管理方面，这一时期以配置管理和变更控制为主要手段，主要关注系统可用性。

4. 高速发展阶段（2017 年前）

数据中心变革性技术不断增加，数据中心开始进入整合、升级、云化阶段，大型化、专业化及高速发展是这一时期数据中心的主要特征，数据中心单体建设规模激增。此时，云数据中心的整个 IT 体系架构，从底层的基础设施、应用开发和运行的平台，到业务软件以及支持企业运营的业务流程，均作为一种服务按需交付。在技术和管理方面，这一时期的数据中心开始关注服务管理和客户感受。

5. 全面绿色发展阶段（2017 年至今）

这一时期，数据中心开始借助系统冗余能力，以风险可控为依据，更强调可用性；数据中心建设开始基于模块化、建筑脱耦等概念，关注弹性、灵活性、可适应性；综合考核总拥有成本（TCO），并基于收益测算进行投资控制，数据中心成本更低，收益更大。随着信息的爆炸式增长及云计算、大数据、物联网等技术的兴起，国内针对数据中心的投资持续增加。近年来，数据中心朝着规模化、高密度、集约化、绿色化、智能化、自动化的方向发展。在这种趋势下，数据中心建设、运维的复杂度逐渐加大。传统的数据中心建设和运维模式面临前所未有的挑战，数据中心的建设和运维必须摆脱原来的条条框框，实现从僵化到柔性、从粗放到精细、从主要依赖人工到自动化的全面转型，构建以高弹性、高效率、高可靠、高度智能化为基本特征的智能型数据中心。在技术和管理方面，数据中心开始关注包括资源节约和环境影响在内的更全面的可持续发展目标，并且更关注数据中心给业务和社会带来的价值。

建行数据中心发展历程

建行数据中心在技术领域随着时代的发展而进化，很好地完成了不同时代对于数据中心的不同要求。在建行数据中心成立前，很多 IT 系统都是由分行进行设计开发，并分散部署在各个分行机房里的，其运行工作也由分行承担。由于缺乏统一的要求，在服务器、网络设备、操作系统、数据库、中间件等技术领域，使用多家厂商的产品，造成技术和产品缺乏统一的管控。

2006 年 7 月，北京、上海数据中心的成立，标志着建行 IT 系统运行维护工作从以分行为主走向全行集中统一的运维管理模式。2013 年 8 月，新一代云管理平台成功上线，标志着建行数据中心全面进入私有云时代。2018 年 6 月，运营数据中心成立，支撑金融科技战略“TOP+”，保障科技和数据的双轮驱动引领金融创新。运营数据中心由原北京数据中心、原武汉数据中心运维团队和原上海开发中心运维团队机构整合组建而成，承担着全行科技条线安全生产的主体责任，是全行生产系统、灾备系统、公有云产品及基础平台的运行管理机构。为了进一步推进金融科技战略，建行数据中心又成立了公有云运管中心、测试中心与网管中心，丰富和扩展了数据中心运维工作的内涵和范围。数据中心顺应时代发展趋势，借鉴业界经验，充分使用新技术，结合发展中的痛点，针对数据中心的各领域，提出了未来发展的方向：在基础设施的地域分布上，从两地三中心到多地多中心；在技术栈的选择上，从传统封闭到开放可控；在运维方式上，从重复低效到集约智能；在运营模式上，从独立分散到生态共赢。

二、政策调整

2010 年之前，由于国内数字化程度较低、数字化规模相对较小，企业对数据中心的需求不大，对数据中心的质量要求不高。2012 年，工业和信息化部再一次放开互联网数据中心业务，数据中心行业开始蓬勃发展，越来越多的企业开始规划、建设和运营数据中心。2015 年，行业管理部门开始引导数据中心向着绿色节能方向发展。2022 年，随着“双碳”目标的提出，数据中心再次调整整体布局，进入“东数西算”新时代。政策调整详细信息参考第二章中数据中心政策与标准相关内容。数据中心政策调整演进过程如图 1-3 所示。

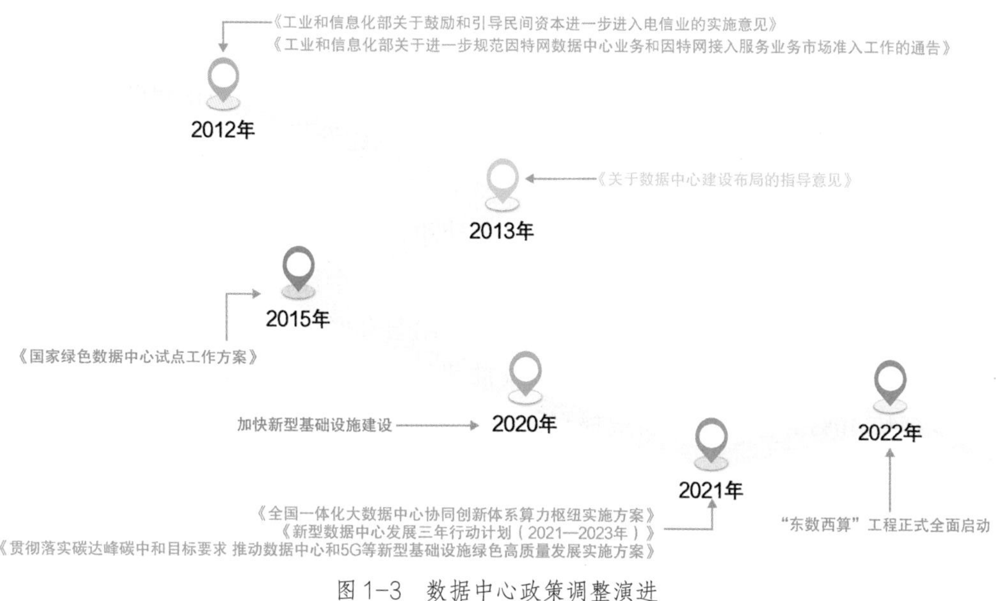

图 1-3 数据中心政策调整演进

在政策强导向下，国家层面强化了对算力建设的顶层设计和总体规划，加强了对数据中心规模与布局的统筹指导，绿色低碳已成为数据中心发展的必然方向。

三、技术演进

1. 设计方面

设计方面，数据中心正在从标准化向定制化方向发展，从粗犷设计向精细设计转变。随着数据中心个性化需求越来越大，更多的设计人员在设计时充分考虑当地环境、气候条件、绿电情况、业务类型以及政策，在建筑结构、技术架构和低碳节能等方面给出更多具有当地特色的设计方案，以降低企业成本，提升数据中心整体效率。

同时，越来越多的设计公司也将 BIM、数字孪生等技术应用于设计，为复杂的建筑、结构、给排水、暖通、电气、网络系统和管线等提供强大的支持，形成以可视化、模拟为特征的设计管理模式，通过可视化表达实现对设计工作的集成管理，突破传统技术的“瓶颈”，很容易实现管线优化，以避免空间冲突与碰撞，防止设计错误传递到施工阶段而造成建筑、机电安装工程的返工。应用 BIM 和数字孪生等技术，可以更好地建立多维度的、更高效的设计成果表达模式，为项目提供更适用、更美观、更经济、更安全的设计效果。

2. 建设方面

建设方面，数据中心正在向模块化、预制化方向快速发展。模块化数据中心在有效降低初期投资的情况下，能快速满足业务需求，快速响应业务需求变化。模块化数据中心由多个模块化系统组成，比如供配电、制冷、机柜、综合布线等。数据中心的模块化设计大大简化了建设过程，也极大地降低了维护难度。从单体化设计到模块化设计的过渡是复杂系统必然的演进趋势，因为模块化在效率、灵活性和可靠性方面极具优势，可以说，模块化理念的提出使得数据中心的建设和发展达到了现在的速度和规模。

预制化技术通常会与模块化技术相结合使用，称为预制模块化。其最大的特点是需要对实施现场进行详细的勘测，制定符合实际、个性化、可扩展的各系统模块化方案，并提前在其他场所完成设备、系统的组装和联合调测，在运至数据中心现场组装后即可投产使用。相比以传统方式部署相同的基础设施，预制模块化可令部署速度加快 40% 以上，并能有效提高可预测性，增强可扩展性以及节约全生命周期成本等。

3. 运营方面

运营方面，数据中心继续向着数字化、智能化方向高速推进。当前数据中心在运营中面临着运营整体效率不高、专业维护人力短缺、运营成本较高等一系列问题。在数据中心管理更加精细化的趋势下，通过智能系统采集和分析运行数据，做出预警和预测管理，并利用 AI 与大数据深度融合，对数据中心各系统进行优化控制、故障诊断和智能决策，实现数据中心绿色化、高质量、高可靠性和低成本运营。

四、业务转变

数据中心的业务类型、业务需求和业务模式随着技术发展和数字化的快速发展也一直在转变，从业务角度来看，通常可划分为以下四个阶段。

第一阶段，以物理设备存放为主。基本只是电信运营商面向企业内部、大型外部企业提供数据机房出租、机柜出租和网络出租等基本业务，提供 IT 设备托管以及专线、网络接入等最基础的服务。

第二阶段，以互联网业务为主。随着互联网服务的高速发展，网站和平台数量激增，业务连续性和稳定性已成为各企业关注的重点，配套服务器、带宽等资源放置在更安全、更稳定的区域就显得异常重要，基于 IDC 的主机托管、网站托管等商业模式出现。这一阶段数据中心发展主要由互联网企业推动，通常伴随着大带宽。

第三阶段，以云业务为主。随着云计算技术的发展，计算、服务和应用作为公共设施可以提供给公众，使公众能够像使用水、电、煤气和电话一样使用计算资源。数据中心依然是在物理基础设施上通过云计算技术提供服务，更多的是在应用层和业务层面上发生变化，同时在业务层面伴随有两地三中心和异地灾备等架构的变化。

第四阶段，以算力业务为主。云业务采用虚拟化等云计算技术，提供的仍然是传统的数据中心业务和各种新型网络应用，而随着各行业对于智能化、数字化转型的认识和需要的逐步提升，AI 赋能的领域越来越多。算力中心是对数据中心进行虚拟化，可能是多个云数据中心协作起来提供算力，也可能只是由云数据中心的部分设施构成。

第三节 数据中心现状综述

一、运营状况

1. 数据中心规模

国家发展改革委高技术司负责人在答记者问时表示，截至 2022 年 2 月，我国数据中心规模已达 500 万标准机架，算力达到 130 EFlops，预计每年仍将以超过 20% 的速度快速增长。和与日俱增的算力需求不相匹配的是，我国数据算力在东西部地区分布并不均衡，未来需要西部地区承接更多的东部算力需求，以实现全国一体化布局、资源优化配置。

按照工业和信息化部发布的《新型数据中心发展三年行动计划（2021—2023 年）》（工信部通信〔2021〕76 号），到 2023 年年底，全国数据中心机架规模年均增速保持在 20% 左右，平均利用率力争提升到 60% 以上，总算力超过 200 EFlops，高性能算力占比达到 10%。国家枢纽节点算力规模占比超过 70%。国家枢纽节点内数据中心端到端网络单向时延原则上小于 20 毫秒。

2. 数据中心上架率

根据中国信息通信院云计算与大数据研究所联合业界各方发布的《全国数据中心发展指引（2021）》可以了解到，热点地区数据中心上架率高于其他地区。宁夏回族自治区、河南、河北、山西等地大力加快数据中心的发展和应用，上架率不断提高，加之积极推进数据中心绿色化发展，数据中心产业发展质量居于全国较高水平。不同省份上架率差距较大，东部地区整体上架率较高，最高可达75%，中西部地区上架率有待进一步提升。我国上架率较高的前十个省市（自治区）为上海、北京、广东、浙江、河北、山西、河南、安徽、宁夏回族自治区和陕西。

3.PUE

PUE是评价数据中心绿色节能效果的重要指标，按照GB 40879—2021《数据中心能效限定值及能效等级》中的定义，PUE为“数据中心在信息设备实际运行负载下，数据中心总耗电量与信息设备耗电量的比值”。图1-4为数据中心耗电量测量点示意图。

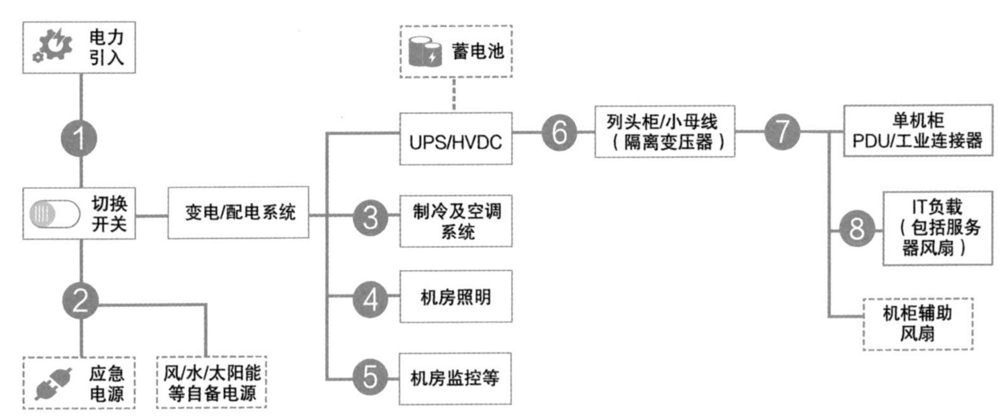

图1-4 数据中心耗电量测量点示意图

数据中心总耗电量的测量点应取电能输入变压器之前，即图中的测量点1和测量点2的电能消耗之和。

为数据中心信息设备服务的冷却系统、照明系统及监控系统等辅助建筑及配套设备应做电能计量，其电能测量点应设置于配电系统中相应的各个回路。汇总表示为测量点3，测量点4，测量点5，可用于分析各部分耗电情况。

数据中心信息设备耗电量为各类信息设备用电量的总和，测量要求如下。

（1）当列头柜无隔离变压器时，数据中心信息设备耗电量的测量位置为不间断电源（如UPS、HVDC等）输出端供电回路，即图中的测量点6。

（2）当列头柜带隔离变压器时，数据中心信息设备耗电量的测量位置应为列头柜输出端供电回路，即图中的测量点7。

（3）当采用机柜风扇辅助降温时，数据中心信息设备耗电量的测量位置应为信息设备负载供电回路，即图中的测量点8。

根据 CDCC 第九届数据中心标准峰会上发布的《2021 年中国数据中心市场报告》中的数据显示，全国数据中心能效水平保持平稳提升，2021 年度全国数据中心平均 PUE 为 1.49（见图 1-5）。按照地区统计分析，华北、华东的数据中心平均 PUE 接近 1.40，处于相对较好水平，除了地理位置优势外，该地区的建设和管理水平在近几年也有较大提升，规模化、集约化和绿色化水平较高。华中、华南地区受地理位置、上架率等多种因素的影响，数据中心平均 PUE 接近 1.60，存在较大的提升空间。

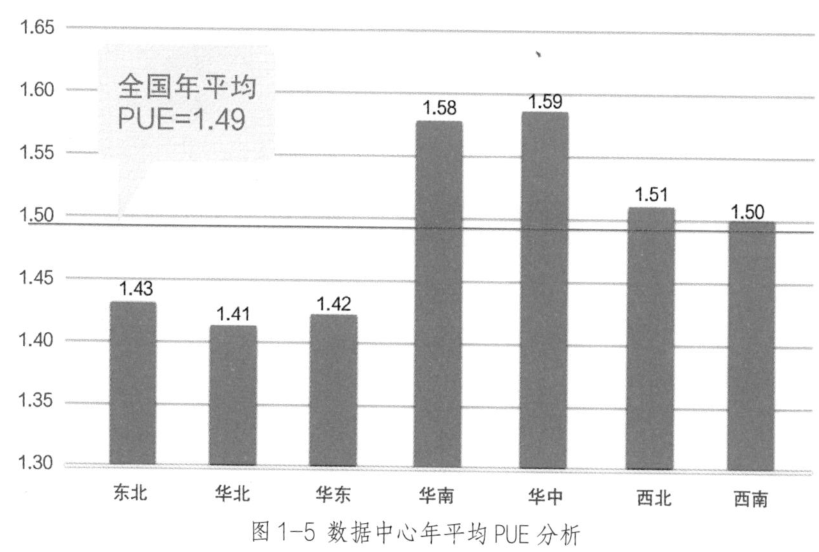

图 1-5 数据中心年平均 PUE 分析

二、产业链状况

在数据中心产业链中，上游为基础设施，主要包括 IT 设备、非 IT 设备、软件及建设工程；中游为数据中心运营服务商；下游为应用行业，主要包括互联网行业、金融业、软件业及制造业等。我国数据中心产业链各环节已经非常成熟，上中下游衔接非常紧密，能保证数据中心处于高质量、低碳节能的运营状态。关于数据中心产业链，中国信通院发布的《数据中心产业图谱研究报告》中给出了参考范围。

1. 数据中心产业上游：设备和软件的提供者

数据中心产业上游处在整个产业链的开始端，是设备和软件的提供者。这一端决定着数据中心产业的创新速度，具有基础性、原料性强的特点。上游掌握着核心技术、设备与软件，涉及数据中心产业的基础环节与技术研发环节，竞争主体较中游丰富。

2. 数据中心产业中游：数据中心建设者

数据中心产业中游处于产业链的中间环节，是数据中心的建设者，是对上游资源的整合，并为下游使用者做好风、火、水、电的设施配套。近年来，政策引导多元主体共同建设，鼓励不同主体在数据中心建设运营中发挥各自优势，推动基础电信企业强化网络等基础设施建设，引导第三方数据中心企业提供差异化、特色化服务，支持互联网企业创新行业应用。

3. 数据中心产业下游：数据中心使用者

数据中心产业下游处在整个产业链的末端，和整个数据中心产业的影响和互动愈加密切。一方面，数据中心下游使用者通过中游建设者得到更好的基础设施服务，有更大的空间发展自身业务；另一方面，上游设备和软件的提供者的供给情况受制于下游数据中心使用者需求的变化，下游使用者和上游设备和软件提供者往往相互依存、互相影响。

第四节　数据中心面临的主要挑战

一、紧跟政策调整步伐

通常来说，数据中心的规划建设晚于政策的出台，由于数据中心建设周期较长，投资回收周期较长，运营服务商能否紧跟政策调整的步伐，以承担更大的社会责任和实现企业利益最大化是一项很大的挑战。以 PUE 为例，各地根据国家一体化大数据 PUE ≤ 1.3 的要求，陆续出台了新建和改造数据中心的细化要求（见表 1-7）。

表 1-7　不同地区新建和改造数据中心 PUE 的情况

地区	新建数据中心 PUE	改造数据中心 PUE
北京	1.3	1.3
上海	1.3	1.4
河南	1.3	1.4
山东	1.3	1.4
天津	1.3	—
广东	1.3	—
江苏	1.3	—

《数据中心能效限定值及能效等级》自 2022 年 11 月 1 日起在全国范围内强制实施，标志着数据中心进入能耗强监管的时代，因此数据中心服务商必须遵守各项政策，

快速适应变化，提高自身的运营管理能力。

二、完成低碳节能目标

2020 年 9 月，中国明确提出 2030 年“碳达峰”与 2060 年“碳中和”目标。2021 年，国家发展改革委等相关部门印发了《贯彻落实碳达峰碳中和目标要求 推动数据中心和 5G 等新型基础设施绿色高质量发展实施方案》，对数据中心的能源使用提出了更高的要求，对数据中心来说，一方面面临绿色能源占比不足的问题，另一方面面临自身 PUE 不达标的问题。

“东数西算”工程中，要求张家口、韶关、长三角、芜湖、天府、重庆集群的 PUE 在 1.25 以下，和林格尔、贵安、中卫、庆阳集群的 PUE 在 1.2 以下，这与当前数据中心平均 PUE 1.49 还有很大的差距。很多时候，数据中心设计 PUE 和运行 PUE 的差别也很大，即使初始设计值可以达标，但在实际运营过程中也可能由于初期上架率低、上架 IT 设备的负载率低等原因达不到标准要求，因此对数据中心运营者来说，不仅需要在基础设施技术上、管理上大幅改进和提升，也需要充分发挥数据中心的集群化优势，努力提升业务上架率、上架机柜 IT 负载率等指标，使整个系统达到最优的状态。

如何确保数据中心的绿色节能指标符合高标准要求，是运营管理者面临的一项很严峻的考验。关于数据中心如何解决绿色能源占比不足、如何实现“碳中和”问题，将在本书数据中心碳中和章节中详细说明。

三、实现技术成本平衡

随着新一轮科技革命和产业变革的深入开展，以互联网为依托的新经济正在高速发展，数据中心市场也在快速增长，其领域相关技术不断地变化、更新和换代，5G、边缘计算、制冷、电力等技术的发展，给数据中心建设布局带来巨大影响。与传统数据中心相比，新型数据中心具有高技术、高算力、高能效、高安全等特征，更能有效支撑经济社会数字化转型。

数据中心的建设标准不断提升，数据中心新技术不断涌现，数据中心管理者将面临 AI、机器人巡检、数字孪生等新技术何时落地、如何落地以及落地后能否更安全可靠、低碳节能等一系列问题，同时要在新技术选择和成本支出之间实现平衡，既要满足建设、运营等标准要求，为业务拓展提供良好的支撑，又不能因选择过度超前或不实用的技术而造成成本上的浪费和利润的减少。

四、高质量可持续发展

近年来，随着中国 IDC 市场规模的不断扩大，数据中心能耗总量也不可避免地增长，高耗能问题已受到广泛关注。在数字经济高速发展及“碳中和”目标的双重作用下，实现可持续发展将成为数据中心行业面临的重要问题。

以水资源为例，2021 年 10 月 26 日，内蒙古自治区乌兰察布市集宁区人民政府出台了《关于禁止集宁区大数据企业使用地下水冷却降温的通知》，明确规定“辖区内大数据企业一律禁止使用地下水冷却降温”。同时，要求使用地下水的数据中心“制定使用风冷或置换水源计划及实施方案，且大数据企业要尽快完成技术改造，编制水资源论证报告书，按照相关规定申办中水取水许可手续”，对已建成数据中心产生了很大影响。

2021 年 11 月 8 日，国家发展改革委等部门发布《“十四五”节水型社会建设规划》，对“十四五”期间节水型社会建设提出三点要求：一是新发展阶段对节水型社会建设提出新要求；二是区域重大战略对节水型社会建设提出更高要求；三是实施国家节水行动为节水型社会建设奠定良好基础。数据中心如果采用冷水机组 + 冷却塔的制冷模式或者采用地下水制冷模式，对水资源的需求通常就会较大，在构建节水型社会的过程中将面临严峻的挑战。

数据中心一方面需要在技术、管理方面进行调整，以确保实现资源的持续供应、业务的持续发展，另一方面要将对环境的影响降到最低，尽量与环境融为一体。

五、自主可控，确保安全

数据中心面临的安全问题主要包括物理安全和数据安全两大方面。

1. 物理安全

由于数据中心承载着政府、金融、互联网和超算等重要系统，存储着各行各业的运行数据和历史资料，其安全问题关系国计民生，是国家安全战略的重要一环。尤其是金融业数据中心，作为“数字化金库”，已纳入国家关键信息基础设施，在各个安全领域均面临重大挑战。

数据中心在选址时应严格按照《数据中心设计规范》的规定，远离甲、乙类厂房和仓库，远离垃圾填埋场，远离火药炸药库，远离核电站等危险区域，避开地震、台风、洪水、鼠患等自然灾害频发地区，远离周边一切不安全因素，数据中心如何在选址时确保安全将在第三章“数据中心选址”中详细说明。

很多情形下，数据中心在选址时不可避免地要面临公司战略规划、业务需求、经济效益和绿色低碳之间如何平衡的问题，但对国家级和战略级数据中心而言，安全的选址永远是第一位的。

2. 数据安全

2022 年 3 月 9 日，国家监测部门发现，国外某不间断电源设备中存在 3 个高危漏洞，漏洞涉及多个系列产品。据悉，成功利用上述任何漏洞都可能导致对易受攻击的设备进行远程代码执行攻击，进而将其武器化，以篡改 UPS 的操作，对设备或与其连接的其他资产造成物理损坏。通过使用这些漏洞，攻击者能够绕过软件保护，让电流尖峰周期反复运行，直到直流链路电容器加热到150℃，这将导致电容器爆裂，对设备造成附带损害。更糟糕的是，固件升级机制中的漏洞可被利用在UPS设备上植入恶意更新，使攻击者能够建立较长时间的持久性，并将受感染的主机用作进一步攻击的网关。

2015年乌克兰电网遭受攻击

2015年12月23日，乌克兰至少三个区域的电力系统遭到网络攻击，伊万诺－弗兰科夫斯克州的部分变电站的控制系统遭到破坏，造成大面积停电，电力中断3～6小时，约140万人受到影响。

据杀毒软件提供商ESET公司证实，乌克兰电力系统感染了名为Black Energy（黑暗力量）的恶意软件。该软件不仅能够关闭电力设施中的关键系统，还能让黑客远程控制目标系统。此外，据ESET公司的遥测结果显示，在变电站遭受黑客攻击的同一时间，乌克兰境内的多家能源公司也遭到了有针对性的网络攻击。

据专家分析，本次事故中的网络攻击手段包括三种：其一，利用电力系统的漏洞植入恶意软件；其二，发动网络攻击，干扰控制系统，引起停电；其三，干扰事故后的维修工作。

数据中心无时无刻不面临着漏洞扫描、入侵渗透和DDoS等网络攻击的威胁，数据中心云平台和业务系统经常会面临信息泄露和黑客勒索等状况。2022年2月以来，国外芯片巨头陆续被窃取了大量数据，并面临勒索问题，日益泛滥的攻击已成为数据中心信息安全面临的重要挑战。

2015年我国颁布《中华人民共和国国家安全法》，正式将数据安全纳入国家安全的范畴。2021年发布的《关键信息基础设施安全保护条例》旨在建立专门保护制度，明确各方责任，提出保障促进措施，保障关键信息基础设施安全及维护网络安全。其在明确银行数据中心属于关键信息基础设施，享有相关安全保护权利的同时，也为银行数据中心的安全保护工作提供了系统性指引、细化了责任义务，要求安全保护措施与数据中心同步规划、同步建设、同步使用，覆盖全生命周期。

数据安全与数据中心网络系统和客户业务系统都有直接关系，因此数据中心在运营时保持联动形成协同机制，是确保客户数据安全的关键，也是挑战。

第五节　数据中心发展趋势与展望

一、战略与需求双驱动

在国家政策导向、地方产业基础等因素的指引下，全国各地都在围绕地方定位制定数据中心详细规划，并在税收优惠、用地审批、电费补贴和人才落户等方面出台了明确的落地政策，以吸引数据中心经营者和投资者。

近年来，我国数字经济展现出强大的活力和韧性，在保障人民生活、带动经济复苏等方面发挥了稳定的作用。远程办公、在线教育、直播、游戏等大量新业态、新模式快速涌现，为数据中心发展带来新需求、新空间。在启动新数据中心建设时，企业不仅要进行战略规划和建设运营，也要在需求等方面合理把控。

二、技术与业务相融合

数据中心无论是在基础设施方面还是在业务架构方面，都有着相对标准化、结构化的体系，随着科技的进步和行业技术的发展，各个体系内各个专业的技术都在不断地更新换代，这些技术没有最好，只有更适合，所以需要组织结合自身运营情况进行对比选择。图 1-6 所示为数据中心整体架构。

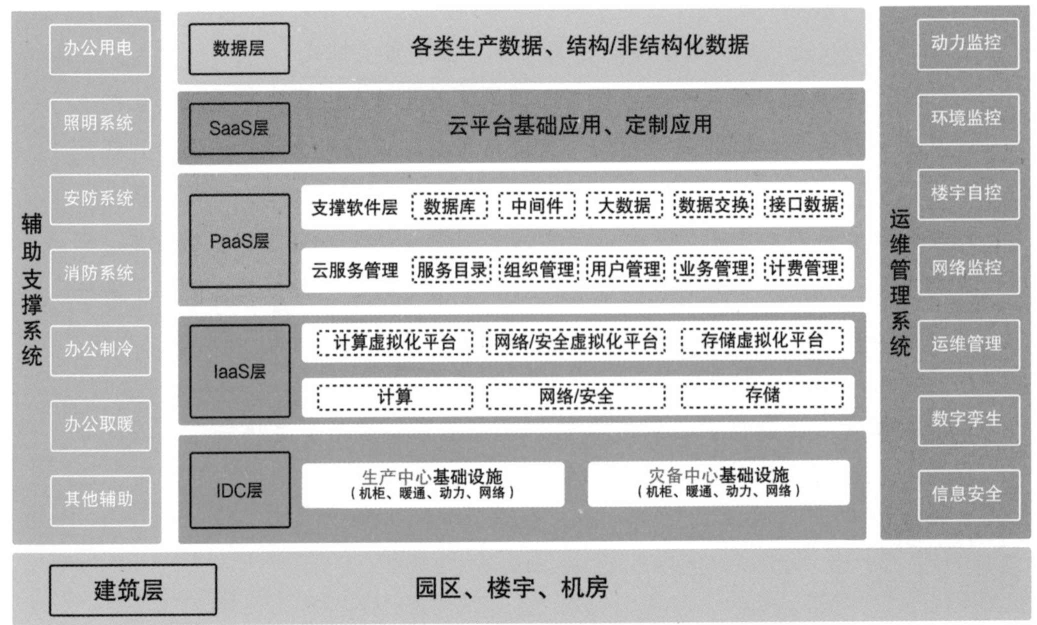

图 1-6 数据中心整体架构

数据中心基础设施系统和IT业务系统在可靠性方面存在一定的叠加，IT业务架构在设计时可以与数据中心技术更加融合，在确保可靠性的同时，通过优化架构实现建设和运营成本的降低。数据中心基础设施相关技术将在后面的章节中进行详细的介绍。

三、低碳与节能同步推进

随着数据中心的高速发展，行业对能源的需求也在不断飙升，数据中心向着更加绿色低碳的方向发展已经成为社会共识。工业和信息化部也陆续发布了《国家绿色数据中心试点工作方案》（工信部联节〔2015〕82号）、《国家绿色数据中心试点监测手册》（工信厅节〔2016〕99号），并联合国家机关事务管理局、国家能源局发布了《关于加强绿色数据中心建设的指导意见》（工信部联节〔2019〕24号），对绿色数据中心建设提出了明确的要求。相比传统的数据中心，绿色数据中心在安全、节能、环保方面有更严格的控制措施，同时，数据中心用电能耗的大幅度降低也更符合数据中心运营的经济性要求。

根据国家"二氧化碳排放力争于2030年前达到峰值，努力争取2060年前实现碳中和"的工作任务，数据中心作为占社会总用电量的比例持续增长的行业，更应该优化能耗结构，淘汰落后技术，减少碳排放。

现阶段，各数据中心常规运维节能主要围绕优化温场分布、优化气流和水流组织、提高各单体设备运行效率和提升联动系统效率展开。电能使用效率从1.8降到1.7容易，但从1.25降到1.24可能会很难，即使能够实现，电能使用效率每降低0.01所付出的成本也会变得越来越高。

数据中心节能更多的是围绕基础设施建设和运维开展的，而对占比达到80%的基础设施之外的能耗关注得过少，所以我们不但要关注电能使用指标，还要关注IT系统的能耗指标，推动建立IT设备能耗评价体系，鼓励低能耗、高算力的IT设备进场，关注数据中心能源到算力的整体转换能力，提升整个数据中心的运行效率，向着基础设施、IT设备和应用系统全面可持续发展的方向前进。

四、数字化与智能化全面落地

大数据、AI、云计算等技术已日渐成熟并飞速发展，传统的数据中心规划、建设和运维技术、解决方案已经不能完全满足业务需求，全面的数字化和智能化将成为可能。随着数字业务的激增，数据中心不仅规模越来越大，架构也越来越复杂，导致其建设、部署、运维和管理费时费力。传统数据中心建设模式落后，建设周期长，不仅能耗高，运维难，而且可靠性低，已经不能满足数字化、智能化业务发展对数据中心灵活、快捷、高效、低碳的要求，数据中心自身也要向着数字化、智能化全面转变。

随着数字化转型的不断加速和“新基建”项目的不断推进，数据中心的需求日渐凸显。作为“新基建”项目的重要组成部分，数据中心的转型升级不断向前迈进，AI、深度学习与数据中心有机结合，以AI为代表的智能化技术成为数据中心转型升级的高效选择。

AI与数据中心的结合，能够实现数据中心效率的革命性提升，并更好地优化制冷系统，进而可以帮助数据中心降低耗电量，极大地降低数据中心的运维成本，提升竞争力，推动传统数据中心向数字化、智能化数据中心的转型升级。

数字孪生技术可应用于数据中心设计、建设和运维全生命周期。设计阶段通过3D可视、虚拟现实、辅助设计方案分析、仿真设计方案评估、AI智能设计等能力，支持对数据中心设计方案的合理性、可行性、技术经济性进行评估，以及实现智能设计。运维阶段通过3D可视、系统拓扑可视、虚拟现实、大数据分析、仿真、AI等能力实现气流组织优化、能耗分析、变更评估、模拟演练、人员培训、故障检测及预测、安全评估、健康评估、故障定位、寿命预测、智能巡检、运行优化等。数据中心数字孪生系统可以有效地减少系统故障、降低系统能耗及试错成本。

数据中心在智能化方面，除了具备自动化和可视化的能力外，还能全部或部分具备能感知、会描述、可预测、会学习、会诊断、可决策的能力。数据中心运维智能化水平逐步提高，将实现无人运维，减少人因故障，提高设备系统的整体可用性，同时可以节省人力资源，减少资源消耗，及时响应环境变化，促进数据中心绿色发展。

第二章 数据中心政策与标准

导 读

本章第一部分对近几年的产业政策进行了汇总和梳理。由中央各部委联合主导印发的政策文件，对行业发展从围绕着北京、上海、广州、深圳等发达地区的形势方面做了大幅的拓展，“八大节点”“东数西算”“国家算力网络体系”成为当前的主要热点。同时，各个地区为了数据中心的产业落地、合理化发展，也更新制定了符合当地需求的地方政策，从约束盲目投资、强化监管、鼓励良性运营、提高能源效率等方面给予了引导。

本章第二部分以国家标准为主。国家标准是在政策引领下具体做好项目建设、运营的基石。对于数据中心行业的国家标准，以《数据中心设计规范》为代表在本章做了详细描述，是本书后续章节的重要依据之一。数据中心行业也是一个与基础设施建设密不可分的市场应用，在各节中，对国内外的相关标准、企业标准、团体标准等进行了概括。以多元的视角，使读者对数据中心行业的基础有一个全面的了解。

第一节　国家产业政策

2021 年 5 月 24 日，国家发展改革委、中央网信办、工业和信息化部、国家能源局联合印发了《全国一体化大数据中心协同创新体系算力枢纽实施方案》（以下简称《方案》），明确提出在京津冀、长三角、粤港澳大湾区等八个地区部署国家枢纽节点，启动实施“东数西算”工程，构建国家算力网络体系，推动数据中心绿色高质量发展，加快建设全国一体化大数据中心算力枢纽体系。《方案》提出了四项基本原则、九大重点任务、三则保障措施：四项基本原则为加强统筹、绿色集约、自主创新、安全可靠；九大重点任务包括加强绿色集约建设、推动核心技术突破、加快网络互连互通、加强能源供给保障、强化能耗监测管理、提升算力服务水平、促进数据有序流通、深化数据智能应用、确保网络数据安全；三则保障措施为加快推动落实、加强政策支持、加强工程保障。

在《方案》的基础上，2022 年 2 月 16 日，国家发展改革委、中央网信办、工业和信息化部、国家能源局又联合发布了同意在京津冀、长三角、粤港澳大湾区、成渝、内蒙古、贵州、甘肃、宁夏 8 个地区启动建设国家算力枢纽节点，并规划了张家口集群、长三角集群、芜湖集群、韶关集群、天府集群、重庆集群、贵安集群、和林格尔集群、庆阳集群、中卫集群 10 个国家数据中心集群。至此，完成了全国一体化大数据中心体系总体布局设计。这标志着“东数西算”工程正式全面启动，成为继“南水北调”“西气东输”“西电东送”后的第四个超级工程。

2021 年 7 月 4 日，工业和信息化部发布《新型数据中心发展三年行动计划（2021—2023 年）》（工信部通信〔2021〕76 号），提出用三年时间，形成全国一体化算力网络国家枢纽节点、省内数据中心、边缘数据中心梯次布局；明确了“到 2021 年底，新建大型及以上数据中心 PUE 降低到 1.35 以下；到 2023 年底，新建大型及以上数据中心 PUE 降低到 1.3 以下，严寒和寒冷地区力争降低到 1.25 以下”的能耗控制目标和“分类分批推动存量‘老旧小散’数据中心改造升级”的产业升级方向。

2021 年 10 月 18 日，国家发展改革委、工业和信息化部、生态环境部、市场监管总局、国家能源局联合发布《关于严格能效约束推动重点领域节能降碳的若干意见》（发改产业〔2021〕1464 号），明确要求新建大型、超大型数据中心 PUE 不超过 1.3，新建大型、超大型数据中心原则上布局在国家枢纽节点数据中心集群范围内。同时提出，各地要统筹好在建和拟建数据中心项目，设置合理过渡期，确保平稳有序发展。对于在国家枢纽节点之外新建的数据中心，地方政府不得给予土地、财税等方面的优惠政策。

部分国家产业政策文件见表 2-1。

表 2-1　国家产业政策文件（部分）

时间	发布机关部门	政策文件
2021-10-24	中共中央　国务院	《关于完整准确全面贯彻新发展理念做好碳达峰碳中和工作的意见》
2021-2-22	国务院	《关于加快建立健全绿色低碳循环发展经济体系的指导意见》
2021-3-12		《中华人民共和国国民经济和社会发展第十四个五年规划和 2035 年远景目标纲要》
2021-10-26	国务院	《2030 年前碳达峰行动方案》
2021-4-19	工业和信息化部	《关于开展 2021 年工业节能监察工作的通知》
2021-7-14	工业和信息化部	《新型数据中心发展三年行动计划（2021—2023 年）》
2021-12-9	工业和信息化部	《国家工业节能技术推荐目录（2021）》 《国家通信业节能技术产品推荐目录（2021）》 《“能效之星”装备产品目录（2021）》
2021-11-16	工业和信息化部	《“十四五”信息通信行业发展规划》
2021-11-30	工业和信息化部	《“十四五”大数据产业发展规划》
2021-11-30	工业和信息化部	《“十四五”软件和信息技术服务业发展规划》
2021-12-3	工业和信息化部	《“十四五”工业绿色发展规划》
2021-12-10	工业和信息化部	《国家通信业节能技术产品应用指南与案例（2021）》： 1. 绿色数据中心高效冷源技术产品 2. 绿色数据中心高效冷却及配套技术产品 3. 绿色数据中心高效供配电技术产品 4. 绿色数据中心高效系统集成及高效 IT 技术产品
2021-7-21	工业和信息化部办公厅	《关于下达 2021 年国家工业专项节能监察任务的通知》
2021-11-2	工业和信息化部办公厅	《关于组织开展国家新型数据中心（2021 年）典型案例推荐工作的通知》
2021-4-10	财政部 生态环境部 工业和信息化部	《绿色数据中心政府采购需求标准（试行）》
2021-10-11	国家市场监督管理总局 （国家标准化管理委员会）	《数据中心能效限定值及能效等级》

续表

时间	发布机关部门	政策文件
2020-12-28	国家发展和改革委员会 中央网信办 工业和信息化部 国家能源局	《关于加快构建全国一体化大数据中心协同创新体系的指导意见》
2021-5-24	国家发展和改革委员会 中央网信办 工业和信息化部 国家能源局	《全国一体化大数据中心协同创新体系算力枢纽实施方案》
2021-7-15	国家发展和改革委员会 国家能源局	《关于加快推动新型储能发展的指导意见》
2021-10-22	国家发展和改革委员会 工业和信息化部 生态环境部 国家市场监督管理总局 国家能源局	《关于严格能效约束推动重点领域节能降碳的若干意见》
2021-12-8	国家发展和改革委员会 中央网信办 工业和信息化部 国家能源局	《贯彻落实碳达峰碳中和目标要求 推动数据中心和 5G 等新型基础设施绿色高质量发展实施方案》
2021-11-5	工业和信息化部 中国人民银行 中国银行保险监督管理委员会 中国证券监督管理委员会	《关于加强产融合作推动工业绿色发展的指导意见》
2021-11-22	工业和信息化部办公厅 国家发展和改革委员会办公厅 商务部办公厅 国家机关事务管理局办公室 中国银行保险监督管理委员会办公厅 国家能源局综合司	《关于组织开展 2021 年国家绿色数据中心推荐工作的通知》

第二节　核心地区产业政策

一、北京地区产业政策

1. 现行产业政策

根据《北京市新增产业的禁止和限制目录》(2018年版),北京的中心城区(东城区、西城区、朝阳区、海淀区、丰台区、石景山区)、北京城市副中心(规划范围为原通州新城规划建设区,总面积约155平方千米)禁止新建和扩建数据中心,其他城区仅可建设PUE值在1.4以下的云计算数据中心。2021年4月27日发布的《北京市数据中心统筹发展实施方案(2021—2023年)》已明确规定,新建云数据中心PUE值不应高于1.3,单机架功率不应低于6kW。

2021年7月22日,北京市发展改革委发布《关于进一步加强数据中心项目节能审查的若干规定》,根据数据中心项目的规模对PUE值实行进一步的差别化管理,对于规格较高的项目设置了较高的准入门槛。在北京市内新建、扩建数据中心:(1)年能源消费量小于1万吨标准煤(电力按等价值计算,下同)的项目,PUE值不应高于1.3;(2)年能源消费量大于等于1万吨标准煤且小于2万吨标准煤的项目,PUE值不应高于1.25;(3)年能源消费量大于等于2万吨标准煤且小于3万吨标准煤的项目,PUE值不应高于1.2;(4)年能源消费量大于等于3万吨标准煤的项目,PUE值不应高于1.15。

尤其需要注意的是,《关于进一步加强数据中心项目节能审查的若干规定》中明确包含机柜等建设内容且机柜及其制冷部分能源消费量达到年能源消费量1000吨标准煤或者年电力消费量达到500万kW·h(含)以上的项目,视同数据中心项目。据此,以其他项目之名建设数据中心项目的,将作为数据中心项目纳入监管。

此外,北京市发展改革委目前正在就《北京市新增产业的禁止和限制目录》(修订征求意见稿)公开征求意见,修订稿中数据中心不再仅以PUE值为数据中心项目的准入条件,而是综合《北京市数据中心统筹发展实施方案(2021—2023年)》的规定进行综合判断。具体修订情况还需继续关注正式发布的修订版产业目录。

(1)节能审查承诺制

北京市发展改革委于2019年8月13日下发《关于印发北京市固定资产投资项目节能审查承诺制试点实施方案(试行)的通知》(京发改规〔2019〕3号),决定在北京城市副中心、北京经济技术开发区开展节能审查承诺制试点工作,项目单位及其法定代表人无违法失信行为记录、年综合能源消费量花1 000吨(含)标准煤以上的固定资产投资项目可以自主选择是否开展固定资产投资项目节能审查承诺制试点。建设单位通过北京市固定资产投资项目在线节能审查管理系统填写并上传节能审查承诺书，节能审查部门核实项目是否符合试点范围和类型要求，但原则上不对节能审查承诺书进行实质性审查。需要注意的是，考虑到数据中心项目高能耗的特点，实操中数据中心项目能否适用节能审查承诺制尚需与所在地主管部门进行咨询确认。

（2）节能审查监管趋严

《关于进一步加强数据中心项目节能审查的若干规定》重申了《固定资产投资项目节能审查办法》等规定中关于未进行节能审查或节能审查未通过的项目的罚则：对未按照相关法律法规进行节能审查或节能审查未获通过，擅自开工建设或擅自投入生产、使用的固定资产投资项目，责令停止建设或停止生产、使用，限期改造；不能改造或逾期不改造的，责令关闭，并依法追究有关责任人的责任；以拆分项目、提供虚假材料等不正当手段通过节能审查的固定资产投资项目，撤销项目的节能审查意见。对未落实节能审查意见要求的固定资产投资项目，责令建设单位限期整改。不能改正或者逾期不改正的，按照有关规定处罚。

另外，根据《关于进一步加强数据中心项目节能审查的若干规定》，新建或改扩建数据中心的建设单位应当提供符合功能定位的明确的业务需求清单或相关意向协议。

根据公开渠道的查询结果显示，2021 年 1 月至 2021 年 10 月，北京市发展改革委仅批准了 5 个数据中心项目的节能审查。在国家层面推动绿色低碳发展的时代背景下，北京市新建数据中心项目的难度可能较大。

（3）节能审查变更

根据北京市发展改革委发布的《关于优化营商环境调整完善北京市固定资产投资项目节能审查的意见》（京发改规〔2017〕4 号）规定，建设内容、用能工艺、能源品种、重点用能设备、能效水平等发生重大变动的，或能源消费总量超节能审查意见批准能源消费总量 10%（含）时，建设单位应当提出变更申请并办理节能审查变更手续。《关于进一步加强数据中心项目节能审查的若干规定》进一步强调，项目取得节能审查意见后，两年内上架率（实际上架的机柜总功率 / 项目机柜设计总功率）未达到 80% 的，建设单位应当向原节能审查机关提出变更申请。

（4）差额电价与高耗能行业电价

《关于进一步加强数据中心项目节能审查的若干规定》提出将电价与 PUE 值挂钩的要求，明确对超过标准限定值（PUE 值为 1.4）的数据中心，按月征收差别电价电费，其中，PUE 值高于 1.4 且小于等于 1.8 的项目，执行的电价加价标准为每度电加价 0.2 元；对于 PUE 值高于 1.8 的项目，每度电加价 0.5 元。《北京市进一步强化节能实施方案（2023 年版）》提出数据中心属于“高耗能行业”；将严格执行国家电价改革政策，对直接参与电力市场化交易的高耗能企业，市场交易电价不受燃煤发电基准价上浮不超过 20% 的限制；通过电网企业代理购电的高耗能企业，执行高于电网企业代理其他用户的购电价格（1.5 倍）。据此可知，北京市可能对数据中心执行适用于高耗能行业的更高电价。

（5）区域能评限批或能耗减量替代

根据北京市发展改革委等 11 个部门于 2021 年 11 月 1 日联合印发的《北京市进一步强化节能实施方案（2022 年版）》的规定，对能耗强度不降反升或能耗增量超过五年规划时间进度要求的区，实行数据中心项目区域能评限批或能耗减量替代。据此，北京市各区的能评总量、增量情况将会对数据中心项目的能评能否获批造成一定影响。

部分北京及周边地区产业政策文件见表 2-2。

表 2-2　北京及周边地区产业政策文件（部分）

时间	所属地区	政策文件
2021-4-27	北京	《北京市数据中心统筹发展实施方案（2021—2023 年）》
2021-7-22	北京	《关于加快新型基础设施建设支持试点示范推广项目的若干措施》
2021-7-27	北京	《关于印发进一步加强数据中心项目节能审查若干规定的通知》
2021-7-30	北京	《北京市关于加快建设全球数字经济标杆城市的实施方案》
2021-10-13	北京	《关于组织开展重点用能单位在线监测和现场检测工作的通知》
2021-11-1	北京	《北京市进一步强化节能实施方案（2022 年版）》
2022-3-22	北京	《北京市新增产业的禁止和限制目录（2022 年版）》

2. 推进数据中心智能建设、可持续发展

根据《北京市加快新型基础设施建设行动方案（2020—2022 年）》，北京市主张建设新型数据中心，推进数据中心从存储型到计算型的供给侧结构性改革。加强存量数据中心绿色化改造，鼓励数据中心企业高端替换、增减挂钩、重组整合，促进存量的小规模、低效率的分散数据中心向集约化、高效率的数据中心转变。着力加强网络建设，推进网络高带宽、低时延、高可靠化提升。同时，推进数据中心从“云＋端”集中式架构向“云＋边＋端”分布式架构演变。探索推进氢燃料电池、液体冷却等绿色先进技术在特定边缘数据中心试点应用，加快形成技术超前、规模适度的边缘计算节点布局。研究制定边缘计算数据中心建设规范和规划，推动云边端设施协同健康有序发展。

根据《关于进一步加强数据中心项目节能审查的若干规定》的规定，新建或改扩

建数据中心应当主要为计算型。建设单位应当提供项目运行后用于数据计算、存储等方面的功能规划说明及配置说明，应当保证用于数据存储功能的机柜功率比例不高于机柜总功率的 20%。新建及改扩建数据中心应当逐步提高可再生能源利用比例，鼓励 2021 年及以后建成的项目，年可再生能源利用量占年能源消费量的比例按照每年 10% 递增，到 2030 年实现 100%（不含电网既有可再生能源占比）。

3. 北京市数据中心统筹发展实施方案

2021 年 4 月 27 日，北京市经济和信息化局正式发布《北京市数据中心统筹发展实施方案（2021—2023 年）》（以下简称《实施方案》），该《实施方案》拟构建一套更完整的数据中心统筹发展方案，按照“四个一批”总体思路，通过关闭一批功能落后的数据中心、整合一批规模分散的数据中心、改造一批高耗低效的数据中心、新建一批新型计算中心和人工智能算力中心及边缘计算中心，推动京津冀地区数据中心分区分类梯度布局、统筹发展。该《实施方案》的主要包括以下内容。

（1）分区分类布局

按照以下数据中心分区分类管理，结合第三方专业评测，摸清区域内数据中心运行情况，形成关闭、腾退、改造、新建清单，建立清单动态管理和部门联合监管信息共享机制，统筹有序推进数据中心发展。

①功能保障区域（东城区和西城区）。仅保留满足国家重大政务及低时延金融类需求的数据中心，逐步关闭及腾退其他老旧落后的自用型数据中心、存储型数据中心、容灾备份中心（不包括运营商通信机房）。可适度利用腾退后资源和空间改造建设边缘计算中心，支撑低时延业务应用，服务智慧城市、车联网等重点应用场景落地。除边缘计算中心外，该区域禁止新建或扩建数据中心。

②改造升级区域（朝阳区、海淀区、石景山区、丰台区、城市副中心、北京经济技术开发区）。按照“以旧换新、增减替代”原则推动存量数据中心的改造升级。将以冷数据、静态数据备份为主的存储类数据中心，替换为支撑数字经济、人工智能、区块链、工业互联网等前沿产业发展的计算型和人工智能算力型数据中心，鼓励发展商用型或混用型云数据中心，提升区域数据中心的整体计算能级和绿色水平。

③适度发展区域（通州区、顺义区、昌平区、门头沟区、大兴区、平谷区、怀柔区、密云区、房山区、延庆区）。适度引导服务政务、金融、互联网、工业互联网、通信等重点行业的技术先进、资源集约、产业集聚的商用型及混用型云数据中心和人工智能算力中心发展。

④协同发展区域（河北、天津等环京支撑区域）。鼓励引导绿色化水平高，满足中、高时延业务的数据中心布局，为京津冀地区数字经济协同发展提供有力支撑。

（2）经济贡献指标准入要求

除全面支持 IPv6 以及数据中心规模、PUE、单机架功率等指标要求外，该《实施方案》还要求新建或改造后数据中心符合所在区域的经济贡献指标要求。其中，功能保障区域、改造升级区域、适度发展区域的非自用型数据中心经济贡献应符合相关区入区要求，每年每机架直接产生及支撑业务带动的综合税收最低不应少于 8 万元、5 万元、3 万元。此外，《实施方案》明确规定，数据中心项目主体应有较强的技术实力和运营经验，对外提供服务需具备相关经营资质，新建或改造数据中心应充分论证并有明确的业务功能、客户主体、商业模式，可快速形成经济贡献。各区应统筹使用能耗指标，适当向功能定位先进、产出效益高的数据中心项目倾斜。

关于经济贡献的准入要求落地后，除了满足目前已有的 PUE 值的要求，数据中心的项目主体在项目初始阶段即需要有明确的业务方向、商业模式和客户主体，目前，市场上成熟的、已形成规模的电信公司、数据中心公司未来可能更容易取得在北京建设数据中心的入场券。

（3）数据中心存量优化

①关闭、腾退低利用率数据中心。对年均 PUE 高于 2.0 或平均单机架功率低于 2.5kW 或平均上架率低于 30% 的功能落后的备份存储类数据中心要逐步关闭。

②老旧数据中心升级改造。加快对年均 PUE 高于 1.8 或平均单机架功率低于 3kW 的数据中心进行改造：改造后的计算型云数据中心 PUE 值不应高于 1.3IT，设备总功率不得超过改造前，且满足行业通用算力需求和数据资源智能分析需求，符合所在区域功能定位和经济贡献指标要求；改造后的边缘计算中心 PUE 值不应高于 1.6，机架数不多于 100 架，未按规定完成改造的数据中心要逐步腾退。

③整合存量数据中心。通信、金融、能源、政务、科技、教育、医疗等行业主管部门应加强对本行业在改造升级区域内存量数据中心的整合利用，推动规模在 300 机架以下、年均 PUE 高于 1.8 的小规模、高能耗自用型数据中心向集约化、高效化发展，培育一批整合试点示范项目。

（4）新建云数据中心要求

新建云数据中心 PUE 值不应高于 1.3，单机架功率不应低于 6kW，用于数据存储的机柜功率比例不高于机柜总功率的 20%。鼓励布局人工智能、区块链算力中心，推动形成 4 000 PFlops（每秒 400 亿次浮点运算）总算力规模的人工智能公共算力基础设施，重点满足支撑科研探索、智慧城市和数字经济场景的算力需求。

（5）京津冀协同建设

加强京津冀数据中心协同发展，积极引导满足新增需求的数据中心在河北省张家口市（如张北县、怀来县）、廊坊市及天津市（如武清区、滨海新区）等环京区域布局，推进形成高速互联、数据流通、优势互补的世界级数据中心“集聚圈”。

（6）制定数据中心建设导则

《实施方案》提出要结合《北京市新增产业的禁止和限制目录》制定数据中心项

目建设导则，各区应制定相应的实施细则，推动相关任务有序落地实施。

4. 能耗在线监测和现场检测

2021 年 10 月 13 日，北京市发展改革委发布《关于组织开展重点用能单位在线监测和现场检测工作的通知》，要求在 2021 年年底前将能耗增长较快的信息和互联网服务行业 26 家重点用能单位的实时监测数据接入北京市节能监测服务平台，并对 18 家重点用能单位实施能效现场检测。

随后，北京市发展改革委等 11 个部门联合印发《北京市进一步强化节能实施方案（2022 年版）》，要求严控数据中心能耗，年底前完成重点用能单位中提供第三方（非自用）数据中心服务的企业实时电耗数据接入北京市节能监测服务平台，实现实时准确电耗监测。对于节能监察工作中已发现的能效水平较低的数据中心企业，依法开展能效现场检测，深挖企业节能潜力，督促其完成整改。

二、上海地区产业政策

1. 上海数据中心总体产业政策

随着国家绿色节能政策的不断趋紧，加之社会经济环境的要求，上海市近年来相继出台了一系列管理政策［包括但不限于《关于加强本市互联网数据中心统筹建设的指导意见》（沪经信基〔2019〕21 号）、《关于全面推进上海城市数字化转型的意见》《上海市推进新型基础设施建设行动方案（2020—2022 年）》（沪府〔2020〕27 号）、《上海市促进城市数字化转型的若干政策措施》（沪发改规范〔2021〕8 号）、《关于做好 2021 年本市数据中心统筹建设有关事项的通知》（沪经信基〔2021〕257 号）以及《上海市数据中心建设导则（2021 版）》］来引导上海地区数据中心的产业布局及加强数据中心行业监管，具体政策要求如下。

（1）功能定位

数据中心的建设应当符合上海市的发展需求和产业导向，如服务于上海“五个中心”、全球数据港等功能性、枢纽型基础平台和创新型平台建设，服务于上海市产业地图重点聚焦的产业（如人工智能、大数据、工业互联网、云计算、智能网联汽车、金融服务、软件和信息服务、文化创意等），或者服务于聚焦计算功能、提升城市能级和核心竞争力的重大项目。数据中心项目申报时，申报单位须提供符合以上功能定位的明确业务需求清单及相关意向协议。

2021 年 4 月 2 日，上海市经信委与上海市发展改革委联合发布《关于做好 2021 年本市数据中心统筹建设有关事项的通知》，提出 2021 年上海市“优先支持服务金融、贸易、航运、科创、数据枢纽等功能性平台的数据中心建设，重点支持服务人工智能、金融服务、智能制造等产业发展，以及聚焦计算功能、支撑城市数字化转型的重大项目应用”。

（2）选址布局

数据中心项目原则上应在外环以外符合配套条件的工业区或发电厂厂区内，采用先进节能技术集约建设，新建数据中心围绕本市重点发展区域（如临港新片区、青浦、松江等本市西部、南部适建区）集聚；严格禁止在中环以内区域新建；确需在中外环之间新建的，遵循一事一议从严要求。新建项目应达到一定的经济密度，单位土地税收不应低于所在园区或所在区域平均水平。此外，新建数据中心选址距离网络核心汇聚节点不宜超过 50 千米，直线距离 300 米以内有一路自来水管网且周边有富余供电能力的 110 千伏及以上变电站资源，优先支持利用有供电条件的电厂或工业厂房改造建设。数据中心项目申报时，申报主体需提供相关土地权利证书或房屋租赁合同。

（3）规模与设计指标

上海市新建互联网数据中心，单项目规模控制在 3 000 ～ 5 000 个机架（IT 容量范围 18 ～ 30MW），且平均单机架功率不低于 6kW，机架设计总功率不小于 18 000kW。新建互联网数据中心综合 PUE 值严格控制在 1.3 以下，改建互联网数据中心 PUE 值严格控制在 1.4 以下。

（4）项目申报单位的资历 / 资质要求

申报单位须持有国家或本市颁发的 IDC 运营许可，股权结构清晰，不存在违法失信行为；具备专业的运维和运营团队，主要技术人员应具备相关资格证书；在上海市具有长期稳定运营和社会化服务能力，未发生过重大安全事故。上海市鼓励基础电信运营商、数据中心专业运营商、专业云服务商（含大型人工智能专业服务企业）申报数据中心项目，并优先支持持有 3 000 机架以上的大型数据中心，且有 3 年以上运维经验的主体报建。

已获上海市用能支持的项目，在项目全部投产运行并通过节能验收后，相关项目主体方可参加新批次项目的申报；已获上海市用能支持的项目建设进展缓慢，将影响该项目主体以及所在区的新批次项目征集。

（5）符合性评估与能耗指标控制

拟在上海市投资新建互联网数据中心的企业应首先向上海市经信委报送新建项目的可行性研究方案，由上海市经信委按照《上海市数据中心建设导则（2021 版）》（以下简称《数据中心建设导则》）组织进行项目符合性评估和专家评审，确定入围项目及能耗指标。对于取得上海市经信委支持用能意见及能耗指标的项目，申报单位方可进一步向所在地发展改革委进行项目立项备案，并向上海市发展改革委申报节能审查。

2019 年 11 月 13 日，上海市经信委公布了 2019 年全市首批支持新建的互联网数据中心项目及分配用能指标，六家企业获准新建，共分配机架 22 355 架。2020 年 6 月 5 日，上海市经信委公布了 2020 年全市支持新建的互联网数据中心项目及分配用能指标，12 个新建互联网数据中心项目上榜，共分配机架 36 000 架。

2021 年 4 月 2 日，上海市经信委与上海市发展改革委联合发布《关于做好 2021 年本市数据中心统筹建设有关事项的通知》，2021 年上海市首批拟支持新建数据中心项目总规模约 3 万标准机架（标准机架指 IT 功耗以 6kW 计的设备机架）。

2021 年 4 月 14 日，上海市经信委发布《关于征集本市 2021 年拟新建数据中心项目的通知》（沪经信基〔2021〕272 号）正式面向全市范围征集 2021 年拟新建数据中心项目，报建单位须提供拟新建数据中心项目所在区政府的书面支持意见，项目所在区域为中国（上海）自贸试验区临港新片区，应提供临港新片区管委会对项目的书面支持意见。相关区政府、中国（上海）自贸试验区临港新片区管委会本批次各有两个拟新建数据中心项目推荐名额，且需明确项目推荐优先级。

2021 年 7 月 22 日，上海市经信委发布《关于支持新建数据中心项目用能指标的通知》（沪经信基〔2021〕575 号），公布了 2021 年首批明确支持用能的新建数据中心项目名单，10 个新建互联网数据中心项目上榜，共分配机架 30 000 架。该通知特别明确，相关项目单位需在通知下发之日起四个月内完成项目节能审查申报和开工建设准备，半年内开工建设，两年内投产运行。如未按照以上时间节点完成，将视情况收回对项目的用能支持。

此外，根据《关于做好 2021 年本市数据中心统筹建设有关事项的通知》（沪经信基〔2021〕257 号）的要求，新建数据中心项目的项目主体、建设地址、股权结构等申报承诺内容，从获批到投产运营后 5 年内不得变更，否则视同提供虚假材料，将按照有关规定向市公共信用信息服务平台提供不良记录。新建数据中心项目投运后，在建设方案、功能定位、节能措施、关键指标、营运主体、股权关系等方面未达到项目征集时所申报承诺的要求，且经整改仍与所申报承诺严重不符的，项目相关企业今后不得在本市参与新建项目征集。

（6）节能审查制度

根据《上海市固定资产投资项目节能审查实施办法》（沪府发〔2017〕78 号）的规定，国家发展改革委核报国务院审批或核准、国家发展改革委审批或核准的项目，其节能审查由市发展改革委负责。年综合能源消费量（增量）5 000 吨标准煤以上的项目由市发展改革委、市经济信息化委负责节能审查。年综合能源消费量（增量）5 000 吨标准煤以下的其他项目，其节能审查按照项目管理权限实行分级管理。年综合能源消费量（增量）1 000 吨标准煤以上（含 1 000 吨标准煤，电力折算系数按当量值），或年电力消费量（增量）500 万千瓦时以上的项目，应单独进行节能审查。大部分数据中心项目的节能审查由上海市发展改革委负责。

数据中心项目建成后，建设单位应根据《上海市固定资产投资项目节能验收管理办法》（沪发改规范〔2018〕5 号）的要求向节能审查部门申请开展节能验收工作，节能验收通过后项目方可投入生产、使用。目前，上海市发展改革委委托上海市节能监察中心对本市固定资产投资项目进行节能审查专项抽查并对外公布抽查结果。节能审查专项抽查的检查重点包括项目实际进展情况、项目节能报告编制情况、项目节能报告提交审查情况、项目取得节能审查意见情况以及项目的用能规模、能效水平等是否达到节能审查意见的要求。

（7）资源节约与利用

上海市强调数据中心项目应与本市电力、供水等资源发展相结合，加强先进节能技术导入，鼓励和支持通过引入高效供配电和制冷等基础配套技术切实降低 PUE；支持采用整机柜、模块化和液冷等技术提升 IT 设备能效；加大分布式供能、可再生能源使用量的占比，提高单位面积功率密度，鼓励采用错峰储能、余热利用、自然冷源、高压直流、太阳能、风能等技术提高能源再利用效率。数据中心绿色等级宜达到 G5/5A 标准。

（8）上架率

上架率是指已上架的服务器数量 / 机架可承载的服务器数量，通常作为衡量数据中心运营情况的重要业绩指标。《数据中心建设导则》也对新建数据中心项目的上架率提出了要求：新建数据中心项目投入运行后，半年内上架率不应低于 50%（仅针对自用的数据中心），第一年上架率不应低于 70%，第二年及以后不应低于 90%。

（9）可靠性与网络安全

上海市要求新建数据中心 UPS 供电系统（含 HVDC 等其他类型 UPS）的供电全程（从变压器输入配电设备到列头柜输入设备）可靠性不应低于 99.999%，可靠性等级宜达到 R3。新建数据中心网络与信息安全应符合国家网络与信息安全的相关规定，信息系统安全等级保护应达到三级，安全性等级宜达到 S5。

（10）重点用能单位在线监测

上海市是较早推进重点用能单位能耗在线监测系统建设的城市，如果数据中心项目被列入上海市发展改革委发布的当年度上海市重点用能单位名单，还需按照当地节能监察机关的要求，部署在线监测系统，并上连到上海市有关公共用能监测平台报送数据。监测内容应包括且不限于总能耗、总耗水、IT 总耗电、可再生能源使用量、蓄电量、蓄冷量等。

根据《关于做好 2021 年本市数据中心统筹建设有关事项的通知》的要求，全市存量数据中心应在一年内全部接入市级能耗监测平台，同时，数据中心企业应在两年内依据 DB 31/652—2020《数据中心能源消耗限额》及时做好不达标数据中心的整改，否则不予支持相关企业申报新的数据中心项目，并将对其执行差别电价。

（11）经济效益要求

上海市要求新建数据中心的投资强度、亩产税收、能耗强度等经济指标应符合上海市及所在区域的准入要求，其中投资强度不低于 200 亿元 / 平方千米，亩产税收不低于 100 万 / 亩 · 年，能耗强度即项目直接产出及支撑业务营收不低于 20 万元 / kW · 年、税收不低于 1 万元 /kW · 年。鼓励加大数据中心软硬件高效协同，提升算力效能水平，试点算力使用效率等综合性指标创新。

（12）鼓励使用先进技术

上海市鼓励在数据中心建设中采用各类先进技术或措施，支持数据中心高质量建设和高水平发展，包括但不限于引入无损网络、软件定义网络、IPv6 等技术，提高数据中心网络性能和灵活性；增加对高效定制化 IT 设备以及耐高温、耐腐蚀、空气洁净度要求低的 IT 设备等的使用，提高 IT 设备运行效率和可靠性；积极运用虚拟化、软件定义网络、高性能以太网、人工智能、算力优化、各类物联网和传感器等技术，部署高性能计算、存储、网络等设备设施，实现对水、电、气等各类能源的监测管理，并基于 AI 算法对运行进行持续优化，实施高效的数据中心设施运维管理，不断提升数据中心性能和算力使用效率。

部分上海市及周边地区政策文件见表 2-3。

表 2-3　上海市及周边地区政策文件（部分）

时间	所属地区	政策文件
2021-1-5	上海	《关于加快新建数据中心项目建设和投资进度有关工作的通知》
2021-4-2	上海	《上海市数据中心建设导则（2021 版）》
2021-4-7	上海	《关于做好 2021 年本市数据中心统筹建设有关事项的通知》
2021-7-22	上海	《关于支持新建数据中心项目用能指标的通知》
2021-8-2	上海	《上海市促进城市数字化转型的若干政策措施》
2021-10-27	上海	《上海全面推进城市数字化转型“十四五”规划》
2021-11-9	上海	《关于组织开展国家新型数据中心（2021 年）典型案例征集工作的通知》
2021-8-10	江苏	《江苏省“十四五”数字经济发展规划》
2021-8-27	江苏	《江苏省“十四五”新型基础设施建设规划》
2021-7-1	浙江	《浙江省数字经济发展“十四五”规划》
2021-7-7	浙江	《浙江省节能降耗和能源资源优化配置“十四五”规划》
2021-12-16	浙江	《浙江省推动数据中心能效提升行动方案（2021—2025 年）》
2021-12-16	浙江	《浙江省推动数据中心能效提升行动方案（2021—2025 年）》
2021-8-3	长三角	《长三角区域一体化发展信息化专题组三年行动计划（2021—2023 年）》

2. 上海自贸试验区临港新片区数据中心产业政策

根据《上海市推进新型基础设施建设行动方案（2020—2022 年）》（沪府〔2020〕27 号）的要求，上海市拟将临港新片区打造为“国际数据港”，提升临港新片区内宽带接入能力、网络服务质量和应用水平，构建安全便利的国际互联网数据专用通道。

2020 年 4 月 14 日，临港新片区管委会、上海市通信管理局共同印发了《中国（上海）自由贸易试验区临港新片区通信基础设施专项规划（2020—2025）》（以下简称《临港新片区专项规划》），提出：到 2022 年，临港新片区规划累计建设 5 个 PUE 值不超过 1.3 的互联网云计算数据中心，云计算数据中心物理机架数量达到 5 万架；到 2025 年，临港新片区规划累计建设 9 个 PUE 值不超过 1.3 的互联网云计算数据中心，云计算数据中心物理机架数量达到 9 万架。

2020 年 12 月 9 日，临港新片区管委会印发了《中国（上海）自由贸易试验区临港新片区互联网数据中心建设导则（试行版）》（以下简称《临港新片区建设导则》），在《数据中心建设导则》基础上，针对结构布局、能源综合利用、设计指标等方面提出了具体要求。

（1）结构布局

临港新片区内数据中心项目应选择新区内土地空间资源相对充足、临近高等级电源节点、便于接入电信运营商城域骨干网络且可扩展性较好的区域，优先选择符合配套条件的既有工业区，采用先进节能技术集约建设，兼顾区域经济密度要求。

结构布局应以“存算一体、以算为主”为发展导向，结合应用需求，在布局集约化、规模化大型云数据中心的同时，统筹考虑具有超低时延、高带宽、高实时性计算能力、高安全可靠性的“云数据中心 + 边缘数据中心”的部署模式，提供小型化、分布式、贴近用户的数据中心环境。

（2）能源综合利用

鼓励采用错峰储能、余热利用以及自然冷源、太阳能、风能、风光互补、地热能利用等技术，充分利用电厂余热资源、工业废弃能源、垃圾焚烧厂热源、LNG 接收站冷源等。

（3）设计指标

数据中心平均机架设计功率不低于 8kW，综合 PUE 值严格控制在 1.25 以下。

三、广东地区产业政策

部分广东省及周边地区政策文件见表 2-4。

表 2-4 广东省及周边地区政策文件（部分）

时间	所属地区	政策文件
2021-4-25	广东	《关于明确全省数据中心能耗保障相关要求的通知》
2021-7-11	广东	《广东省数据要素市场化配置改革行动方案》
2021-9-26	广东	《广东省坚决遏制“两高”项目盲目发展的实施方案》
2021-1-4	深圳	《深圳市数字经济产业创新发展实施方案（2021—2023 年）》
2021-8-16	深圳	《深圳市工业和信息化局支持绿色发展促进工业“碳达峰”扶持计划操作规程》
2021-8-25	深圳	《深圳市推进工业互联网创新发展行动计划（2021—2023 年）》
2021-6-4	广州	《关于全市数据中心项目节能审查有关事项的通知》

1. 新建及扩建限制

《广东省 5G 基站和数据中心总体布局规划（2021—2025 年）》提出了“双核九中心”的总体布局，“双核”是指广州、深圳原则上只可新建中型及以下规模的数据中心，承载第一、二类业务，第三类业务逐步迁移至粤东、粤西、粤北地区，第四类业务迁移至省外；“九中心”是指省内新建的超大型、大型、中型数据中心，原则上布局至汕头、韶关、梅州、惠州（惠东、龙门县）、汕尾、湛江、肇庆（广宁、德庆、封开、怀集县）、清远、云浮 9 个数据中心集聚区。全省新建、扩建的数据中心不承载第四类业务。小型数据中心原则上只可在各属地城市新建或扩建，但不能超过小型数据中心规模限制。

根据广东省发展改革委下发的《关于明确数据中心项目节能审查办理要求的通知》的相关规定，除国家战略布局的数据中心项目外，在 2022 年年底之前，珠三角地区不得再办理新建或扩建 3 000 个标准机柜（按照 2.5kW/ 标准机柜进行折算）以上规模的数据中心项目节能审查；如确因企业自用需求新建或扩建的数据中心项目（广州、深圳两市 3 000 个标准机柜以下，其他地市 1 000 个标准机柜以下），当地技能审查机关需提供数据中心标准机柜数量等量或减量替代，并将替代情况报备省能源局；对于数据中心项目规划聚集区，省级节能审查机关将综合平衡全省及相关市标准机柜整体规划和产业实际需求办理节能审查。

此外，《广东省 5G 基站和数据中心总体布局规划（2021—2025 年）》还规定，单个数据中心项目上架率达到 60% 方可申请扩容和新建项目。

2. PUE 要求

根据《广东省 5G 基站和数据中心总体布局规划（2021—2025 年）》和《广东省推进新型基础设施建设三年实施方案（2020—2022 年）》的有关规定，对于广东省内的数据中心，PUE 高于 1.5 的，禁止新建、扩建和改建；PUE 值高于 1.3 的，严控改建，不支持新建、扩建。到 2022 年，上架率达 65%，设计 PUE 值不超过 1.3；到 2025 年，全省数据中心平均上架率达 75%，PUE 值不超过 1.25。

广东省能源局于 2021 年 4 月 25 日下发的《关于明确全省数据中心能耗保障相关要求的通知》还提出要加大节能技术改造力度，以节能技术标准倒逼传统数据中心加快绿色节能技术改造，“十四五”期间 PUE 值需降至 1.3 以下，提高全省数据中心整体能效水平。

3. 节能管理和节能监察

广东省发展改革委于 2020 年 9 月 18 日下发的《关于明确数据中心项目节能审查办理要求的通知》中明确要求：对两年内未能开工建设的数据中心项目原则上不再办理节能审查意见续期手续，依法依规取消项目节能审查意见。同时，明确提出广东省能源局将加强对全省数据中心项目节能审查的监督管理，并适时对全省数据中心项目组织开展节能监管执法，对于未依法办理节能审查或未落实节能审查能耗指标要求的数据中心项目限期整改，对于未能整改或整改后未能达到要求的数据中心项目，予以关停或淘汰。

4. 新基建支持政策

自 2020 年年初以来，广东省对于数据中心等新型基础设施建设提出了相关支持性政策要求。根据《广东省推进新型基础设施建设三年实施方案（2020—2022 年）》的规定，广东省推动构建布局科学合理高效的先进算力集群，支持国家超级计算广州中心、深圳中心升级改造，增强高性能计算能力和云平台能力的拓展应用，支持鹏城“云脑”、珠海横琴、东莞大科学等智能计算平台建设，依托广深“双超算”和省内智能计算平台资源，打造世界领先的超级计算高地；引导广州、深圳主要发展低时延的边缘计算中心和中小型数据中心，有序推动其他地区建设数据中心集聚区，建设国家区域级数据中心集群；合理布局边缘计算资源池节点，优先在广州、深圳、珠海、佛山、东莞、中山等地布局集内容、网络、存储、计算于一体的边缘计算资源池节点，满足交通、医疗、教育、制造等行业在实时业务、智能应用、安全和隐私保护等方面的敏捷连接需求；支持低小散旧数据中心整合、改造和升级，有效提升数据中心整体能耗水平和运行效率；鼓励龙头企业牵头推动鲲鹏、昇腾等创新生态发展，构建自主可控算力集群。

第三节　数据中心基础设施标准

随着加强绿色数据中心建设，强化节能降耗要求的提供，数据中心基础设施的建设标准也越来越规范，本节主要摘选了2020/2021年度数据中心领域新标准，分国外和国内两个部分，其中ISO/IEC 22237数据中心 - 基础设施的系列国际标准的正式颁布将会对业界产生重大影响；我国某些团体标准的主题 / 框架 / 内容也已经达到国际领先的专业技术标准的水平。

一、国家标准（含数据中心等级评定）

数据中心及基础设施领域，目前已经形成了相对完善的国家标准体系，并且仍在进一步完善优化中。

1. 设计、施工验收、运维类标准

这类标准主要包括《数据中心设计规范》、GB 50462—2015《数据中心基础设施施工及验收规范》、GB/T 51314—2018《数据中心基础设施运行维护标准》和GB/T 28827.4—2019《信息技术服务 运行维护 第4部分：数据中心服务要求》等。

（1）《数据中心设计规范》

《数据中心设计规范》是根据住房和城乡建设部《关于印发2011年工程建设标准规范制订、修订计划的通知》（建标〔2011〕17号）的要求，由有关单位在对原国家标准GB 50174—2008《电子信息系统机房设计规范》进行修订的基础上编制完成的，于2017年5月4日发布，于2018年1月1日起实施。其中，第8.4.4、13.2.1、13.2.4、13.3.1、13.4.1条为强制性条文，必须严格执行。相较于《电子信息系统机房设计规范》，本版标准修订的主要内容有章节名称变化、术语增加、等级划分范围修改、章节内容补充修改等。

①章节名称变化。两版标准的章节名称变化如表2-5所示。

表2-5　两版标准的章节名称变化

章节	《电子信息系统机房设计规范》	《数据中心设计规范》
第3章	机房分级与性能要求	分级与性能要求
第4章	机房位置与设备布置	选址与设备布置
第10章	机房布线	网络与布线系统
第11章	机房监控与安全安防	智能化系统
第13章	消防	消防与安全

②术语增加。《数据中心设计规范》中增加的术语包括：数据中心、灾备数据中心、基础设施、PUE、总控中心（ECC），明确数据中心的定义为“为集中放置的电子信息设备提供运行环境的建筑场所，可以是一栋或几栋建筑物，也可以是一栋建筑物的一部分，包括主机房、辅助区、支持区和行政管理区等”。

③等级划分范围修改。《数据中心设计规范》明确了数据中心应划分为 A 级（容错型）、B 级（冗余型）、C 级（基本型）三种类型。

④章节内容补充修改。

A. 选址明确了采用水蒸发冷却方式制冷的数据中心，水源应充足；A 级数据中心不宜建在公共停车库的正上方；大中型数据中心不宜建在住宅小区和商业区内。

B. 明确了容错系统中相互备用的设备应布置在不同的物理隔间内，相互备用的管线宜沿不同路径敷设。

C. 环境要求方面，主机房的空气含尘浓度，在静态或动态条件下测试，每立方米空气中粒径大于或等于 0.5 μm 的悬浮粒子数应少于 17 600 000 粒。

D. 明确了主机房净高应根据机柜高度、管线安装及通风要求确定。新建数据中心时，主机房净高不宜小于 3.0m；新建 A 级数据中心的抗震设防类别不应低于乙类，B 级和 C 级数据中心的抗震设防类别不应低于丙类。

E. 明确了电子信息设备和其他设备的散热量应根据设备实际用电量进行计算。

F. 明确了采用冷冻水空调系统的 A 级数据中心宜设置蓄冷设施，蓄冷时间应满足电子信息设备的运行要求；控制系统、末端冷冻水泵、空调末端风机应由不间断电源系统供电；冷冻水供回水管路宜采用环形管网或双供双回方式。当水源不能可靠保证数据中心运行需要时，A 级数据中心也可采用两种冷源供应方式。

G. 明确了空调系统设计应采用的节能措施。

a. 空调系统应根据当地气候条件，充分利用自然冷源。

b. 大型数据中心宜采用水冷冷水机组空调系统，也可采用风冷冷水机组空调系统；采用水冷冷水机组的空调系统，冬季可利用室外冷却塔作为冷源；采用风冷冷水机组的空调系统，设计时应采用自然冷却技术。

c. 空调系统可采用电制冷与自然冷却相结合的制冷方式。

d. 数据中心空调系统在设计时应分别计算自然冷却和余热回收的经济效益，应采用经济效益最大的节能设计方案。

e. 空气质量优良的地区，可采用全新风空调系统。

f. 根据负荷变化情况，空调系统宜采用变频、自动控制等技术进行负荷调节。

H. 明确了机房专用空调、行间级制冷空调宜采用出风温度控制。空调机应带有通信接口，通信协议应满足数据中心监控系统的要求，监控的主要参数应接入数据中心监控系统，并应记录、显示和报警。主机房内的湿度可由机房专用空调、行间级制冷空调进行控制，也可由其他加湿器进行调节。

I. 明确了数据中心应由专用配电变压器或专用回路供电，变压器宜采用干式变压器，变压器宜靠近负荷布置；数据中心内采用不间断电源系统供电的空调设备和电子信息设备不应由同一组不间断电源系统供电；测试电子信息设备的电源和电子信息设备的正常工作电源应使用不同的不间断电源系统。

J. 明确了数据中心网络系统应根据用户需求和技术发展状况进行规划和设计；数据中心网络应包括互联网络、前端网络、后端网络和运管网络，前端网络可采用三层、二层和一层架构；A 级数据中心的核心网络设备应采用容错系统，并应具有可扩展性，相互备用的核心网络设备宜布置在不同的物理隔间内。

K. 网络与布线系统增加了全新要求。

L. 明确了 A 级数据中心主机房的视频监控应无盲区；安全防范系统宜采用数字式系统，支持远程监视功能；明确了总控中心宜设置总控中心机房、大屏显示系统、信号调度系统、话务调度系统、扩声系统、会议系统、对讲系统、中控系统、网络布线系统、出入口控制系统、视频监控系统、灯光控制系统、操作控制台和座席等。

M. 明确了数据中心的耐火等级不应低于二级；当数据中心按照厂房进行设计时，数据中心的火灾危险性分类应为丙类，数据中心内任一点到最近安全出口的直线距离不应大于标准的规定。当主机房设有高灵敏度的吸气式烟雾探测火灾报警系统时，主机房内任一点到最近安全出口的直线距离可增加 50%；当数据中心位于其他建筑物内时，数据中心与建筑内其他功能用房之间应采用耐火极限不低于 2.0h 的防火隔墙和耐火极限不低于 1.5h 的楼板隔开，隔墙上开门应采用甲级防火门。

（2）GB 50462—2015《数据中心基础设施施工及验收规范》

《数据中心基础设施施工及验收规范》是根据住房和城乡建设部《关于印发〈2012 年工程建设标准规范制订、修订计划〉的通知》（建标〔2012〕5 号）的要求，由有关单位在对原国家标准 GB 50462—2008《电子信息系统机房施工及验收规范》进行修订的基础上编制完成的，于 2015 年 12 月 3 日发布，自 2016 年 8 月 1 日起实施。其中第 3.1.5、5.2.10、5.2.11、6.2.2 条为强制性条文，必须严格执行。

本标准相对于《电子信息系统机房施工及验收规范》，修订的主要内容如下：①目前数据中心消防系统的设计、施工、验收均由公安消防部门认定的单位完成，因此删除相关章节，可执行现行国家标准；②配电系统、空调系统、给水排水系统、综合布线与网络系统、电池屏蔽系统等章节增添了新的技术性内容；③对综合测试的测试点布置、检测仪表和方法做了相应的修改；④对附录 C、附录 D、附录 F、附录 G 做了相应修改。

本标准的适用范围限定于陆地建筑内的新建、改建和扩建数据中心，不包含陆地、海洋和太空中的移动设施，如集装箱式数据中心、海底数据中心和太空舱等。

（3）《数据中心基础设施运行维护标准》

本标准是根据住房和城乡建设部《关于印发〈2015 年工程建设标准规范制订、修订计划〉的通知》（建标〔2014〕189 号）的要求，经广泛调查研究，认真总结实践经验，参考有关国际标准和国外先进标准，并在广泛征求意见的基础上制定的一部技术标准，由中国建筑标准设计研究院有限公司、工业和信息化部电子工业标准化研究院会同有关单位共同编制完成，旨在为实现数据中心基础设施系统与设备运行维护的规范性、安全性和及时性，确保电子信息设备运行环境的稳定可靠。

本标准确定的运行维护范围是直接服务于电子信息设备的基础设施系统与设备，不包含一般性的建筑维护内容；供配电系统包括高压供配电系统、低压配电系统和变压器，不间断电源和后备电源系统包括 UPS、直流电源系统、柴油发电机系统，配电线路布线系统主要内容为电缆和母线槽；通风空调系统子系统的划分，因设计人员和一线运行维护人员的习惯不同，为兼顾二者的习惯并具有一定的条理性，标准对通风空调子系统进行了较为宏观的分类，将其分为冷源和水系统、机房空调和风系统两大类；标准主要涉及常用的冷冻水型和直接膨胀式空调系统，其他类型系统参照相关运行维护内容；智能化系统包括总控中心、环境和设备监控系统、安全防范系统、火灾自动报警系统、数据中心基础设施管理系统。根据运行维护工作的特点，本标准中智能化系统部分重点关注环境和设备监控系统、安全防范系统，火灾自动报警系统相关内容在消防系统部分作了规定。

（4）《信息技术服务 运行维护 第 4 部分：数据中心服务要求》

本标准是《信息技术服务 运行维护》系列标准中的第 4 部分。《信息技术服务 运行维护》系列标准目前分为 8 个部分。

第 1 部分：通用要求（GB/T 28827.1—2012，已于 2012 年发布；2019 年下达国家标准修订计划，目前已经完成标准修订进入审查和报批阶段）；

第 2 部分：交付规范（GB/T 28827.2—2012，已于 2012 年发布）；

第 3 部分：应急响应规范（GB/T 28827.3—2012，已于 2012 年发布）；

第 4 部分：数据中心服务要求（GB/T 28827.4—2019，已于 2019 年发布，2020 年 3 月 1 日起实施）；

第 5 部分：桌面及外围设备规范（已发布行业标准 SJ/T 11564.5—2017，国家标准待立项）；

第 6 部分：应用系统服务要求（GB/T 28827.6—2019，已于 2019 年发布）；

第 7 部分：成本度量规范（GB/T 28827.7—2022，已于 2019 年下达国家标准制订计划，目前已经完成标准制定进入审查和报批阶段）；

第 8 部分：医院信息系统管理要求（GB/T 28827.8—2022，已于 2019 年下达国家标准制订计划，目前已经完成标准制定，进入审查和报批阶段）。

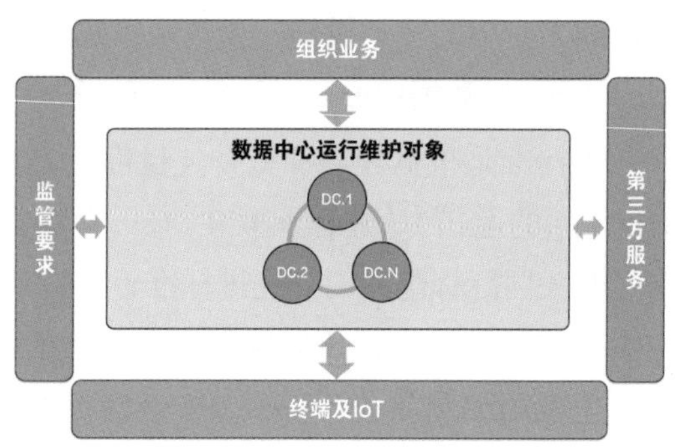

图 2-1 数据中心业务关系全景图

本标准结合了国内外数据中心运行维护服务最佳实践经验，易于落地，指导性较强。

第一，本标准确定了数据中心业务关系全景图，如图 2-1 所示。数据中心作为机房基础设施、物理资源、虚拟资源、平台资源、应用和数据承载的主体，与组织业务、第三方服务、监管要求、终端及 IoT 设备相互关联，通过相关业务要求、监管要求、服务交互、服务支撑的互动，最终实现服务价值。

第二，本标准确定了数据中心运行维护对象和交付内容。数据中心运行维护对象包括机房基础设施、物理资源、虚拟资源、平台资源、应用和数据，组织应用根据六类对象的应用模式和服务模式，构建并开展云服务和业务系统服务的运行维护。数据中心运行维护交付内容是指针对运行维护对象的调研评估、例行操作、响应支持和优化改善，供方应按照第 2 部分向需方交付数据中心运行维护内容。

第三，本标准确定了数据中心运行维护管理框架，如图 2-2 所示。在数据中心运维过程中，通过“观察、分析、决定和实施”的管理框架，能够有效形成决策，缩短运维过程中的反应时间，完成运维保障任务。

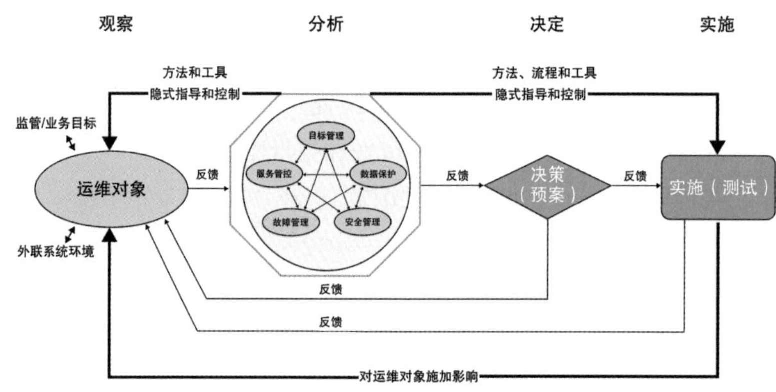

图 2-2 数据中心运行维护管理框架

2. 环境检测标准

环境检测标准主要包括 GB/T 32910《数据中心资源利用》系列标准。《数据中心资源利用》系列标准主要包括如下部分。

第 1 部分：术语（GB/T 32910.1—2017），本部分适用于数据中心领域技术和管理方面的交流。

第 2 部分：关键性能指标设置要求（GB/T 32910.2—2017），本部分界定了数据中心边界，规定了关键性能指标（KPI）的设置要求、描述方法、用途，并给出了 KPI 示例；适用于规范数据中心全生命周期（包括设计、建设、运维等阶段）的关键性能指标的描述和建立。

第 3 部分：电能能效要求和测量方法（GB/T 32910.3—2016），本部分给出了数据中心的电能能效等级及影响电能能效的因素，规定了数据中心电能能效的测量方法和计算方法；适用于数据中心电能能耗的测量及电能使用效率的计算，也可用于分析数据中心电能能效状况，供数据中心设计、建设、运维、改造参考使用，可作为数据中心电能能效水平评级的依据。

第 4 部分：可再生能源利用率（GB/T 32910.4—2021），本部分给出了数据中心可再生能源利用率的定义，提出了数据中心可再生能源利用率的测量方法和计算方法；适用于数据中心可再生能源利用率的计算，也可用于分析数据中心使用可再生能源状况，可供数据中心的设计、建设、运维和改造参考使用。可再生能源利用率概述如下：① REF 是评估数据中心对可再生能源使用情况的 KPI，衡量了数据中心的可再生能源占数据中心总能源消耗的利用率。②持续应用 REF 评估并开展相应提升措施可增加数据中心能源使用的多样性，并提高数据中心的可持续性。③ REF 的使用使数据中心管理者能够改进数据中心的能源采购过程，并增加数据中心对能源依赖性的多样性。另外，数据中心的客户可以使用此 KPI 作为选择数据中心的指南。④在一段时间周期内持续测量并跟踪数据中心 REF 的改进程度，这些数据可反映数据中心的能源多样性及使用可再生能源对环境可持续性的贡献。

第 5 部分：碳使用效率（计划中）。

第 6 部分：水资源利用率（正在起草）。

本系列标准主要为绿色数据中心建设提供检测支持。其中第 3 部分给出的数据中心电能使用效率（EEUE）的实测方法和修正方法目前已被广泛使用。

3. 其他标准

已发布的数据中心领域的国家标准还包括用于数据中心服务能力建设的《信息技术服务 数据中心服务能力成熟度模型》、数据中心的部分典型产品标准、GB/T 36448—2018《集装箱式数据中心机房通用规范》和 GB 40879—2021《数据中心能效限定值及能效等级》等。

（1）《信息技术服务 数据中心服务能力成熟度模型》

本标准为数据中心服务能力成熟度提供了能力框架、管理要求和评价方法，可被应用于大型组织数据中心、互联网数据中心、云服务数据中心等数据中心运行方，对数据中心服务能力进行构建、监视、测量和评审。本标准希望建立通用的、基于服务能力成熟度的数据中心管理框架，降低数据中心的管理难度，简化数据中心的运作流程；构建成熟度评价模型，衡量数据中心服务能力，为数据中心管理水平的提升提供引领和指导；逐步形成由数据中心组织、从业者、服务提供商和评价机构共同参与的数据中心成熟度生态链，共同推动成熟度建设；联合更多机构和组织，总结各行业数据中心管理经验并与同行分享，推动数据中心行业整体管理水平的提升。

本标准给出了数据中心服务能力框架，如图 2-3 所示。

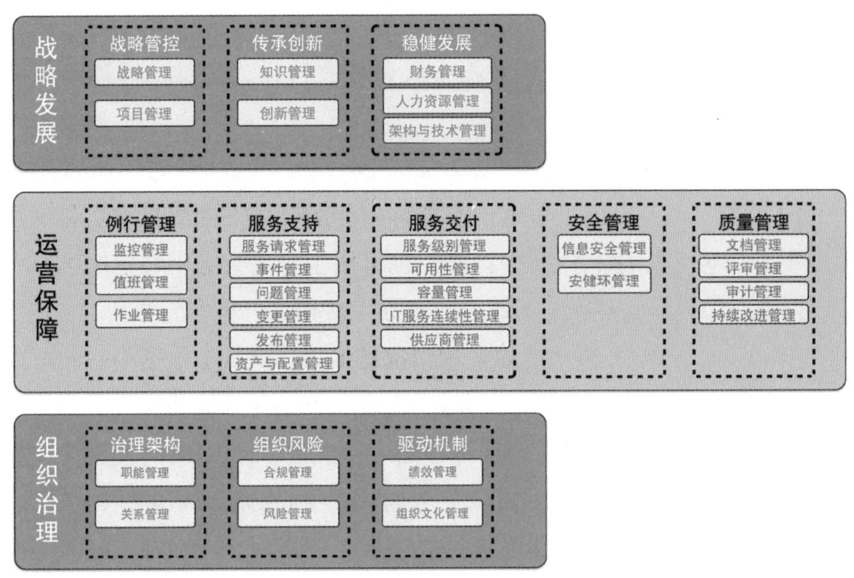

图 2-3 数据中心能力框架与能力项

本标准给出了不同成熟度等级需要规范的能力项内容，如图 2-4 所示。

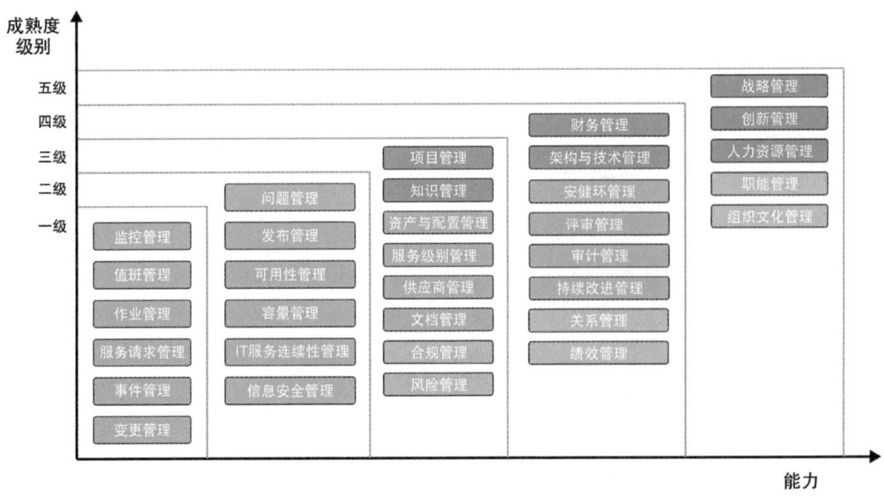

图 2-4 对应成熟度级别需要达到规范级的能力

本标准提出的数据中心服务能力成熟度是指一个数据中心对其提供服务的能力实施管理的成熟度，即从数据中心相关方实现收益、控制风险和优化资源的基本诉求出发，确立数据中心的目标以及实现这些目标所应具备的服务能力，将服务能力按特性划分为 33 个能力项，对各个能力项基于证据进行评价得出其成熟度，单个能力项成熟度经加权计算后得到数据中心服务能力成熟度。

本标准参考了能力成熟度集成模型（Capability Maturity Model Integration，CMMI）、信息及相关技术的控制目标（Control Objectives for Information and Related Technology，COBIT）和 Gartner I&O ITScore 等成熟度模型。

本标准的第 4 章提出了数据中心服务能力成熟度的级别划分、模型构成以及模型应用；第 5 章提出了能力框架，包括 3 个能力域、11 个能力子域和 33 个能力项；第 6 章提出了评价方法，包括评价要素、评价指标及其取值标准、能力项成熟度和数据中心范围能力成熟度计算方法；第 7 章规定了 33 个能力项的管理要求，包括目标、关键活动、要求描述、关键绩效等。本标准的附录 A 规定了能力项评价要素的权重；附录 B 规定了能力域、能力子域和能力项的权重。

目前，该标准被各类数据中心组织广泛采用，并有多家数据中心分别通过了不同等级的认证或评估。

（2）《集装箱式数据中心机房通用规范》

本标准于 2018 年 6 月 7 日首次发布，于 2019 年 1 月 1 日正式实施。

《数据中心设计规范》《电子信息系统机房施工及验收规范》等国家标准的适用范围限定于陆地建筑内的新建、改建和扩建数据中心，不包含陆地、海洋和太空中的移动设施，如集装箱式数据中心、海底数据中心和太空舱等。随着集装箱式数据中心的出现及其应用日益广泛，产生了制定本标准的需要。

本标准规定了集装箱式数据中心机房的分类、要求和测试方法，适用于集装箱式数据中心机房的设计、制造、安装、运输和测试。

本标准的主要技术内容包括：前言、范围、规范性引用文件、术语和定义、集装箱式数据中心的等级划分、集装箱式数据中心的分类、集装箱式数据中心的基本要求、结构要求、环境要求、供配电要求、防雷与接地要求、综合布线要求、综合监控系统要求、消防要求、总装要求、运输要求以及测试要求等。

本标准根据集装箱式数据中心的计算机系统运行中断的影响程度，将集装箱式数据中心分为 A、B、C 三级：A 级——计算机系统运行中断后，会对国家安全、社会秩序、公共利益造成严重损害的；B 级——计算机系统运行中断后，会对国家安全、社会秩序、公共利益造成较大损害的；C 级——不属于 A、B 级的其他情况。使用者可根据业务的重要性参照上述等级对集装箱式数据中心进行划分。

本标准明确了集装箱式数据中心是为计算机系统提供运行环境的场所。根据集装箱箱体的构成、布置等需求，可以将集装箱式数据中心划分为一体集装箱式数据中心和分体集装箱式数据中心。一体集装箱式数据中心是指将信息设备系统、制冷系统、供配电系统、消防系统、综合监控系统、照明系统等集中安装到一个集装箱内所构成的数据中心。分体集装箱式数据中心是指由两个及两个以上的一体集装箱式数据中心集群部署组成的数据中心，或将信息设备系统、制冷系统、供配电系统、消防系统、综合监控系统等组合或独立安装到两个或两个以上集装箱内共同构成的数据中心。

（3）《数据中心能效限定值及能效等级》

本标准于 2021 年 10 月 11 日发布，自 2022 年 11 月 1 日起实施，是数据中心领域第一部全文强制性国家标准。

本标准规定了数据中心的能效等级与技术要求、统计范围和方法、测试与计算方法。

本标准适用于新建及改扩建的数据中心，对采用独立配电、空气冷却、电动空调的数据中心建筑单体或模块单元进行能耗计量、能效计算和考核。

本标准不适用于边缘数据中心。 采用其他非电空调设备的数据中心可以参照本文件执行。 本标准的主要技术内容包括：范围、规范性引用文件、术语和定义、能效等级与技术要求、统计范围和方法、测试和计算方法。

本标准明确了新建数据中心，是指建设单位按照规定的程序立项，新开始建设的数据中心；改建数据中心，是指建设单位将现有建筑改建成数据中心，或者将现有数据中心机房重新改建成新的数据中心；扩建数据中心，是指建设单位为了扩大数据中心的业务能力，对其进行增加数据中心机柜数量或提高机柜功耗等扩大业务能力建设的数据中心；边缘数据中心，是指规模较小，部署在网络边缘、靠近用户侧，实现边缘数据计算、存储和转发等功能的数据中心，单体规模不超过 100 个标准机架。

本标准定义了数据中心总耗电量为维持数据中心运行所消耗电能的总和，包括信息设备、冷却设备、供配电系统和其他辅助设施的电能消耗；数据中心信息设备耗电量为数据中心内各类信息设备所消耗电能的总和；数据中心电能比为数据中心 PUE，是指统计期内，在信息设备实际运行负载下，数据中心总耗电量与信息设备耗电量的比值；数据中心能效限定值是在规定的测试条件下，数据中心电能比的最大允许值。

数据中心能效等级分为 3 级，1 级表示能效最高。各能效等级数据中心电能比应不大于表 2-6 所示的规模。

表 2-6　各能效等级数据中心电能比

指标	能效等级		
	1 级	2 级	3 级
电能比	1.2	1.3	1.5

《数据中心能效限定值及能效等级》是一部强制性国家标准。此标准建立了全国统一的数据中心能效评价技术准则和分析方法，规定了能效等级范围和能效限定值等强制性能效准入要求，也对项目电能比的设计值设立了 1.05 倍的判定要求，将成为对设计方、实施方、运维方的多重制约。此标准为建设、运维、使用数据中心提供节能管理的全生命周期能效规范引领。由此可见，这部强制性国家标准将是我国数据中心领域实现绿色低碳发展的一个重要的依据、准则、工具、手段。

（4）《数据中心综合监控系统工程技术标准》

本标准由国家住房和城乡建设部于 2020 年 1 月 16 日发布，自 2020 年 7 月 1 日起实施。本标准涉及的主要技术内容有总则、术语和缩略语、基本规定、监控范围、设计、施工安装、调试和试运行、竣工验收等。

数据中心综合监控系统是数据中心的一个重要组成部分，对数据中心内的基础设施进行测量、监视、控制和调节，对于保证工作条件、设备运行安全、合理利用资源、节约能源、保护环境和提高环境质量，都有着十分重要的作用。

（5）GB/T 41783—2022《模块化数据中心通用规范》

本标准于 2023 年 5 月 1 日正式实施，对模块化数据中心的术语、分级和分类、要求与测试方法进行规范，适用于模块化数据中心的设计、制造、运输、安装、测试和验收。

本标准的主要技术内容包括范围，规范性引用文件，术语和定义，模块化数据中心的组成、分级和分类，模块化数据中心的基本要求，机柜及通道系统要求，制冷系统要求，配电系统要求，供电系统要求，综合监控系统要求，照明系统要求，综合布线系统要求，防雷接地系统要求，外部环境要求，内部环境要求，标识，包装，运输，贮存要求以及测试方法。

（6）《信息技术服务 数据中心业务连续性等级评价准则》

本标准于 2019 年立项，目前已经进入送审报批阶段。该标准将成为我国业务连续性管理领域第一部行业应用国家标准。

随着网络强国战略、国家大数据战略、“互联网 +”、云计算、大数据、工业互联网等国家战略的逐步落地，各行各业数字化转型逐渐深化，加剧了对数据中心的依赖，数据中心已从满足本机构活动需求，走向提供社会化和全球化的服务，随着数据和业务运行的大集中，数据中心服务的中断已经不再是数据中心自己的事情，而是一种系统性的社会风险，必须引起全社会的高度重视。本标准从数据中心风险防控视角给出了数据中心业务连续性等级评价的模型，可为数据中心机构建立、实现、维护和持续改进数据中心业务连续性管理提供风险识别和评价的方法。监管机构、第三方认证评价机构也可使用本标准开展监管审查和认证评价活动。

本标准聚焦于数据中心机构，依托其所拥有的资源为其客户（可以是内部客户或者外部客户）提供连续服务的能力，衡量其业务连续性保障所达到的水平。本标准编制工作组在深入调研国内外各种不同类型的数据中心有关业务连续性管理实践的基础上，形成了本标准的分级框架和评价模型。本标准内容的编制遵循以下原则。

①普适性原则。本标准所提出的评价指标适用于各类数据中心。

②合规性原则。本标准与国家和行业监管要求相适应。

③可量化原则。本标准尽量采用量化的方法进行指标体系的设计，以真实体现各类数据中心机构的业务连续性管理现状，确保评价结果的真实性。

④可定制化原则。本标准所确定的评价方法适用于各类数据中心机构的风险识别，并在指标的权重设置上做到了可定制。

⑤兼容性原则。充分借鉴了国外业务连续性的相关标准，做到了与国际标准接轨和与国内标准融合。

本标准充分考虑了使用信息技术工具对数据中心业务连续性管理的促进作用，不仅提出了在实施数据中心业务连续性管理工作过程中使用信息技术工具的要求，还提出了数据中心业务连续性管理工具要与数据中心其他管理领域的信息技术工具平台进行整合的要求。

本标准给出了数据中心业务连续性等级定义。如图 2-5 所示，数据中心业务连续性等级自低向高依次为起始级、发展级、稳健级、优秀级和卓越级，并分别用一、二、三、四、五表示，反映了数据中心业务连续性的能力水平。较高的等级涵盖了低于其等级的全部要求。

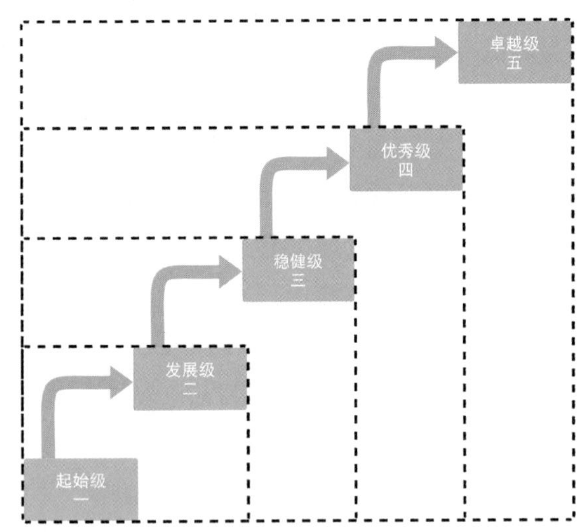

图 2-5 数据中心业务连续性等级

本标准给出了数据中心业务连续性等级评价模型，数据中心的业务连续性等级评价由数据中心设施可用性、数据中心业务连续性管理能力和数据中心业务运行效果三个方面共同确定；以规范性附录的方式制定了可用性、能力和运行效果的评价内容和细则。

本标准给出了静态评价、动态评价的方法，并提供了失信处理措施。

本标准给出了如何开展数据中心业务连续性等级评价的申请、证书有效性、升级等的操作方法。

（7）数据中心项目规范

工程建设标准经过 60 余年发展，形成了较为完整的具有中国特色的标准体系，对促进我国经济社会建设、改革和发展起到了重要作用。但在新形势下，现行标准逐渐显现出刚性约束不足、体系不尽合理、指标水平偏低、国际化程度不高等问题，为统筹考虑政府与市场、中央与地方、国内与国际需求，更好地发挥标准支撑保障作用，住建部开展了相关规范编制工作。

①研编原则。建立以工程建设技术法规为统领、标准为配套、合规性判定为补充的技术支撑保障新模式。建立内容合理、水平先进、国际适用性强的技术法规和标准新体系，建立基础研究扎实、公开服务及时、实施监督有效的技术法规和标准管理新机制，主要规定总量规模、规划布局、功能、性能、关键技术措施。

②研编思路。一是实现从生产者导向向使用者导向的转变，二是主要研究并提出数据中心规划选址、规模构成、项目构成等目标要求，消防、节能、环保、安全等方面的要求，以及设计、施工、设备安装、验收、运行、维护、检测、加固、改造修缮、拆除、废旧利用等方面需要强制执行的技术措施等。目前该标准已完成征求意见稿。

（8）《数据中心基础设施施工及验收规范》改版

本标准发布实施已经超过 5 年，特别是随着全文强制性国家标准《数据中心项目规范（征求意见稿）》的制定，本标准需要启动修订工作。本标准修订后，将由强制性国家标准（部分条文强制）变为推荐性国家标准，标准名称也将变更为《数据中心基础设施施工及验收标准》，目前还未发布。

4.《绿色数据中心评价规范》

本标准于 2021 年 10 月 15 日获得国家标准立项，目前处于征求意见中。长期以来，行业内对于绿色数据中心的内涵没有透彻理解，出现了节电就是绿色、节能就是绿色的片面认识。随着各种团体标准的不断制定、国家有关部委组织国家绿色数据中心遴选评定以及绿色数据中心认证工作的启动，大家逐步对绿色数据中心达成了共识。但是由于一直没有一部国家标准对绿色数据中心及其分级进行界定，各种工作的开展只能依据团体标准或者专门制定技术文件。随着我国信息化、大数据的快速发展，结合智慧城市的建设需要，数据中心作为落实这些需求的重要基础设施，已成为我国发展转型升级的重要战略资产。数据中心作为信息化发展的重要体现载体，其自身存在的能耗高、资源消耗高、环境负荷大等特性，亟须通过有效的技术途径实现其绿色化性能的提升。本标准的编制，将充分结合我国绿色发展的总体要求，结合数据中心功能特性及运行特性，确定可指导数据中心绿色化建设、运营的评价标准，推进数据中心的绿色化发展。

5.《信息技术服务 数据中心服务能力成熟度模型》改版编制

自 2016 年以来，新一代信息技术蓬勃发展，内外部环境、数据中心利益相关方诉求均发生了变化，数据中心面临新的风险与机遇。本次修订将体现“碳中和”“碳达峰”“信息技术应用创新”等国家战略，适应数据中心利益相关方对数据中心快速交付业务的需求以及对数据和网络安全方面日益提高的要求，应对贸易摩擦导致的供应链风险以及新技术应用带来的新风险，把握智能运维、数字化转型、新一代信息技术给数据中心带来的发展与转型机遇。同时，本标准的修订还将解决标准应用推广之后发现的新问题，从利于落地实施的角度优化调整标准内容，从而形成更为完善的技术与管理双驱动的服务能力成熟度模型，使标准更好地适用于不同规模的数据中心，进一步提高科学性、普适性，为我国数据中心提升服务能力提供标准支撑。

6. 数据中心有关的认证活动

与数据中心有关的认证活动，目前大多基于上述国家标准展开。但是由于有些标准不能直接用于开展认证活动，因此往往需要编制认证技术规范来明确具体的认证要求。个别领域目前尚无国家标准，只能依据团体标准开展认证活动。

目前，在数据中心领域除相关管理体系的认证外，国家权威认证机构提供的认证服务主要包括：数据中心服务能力成熟度等级评价（认证）、数据中心场地基础设施认证、信息系统机房动力及环境系统认证、数据中心节能认证、数据中心基础设施运维评价（认证）、数据中心设计评价（认证）、绿色数据中心等级评价（认证）等。以数据中心服务能力成熟度等级评价（认证）为例：数据中心服务能力成熟度评估，是指依据国家标准《信息技术服务 数据中心服务能力成熟度模型》，通过一套完整、科学的方法体系为数据中心提供量化和数字化的专业化评价。该标准构建了包含战略发展、运营保障和组织治理 3 个能力域、11 个能力子域和 33 个能力项在内的完整的能力框架和管理要求，提出了由人员、过程、技术、资源、政策、领导、文化 7 个能力要素转换为 13 个指标来衡量数据中心服务能力的评价方法，为数据中心管理水平的提升提供引领。

数据中心服务能力成熟度认证通过对数据中心的整体服务能力管理水平进行评价，在获得评价结论的基础上，绘制数据中心的管理提升路径，帮助数据中心不断完善和提高自身的管理能力。

①适用范围。数据中心服务能力成熟度适用于所有的数据中心，包括组织自有数据中心、互联网数据中心、云服务数据中心等运行方，以及需要对数据中心服务能力管理进行构建、监视、测量和评审的任何组织。

②认证模式。现场评测与服务管理审核 + 获证后监督。

③认证结论。数据中心服务能力成熟度分为五个等级：起始级（一级）、发展级（二级）、稳健级（三级）、优秀级（四级）、卓越级（五级）。

④认证依据。国家标准《信息技术服务 数据中心服务能力成熟度模型》。

二、行业标准与政府规章

有关数据中心与数据中心基础设施的部分行业标准及有关政府规章见表 2-7。

表 2-7　有关数据中心与数据中心基础设施的部分行业标准及有关政府规章

标准号 / 文号	标准 / 文件名称	性质	行业分类 / 发布单位
JR/T 0011—2004	《银行集中式数据中心规范》	行业标准	金融
JR/T 0131—2015	《金融业信息系统机房动力系统规范》	行业标准	金融
JR/T 0132—2015	《金融业信息系统机房动力系统测评规范》	行业标准	金融
HS/T 36—2018	《海关信息系统机房建设规范》	行业标准	海关
SN/T 5015—2017	《检验检疫电子信息系统机房设计、施工及验收规范》	行业标准	出入境检验检疫
DL/T 1598—2016	《信息机房（A 级）综合监控技术规范》	行业标准	电力
YZ/T 0042—2001	《邮政综合计算机网信息中心机房场地要求》	行业标准	邮政
SF/T 0033—2019	《公证数据中心建设和管理规范》	行业标准	司法
RB/T 206—2014	《数据中心服务能力成熟度评价要求》	行业标准	认证认可
SJ/T 11691—2017	《信息技术服务 服务级别协议指南》	行业标准	电子
SJ/T 11693.1—2017	《信息技术服务 服务管理 第 1 部分：通用要求》	行业标准	电子
工信部联节〔2019〕24 号	《关于加强绿色数据中心建设的指导意见》	部委规范性文件	工业和信息化部
建科〔2015〕211 号	《绿色数据中心建筑评价技术细则》	部委规范性文件	住建部办公厅
银监办发〔2010〕114 号	《商业银行数据中心监管指引》	部委规范性文件	银监会

上述行业标准与政府部门规章并非全部，仅列示了完成备案的行业标准和部分政府规章。

上述行业标准除了在本行业内应用外，有的也供其他行业参考。其中，金融行业标准 JR/T 0131—2015《金融业信息系统机房动力系统规范》和 JR/T 0132—2015《金融业信息系统机房动力系统测评规范》应用较广，并且已经广泛开展了基于此标准的认证活动。

通信行业是最直接密切与数据中心相关的行业，通信行业标准也是涵盖数据中心领域最多的行业标准，与其他标准相比更具有广度和深度，以及创新与先导的特性，是数据中心领域采纳和参考较为普遍的标准类型。

2020—2021 年，通信行业标准中与数据中心领域有关的标准主要如下：

YD/T 2435.1—2020《通信电源和机房环境节能技术指南 第 1 部分：总则》；

YD/T 2435.3—2020《通信电源和机房环境节能技术指南 第 3 部分：电源设备能效分级》；

YD/T 2435.4—2020《通信电源和机房环境节能技术指南 第 4 部分：空调能效分级》；

YD/T 3766—2020《电信互联网数据中心用交直流智能切换模块》；

YD/T 3767—2020《数据中心用市电加保障电源的两路供电系统技术要求》。

《通信电源和机房环境节能技术指南 第 1 部分：总则》由工业和信息化部发布，标准规定了通信电源和机房环境节能的总体要求，包括节能原则，电源、空调及机房维护结构的节能要求。适用于通信电源和机房环境的各组成部分。此标准为 2012 年标准的修订版。

《通信电源和机房环境节能技术指南 第 3 部分：电源设备能效分级》由工业和信息化部发布，标准规定了通信电源设备的能效分级和试验方法，适用于通信电源设备。电源设备的能效参数分为三级，其中：1 级为最高级别，节能效果最好；3 级为最低级别，为行业最低要求。此标准为 2012 年标准的修订版。

《通信电源和机房环境节能技术指南 第 4 部分：空调能效分级》由工业和信息化部发布，标准规定了通信用空调设备的能效分级原则、能效比限值、能效等级指标、试验方法、检验规则、能效等级标志等。适用于通信用空调设备。本标准将空调设备的能效级数设定为 3 级或 5 级，其中，1 级表示空调设备的能源效率最高，节能效果最好。此标准为 2012 年标准的修订版。

《电信互联网数据中心用交直流智能切换模块》由工业和信息化部发布，规定了电信互联网数据中心用交直流智能切换模块的技术要求、试验方法、检验规则和标志、包装、运输、贮存，适用于电信互联网数据中心网络机柜用交直流智能切换模块。

《数据中心用市电加保障电源的两路供电系统技术要求》由中华人民共和国工业和信息化部发布，规定了数据中心用市电加保障电源的两路供电系统的系统组成、技术要求和供电架构，适用于数据中心用市电加保障电源的两路供电系统。

三、地方标准

有关数据中心基础设施的部分地方标准如表 2-8 所示。

表 2-8　有关数据中心基础设施的地方标准（部分）

标准号	标准名称	属地
DB11/T 1139—2019	《数据中心能源效率限额》	北京
DB11/T 1638—2019	《数据中心能效监测与评价技术导则》	北京
DB11/T 1282—2022	《数据中心节能设计规范》	北京
DB11/T 1139—2014	《数据中心能效分级》	北京
DB31/T 1242—2020	《数据中心节能设计规范》	上海
DB31/ 652—2020	《数据中心能源消耗限额》	上海
DB31/T 8—2020	《数据中心能源消耗限额》	上海
DB31/T 1216—2020	《数据中心节能评价方法》	上海
DB31/T 1217—2020	《数据中心节能运行管理规范》	上海
DB37/T 1498—2009	《数据中心服务器虚拟化节能技术规程》	山东
DB37/T 2480—2014	《数据中心能源管理效果评价导则》	山东
DB37/T 2635—2014	《数据中心能源利用测量和评估规范》	山东
DB37/T 3221—2018	《数据中心防雷技术规范》	山东
DB44/T 1560—2015	《云计算数据中心能效评估方法》	广东
DB43/T 1590—2019	《数据中心单位能源消耗限额及计算方法》	湖南
DB33/T 2157—2018	《公共机构绿色数据中心建设与运行规范》	浙江
DB34/T 3681—2020	《智慧城市 政务云机房迁入管理规范》	安徽
DB15/T 1390—2018	《电子信息系统机房建设价格测算规范》	内蒙古
DB36/T 933—2016	《电子信息系统机房防雷检测技术规范》	江西

表 2-8 中仅列示了完成地方标准备案的地方标准，除了个别标准在发布地区要求强制执行外，大多地方标准都是推荐性标准。由此可以看出，地方标准主要的关注点在能耗与节能领域。举例如下。

《数据中心能源消耗限额》规定了数据中心 PUE 限额的技术要求、统计范围和计量要求、计算方法、节能管理措施，适用于主机房面积大于 200 ㎡的数据中心能耗的计算、考核，以及对新建、扩建和改建主机房面积在 200 ㎡以上的数据中心的能耗控制。

《数据中心节能评价方法》规定了数据中心节能评价的基本规定和评价指标，适用于上海地区 500 个机架及以上的数据中心的节能评价，500 个机架以下的数据中心可参照本标准执行。

《数据中心节能运行管理规范》规定了数据中心节能运行管理的相关术语和定义、设施管理、能效监测、保障体系，适用于上海地区 500 个机架及以上规模的数据中心的节能运行管理，500 个机架以下规模的数据中心可参照本标准执行。

除了上述地方标准，部分地区还发布了指导当地数据中心发展的地方规范性文件或政策文件。例如：北京市经信局、市发展改革委、市城管委发布的《北京市绿色数据中心评价规范》、上海市经信委发布的《上海市互联网数据中心建设导则（2019 版）》、深圳市发展改革委发布的《深圳市发展和改革委员会关于数据中心节能审查有关事项的通知》等。

四、团体标准与企业标准

1. 团体标准

在国务院印发的《深化标准化工作改革方案》（国发〔2015〕13 号）提出的改革措施中指出，政府主导制定的标准由 6 类整合精简为 4 类，分别是强制性国家标准、推荐性国家标准、推荐性行业标准、推荐性地方标准；市场自主制定的标准分为团体标准和企业标准。政府主导制定的标准侧重于保基本，市场自主制定的标准侧重于提高竞争力，同时建立完善与新型标准体系配套的标准化管理体制。

在标准管理上，对团体标准不设行政许可，由社会组织和产业技术联盟自主制定发布，通过市场竞争优胜劣汰。国务院标准化主管部门会同国务院有关部门制定团体标准发展指导意见和标准化良好行为规范，对团体标准进行必要的规范、引导和监督。

当前，国家提出新型基础设施建设（以下简称“新基建”）发展策略，数据中心作为重点发展的算力基础设施，成为各界重点关注的领域，也有越来越多的社会组织和产业技术联盟开始制定有关数据中心的团体标准。

在数据中心和数据中心基础设施领域制定团体标准比较有影响力的社会组织包括：中国工程建设标准化协会、中国电子学会、中国电子工业标准化技术协会、中国电子节能技术协会数据中心节能技术委员会、中国通信学会、中国计算机用户协会数据中心分会等。这些组织出版了很多数据中心相关的团体标准，以中国工程建设标准化协会为例，其先后出版了 T/CECS 485《数据中心网络布线技术规程》、T/CECS 486《数据中心供配电设计规程》、T/CECS 487《数据中心制冷与空调设计标准》、T/CECS 488《数据中心等级评定标准》、T/CECS 761—2020《数据中心运行维护与管理标准》等较为完善的数据中心标准体系。

2. 企业标准

企业根据需要自主制定、实施企业标准。国家鼓励企业制定高于国家标准、行业标准、地方标准的，具有竞争力的企业标准；建立企业产品和服务标准自我声明公开和监督制度，逐步取消政府对企业产品标准的备案管理，落实企业标准化主体责任；鼓励标准化专业机构对企业公开的标准开展比对和评价，强化社会监督。

在数据中心及数据中心基础设施领域，目前已正式发布的企业标准不多。经过备案的企业标准只有中国人民银行用来指导自身和分支机构建设和运维数据中心的企业标准 Q/PBC 00018《中国人民银行电子信息系统机房建设规范》和 Q/PBC 00009《中国人民银行电子信息系统机房基础设施运行维护规范》。

国务院办公厅印发《贯彻实施〈深化标准化工作改革方案〉重点任务分工（2017—2018 年）》，提出了深化标准化工作改革的 12 项具体任务措施，要求建立实施企业标准领跑者制度，发布企业标准排行榜，以先进标准引领产品和服务质量提升。企业标准“领跑者”制度（Enterprise Standard Leader System）是通过高水平标准引领，增加中高端产品和服务有效供给、支撑高质量发展的鼓励性政策，对深化标准化工作改革，推动经济新旧动能转换、供给侧结构性改革和培育一批具有创新能力的排头兵企业具有重要作用。

企业标准“领跑者”制度已于 2021 年在数据中心基础设施运维领域推动实施，会有越来越多的数据中心制定自己的企业运维标准。

五、国外标准

除了 ISO、IEC 和 ITU 之外，国外其他组织制定的标准都不能称为国际标准。

在数据中心及数据中心基础设施领域大家广泛知晓的国外标准主要包括美国国家标准学会制定的 TIA-942《数据中心电信基础设施标准》、美国正常运行时间协会（UPTIME）制定的 Tier 标准和 M&O 标准。此外，还有美国绿色建筑委员会（USGBC）制定的 LEED（Leadership in Energy and Environmental Design）系列标准在数据中心也有应用。

1. ISO/IEC 22237 系列国际标准

国际标准化组织（ISO）、国际电工委员会（IEC）和国际电信联盟（ITU）三个机构并称国际标准化组织。这三个组织可以单独或者联合制定对应领域国际标准。

数据中心及数据中心基础设施领域相关的国际标准通常由 ISO 单独制定，或者由 ISO 与 IEC 联合制定。完全针对数据中心及数据中心基础设施领域的国际标准不多，只有 ISO 与 IEC 联合制定的 ISO/IEC TS 22237《信息技术—数据中心设施和基础设施》系列技术文件。该国际标准技术文件共 7 个部分：第 1 部分通用概念， 第 2 部分建筑施工，第 3 部分配电系统，第 4 部分环境控制，第 5 部分电信布缆基础设施，第 6 部分安全系统，第 7 部分管理与运行信息。

第 1 部分描述了对数据中心要求的通用原则；定义了数据中心的术语、参数、参考模型、用途的规模和复杂性等共性事宜；描述了支持数据中心所需的设施和基础设施；依据数据中心全生命周期计划，制定了一个包含“可用性”“安全性”和“能源效率”关键指标的标准和分类系统，以提供有效的设施和基础设施；描述了业务风险和运营成本分析中要解决的问题，以便确定数据中心的分类等级系统；为数据中心的运营和管理提供参考。在正式版的标准文本中，融入了 ISO/IEC 30134 系列标准的关键性能指标；修订了“可用性”的范畴；将“设计过程”和“设计原则”纳入了正文。

第 3 部分中，根据第 1 部分中的“可用性”“安全性”和“能源效率”关键指标标准和分类，阐述了数据中心的供电与配电等事宜。在正式版的标准文本中，“可用性”要求已与第 1 部分和第 4 部分保持一致；一些图表做了更新。

第 4 部分中，根据第 1 部分中的“可用性”“安全性”和“能源效率”关键指标标准和分类，阐述了数据中心的环境控制等事宜。在正式版的标准文本中，“可用性”要求已与第 1 部分和第 4 部分保持一致；一些图表做了更新。

2. ISO/IEC 30134 系列国际标准

2016—2017 年，ISO/IEC 联合技术委员会 39 分会发布 ISO/IEC 30134《信息技术—数据中心—关键性能指标》系列标准的前 5 个分册。此系列标准共计划为 9 个分册：第 1 分册是概述和通用要求（2016）；第 2 分册是电能使用效率（2016）；第 3 分册是可再生能源利用率（2016）；第 4 分册是 IT 设备 / 服务器能效（2017）；第 5 分册是 IT 设备 / 服务器利用率（2017）；第 6 分册是能源再利用率（2021）；第 7 分册是冷却效率比（编制中）；第 8 分册是碳使用效率（编制中）；第 9 分册是水使用效率（编制中）。

在第 6 分册中，将能源再利用率 （ERF） 确定为关键性能指标（KPI），以量化数据中心能源消耗的再利用情况。ERF 是指被再利用的能量占数据中心消耗的所有能量总和的比率。ERF 反映了能源重复再利用过程的效率。其中，重复再利用过程不是数据中心能源消耗的过程部分。

3. ISO/IEC 21836/23544 国际标准

在 ISO/IEC 联合技术委员会 39 分会的“信息技术—数据中心”系列标准中，有些为专项标准，如 ISO/IEC 21836—2020《信息技术—数据中心—服务器能效指标》；ISO/IEC 23544-2021《信息技术—数据中心—应用平台能效》。前者从设计验证测试阶段到一致性验证、采购和运营全过程，提供了服务器能效指标 （SEEM），用于测量和报告特定服务器设计和配置的能效。后者将应用平台能效 （APEE） 确定为 KPI，它量化了数据中心 IT 服务应用平台的能效。此 KPI 在部署之前评估应用程序平台的能耗。应用平台的能耗为 APEE 测量的所有基准测量周期内应用平台中所有目标 IT 设备的能耗之和。APEE 的 KPI 的用途是衡量一组目标 IT 设备（服务器、存储和网络设备）、操作系统和中间件的能源效率，以支持选择能源效率高的 IT 堆叠（应用、虚拟、网络、服务器、存储）。

4. 美国 BICSI 系列标准

2019 年，美国国际建筑业咨询服务协会 BICSI（Building Industry Consulting Service International）发布了系列标准和手册：ANSI / BICSI 002—2019《数据中心设计和实施的最佳实践》、BICSI 009—2019《数据中心运营和维护的最佳实践》、《数据中心项目纲要（EDCP）专业手册》（第 1 版）。

《数据中心设计与实施的最佳实践》标准是 2014 年版的修订版。《数据中心运营和维护的最佳实践》标准为首版，BICIS 统筹了这两个版本之间的范围划分，将原在前者中的有关数据中心运营和维护一些专业内容移入了后者。《数据中心项目纲要（EDCP）专业手册》是一本简要的数据中心项目管理指南，呈现项目全生命周期过程与管理纲要。

《数据中心设计与实施的最佳实践》涵盖了数据中心设计过程指导（方法论）、可用性和可靠性（风险评估与等级确定）、数据中心架构与应用一致性、服务外包模式、主机托管技术规则等项目前期规划阶段需要明确的内容，在设计阶段包含了选址、空间规划、建筑、结构、电气、机械、消防、安全、设施、布线、信息技术、能效设计等专业内容，在实施阶段包含了调试、测试、维护、文档等内容。

《数据中心运营和维护的最佳实践》以标准作业程序、维护操作程序、紧急操作程序为主导，包含了数据中心的治理和评估、安全、管理等运营和维护阶段的主要内容。

《数据中心项目纲要（EDCP）专业手册》是以数据中心项目全生命周期过程的管理为纲要，从数据中心建设理念的确立、设计方案的甄选、项目规划与设计规划、运营和业务连续性因素的考虑，到实施阶段的项目管理，提出了管理的基础要点指导。

5. 美国 BICSI 系列标准

美国采暖、制冷与空调工程师学会（American Society of Heating,Refrigerating and Air-Conditioning Engineers, ASHRAE）技术委员会 9.9 发布了下列数据中心相关的标准与文献：ANSI/ASHRAE Standard 90.4—2019《数据中心能源标准》；ANSI/ASHRAE Standard 127—2020《用于数据中心（DC）和其他信息技术设备（ITE）空间服务的空调机组额定值的测试方法》；《数据处理环境热指南》（第 5 版，2021 ASHRAE）。

《数据中心能源标准》规定了数据中心在设计、施工、运行和维护以及现场或场外可再生能源使用方面的最低能效要求。该标准明细了新建、扩建、改造数据中心中安装新的机械系统或电气系统的具体要求，为数据中心的节能设计提供了一个框架，与其他建筑类型相比，特别考虑了数据中心独特的负载要求，包括合规性所需的最大机械负载分量（MLC）和电气损耗分量（ELC）值。该标准适用于大于 20W/ft2 且 IT 设备负载大于 10 kW 的数据中心，参考引用了 ASHRAE 90.1 标准中的建筑围护结构、加热供水、照明和其他设备标准。对于机械系统，该标准降低合规性所需的最大机械负载分量值（MLC），要求以年度能量计算最大机械负载分量 MLC 的年化值。对于电气系统，该标准降低合规性所需 UPS 部分的最大电气损耗分量值（ELC），以确认关键配电设备效率的提高。

《用于数据中心（DC）和其他信息技术设备（ITE）空间服务的空调机组额定值的测试方法》是为用于数据中心（DC）和其他信息技术设备（ITE）空间服务中使用的空调机组的额定值制定的一套统一的测试要求，适用于能够使用空气焓法进行测试，并具有至少一个热交换器之间的热传递装置的用于空调数据中心（DC）和其他信息技术设备（ITE）空间服务的空调机组，以针对传统的和新兴的冷却技术产品类型，确定分类等级、性能、额定值和效率要求，提供 DC 和 ITE 冷却技术的总体测试方法。

《数据处理环境热指南》（第 5 版，2021 ASHRAE）。ASHRAE 技术委员会 9.9 从 1999 年开始专注 IT 设备的功率趋势、常见机柜的气流方向、IT 设备的通用环境指南、常见服务器的环境条件资料这四个主题，并在 2004 年得出研究成果，发表了《数据处理环境热指南》的技术框架，定义了数据通信行业数据处理（数据中心）的环境指标与要求，提升了冷却技术应用发展，随后，为了提高数据中心的能源效率，在 2008 年、2011 年、2015 年以及 2021 年进行了修正，现为第 5 版。

自 2004 年首次出版以来，《数据处理环境热指南》提供了通用的解决方案和标准实践，以促进 ITE 的互换性，同时保持行业创新。2021 年第 5 版的特点是提供了突破性的、中立的信息，使之能够更好地确定不同设计和操作参数对信息技术设备（ITE）的影响，特别是注重研究了“关于高相对湿度（RH）和气态污染物对 ITE 腐蚀的影响”，以及“为高密度设备添加了新的环境等级”。《数据处理环境热指南》涵盖 6 个主要领域：风冷设备的环境指南；高密度风冷设备的新环境等级；液冷设备的环境指南；设施温湿度测量；设备布置和气流模式；设备制造商的热负荷和气流要求报告。

除此之外，还有很多管理体系国际标准可以指导数据中心运营管理，其中大多已经进行了国家标准转换并且可以开展认证活动，主要包括：GB/T 19001《质量管理体系 要求》，GB/T 24405.1—2009《信息技术 服务管理 第 1 部分：规范》（只有 2005 版标准进行了国家标准转换），GB/T 22080《信息技术 安全技术 信息安全管理体系 要求》，GB/T 30146《安全与韧性 业务连续性管理体系 要求》，GB/T 23331《能源管理体系 要求及使用指南》，GB/T24001《环境管理体系 要求及使用指南》，GB/T 45001《职业健康安全管理体系 要求及使用指南》等。

规划设计篇

第三章 数据中心选址

导　读

近年来，国家将数据中心列入新基建范畴，在政策上给予了极大的扶持，我国数据中心行业保持着良好的发展势头，数据中心数量和数据中心机架总规模均平稳增长。随着 5G、AI、物联网、云计算、大数据和边缘计算等的快速发展，数据中心的需求将会进一步释放。就目前来看，数据中心的业务需求大多集中在一线城市和东部发达地区，这些地区同时还是人口和企业比较集中的地区，客户需求相对旺盛。数据中心是一个相对高耗能的产业，对电力资源和水资源等有着较大的需求，而这些资源恰恰是一线城市和东部发达地区比较紧缺的。因此，在数据中心快速发展的当下，做好数据中心布局建设的顶层规划、避免数据中心盲目建设显得尤为重要。本章拟从数据中心选址要素分析着手，给出一种数据中心布局选址评价模型，为数据中心的布局规划提供一种思路。

数据中心选址，是数据中心总体规划布局的起点，建设地点的确定涉及企业长期发展战略和经济效益，选址是综合考量和权衡利弊的过程，选址后数据中心将开启立项、设计、建设、调测、验收进程，并最终进入运营。

数据中心作为数字经济的基础，肩负着支撑 IT 设备安全、高效、持续、稳定运行的重任。与一般的民用建筑不同，数据中心因以 IT 设备为主体，所以具有诸多限制条件，如地理位置的选择、建筑结构与建筑形式的确定、基础设施的匹配等，并且日益提高的功率密度、不断增大的 IT 容量及云技术突飞猛进的发展，都对数据中心的前期规划、建设及管理提出了更高的要求。

数据中心作为 IT 的基础战略资源，往往建设周期长，受制约因素多，2019 年国家推进的“新基建”政策为机房建设提供了诸多红利。在“新基建”的推动下，电力将更充足、更通达，网络更宽、更快，交通更便捷，为数据中心选址建设提供了更有力的支撑。“新基建”推出后，各地方政府陆续推出中长期规划和短期行动目标，并在规划指标、土地、财税和投资等方面出台优惠政策，支持数据中心建设。要想建成一个满足安全生产需要、适度投资且高效节能的数据中心，科学规划是第一步。从选址开始，就要明确数据中心的定位，同时充分考虑未来的可持续发展及灵活调整的需要。

第一节　数据中心总体规划

一、当前布局

2021 年 3 月 11 日，十三届全国人大四次会议表决通过关于国民经济和社会发展第十四个五年规划和 2035 年远景目标纲要的决议。3 月 12 日，《中华人民共和国国民经济和社会发展第十四个五年规划和 2035 年远景目标纲要》（以下简称《纲要》）公布。《纲要》提出要“加快构建全国一体化大数据中心体系，强化算力统筹智能调度，建设若干国家枢纽节点和大数据中心集群”。

国家枢纽节点是我国推进“东数西算”的重要战略支点，将支撑推动算力资源有序向西转移，加快解决东西部算力供需失衡问题。按照《关于加快构建全国一体化大数据中心协同创新体系的指导意见》有关工作部署，国家发改委会同中央网信办、工业和信息化部、国家能源局持续加大工作推进力度，在已明确将京津冀、长三角、粤港澳大湾区、成渝作为 4 个国家枢纽节点的基础上，根据能源结构、产业布局、市场发展、气候环境等因素，抓紧研究论证其余国家枢纽节点的选址范围，细化发展定位和路径，尽快出台进一步促进国家枢纽节点建设发展的政策举措。

2022 年 2 月 17 日，国家发改委等部门联合印发文件，同意在京津冀、长三角、粤港澳大湾区、成渝、内蒙古、贵州、甘肃、宁夏 8 地启动建设国家算力枢纽节点，并规划了 10 个国家数据中心集群。至此，全国一体化大数据中心体系完成总体布局设计（见图 3-1），“东数西算”工程正式全面启动。

根据《能源数字化转型白皮书（2021）》和中商产业研究院整理的数据显示，我国 31 个省（区、市）均有数据中心部署，但主要集中在北京、上海、广州等东部一线城市及其周边地区，中、西部地区分布较少。截至2019年年底，北京市、上海市、广州市及其周边地区等东部数据中心机架数量占比分别为26.5%、25.3%、13.5%，合计65.3%，中部、西部及东北部地区占比分别为12.2%、18.7%和3.8%。

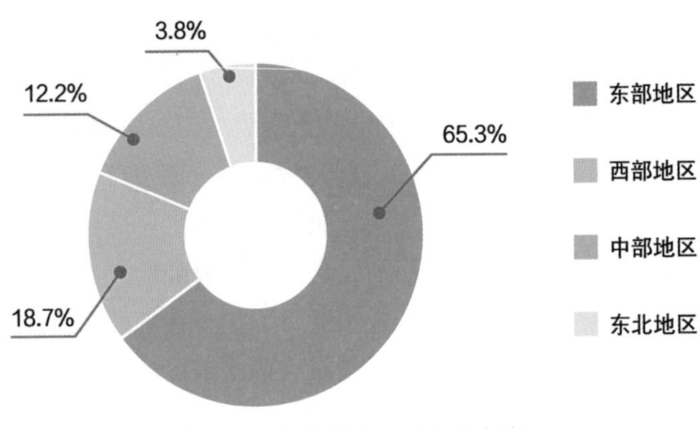

图3-1　中国数据中心地区分布情况

1. 互联网企业的数据中心

互联网企业天然采用了“多地多中心”部署架构，其数据中心呈现规模大、数量多、布局广等特点。例如，截至2022年6月，阿里云在全球25个地域部署了上百个云数据中心；腾讯在贵州省贵阳市贵安新区建成了著名的七星数据中心，在河北省怀来县、江苏省仪征市等地建设了多个数据中心，又在广东省清远市投产了百万级装机量的清新云计算数据中心；百度也连续投产了山西省阳泉市、河北省保定市两地的3个数据中心；京东云在国内4个区域部署了多个数据中心。国外的互联网企业，如亚马逊、谷歌、IBM、微软等，其数据中心也遍布全球。

（1）腾讯：多节点分区域布局

在众多互联网巨头中，腾讯的核心产业——游戏，对IT硬件的要求是最高的，对数据中心网络和数据容灾方案的要求也是最高的，因此灾备中心的选择极其重要。腾讯已在不同区域做了数据中心布局，以保证数据安全和稳定。

腾讯在贵州省贵阳市贵安新区部署了七星数据中心，在河北省怀来县部署了瑞北和东园2个数据中心，在长三角区域内的上海市青浦区部署了1个数据中心，在成渝区域内的重庆市部署了2个云计算数据中心。

（2）阿里云：全面推进数据中心“碳中和”

阿里云已经在全国部署了张北数据中心、乌兰察布数据中心、南通数据中心、杭州数据中心和河源数据中心五大超级数据中心，未来还将在全国建立十个以上的超级数据中心。位于河北省张家口市的阿里云张北数据中心于2016年9月投产，是国内企业首个采用三点式布局的数据中心集群，大量采用风电、光伏等绿色能源，部署国内云计算数据中心规模最大的浸没式液冷集群。在2022年北京冬奥会期间，也是阿里云张北数据中心为整个“冬奥上云”提供底层数据支持。

2021年12月17日，阿里巴巴集团正式发布《阿里巴巴碳中和行动报告》，这是国内互联网科技企业发布的首个碳中和行动报告。阿里巴巴在报告中提出“不晚于

2030年实现自身运营碳中和”“率先实现云计算的碳中和，成为绿色云”。为此，阿里巴巴将不断提高能源消费中的可再生能源比例。阿里云张北数据中心成为行业内首个碳普惠试点项目，2020年获批国家绿色数据中心，2021年入选国家绿色低碳典型示范案例。2021年“双11”期间，阿里云张北数据中心使用绿电近3 000万kW·h，减排二氧化碳2.6万吨。

此外，河源数据中心是广东首个通过电力市场交易实现全电量使用天然气电力的数据中心，也是华南地区规模最大的绿色数据中心。2022年，该数据中心实现了100%使用清洁能源的目标，年均PUE低至1.25。

阿里云数据中心一直在全面推进数据中心“碳中和”，根据新能源行业研究机构——彭博新能源财经（BloombergNEF）发布的2022年中国企业绿电交易排行榜，阿里云以860GWh交易量位列2022年“中国绿电采购企业排行榜”第二。

（3）华为：五大低碳智能数据中心

华为云在中国布局了五大数据中心。其中，贵安数据中心、乌兰察布数据中心是华为云一南一北两大云数据中心，还在京津冀、长三角、粤港澳大湾区布局了三大核心数据中心。华为云数据中心的冷、温、热布局，由时延来决定。冷服务主要建在低成本地区，温服务建在靠近沿海的低成本地区，热服务布局在贴近客户需求的地区。

在绿色低碳方面，华为贵安数据中心可以做到PUE值低至1.12。除了重要的选址，数据中心还运用AI技术进行削峰平谷，使得各服务器负荷均衡，提升了资源使用效率。在供电环节，用功率半导体替换铜器件，进一步降低了供电损耗。

另一个值得关注是数据中心的智能化运维管理。目前，很多云数据中心也开始采用AI和大数据分析技术，以提升数据中心的可靠性。

（4）字节跳动：全国部署CDN（内容分发网络）

作为以提供短视频、图文、视频内容分发服务为主营业务的字节跳动集团，其火山引擎相关负责人称，火山引擎在全国部署了大量CDN节点，可以为东西部的企业和用户提供传输加速服务。字节跳动首个已交付使用的数据中心坐落在张家口市怀来县官厅湖新媒体大数据产业基地。怀来县是新能源输出大县，其70%以上的电能都是水力发电、风能发电和太阳能发电产生的清洁能源，但由于清洁能源跨地区消纳难度大，成本高，而就地消纳能力有限，因而供过于求，导致了低廉的电价，这对于数据中心这种耗电大户而言，具有莫大的吸引力。

（5）其他互联网企业

一直以人工智能为重要战略的百度，也不断在数据中心的底层建设上进行布局，其已在山西省阳泉市、河北省保定市等地布局自有数据中心。

作为国内为数不多的已在科创板上市的中立云厂商，Ucloud（优刻得科技股份有限公司在内蒙古自治区和长三角地区均有数据中心布局。乌兰察布云计算中心位于内蒙古自治区算力网络国家枢纽节点的集宁大数据产业园，更适用于对位置、网络延迟要求不高，对成本控制较为敏感，对扩容需求、数据计算、数据存储有较高需求的行业，主要针对中大型企业在环京地区的业务部署上云。

2. 金融数据中心

自2000年以来，国有大型银行先后按照“两地三中心”模式自建了数据中心，用于满足自身业务需求和监管要求。近年来，各大型银行纷纷开始购置土地，用于数据中心机房的新建或扩建。

随着自身业务的迅猛发展，各大型银行发现现有数据中心机房规模无法满足业务需求，于是纷纷开始了新一轮数据中心的筹建准备，其中央行、工行、农行、中行均已购置土地。

银行业数据中心建设主要特点：机房规模大，中行、农行、建行均按照30万台以上服务器规模筹划机房建设，在单个区域购买土地超过400亩。选址时更倾向于选择节能和行业聚集的园区，同业选址时已由一线城市转向气候环境条件更利于节能，且数据中心产业聚集的成熟地区。

上述情况表明，在“新基建”浪潮的推动下，数据中心作为金融行业的核心资源引起各方重视，数据中心的战备资源地位提升，金融行业要做战备数据中心的规划和筹备。数据中心的选址因素也向气候适宜、节能减排、政策优惠等方向偏移。

二、“新基建”带来的影响

数字经济时代，数字计算能力如同水、电等生产资料一样，是基础设施之一，需要全国“一盘棋”统筹规划。近年来，多地纷纷投资建设数据中心，但这些数据中心大多缺乏一体化的战略规划，容易形成烟囱效应，造成重复浪费。在“新基建”的背景下，数据中心建设应当加强统筹协调，立足国家战略层面，从全局角度进行顶层设计，为数据中心全国统筹布局提供战略性、方向性指引。同时，数据中心发展规划也要与网络建设、数据灾备等统筹考虑、协同布局，实现全国数据中心优化布局。中国信息通信研究院产业与规划研究所提出了“新基建”浪潮下数据中心规划布局的思路。

1. 各地因地制宜差异化规划布局数据中心

“新基建”浪潮下数据中心的建设不能简单地重复传统基建的方式方法，要避免毫无差异的“村村点火、户户冒烟”。各地需因地制宜，找准自身定位，开展数据中心规划布局。对于仍存在较大需求缺口的“北上广深”等热点城市，综合考虑数据中心计算能力提升和降低能耗之间的平衡，支持建设支撑5G、AI、工业互联网等新技术发展的数据中心，保证城市基本计算需求，或在区域一体化的概念下于周边统筹考虑数据中心建设。对于各区域的中心城市，对时延敏感、以实时应用为主的业务，可选择在用户聚集地区依据市场需求灵活部署大中型数据中心。对于中西部能源富集地区，可发挥自身能源充足、气候适宜的优势，建设承接东部地区的对时延敏感度不高且具有海量数据处理能力的大型、超大型数据中心。对于部分对时延极为敏感的业务，如VR/AR、车联网等，需要最大限度地贴近用户部署边缘数据中心，以满足用户的极致体验需求。

2. 加强数据中心和网络建设协同布局

构建基于云、网、边深度融合的算力网络，满足在云、网、边之间按需分配和灵活调度计算资源、存储资源等需求。实施网络扁平化改造，推动大型数据中心聚集区升级建设互联网骨干核心节点或互联网交换中心。推进数据中心之间建设超高速、低时延、高可靠的数据中心直连网络，以满足数据中心跨地域资源调度和互访需求。根据业务场景、时延、安全、容量等要求，在基站到核心网络节点之间的不同位置上合理部署边缘计算，形成多级协同的边缘计算网络架构。

3. 支持对外开放前沿地区试点探索建设国际化数据中心

面对全球广阔的市场前景，在自贸区、“一带一路”沿线地区等对外开放前沿地区试点探索建设国际化数据中心，面向亚太及全球市场，探索利用更优路由、更低时延、更低成本服务国际用户。鼓励我国数据中心企业加强云计算、AI、区块链、CDN 等能力建设，丰富服务种类，提高国际竞争能力，创新商业模式，积极拓展海外市场。

三、“东数西算”带来的影响

全国一体化大数据中心协同创新体系在总体建设目标上，要实现到2023年，长三角、粤港澳大湾区、成渝、贵州、京津冀、宁夏、内蒙古、甘肃 8 地国家枢纽节点初步建成，10个数据中心集群完成布局并显现算力集聚效应。东西部之间打通 1 ~ 2 条算力大通道，“东数西算”工程打开新局面。面向数据中心集群的以可再生能源供给为核心的新型能源网络在各大枢纽节点形成雏形，可再生能源利用率不低于 30%；一体化算力供给和调度取得实质性进展，云网调度、云边协同、多云融通等不同层级的算力调度模式不断丰富；数据资源要素流通活力得到增强，数据开放，有效数据集总量至少翻一番；大数据应用协同创新有所突破，区域数智融合平台和政务大脑开始推行。到 2025 年，布局合理、绿色集约、安全智能、调度灵活的全国一体化算力网络基本建成，“全国一盘棋”的自主化算力服务体系基本实现。

为推动“东数西算”设计、枢纽节点内建设和其他区域建设，首先要搭建“东数西算”配对模型，结合产业契合度、资源条件水平、政策激励程度，对“东数西算”的合理配对组合进行评估，选取高可行性配对方案。针对枢纽节点内建设，一方面发展数据中心核心集群，培育大规模、集约化“云端”算力，着力解决集群初始规模设计和扩容条件判定两大问题；另一方面优化城市数据中心，培育低时延、高性能的“边缘”算力，重点实现现有城市数据中心重定位和边缘数据中心升级发展。

在八大国家枢纽节点内部，构建集群—集群、集群—城市的算力“内循环”，促进城市与城市周边之间优势互补、协同联动。发展数据中心核心集群，培育大规模、集约化“云端”算力。

对国家枢纽节点以外的其他区域建设，加强绿色化、集约化管理，打造具有地方特色、服务本地、规模适度的算力服务：对存量数据中心进行优化；引导新建数据中心按需建设满足区域数字经济刚性需求的本地行业级数据中心；加强节能审查，依托优势能源服务商的基础监测平台，加快建设其他区域省及区域数据中心能耗监测统一平台，对集群内数据中心能耗情况进行统一监测和定期评估。

第二节　数据中心选址规范

数据中心受外界环境因素的影响比较大，如温度、湿度、供电、降水等诸多要素，其中任何一项出现问题，都可能对数据中心的正常运转产生影响。

现阶段，从国内数据中心的建设趋势来看，其已逐渐从一线城市向二、三线城市转移。然而，从数据中心的运营效果来看，一线城市的机柜利用率远高于二、三线城市，二、三线城市并没有最大限度地发挥其优势。因此，数据中心在选址时，需要在具有清晰的业务定位、完善的配套设施的基础上，综合考虑当地的气象、电力、温度、人力等多方面因素，结合自身的业务特点进行综合评估，并采用先进技术最大化利用本地优势，针对该地区相对弱势的要素，采用先进的技术加以弥补，最终实现降低数据中心综合成本的目的。同时，数据中心的建设应建立在清晰的战略规划的基础上，避免盲目建设。

数据中心在选址方面并没有专门的规范可循，国家和地方出台的设计规范和建设指导意见中有一些条款可供参考。

一、国家规范要求

《数据中心设计规范》对数据中心选址做了要求。例如：电力供给应充足可靠，通信应快速畅通，交通应便捷；采用水蒸发冷却方式制冷的数据中心，水源应充足；自然环境应清洁，环境温度应有利于节约能源；应远离产生粉尘、油烟、有害气体以及生产或贮存具有腐蚀性、易燃、易爆物品的场所；应远离水灾、地震等自然灾害隐患区域；应远离强振源和强噪声源；应避开强电磁场干扰；A 级数据中心不宜建在公共停车库的正上方；大中型数据中心不宜建在住宅小区和商业区内。同时，在“附录 A 各级数据中心技术要求”中对数据中心选址也有明确的规定，见表 3-1。

表 3-1　《数据中心设计规范》附录 A 对数据中心选址的要求

<table>
<tr><th rowspan="2">项目</th><th colspan="3">技术要求</th><th rowspan="2">备注</th></tr>
<tr><th>A 级</th><th>B 级</th><th>C 级</th></tr>
<tr><th colspan="5">选址</th></tr>
<tr><td>距离停车场</td><td>不应小于 20m</td><td>不宜小于 10m</td><td></td><td>包括自用和外部停车场</td></tr>
<tr><td>距离铁路或高速公路</td><td>不应小于 800m</td><td>不宜小于 100m</td><td></td><td>不包括各场所自身使用的数据中心</td></tr>
<tr><td>距离地铁</td><td>不宜小于 100m</td><td>不宜小于 80m</td><td></td><td>不包括地铁公司自身使用的数据中心</td></tr>
<tr><td>在飞机航道范围内建设数据中心距离飞机场</td><td>不宜小于 8 000m</td><td>不宜小于 1 600m</td><td></td><td>不包括飞机场自身使用的数据中心</td></tr>
<tr><td>距离甲、乙类厂房和仓库、垃圾填埋场</td><td colspan="2">不应小于 2 000m</td><td></td><td>不包括甲、乙类厂房和仓库自身使用的数据中心</td></tr>
<tr><td>距离火药炸药库</td><td colspan="2">不应小于 3 000m</td><td></td><td>不包括火药炸药库自身使用的数据中心</td></tr>
<tr><td>距离核电站的危险区域</td><td colspan="3">不应小于 40 000m</td><td>不包括核电站自身使用的数据中心</td></tr>
<tr><td>距离住宅</td><td colspan="3">不宜小于 100m</td><td></td></tr>
<tr><td>有可能发生洪水的区域</td><td colspan="2">不应设置数据中心</td><td>不宜设置数据中心</td><td></td></tr>
<tr><td>地震断层附近或有滑坡危险的区域</td><td colspan="2">不应设置数据中心</td><td>不宜设置数据中心</td><td></td></tr>
<tr><td>从火车站、飞机场到达数据中心的交通道路</td><td colspan="2">不应少于 2 条道路</td><td></td><td></td></tr>
</table>

二、地方规范要求

地方对数据中心一般都有区域性规划，会出台一些符合地域发展要求、相对详细的选址标准，对国家标准进行补充完善，以上海为例，《上海市数据中心建设导则（2021 版）》中就对数据中心选址做了以下明确要求。

（1）应综合考虑市电接入的可靠性和可扩展性，宜优先利用现有供电资源。宜靠近 110kV 以上等级且配置冗余度高的电源点。宜引入一类市电，市电供电平均每月停电次数不应大于 1 次，平均每次故障时间不应超过 0.2 小时。

（2）应靠近干线通信线路，具备多路由接入条件。

（3）宜在直线距离 300 米的范围内建一路自来水管网，以满足数据中心冷却用水需求。

（4）应避免有害气体、粉尘、洪水、振动、电磁干扰等源头，机房位置与化学工厂、垃圾填埋场、飞机场、铁路、高速公路等的距离应符合 YD/T 2441—2013《互联网数据中心技术及分级分类标准》附录 B 中的 R3 级要求。机房位置与核电站、地铁线路、加油站和石油库等的距离具体要求见表 3-2。

表 3-2　机房选址距离要求

场所名称	距离
距离地铁线路	不宜小于 100m
距离加油站 / 加气站	不宜小于 400m
距离一级石油库	应大于 500m
距离五级石油库	应大于 250m

第三节　数据中心选址原则

数据中心在选址前，一般会先确定基本的、大方向的选址原则，可以分为战略规划优先、业务需求优先、经济效益优先和低碳节能优先四种原则。

一、战略规划优先

企业通常会根据自身条件和外部环境的现状及变化来制定发展规划，并结合实施过程和结果进行修订调整，以实现可持续发展，保证企业价值和利益的最大化。数据中心企业也会结合国家政策、区域环境、自身发展总体思路、业务覆盖范围和优势能力等，提出和推进实施数据中心布局及发展规划。

当运营商启动新数据中心建设时，通常会依据企业自身战略规划和当前进度，优先在规划布局区域内进行选址，一方面要符合企业战略定位和业务布局要求，另一方面要减少企业内部审批流程、快速启动项目。虽然战略投资类项目并不能为企业带来短期和直接效益，但是通过全国布局，综合来看，依然可以实现企业利益最大化。

二、业务需求优先

从 CDCC 第九届数据中心标准峰会上发布的《2021 年中国数据中心市场报告》中

可以看到，在数据中心供求关系中，一线城市的高密度人口、高密集企业及优越的电力、网络资源和配套条件，使其上架率接近70%，“北上广深”等地区一直存在供不应求的现象，局部地区甚至出现数据中心未投产已基本销售一空、客户排队等上架的情况，而西北部地区由于经济欠发达等原因，上架率还不到35%，过低的上架率将影响数据中心的收入利润和经营发展，延长投资回报周期，企业将面临经营风险。“东数西算”工程的启动，有望给西部地区数据中心发展带来新的机遇。

数据中心所在地的市场需求决定了其上架率的高低，也直接造成了一部分地区缺客户、另一部分地区缺机柜的情况。上架率较高地区也意味着数据中心更难获得土地和能源指标，因而将付出更高的建设成本和电费、人工费等运营成本，同时需要接受更低的PUE值和碳排放指标的考核。

三、经济效益优先

经济效益优先原则，更多的是考虑如何利用最小的投入实现最大的经济价值，通常会综合考虑建设成本、运营成本和收入、支出、回报周期等经济因素，实现企业经济利益的最大化。单从投资角度来说，数据中心属重资产，回报周期相对较长，对于经济实力不太雄厚的企业来说，快速回收资金、良好的现金流和优异的报表数据是企业生存的重点，因此企业更多会采用此种方式，或者偏重经济效益优先原则。

四、低碳节能优先

2021年7月，工业和信息化部印发《新型数据中心发展三年行动计划（2021—2023年）》，统筹推进新型数据中心发展，构建以新型数据中心为核心的智能算力生态体系，对绿色数据中心建设提出新的要求。该行动计划主要包括以下内容。

（1）基本原则：绿色低碳，安全可靠。坚持绿色发展理念，支持绿色技术、绿色产品、清洁能源的应用，全面提高新型数据中心能源利用效率。

（2）主要目标：用3年时间，基本形成布局合理、技术先进、绿色低碳、算力规模与数字经济增长相适应的新型数据中心发展格局。

从全国主要数据中心聚集区发布的政策文件要求来看，国家和地方对数据中心PUE的关注度越来越高，纷纷出台限制性政策，规范数据中心的能耗管理，加大节能的具体要求。尤其在“双碳”的压力和机遇形势下，数据中心的低碳节能工作任重道远。

在碳中和的时代主题下，数据中心实现碳中和已经不仅是一种目标，更是一种责任，因此如何提前布局绿色能源，实现“源网荷储一体化”，充分利用自然冷源，与自然融为一体，是数据中心选址的一项重要原则。

第四节　数据中心选址的关键影响因素

对于数据中心选址都有哪些关键影响因素，国家标准和地方标准更多的是给出强制条款或者建议条件，行业内并没有形成统一的标准或规范，运营商、金融和互联网行业通常会依托企业战略布局，结合政策变化和业务拓展情况进行综合选址规划，数据中心选址的关键影响因素见图3-2。数据中心属于重资产运营，回报周期相对较长，数据中心选址涉及企业的发展战略和目标，是公司的关键决策之一。

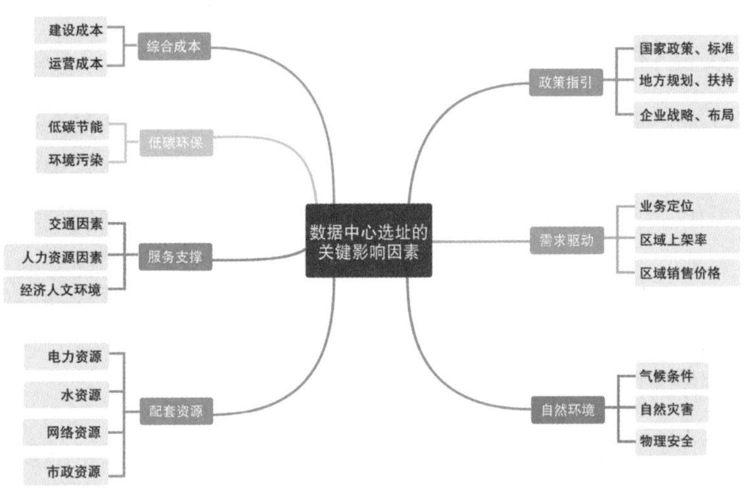

图3-2 数据中心选址的关键影响因素

虽然本书无法给出数据中心选址的全部细节，但是综合起来，数据中心在选址过程中应重点关注的关键影响因素可以概括为政策指引、需求驱动、自然环境、配套资源、服务支撑、低碳环保和综合成本7个主要因素，以及20个子因素。

一、政策指引

1. 国家政策、标准

国家政策对行业的长期发展有着重要的影响，紧跟国家政策提前进行战略性布局，始终把握住市场脉搏，就可以长期地享受国家政策红利。影响数据中心选址的政策和指导意见等因素主要有以下几个。

（1）“东数西算”工程。2022年2月17日，国家发展改革委等部门联合印发文件，同意在京津冀、长三角、粤港澳大湾区、成渝、内蒙古、贵州、甘肃、宁夏8地启动建设国家算力枢纽节点，并规划了10个国家数据中心集群，这8个国家算力枢纽节点区域和 10 个国家数据中心集群，必定是数据中心选址的热点区域。

（2）国家新型数据中心典型案例。2022 年 2 月 7 日，工信部官网发布《国家新型数据中心典型案例名单（2021 年）》，其中大型数据中心 32 个，包括绿色低碳类 10 个、算力赋能类 8 个、安全可靠类 8 个、智能运营类 6 个；边缘数据中心 12 个，涵盖智慧城市、木业、铁路、电力、政务、公安、视频、工业、矿山、医疗等领域。这些数据中心在绿色低碳、算力赋能、安全可靠和智能运营 4 个方面的优势得到了国家的认可，在选址时可以将上述数据中心作为重要参考模板和依据。

（3）绿色数据中心政府采购需求标准。2023 年 4 月，财政部、生态环境部、工业和信息化部联合印发了关于《绿色数据中心政府采购需求标准（试行）》的通知。明确规定“2023 年 6 月起数据中心电能比不高于 1.4，2025 年起数据中心电能比不高于 1.3”，以及“数据中心水资源全年消耗量与信息设备全年耗电量的比值不高于 2.5L/kWh”，同时也对数据中心可再生能源使用率的逐年利用率提出明确要求。政府客户作为数据中心重要的客户之一，在选址时可以结合此采购需求标准进行规划。

2. 地方规划、扶持

地方规划通常会结合国家政策，出台较为详细明确的扶持办法和长期有效的地方政策，包括地方和产业园区的产业扶持、政策倾斜、土地出让、税收优惠、能源补贴、人才引进、资金扶持和业务拓展等方面的政策支持。企业可以结合自身优势将产业园区成熟度、生态完整度、聚集效应和集约优势等作为选址重要参考指标。

成都市生态环境局 2022 年 2 月发布了关于《成都市支持绿色低碳重点产业高质量发展若干政策措施（征求意见稿）》的公示，对绿色低碳领域的一系列项目制定奖励与补助支持措施。该意见稿提出，在全国一体化算力网络成渝国家枢纽节点天府数据中心集群内对 PUE 值低于 1.25 的新建大型、超大型数据中心，按照有关政策要求，采取以奖代补方式一次性给予 2 000 万元的资金支持。

山东省出台了《山东省支持数字经济发展的意见》，对符合规划布局、服务全省乃至全国的区域性、行业性数据中心，用电价格通过各级财政奖补等方式降至 0.33 元 / kW•h。根据实际用电量和产业带动作用，分级分档给予支持。

以上扶持政策在数据中心选址时都将是重要的参考因素。同时，地方政府在建筑用地规划许可、节能审查、节能监察、环评批复、安全审查等方面的政策和服务也是数据中心选址需要关注的重要内容，好的政策将极大地简化项目报审、建设和验收的手续并缩短项目落地时间，以最短的时间为企业带来最大的利益。

3. 企业战略、布局

企业通常会根据自身经营、业务情况以及社会责任等，提前对数据中心进行战略规划布局，形成集中资源或区域资源优势，后期实际部署时也将优先选择规划中的节点。

以运营商为例，联通集团规划布局“5+4+31+X”数据中心体系，其中“5”为重点区域—全国高等级数据中心（京津冀、长三角、粤港澳大湾区、成渝国家“东数”枢纽节点和鲁豫陕通信云大区），“4”为南北—四大国家级存储及备份数据中心（贵州、内蒙古、甘肃、宁夏），“31”为省级—核心数据中心（省会城市、经济发达城市），“X”为地市级—城域及边缘数据中心（本地网城市数据中心）。移动集团规划布局“4+3+X”数据中心体系，其中“4”指的是4个热点区域，即京津冀、长三角、粤港澳大湾区、成渝；“3”指的是3个跨省服务的“低成本中心”，即呼和浩特、哈尔滨、贵阳；“X”指各省区域内省级中心和业务节点。电信集团部署“2+4+31+X”的数据中心/云布局，其中“2”指的是内蒙古和贵州，“4”指的是京津冀、长三角、粤港澳大湾区和陕川渝，“31”和“X”主要指分布在各省和地市或县区的中心和业务节点。

二、需求驱动

满足业务需求是数据中心选址的最根本要求，也是决定数据中心持续发展的关键因素。

1. 业务定位

数据中心按照应用场景不同可划分为互联网数据中心、企业数据中心和超算中心等，按照业务架构可分为主用中心、灾备中心、数据存储中心等，承载云计算、CDN、视频、游戏等业务。数据中心的不同定位将对选址产生很大影响。

由于数据传输是需要时间的，通常可认为骨干网每千千米平均延迟5ms，城域网每百千米延迟1～2ms，因此数据中心的选址和其业务定位有较强的关联性。在内蒙古和贵州等地，可以充分利用当地丰富的可再生能源优势和能耗低成本优势，承载超算、AI模型训练、数据存储备份、离线数据分析等对实时性要求不高的业务。在经济发达地区，重点服务高密度人口高频次访问的视频播放、电子商务、直播和游戏等对实时性要求较高的业务。区域性车联网、自动驾驶、无人机、工业互联网、AR/VR等产业集群，可以承载超低延迟、大带宽、海量连接的业务。

2. 区域上架率

数据中心区域上架率一般能相对直接地反映区域市场的需求。根据CDCC第九届数据中心标准峰会上发布的《2021年中国数据中心市场报告》显示，全国平均上架率为50.07%，“北上广深”地区仍然存在“供不应求”的现象。如图3-3所示，在整体上架率

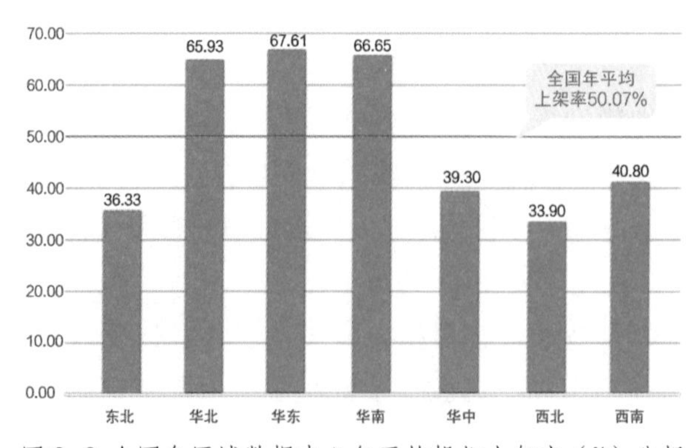

图3-3 全国各区域数据中心年平均机柜上架率（%）分析

方面，华东、华北、华南地区数据中心年平均机柜上架率为 60% ~ 70%，其他地区为 30% ~ 40%，西北部地区最低，不到 34%，整体情况并不乐观。数据中心在寻找客户，客户也在寻找更适合自身需求的数据中心。

3. 区域销售价格

数据中心机柜租金因地区和供需变化而动态变化。据公开资料显示，2021 年上半年，一线城市平均租金约为每千瓦每月 1 500 元，而非一线城市约为每千瓦每月 400 ~ 500 元，价格相差 3 倍。同时，数据中心机柜租金也与业务规模相关，批发型通常比零售型要低 10% ~ 20%，超大型数据中心由于集群原因，租金会比零售型低 30% 左右。

机柜租金和带宽租金是数据中心收入来源的两个重要组成部分，销售价格和上架率将与收入和利润直接相关，因此在选址时要结合建设成本和运营成本做好测算。

三、自然环境

1. 气候条件

气候条件主要是指数据中心选址地区的全年平均温度、湿度和空气洁净度等参数，这些是决定数据中心空调和新风系统采用何种方式的主要因素，也是数据中心节能方式的重要决定因素，对建设期系统选型和运行期 PUE 指标会产生很大影响。由于冷却成本在数据中心运营成本中占比较高，因此在相对较冷的气候条件下，可以更多地利用自然冷源，显著降低冷却成本。此外，空气洁净度也会影响新风系统的使用效率。

数据中心选址位置的年平均和历史温湿度与企业的长期成本相关，通常数据中心应建在自然环境清洁、全年平均温湿度有利于节约能源的地区。

2. 自然灾害

数据中心选址应当避开地震、台风、洪水、鼠患等自然灾害频发的地区，A 级数据中心的防洪标准建议按 100 年重现期考虑，B 级数据中心的防洪标准可按 50 年重现期考虑。要特别注意的是，数据中心位置应高于周边最高水位位置，不应设置在园区的低洼处。

我国地震活动主要分布在 5 个地区，有 23 个地震带，在进行数据中心选址时应尽量考虑避开这些区域。

3. 物理安全

从安全角度考虑，数据中心选址应远离政治、军事和潜在冲突地区，避开国境线、军事基地等地区；同时严格按照《数据中心设计规范》的规定，远离甲、乙类厂房和仓库，垃圾填埋场，远离火药炸药库，远离核电站等危险区域；应考虑避免邻近高压电站、电气化铁路、广播电视、雷达、无线电发射台等干扰源的影响。

数据中心在海拔高度超过 2 500 米时，部分设备性能会受到影响，进行数据中心选址时，应尽量避开海拔高度超过 2 500 米的地区。

四、配套资源

数据中心对土地资源、电力资源、水资源、网络资源和市政资源等配套资源的需求属于刚性需求，是数据中心建设的基础必要条件。以电力资源为例，数据中心的用电量一般在每平方米 1 ～ 2kW•h，是普通办公楼用电量的 30 倍，如果没有充足的电力供应是无法建设运营数据中心的，因此，选址时应重点考察当地的电力供应情况以及供电的可靠性和稳定性。

1. 电力资源

数据中心作为高用电行业，电力是维持其运转的重要保障，安全、可靠、稳定、充足的电力资源对数据中心选址至关重要。通常一个 2 000 架单体数据中心，按机柜功率密度 5kW、PUE =1.3、上架率 80%、IT 负载率 60% 测算，全年用电量接近 6 000 万 kW•h。当地能否为数据中心提供相应的电力容量、是否具备可扩展性，成为数据中心选址的核心考量因素。

除了容量之外，是否满足双路或多路供电、是否具有数据中心专用变电站、输配电电网质量、绿电占比和停电风险等也是数据中心选址的重要考量因素。拥有安全、稳定电力运行环境的区域，可成为数据中心选址的重点区域。

见表 3-3，根据国家统计局的数据统计，2020 年，全国 31 个省市自治区中发电量排名前 10 位的分别是内蒙古自治区、山东省、广东省、江苏省、四川省、新疆维吾尔自治区、云南省、浙江省、山西省、河北省。用电量排名前 10 位的省份分别是山东省、广东省、江苏省、浙江省、河北省、内蒙古自治区、河南省、新疆维吾尔自治区、四川省、福建省。

其中，内蒙古自治区、云南省、四川省、山西省、新疆维吾尔自治区、湖北省、宁夏回族自治区、贵州省电力的自给自足率高，净输出大，从数据中心选址电力资源是否充沛的视角来看，应该作为优先选择地。

表 3-3 全国 31 个省、市、自治区的发电量和用电量对比

地区	2020 年发电量（亿千瓦时）	2020 年用电量（亿千瓦时）	净输出（亿千瓦时）
内蒙古自治区	5 810.97	3 900.49	1 910.48
云南省	3 674.44	2 025.66	1 648.78
四川省	4 182.28	2 865.20	1 317.08
山西省	3 503.54	2 341.73	1 161.81
新疆维吾尔自治区	4 121.86	2 998.32	1 123.54
湖北省	3 015.84	2 144.18	871.66
宁夏回族自治区	1 882.36	1 038.20	844.16

续表

地区	2020 年发电量（亿千瓦时）	2020 年用电量（亿千瓦时）	净输出（亿千瓦时）
贵州省	2 305.44	1 586.06	719.38
陕西省	2 379.41	1 740.90	638.51
甘肃省	1 762.35	1 375.70	386.65
安徽省	2 808.98	2 427.50	381.48
吉林省	1 018.83	805.40	213.43
青海省	951.95	742.01	209.94
福建省	2 651.05	2 483.00	168.05
黑龙江省	1 137.84	1 014.40	123.44
西藏自治区	88.9	82.45	6.45
海南省	345.53	362.08	-16.55
广西壮族自治区	1 970.88	2 025.25	-54.37
天津市	771.61	874.59	-102.98
江西省	1 444.71	1 626.82	-182.11
辽宁省	2 135.26	2 423.40	-288.14
重庆市	840.52	1 186.52	-346.00
湖南省	1 554.43	1 929.28	-374.85
河南省	2 906.12	3 391.86	-485.74
河北省	3 425.07	3 933.92	-508.85
北京市	457.47	1 139.97	-682.50
上海市	861.74	1 575.96	-714.22
山东省	5 806.43	6 939.84	-1 133.41
江苏省	5 217.54	6 373.71	-1 156.17
浙江省	3 531.31	4 829.68	-1 298.37
广东省	5 225.91	6 926.12	-1 700.21

2. 水资源

采用传统制冷模式的数据中心，仍按上述 2 000 机架年用电量 6 000 万 kW•h 测算，每天用水量约为 400 吨，每年用水量接近 15 万吨，因此，充足的水资源供应和确保多路供水也是选址的核心考量因素。当然，对于采用充分利用自然冷源等技术方式的数据中心，此因素的重要程度会随之降低。

3. 网络资源

无论是政府客户、互联网客户还是企业客户，无论是视频业务还是算力业务，数据中心都需要通过数据中心网络与外界相连。大数据处理、离线分析、存储备份等业务对网络质量和时延的要求并不高，而在线游戏类业务、物联网类业务对此要求相对较高，特别是工业互联网业务，网络质量和时延将对系统运行产生直接影响。数据中心选址根据定位，应优先考虑国家级互联网骨干直联点和工业互联网标识解析国家顶级节点所在区域。

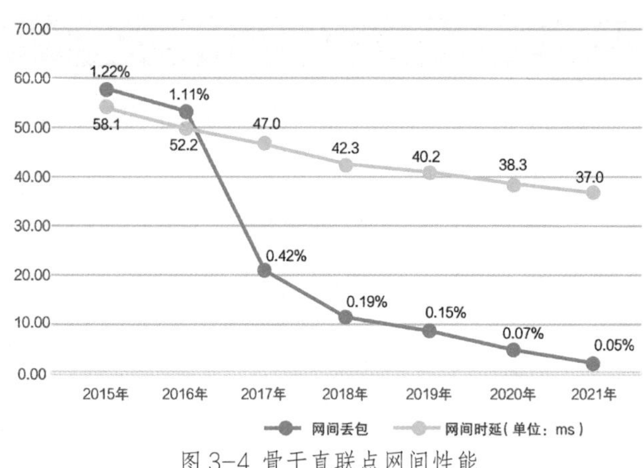

图 3-4 骨干直联点网间性能

国家级互联网骨干直联点作为国家重要通信枢纽，由工信部按照相关标准统一规划，主要用于汇聚和疏通区域乃至全国网间通信流量，是我国互联网网间互联架构的顶层关键环节。截至 2021 年年底，我国建成和建设中国家级互联网骨干直联点 17 个，包括北京、上海、广州、贵阳、成都、武汉、西安、沈阳、南京、重庆、郑州、杭州、福州、呼和浩特、南宁、济南和青岛。作为国家重大网络基础设施和新基建的重要内容，骨干直联点的建设将有力提升所属省份在全国基础网络布局中的地位，促进数字化、网络化、智能化发展。如图 3-4 所示，经过多年持续增扩，网间时延、丢包率等指标得到明显改善。根据中国信通院监测数据，我国互联互通质量已经达到国际一流水平。

工业互联网标识解析国家顶级节点是我国工业互联网重要的基础服务设施，标识解析体系的核心枢纽，为国内工业互联网发展提供标识注册和解析服务。截至 2021 年年底，我国已在武汉、北京、上海、广州、重庆 5 个城市建设了国家顶级节点，国家顶级节点是我国范围内顶层的标识服务节点，能够面向全国范围提供融合性顶级标识服务，以及标识备案、标识核验等管理能力。

总体来说，能提供低时延、高质量、高带宽的数据中心对客户的吸引力将更大。

4. 市政资源

市政资源主要包括园区外综合管廊、综合蓄水池、储能系统等，不但要能满足数据中心短期需求，还要具备满足其长期规划需求的能力。

五、服务支撑

1. 交通因素

数据中心应地处交通便利的区域，离机场、高铁站和市中心等不宜过远，一方面，建设期和运维期需要大量供应商和技术人员到现场；另一方面，客户需要结合数据中心地理位置综合考虑上架成本。

2. 人力资源因素

数据中心在建设期、运营期均需要大量的专业技术人员和物业人员，同时需要电源、暖通、网络、消防和信息安全等高级专业知识人才，在进行数据中心选址时，要充分考虑当地是否拥有比较充足的数据中心技术工人。一个数据中心通常只需要几十个人的技术团队来运营，但可能需要数百名技术工人来建造和维护，高水平的施工和维护人员可以延长数据中心的运营时间、降低运营维护成本，确保数据中心的高安全性、高稳定性，保障数据安全。

3. 经济人文环境

当地经济发展水平和人文发展水平也是数据中心选址的辅助考量因素，可参考相关机构给出的评价内容。

六、低碳环保

1. 低碳节能

数据中心运营需要大量的电力资源和水资源，在“双碳”目标下，选址如何能支撑数据中心更加低碳节能、高效持续发展需要特别关注，选址时要更靠近绿色能源区域，比如贵州水电科技园、内蒙古风电基地等地区，便于实现碳中和，也要更靠近能充分利用自然冷源和优质气候条件的地区，便于降低 PUE。

选址前要充分调研了解备选区域对新建数据中心用能审批、PUE、碳排放、绿能使用等指标的规划和要求，避免在办理节能审查、环评批复等手续时出现问题，影响项目整体进度。

2. 环境污染

数据中心污染源包括噪声污染、废气污染和废水污染等，会对周边居民和环境产生不利影响，因此，选址时要尽量符合环保要求，降低不利影响。以噪声污染为例，无论数据中心是采用风冷还是采用水冷空调系统，室外冷却塔、干冷器等机组在运行时都会持续产生噪声。一般，单台冷塔噪声就可达 70 分贝；冷塔机组同时运行，综合噪声将超过 90 分贝，会对人体健康产生一定影响。特别是在夜间，如果数据中心靠近住宅区，住宅区内的居民将很难入睡。《数据中心设计规范》中也因此规定大中型数据中心不宜建在居民小区和商业区内，与住宅的距离不宜小于 100 米。

七、综合成本

成本一直是影响数据中心规划布局的重要因素，通常分成 CAPEX 和 OPEX 两部分考虑，也就是建设成本和运营成本。正确的数据中心选址不但能降低建设成本，还能降低投产后的运营成本，从而缩短整个项目的动态回收期。

1. 建设成本

建设成本通常包括土地取得成本、设计成本、土建成本、机电设备成本、市政配套成本和管理成本等。其中土地取得成本、土建成本和地域有一定关系，但是配套机电等设备成本和地域关联不大。西部土地资源丰富，加上国家和地方政策扶持，单从土地价格和可扩展性上来说，在选址上会有优势。

2. 运营成本

运营成本通常包括土地租金、税收、建筑和机电设备折旧、水电网费、人工费、在维护保养费等，其中电、人工和税收等费用与地域的关联性相对较强。

在电力成本方面，电费在长期运营成本中所占比例较高，一般超过运营成本的50%，超大型数据中心电力费用所占比例更高，通常会达到长期运营成本的60%左右。在测算时一般采用两种方式：一种是电力付现成本，另一种是政府补贴后的实际成本，在进行选址测算时两种方式都要考虑。

在人工成本方面，以国家统计局公布的《中国统计年鉴（2021）》披露的全国31个省、市、自治区2020年平均工资为例，北京市城镇非私营单位年平均工资为17.8万元，而青海省只有10.1万元，人工成本方面降低了43%。一个园区级数据中心，包括自营人员、代维和物业人员，员工数将达到几十人，人工成本降低将有效减少企业运营特别是初期运营的压力。

第五节　数据中心选址方法

一、选址参考模型

由于各个企业的规划不同、战略不同、原则不同、目标不同，在数据中心实际选址中无法形成统一或标准模型，这里只是采用层次分析法，结合7类关键因素和20类子因素构建一种具有普遍参考价值的模型（见表3-4）。

表3-4　数据中心选址参考模型

地区	比例	子因素	单项分值	单项权重
政策指引		国家政策、标准		
		地方规划、扶持		
		企业战略、布局		
需求驱动		业务定位		
		区域上架率		
		区域销售价格		
自然环境		气候条件		
		自然灾害		
		物理安全		

续表

地区	比例	子因素	单项分值	单项权重
配套资源		电力资源		
		水资源		
		网络资源		
		市政资源		
服务支撑		交通因素		
		人力资源因素		
		经济人文环境		
低碳环保		低碳节能		
		环境污染		
综合成本		建设成本		
		运营成本		

企业在选址时可以根据选址的大原则，确定各关键因素的占比以及单项分值和单项权重，并对各子因素进行进一步划分，比如电力资源上可再根据是否为双专用变电站、变电站电压等级、近三年电网质量、电力容量计划等进行细分，确定最终的模型。

任何一种模型都只是一种参考，无法实现相关因素的全覆盖和标准化，而且在按照模型进行打分时，评审专家的专业性、综合能力、经验都会对评审结果产生一定影响，因此参考模型与实际充分结合才是要求最重要和最基本的。

二、选址参考过程

（1）原则确定：在充分考虑企业规划、业务需求、经济效益和绿色低碳等因素，广泛考虑利益相关方的意见的基础上，初步确定本次选址的原则、方向和模型。根据选址模型，在选址方向上大致可以分为成本优先和市场优先两个方向（见图 3-5），相应的权重也会随之变化，通常情况下“东数”的节点基本都属于市场优先方向，而“西算”的节点基本都属于成本优先方向。

图 3-5 数据中心选址参考原则

（2）范围初定：结合原则和各方需求初步确定备选地址范围。

（3）实地考察：组织内外部专家团队到现场考察，与选址所在地政府主管部门、行政检查机构和各类服务提供商会谈，收集关键因素信息。

（4）综合分析：在进行周密考察和数据收集之后，按照原则对模型进行加权评分，全面考虑前文所述的所有因素，形成分析报告。

（5）地址初筛：根据分析报告结合原则和需求，初步确定两个左右的重点考察对象，再次进行实地考察和深入分析。

（6）地址确定：通过多次实地考察，形成详细的地址调研报告，并按照最终分值排序，给出地址推荐的结论，报上级部门审批。

第六节　数据中心特殊选址

不少互联网企业和科技企业对数据中心 PUE、低碳节能等有着极致的追求，投资建设了一些个性化较强的特殊位置数据中心，一方面更加充分地利用外界自然冷源进行散热；另一方面更努力地将数据中心与自然界融合到一起，出现了水电站数据中心、湖水数据中心、海底数据中心、极地数据中心、地下数据中心、深山数据中心甚至太空数据中心等，也为数据中心未来选址提供了参考案例。

一、水电站数据中心

在水电站附近建设数据中心，优势是显而易见的。在电力方面，水电站不仅能够提供持续稳定的高质量电力资源，而且提供的电力资源是 100% 的清洁能源，直接实现了碳中和。在制冷方面，数据中心还可充分利用常年低温的江水作为冷源，采用江水冷源系统进行降温。江水冷源是一种新型制冷方式，可结合空气温度、季节变化等环境变化，通过严密逻辑计算及推理，有效利用低温江水降低能耗，提升能源效率。

三峡东岳庙数据中心

三峡东岳庙数据中心位于湖北省宜昌市三峡坝区右岸，总占地面积 10 万平方米，计划建设 5 栋数据中心大楼、1 栋通信指挥楼和配套变电站，建成后可提供 2.64 万个机柜，是国内领先的低碳数据中心。

二、湖水数据中心

湖水数据中心和水电站数据中心在制冷模式上类似，都是充分利用低温水资源为数据中心提供冷源，两者的区别在于湖水数据中心在环境方面要求更严格，因此需要严格控制热交换进出的温差。

阿里千岛湖数据中心

阿里千岛湖数据中心（见图 3-9）投产于 2015 年 9 月 8 日，依托千岛湖常年恒定的深层湖水水温，使深层湖水通过完全密闭的管道流经数据中心，帮助服务器降温，再流经 2.5 千米的青溪新城中轴溪，作为城市景观呈现，自然冷却后再回到湖中。用于冷却的湖水会先经过物理净化，水质优于自然水质，在数据中心内完全通过密闭管道传输，不会与任何机电 IT 设备接触，流入中轴溪后水质清洁如新。数据中心 90% 的时间都不依赖湖水之外的制冷能源，制冷能耗节省超过八成，设计年平均 PUE 低于 1.3，最低时仅为 1.17，WUE（详见 100 页）更是低于 0.2。

三、海底数据中心

与江水和湖水制冷类似，海底数据中心主要利用海水为数据中心提供冷源。海底数据中心将服务器等互联网设施安装在带有先进冷却功能的海底密闭压力容器中，用海底复合电缆供电，并将数据回传至互联网。海底数据中心利用巨量流动海水帮助互联网设施散热，有效节约了电资源和水资源。海底数据中心对岸上土地占用极少，不需要冷却塔，也无须淡水消耗，既可包容海洋牧场、渔业网箱等生态类活动，又可与海上风电等工业类活动互相服务。

三亚海底数据中心

三亚海底数据中心项目，是全国首个商用海底数据中心示范项目。海底数据中心以城市工业用电为主，以海上风能、太阳能、潮汐能等可再生能源为辅。该项目选址于三亚海棠湾，将分三期完成，第一期将完成 5 个至 6 个舱布放和岸站建设一期工程，预计投资 6.5 亿元，第二期将完成 50 个舱布放和岸站整体建设，预计投资 28 亿元，第三期将完成 100 个舱布放，海底数据中心产业链形成，直接投资有望超过 56 亿元。

四、极地数据中心

极地数据中心将更加直接地利用自然冷源，利用极地平均气温低的特点，将外部的冷空气经过过滤器和雾化器处理后吹入数据中心，与 IT 服务器产生的大量热空气进行循环交换，整体架构与传统的水冷系统相比更简单，维护也更方便。

Facebook 北极圈数据中心

Facebook 北极圈数据中心位于瑞典北部城镇，距离北极圈只有 100 千米，是 Facebook 在美国本土之外建立的第一座数据中心，通过数个巨型风扇引入室外极地的自然冷风为服务器降温。在早期测试时，该数据中心平均 PUE 可以达到 1.07。

五、地下数据中心

地下、深山和矿洞等区域由于具备良好的散热条件，也是数据中心理想选址环境之一。

六、深山数据中心

深山数据中心由于地理位置安全隐蔽，而且山洞温度低，通常周边水电资源也比较丰富，能够很好地降低数据中心的能耗成本、降低对自然环境的影响、降低碳排放。同时，深山数据中心也将更加安全，各系统、设备可利用山体与外界实现天然物理隔离，在内部设备不间断运行的情况下抵御短时超高压冲击，确保隧道内数据全时防护、全时可用。

腾讯贵安七星数据中心

腾讯贵安七星数据中心坐落在贵州省贵安新区，总占地面积约为 47 万平方米，其中一期隧道内的面积超过 3 万平方米，2018 年 5 月 29 日正式投产，是国内首个实现特高防护等级的绿色高效灾备数据中心。数据中心在一座小山内部开凿了 5 个山洞，每个山洞的顶部有两个方形竖井。上万台服务器直接存放于类似隧道的山洞中，方形竖井则为数据中心提供散热、通风功能。

腾讯贵安七星数据中心在绿色节能方面还进行了进一步探索，利用贵安新区优良的气候条件，腾讯采用全风散热、蒸发预冷技术作为隧道内主要制冷技术。这种技术既充分利用当地低温环境进行自然换热，大大减少了机械制冷用电，又可以确保数据中心内部环境与外部空气的物理隔离，避免了环境对设备的影响，可以达到比较好的节能效果。

七、海上和太空数据中心

海上数据中心设置在类似钻井平台的基台上，其特点是利用海上风电进行供电、利用海水进行冷却，减少了电力和冷却水的消耗，既能解决陆地土地资源不足的问题，也能降低对陆地生态环境的影响。

与地面上的数据中心相比，位于太空的数据中心拥有更低的运维成本和更强的安全性。在遥感数据领域，太空数据中心相较于地面站能让企业实现更高的运营效率，但太空数据中心也面临着造价高昂的尴尬现实。

随着数据中心在节能、低碳、环保和安全等方面有更高的要求，数据中心选址向着更高、更深的方向发展也将成为必然，在海上和太空等区域建设数据中心将是数据中心选址探索的前沿方向。

第四章 数据中心架构设计与规划

导　读

本章以数据中心的架构设计方法和规划设计逻辑为基础着手推演，重点从金融数据中心、云计算数据中心、行业数据中心典型架构进行分析，在具体的架构设计和规划中把衡量投入产出的几个核心数据指标作为评判：峰值 PUE 和年均 PUE、IT 产出、利用率负载率、WUE 等。

结合行业实际需求，应规划容量模型的方式，将数据中心从 IT 机架—模块包间—建筑—园区进行物理空间和容量数据的对应匹配，将垂直的电力、制冷、建筑容量拆分后组合，令数据中心设计标准化，实现模块化的产品设计理念，简化多专业设计耦合难度。

在具体的规划设计中，要遵循数据中心园区和建筑的行业规范和规划指导原则，借鉴具体的行业项目规划实例，掌握园区布局规划、建筑类型和楼层规划、结合 IT 需求的工艺布局方式对应机电制冷的经典规划、IT 机柜的相关的功率密度设计、配合的综合布线设计等。

第一节　数据中心架构相关定义

一、数据中心架构

1. 数据中心架构的定义

数据中心包括广义的基础设施（Infrastructure，同云计算行业所说的 Infrastructure As a Service 的 Infrastructure，包含数据中心的 IT 设备、风、火、水、电、油、智能化和布线等）和狭义的机房设施（Facility，行业一般指风、火、水、电、油、智能化和网络布线等）。本章所说的数据中心架构设计与规划偏向狭义的数据中心基础设施的架构设计，是为 IT 设备服务的。本章中的数据中心架构定义，是把 IT 设备的电力功率、环境条件需求转化为基础设施架构设计的输入条件，把诸如机柜功率密度或者满足机柜 IT 电力和制冷需求作为实现目标，将可用标准、专业系统形式、容量模型作为架构的组成部分。

2. 数据中心架构

数据中心架构是满足 IT 业务需求，综合相关行业标准，从监管政策、建造速度与质量、运营可用性乃至综合总拥有成本（Total Cost of Ownership，TCO）的诉求，厘清机柜、风（制冷通风）、火（消防）、水（给水供水）、电（供配电系统）、智能化与网络布线这些设施的边界，形成最有价值的或平衡的综合解决方案。

3. 数据中心架构的价值

（1）业务价值：提供解决方案，并对解决方案进行投资回报分析。

（2）用户：确保解决方案满足用户需求［包括建设标准、可用性 SLA（Service Level Agreement）等］。

（3）设计：准确翻译业务需求，深化设计技术要求。

（4）运营：确保可以满足运营的需求。

（5）架构的本质是对系统进行有序化的重构，使之符合当前业务的发展需求，并可以快速扩展。

4. 什么是架构设计最好的数据中心

（1）在可接受的 TCO 情况下，实现更可靠、运营更高效和智能化的数据中心。

（2）在满足以上需求的基础上，实现更加绿色低碳的数据中心。

5. 数据中心架构的实现

数据中心架构是经过系统性的思考，权衡利弊之后在现有资源约束下作出的最合理的决策。系统架构包括子系统、模块、组件以及系统之间的协作关系或接口。其所遵循的规范、指导原则一致，涉及以下四个方面。

（1）系统性思考的合理决策：比如技术选型、专业解决方案等。

（2）明确的系统骨架：明确系统的组成部分。

（3）系统协作关系：各个组成部分如何协作来满足业务请求。

（4）遵循规范和指导原则：保证系统有序、高效、稳定运行。

在当前以云计算形态为主的趋势下，云业务架构可以分为业务应用架构、云计算系统平台，以及支撑上层网络存储服务器的基础设施系统专业架构。其中，基础设施架构就是本节重点分析的风、火、水、电、智能化与网络布线等，具体云数据中心业务—系统平台—基础设施系统专业架构如图 4-1 所示。

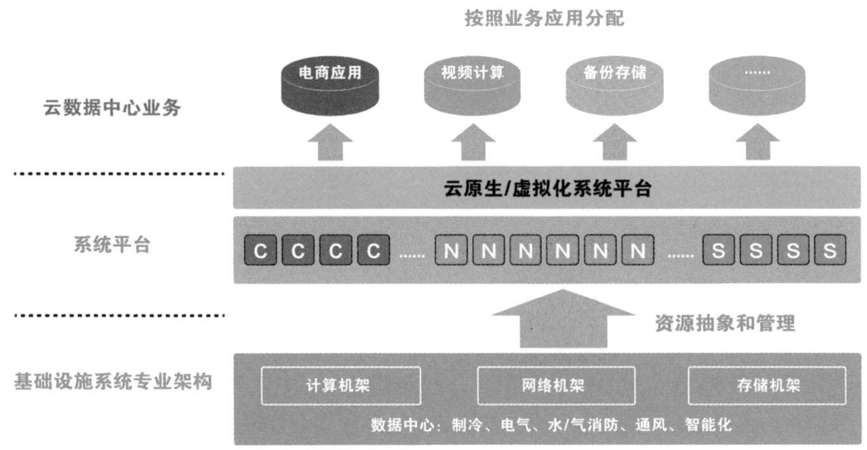

图 4-1 云数据中心业务—系统平台—基础设施系统专业架构

二、系统

“系统”一词来源于英文 system 的音译，即若干部分相互联系、相互作用，形成具有某些功能的整体。数据中心的系统泛指一群有关联的硬件设备，根据某种规则运作，能完成个别硬件 / 部件不能独立完成的工作。比如，配电系统包含高压市电、变压器、输入输出配电柜，水冷冷冻水系统包括冷却塔、水冷冷机、水泵、管路等。系统可基于不同模块 / 硬件设备组合或者集成而成。数据中心系统 / 组件如图 4-2 所示。

三、设备

设备的常规定义，参见相关章节硬件定义，如发电机、UPS、电池、机房空调等。

四、模块

模块是系统的组成部分，可从不同角度拆分系统。模块是逻辑单元，从逻辑上将

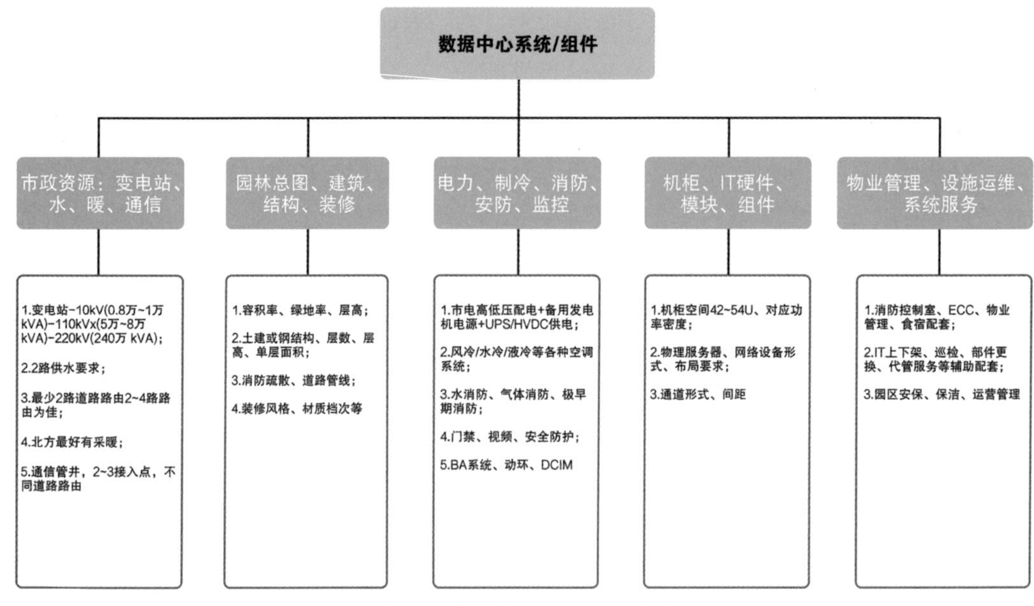

图 4-2 数据中心系统 / 组件图

系统分解，即分而治之，将复杂问题简单化，实现功能区分。模块的粒度可大可小，可以是系统，也可以是几个子系统、某个设备、功能部件等。比如，典型数据中心微模块由一列到两列机柜结合列间空调和配电列头柜以及通道密闭组件等组成，将变压器及其输入输出配电乃至 UPS 组合在一个配电底座上，即可形成配电模块。

第二节　数据中心架构设计与规划方法论

一、数据中心架构设计方法

数据中心架构设计是根据业务预测或规划，转换业务目标，为 IT 架构提供支撑，进而推演数据中心基础设施配置的过程。先根据业务需求中的计算、存储、带宽等要求（计算 / 存储 / 交换数据），推算服务器 IT 设备数量；再通过冗余备份要求、设备功率和使用率推算机柜数量和能耗；然后参考规范建议，推算出机柜所需面积、配电容量、制冷容量；最终提出各专业条件要求，从而进行园区建筑设计。在此过程中，各专业设计师对建筑布局、电力系统和制冷系统的容量进行修正，再经各专业设计师重新匹配和专业组合协调，最终完成设计。该方法为正向目标推演法，需要各专业设计师互相提出专业条件，同时需要按照对应的假设和规划条件进行拟合修正。

业务架构根据战略和目标需求，一般按照未来 1 年、3 年、5 年乃至 10 年规划进行调研评估并输出业务战略规划。比如，预估金融企业未来 5 年的业务需求支撑能力，包括计算能力、数据存储能力、并发处理能力、同时利用率、主备灾备布局等，将其转换为时间和地理区域的服务器数量、交换机数量、存储设备数量，即将业务架构翻译转换成基础架构的具体目标数字，形成容量计算表，对照 1 ~ 3 年短期容量、3 ~ 5 年中期容量以及 5 ~ 10 年长期容量需求表。

某个典型的云计算业务服务器和机柜的数量计算推演步骤如下。

（1）存储服务器每台配置 6 块 4TB 硬盘，数据有效存储可以按 20TB 数据量计算。

（2）CPU 服务器每台按 5TFlops 来估计，GPU 按 40TFlops 来估计。

（3）按照未来 5 年规划，预估 12 万台计算服务器、3 万台存储服务器，网络设备预估 200 台核心交换机和路由器、6 300 台普通接入和汇聚数据交换机。

（4）计算服务器和存储服务器功率按照峰值 550W/ 台（平均功率 500W/ 台），核心交换机和路由器功率按 2 000W/ 台，接入交换机功率按 200 ~ 250W/ 台来计算。设备的功率一般需要咨询厂商或根据业务负载率限制，如 CPU 负载以 90% 或者 95% 作为红线峰值，而不能直接使用冗余配置的设备电源功率作为计算功率。

（5）机柜功率设计为 8kW/ 机柜，可以支持 15 台 500W 计算 / 存储服务器和 1 组 2 台接入数据交换机，根据网络交换机标准 48 口接入，一台网络交换机可以同时接 3 个机柜和 45 台服务器。机柜功率按照服务器和网络机柜布置，峰值配电按照峰值弹性配置 8.8kW（对应每台服务器 550W）散热和配电。

（6）根据推算，服务器和存储机柜需要 10 000 个 8kW 机柜，其中计算占比 80%，存储占比 20%；核心网络机柜 50 个。理论最大数据存储量存储 30 万 TB（主备）。

（7）选择同城架构，主备均分，即按照 5 000 个机柜的规模建设 2 个数据中心。

（8）按照《数据中心设计规范》A 级别数据中心进行每个数据中心的规划设计。

（9）设定设计目标：PUE =1.3，WUE < 1.8，考虑 10% 机柜冗余空间，分 2 期开发建设，并在 2 年内建设完成第一期，同时利用率为 90%。

（10）容量计算：从机柜推算制冷需求，从制冷主设备配置需求推算动力变压器容量，结合 IT 容量需求推算 UPS 和变压器容量需求，再考虑其他建筑负荷包括照明、消防通风等常规负荷，推算园区变电站容量需求。参考行业多个项目经验，以峰值 PUE 为 1.35 ~ 1.45 作为参考指标，并考虑同时利用率，如 90%，即可计算出市电容量需求，即 5 000 × 8 × 1.45（PUE 峰值）× 0.9（同时利用率）× 1.1（冗余量）≈ 5.8 万 kW，即大致需要 2 个 6.3 万 kVA 的变压器的 110kV 变电站或者 2 组 6 × 1 万 kVA 的 10kV 线路。

（11）建筑面积和土地推算：按照《数据中心设计规范》中的 A 级要求，推算出每个机柜占地 10 ~ 12m²/8kW，可以预估机房建筑面积为 12×5 000 = 60 000m²；另外，考虑 110kV 变电站 2 600m²，辅助办公区面积按照人员数量和功能区估算，如 10 000m²。园区总规划建筑面积合计为 60 000+2 600+10 000=72 600m²。按照工业用地规划容积率 1.2 ~ 1.5，可以推算出土地需求为 48 400 ~ 60 500m²，即需要 80 ~ 90 亩土地。

（12）按照相关设计标准，对建筑、结构、电力系统、暖通系统、智能化系统等进行专业化具体设计。

数据中心业务需求架构推演逻辑图如图 4-3 所示。

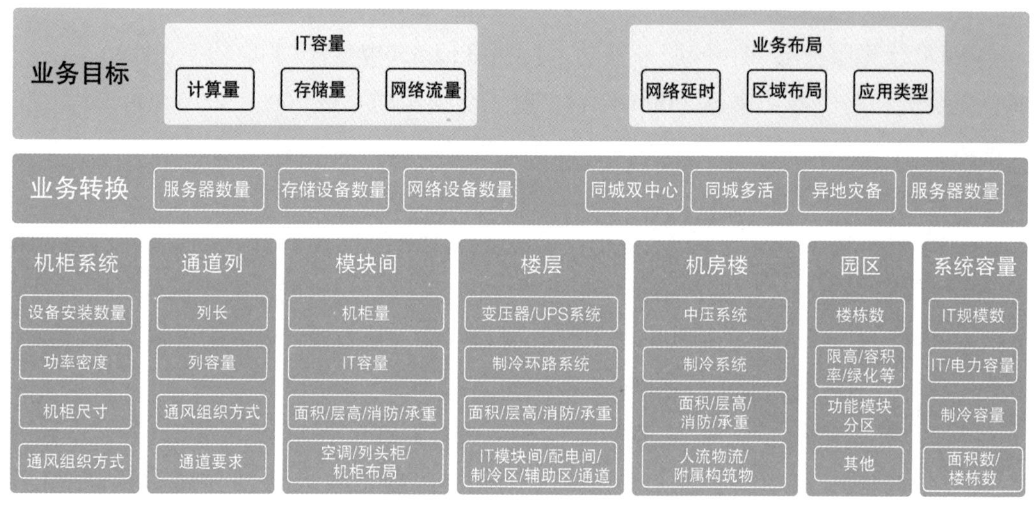

图 4-3 数据中心业务需求架构推演逻辑图

二、数据中心的规划方法

数据中心的规划方法，顾名思义就是按照相关规划政策和规范执行具体实施方法。在具体项目中，按照土地相关规划政策和规范执行园区、建筑楼、楼层和模块间的规划，对应配置相关的配电系统、制冷系统、智能化系统、安防系统、消防系统等各垂直系统。IT 模块间、机柜列和机柜等物理实体是不明确的或者是可弹性变动的，主要原因是不能预测未来的用户和 IT 的发展，因而仅做预测性和假设性规划。

当某个项目实施具体规划设计（在业务目标和选址明确的情况下），在项目编制评估报告时，要明确具体的土地和对应的配套资源，如土地面积、容积率、高度、绿化率、退让线、周边变配电可引入资源、水资源可利用情况等。对于改建的数据中心园区而言，原有设施需要做大量加固和改造，甚至需要申报调整规划，并按照数据中心相关规范进行具体设计，如图 4-4 所示。

1. 建设规划

大型园区、产业新城的整体建设规划，要从城市土地使用与空间布局、市政配套以及产业分布着手，立足现在，着眼未来，统筹兼顾，系统规划。对园区内机房、机房辅助功能区、运营配套用房，规划合理的建设开发比例与空间布局。

2. 建筑规划

主要确定风格偏好、当地人文环境，确定建筑标准与建筑配套，对建筑外立面造型、园区景观绿化、园区规划创意方案等进行整体把控。

图 4-4　改建的数据中心园区设计

3. 机电规划

按照园区可规划建筑面积、外部市电资源条件、水资源条件，逆向推演 IT 模块间和辅助设施空间面积，根据气象条件和 IT 设备温湿度要求选择节能高效的制冷系统，从而确定楼层布局、模块间设计、机柜列设计和机柜参数。

4. IT 业务规划转换

根据机柜列设计和机柜参数、机电系统反推可用 IT 容量，确定可以适配的 IT 设备类型，评估兼容的机柜功率密度和冷热通道的尺寸，明确可以满足需求的服务器、存储、网络设备量，并规划可能的区域位置。

三、耦合规划设计方法

在业务需求推导逻辑方法和规划逻辑方法上，各有对应的场景和现实项目实施案例，但是各自面临着不同的现实问题，具体如下：

（1）IT 业务需求的若干年计划的准确性；

（2）IT 设备生命周期和 IT 演进迭代；

（3）数据中心基础设施中电力、暖通、智能化系统的技术更新和迭代；

（4）数据中心基础设施和 IT 设备生命周期的差异及匹配。

如图 4-5 所示，数据中心基础设施和 IT 设备的生命周期往往是不匹配的，前者的生命周期一般为 10 ～ 15 年，后者的生命周期一般为 3 ～ 5 年。具体到设备，电池的寿命一般分为 5 ～ 6 年和 8 ～ 10 年两类，一般能匹配 1.5 代到 2 代 IT 设备；而 UPS、制冷空调等 24 小时运行的设备在数据中心中一般按照 10 年折旧；运行时间最少的发电机、无机械运动部件的配电柜等一般会选择 15 年的折旧年限。随着 IT 设备的更新迭代，原有的基础设施如何支撑 IT 设备功率密度和类型的变化是数据中心耦合规划设计需要考量的重要内容。换言之，在进行数据中心规划时，做好时间周期的错配，确定分阶段建设、升级的关键点，以及基础设施的配合升级计划，从而避免数据中心初始投资太高，同时尽量避免因规划不足而导致投产后短期内就需要升级，甚至停机改造的情况发生。

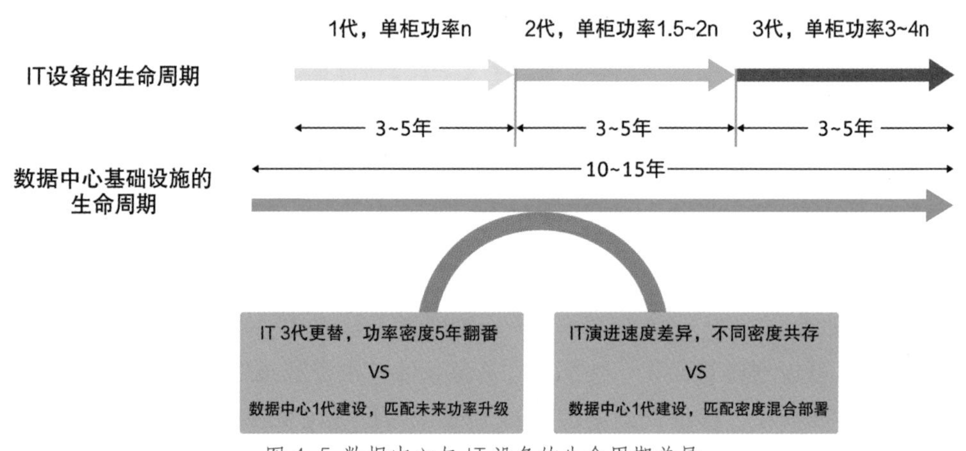

图 4-5 数据中心与 IT 设备的生命周期差异

耦合规划设计方法，就是对上遵循规划指标，对下满足业务需求，将 IT 容量规划和基础设施规划对齐统一的方法，即 IT 需求量—建筑面积—电力容量—制冷平衡，具体耦合规划设计方法架构如图 4-6 所示。该方法具体实施时，需要核定若干规划与设计的耦合点，比如园区—变电站容量匹配、楼栋和中压 10kV 若干线路容量匹配，楼层和变压器容量匹配，模块间和变压器及 UPS 系统容量匹配，一列或若干列机柜与单台 UPS 容量匹配等，各物理层级和各自的 IT 设备在数量上应匹配。在实际部署过程中，IT 应用集群会有不同规模的匹配方式，均要从基础设施到 IT 设备集群实现冗余、备份、安全隔离、切换维护等运营管理。具体实施时，参考模块化的方式，对每个层级的设备进行分区分模块配置。以典型的 IT 模块间为例，就是当面积、电力 UPS 和制冷配置不变，只需要调整列头柜和机柜列，对应调整机柜的功率和机柜数量，从而进行局部升级切换。

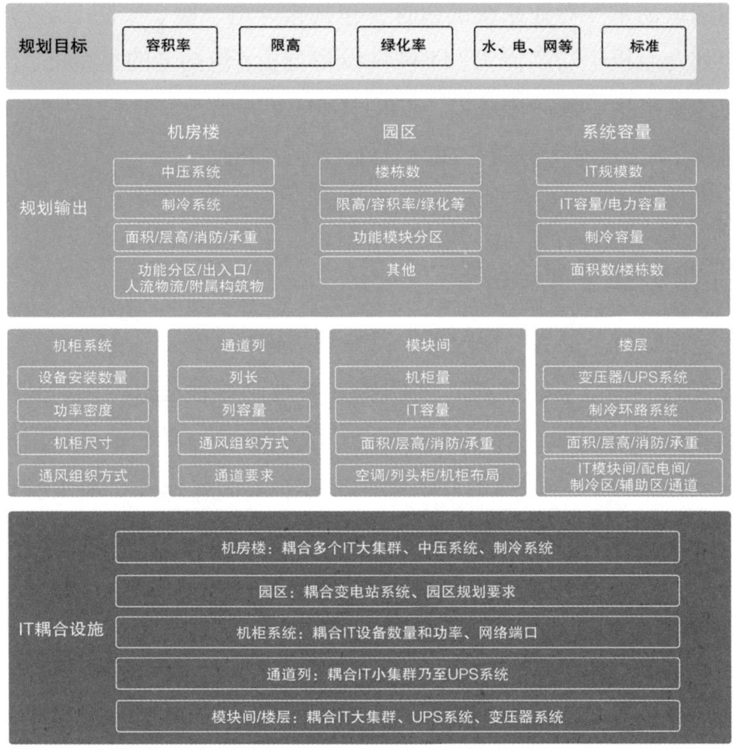

图 4-6 耦合规划设计方法

第三节　数据中心行业需求与架构规划

数据中心因行业的不同，具体的架构设计方法也会有所不同。例如，金融行业和通信行业有专用的行业设计规范；一些云计算行业和互联网大数据企业会发布自有的定制标准和架构要求，包括选址布局、系统选择、设备白名单、设备技术规格书、运营标准等。

由于各行业应用的 IT 设备及业务需求不同，因而数据中心具有典型的行业架构差异。通信行业需要考虑全国网络布局并按照地理位置部署几大网络节点、几大基地或区域中心；典型的金融行业数据中心具有同城双中心异地灾备的特点，云计算行业则主要围绕若干网络节点区域的郊区布局同城双中心或者三中心并直连网络节点。

典型的数据中心通常需要参考分析以下需求。

一是宏观需求。整体应用或战略规划，包括云计算同城三点布局、同城异地布局、总部中心、边缘节点等。

二是生产与配套的分析汇总、园区的规划布局、园区级别的需求、整体规划布局。

三是机房层级需求。专业系统的组合，包括楼、电、暖、安防、运营管理系统。

四是机柜列乃至机柜功率需求。IT 硬件设备分析，包括老的小型机、存储、大型机、新的 x86 与刀片整机柜、液冷服务器（GPU+CPU）。

五是与机房 IT 容量对等分析，如计算能力、存储能力。

六是运营管理需求。

一、金融行业数据中心架构

金融行业包括银行、证券、保险等。以典型的银行为例，一般分总行、省级分行、地市级分行、支行、网点五级机构；前四种主要是业务管理机构，但其中也有业务经营部门。网点（分理处或储蓄所）负责办理一般的储蓄、对公结算、信用卡业务。按照业务系统配备进行分类，总行是数据交换中心和总储存中心，对于跨省办理业务需要总行提供一个交换中心作为系统支持。省级分行是主要的业务系统所在地，随着大集中模式的流行，原分散在各市级分行的数据将集中到省级分行，各市级分行原有的 IT 业务系统也将逐步取消，各业务系统的前端将直接从省级分行拉到地市级分行业务经营部门和所有网点，如图 4-7 所示。

结合国内的网络布局和总部所在区域考虑，以京津冀区域为例，北京一般作为大型国有银行或大型商业银行总部及总部数据中心所在地，通过北京的运营商核心网络节点位置对接各省市的数据交换。考虑到总部数据中心的可靠性和安全备份需要，一般选择同城 30 千米以上（主要是出于规避同类型自然灾害的考虑），但建议小于 100 千米范围（考虑到网络延时，一般参考 110 千米网络光缆延时 1ms），建设同城

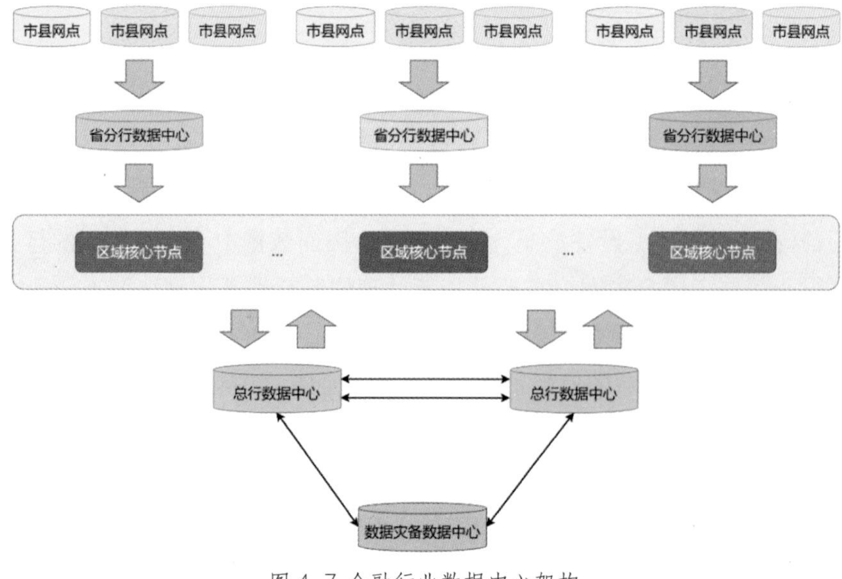

图 4-7 金融行业数据中心架构

双活的数据中心。一般主用数据中心和备份数据中心在数据存储和交换上按照 100% 数据量复制，计算能力可以参考 50% ~ 80%，乃至全部计算容量。另外，按照距离主备数据中心数百千米范围内一般跨越同一个城市和一个地区的电网架构等要求，建设一个异地灾备数据中心，考虑 100% 数据量容量保存，但是考虑仅 30% ~ 50% 的计算能力规模。图 4-8 所示为金融两地三中心的数据中心布局架构。

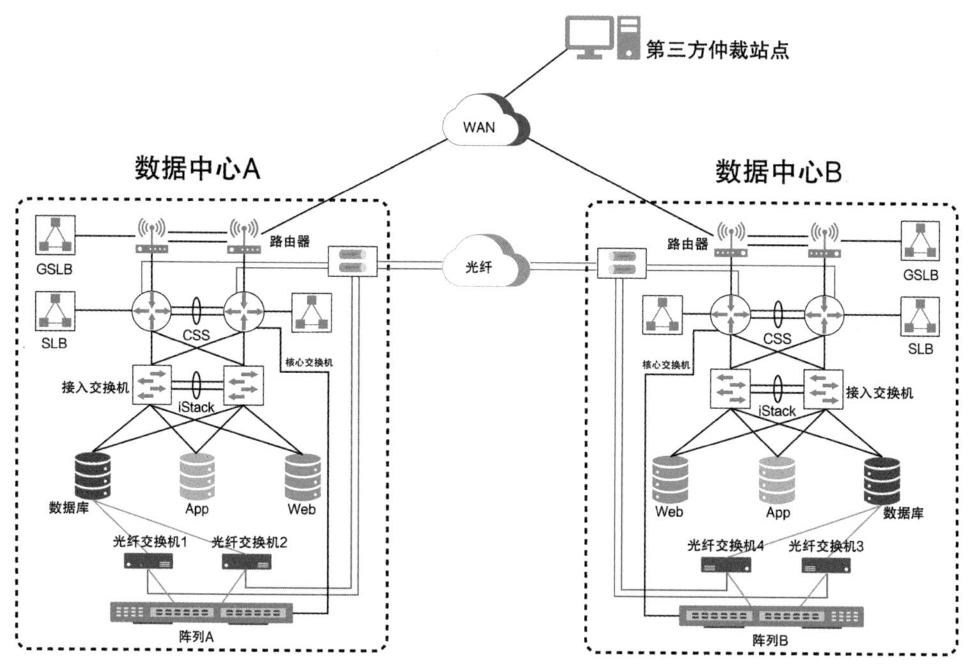

图 4-8 金融两地三中心的数据中心布局架构

二、云计算数据中心架构

当前，云计算已成为行业主流解决方案之一。云计算具有规模大、成本低、效率高、可迭代的特点，其对区域资源需求大并将效率和成本作为其核心竞争力。为满足上述需求，云计算数据中心架构主要有两种形式：一种是结合地理、网络接入与业务分层的架构；另一种是规模、性价比与可靠性兼顾的云计算双中心或三中心架构。典型的云计算应用与数据中心架构如图 4-9 所示。以京津冀区域为例，北京作为网络节点中心，承担着数据中心的用户接入、数据交换和传输汇聚功能；云计算数据中心（以计算存储为主）则布局在距离北京周边 100 ~ 300 千米的范围内，该区域土地便宜，网络直连，电力资源丰富，政策相对宽松。同城三点的架构，要求每个园区点相距 30 ~ 50 千米，主要考虑两个园区间数据往返时延不超过 1ms（光传输限制）。各点之间均通过光缆互联互通，均有独立带宽出口。因此，同城三个园区的数据可用性均很高。

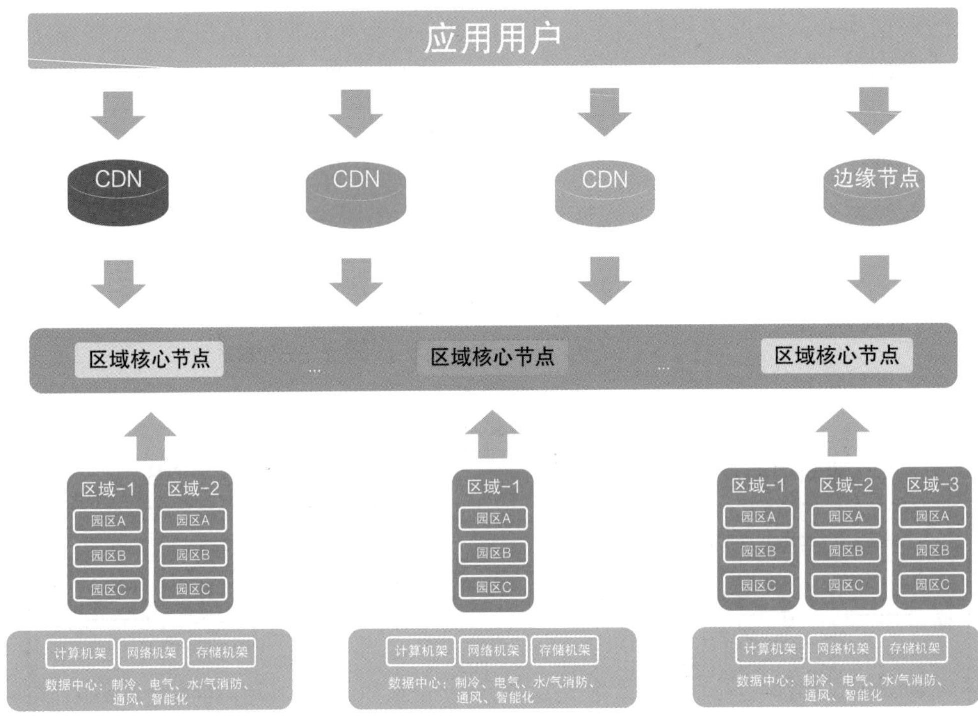

图 4-9 云计算应用与数据中心架构

《数据中心设计规范》中对整体业务可用性作了相关的建议和引导。特别是，当数据中心为云计算数据中心时，同城 2 个 B 级别的数据中心可以作为 1 个 A 级别数据中心。其实质在于，2 个 B 级的数据中心在数据可用性和业务连续性上较 1 个 A 级的数据中心有所提升。假定 B 级别数据中心可用性为 99.9%，A 级别数据中心可用性为 99.99%，根据理论推算，即可得到以下不同数量和级别下数据中心的可用性。

1 个 A 级别数据中心的可用性：99.99%；

2 个 B 级别数据中心的可用性：1 －（1 － 99.9%）（1 － 99.9%）= 99.999 9%；

2 个 A 级别数据中心的可用性：1 －（1 － 99.99%）（1 － 99.99%）= 99.999 999%；

3 个 B 级别数据中心的可用性：1 －（1 － 99.9%）（1 － 99.9%）（1 － 99.9%）= 99.999 999 99%；

3 个 A 级别数据中心的可用性：1 －（1 － 99.99%）（1 － 99.99%）（1 － 99.99%）= 99.999 999 999 9%。

图 4-10 所示为云计算数据中心同城三活架构。

三、各行业数据中心需求

数据中心在实际业务需求和特点上也有较大的差异，主要表现在业务布局需求、应

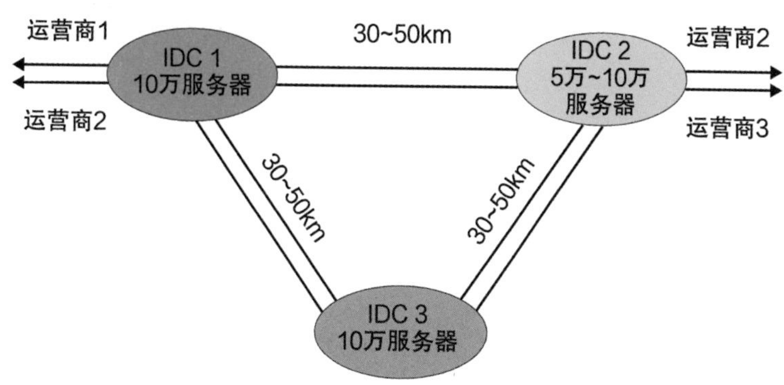

图 4-10 云计算数据中心同城三活架构

用的 IT 服务器和功率密度、数据量和数据中心规模方面，而在数据中心标准上差异相对较小，在业务连续性和数据安全可靠性方面的要求比较类似。表 4-1 对主要行业 IDC 需求进行了分析。

表 4-1　主要行业 IDC 需求分析

对比项	云计算行业	典型互联网	金融	政府央企类	其他行业
典型客户	头部云厂商	视频、游戏、门户等	银行、证券、保险	各委办局	教育、能源、制造业等
业务布局需求	京津冀、长三角、珠三角、成渝、中西部核心、云化行业客户、网络节点资源区域	根据自身业务覆盖用户、总部地址、业务规模、资源实现能力考虑	监管政策下合规的两地三中心、总部—省—市业务覆盖、近几年金融云化明显	以总部所在区域为主，考虑合规和灾备需求、近几年云化布局和架构、部分上云	以总部所在区域为主，近几年是云化，是云计算争取的大客户
等级要求	参考 GB-A 的自有定制标准	参考 GB-A，部分定制	总部 A 级，省市 B、C 级	以总部 A 级为主、部分 B 级	总部 A 级，部分 B、C 级
规模	10 万台 +	万台 +	千台 + ~ 万台 +	千台 + ~ 万台 +	百台 + ~ 千台 +
IT 设备类型	通用 PC 服务器、整机柜、液冷服务器	通用 PC 服务器、整机柜、液冷服务器	小型机、专用存储、通用 PC 服务器	以通用 PC 服务器为主，少量专用存储	以通用 PC 服务器为主，少量行业专用设备

第四节　数据中心规划技术指标

一、年均 PUE 和峰值 PUE

在数据中心规划中，年均 PUE 和峰值 PUE 是需要考量的两个重要指标。年均 PUE 为（一个连续完整年度内的）数据中心总耗电量 / 主设备耗电量。在实际计量和计算 PUE 值的过程中，需要注意各计量点的选取以及耗能对象的确认，主要包括以下几点。

（1）数据中心总耗电量以市电输入端（计费测量点）计量的数据为准。

（2）对于建筑物或园区内非数据中心功能区域的用电负荷（如办公、营业用电等），应予以扣除，此时，数据中心总耗电量 = 市电输入端耗电量 − 非数据中心功能区域的耗电量。

（3）对于非独立建筑型数据中心，则以配电输入端（结算测量点）计量的数据为准。

（4）对于采用了可再生能源的部分能耗量不计入总耗电量。

（5）主设备耗电量以主设备电源输入端计量的数据为准，考虑测量难度及累计误差，通常以不间断电源输出端或电源列柜输入端计量的数据为准。

通常情况下，年均 PUE 是节能的重要考核指标，是在确定的 IT 容量下，衡量制冷、配电及其他系统年所增加的能耗系数，同时体现了年度数据中心基础设施的运营能力和系统周期性的能耗水平。表 4-2 所示为绿色节能数据中心年均 PUE 要求（枢纽节点等特殊要求的数据中心根据相关文件和当地政策要求执行）。

表 4-2　数据中心年均 PUE 要求（100% 负载率）

规模	严寒地区	寒冷地区	夏热冬冷、温和地区	夏热冬暖地区
超大型、大型数据中心	< 1.25	< 1.3	≤ 1.3	≤ 1.3
中型数据中心	< 1.25	< 1.3	≤ 1.3	≤ 1.3
小型数据中心（含改造）	< 1.25	< 1.3	< 1.4	

峰值 PUE 为峰值用电负荷（极端情况下制冷系统功率 + IT 最大产出功率 + 配电系统其他损耗）/ IT 最大产出功率。该指标主要用来评价数据中心在极端不利的室外环境下，制冷系统最大供冷能力下的产出功率以及配电系统的最大用电负荷。对于制冷系统而言，需要参考 ASHRAE 的 20 年极端气象条件下的干湿球温度，选择合适的制冷

架构并计算此时的制冷系统效率。另外，基于峰值 PUE，在确定的区域、确定的系统选型以及确定的市电资源容量情况下，即可计算出最大的 IT 产出功率（市电资源容量 = 最大 IT 产出功率 × 峰值 PUE）。因此，峰值 PUE 还是系统经济性的反向指标，用于衡量在确定的资源条件下项目的最终产出能力。

二、IT 产出率

IT 产出率，是在给定的电力引入资源、确定的规划面积条件下，折算出相关的 IT 设备容量系数，该参数是项目设计的经济性指标，其单位为 kW/kVA 市电、kW/m² 建筑或土地。IT 产出率还可以理解为在一定的机柜功率、建筑面积和市电力容量下，数据中心可以规划 IT 机柜的容量。IT 产出率一般是峰值 PUE/ 同时利用率。

例如，典型数据中心设计中，10kV 线路对应 10 000kVA 的外市电模型，其对应的 IT 设计容量一般为 6 300 ～ 7 200kW，建筑面积一般为 7 000 ～ 10 000m²。此时，数据中心的 IT 产出率为 0.63 ～ 0.72kW/kVA 和 0.6 ～ 1.1kW/m² 机房建筑面积。IT 产出率和技术架构设计方案以及节能设备选择有着密切的关系，比如水冷冷机能效 COP 比风冷空调更高，水冷空调系统 IT 产出率一般更高。另外，高温水系统（如供回水温度为 18/24℃，冷却水供回水温度为 32/38℃，变频离心冷机 COP 高达 8.0 以上）对于低温水系统（如供回水温度为 12/18℃，冷却水温度不变，变频离心冷机 COP 仅为 6 ～ 6.5），制冷的 CLF 偏差在 0.04 以上，二者因 PUE 偏差因素，IT 产出率可以偏差 3% 以上。此外，削峰填谷的相关技术方案（如蓄冷、储能）也会提升数据中心的 IT 产出率。

三、同时系数、同时利用率、负载率

同时系数、同时利用率、负载率，在容量计算中意义相近，数值相似，用于表征现有的资源规划设计量只能部分使用或运行低于设计容量。在实际设计中，该参数被大量参考使用，也因业务类型的不同而有所差别，如在使用时间、IT 的负载要求策略等方面。同时系数、同时利用率、负载率并不是一个可以明确的具体数值，需要在长期运营中进行积累和总结。在常规的项目设计中，设计师会选择如 0.8、0.9 等参考数值，但是这些数值并非通过严格推演或者运营数据获取的，设计师经常无法合理解释其选择。在实际规范尤其是一些标准的验证测试中，该系数的经验取值并不会被认可，最终的计算产出会被认为超出了设计容量。

在实际的容量模型计算中，该系数通常基于规划目标，根据实际的建筑面积、电力负荷、机柜数量以及机柜功率反向推算得出，即首先确定 IT 计算容量，再根据面积确定机柜数量和对应配电容量，按照设计布局的机柜标准容量来测算。该系数通常为 IT 设计最大量 /（设计机柜数量 × 单机柜设定容量标准）。按照经验，在大型定制客户中，该系数的取值一般在 0.9 ～ 1，通用的中小型客户中，该系数的取值在 0.75 ～ 0.9。

四、WUE 要求

水资源作为数据中心中消耗量仅次于电力资源的公共市政资源，用水节水是一个重要的衡量指标，尤其是当数据中心处于内地缺少水资源的地区时。2021 年，国家发展改革委官网发布《“十四五”节水型社会建设规划》（以下简称《规划》），《规则》指出，推进节水型社会建设，全面提升水资源利用效率和效益，是深入贯彻落实习近平生态文明思想、缓解我国水资源供需矛盾、保障水安全的必然选择，对实现高质量发展、建设美丽中国具有重要意义。作为“东数西算”核心计算集群所在地和众多大型互联网数据中心基地之一的内蒙古自治区乌兰察布市，其集宁区人民政府出台的《关于禁止集宁区大数据企业使用地下水冷却降温的通知》规定“辖区内大数据企业一律禁止使用地下水冷却降温，同时指出，科技和大数据管理局要督促辖区内使用地下水冷却的大数据企业按照巡视组反馈要求制定使用风冷或置换水源计划及实施方案，且大数据企业要尽快完成技术改造，编制水资源论证报告书，按照相关规定申办中水取水许可手续。用水和节水已经成为某些区域数据中心选址和规划设计的前提条件。

与 PUE 相似，WUE 是根据数据中心年设施用水量与年 IT 设备用电量之比来评价数据中心水利用效率的，单位一般为 L/kWh。WUE 有广义和狭义之分：广义的 WUE 涵盖了数据中心的整个生命周期，包括为数据中心供电的电厂设施用水量、运营管理人员用水等；而狭义的 WUE 仅用于评价数据中心工艺用水的耗水量。这里主要讨论狭义的 WUE。在实际计量和计算 WUE 值的过程中，需要注意各计量点的选取以及耗水对象的确认，主要包括以下几点。

（1）数据中心总耗水量通常以市政给水管网接入点（计费测量点）计量数据为准。

（2）对于建筑物或园区内非数据中心功能的其他耗水量（如办公、营业用水等），应予以计量扣减。

（3）对于采用了市政自来水以外的其他水源（如江湖水、地下水等）的，也应将该部分耗水量计入数据中心总耗水量中，但雨水、中水、再生水使用量不计入内。

数据中心的耗水量往往因其规模、空调系统的形式和室外气候条件而有所不同。表 4-3 给出了不同规模数据中心在不同气候分区的 WUE 限值（枢纽节点等特殊要求的数据中心根据相关文件和当地政策要求执行）。

表 4-3　数据中心 WUE 值要求（100% 负载率）

规模	严寒地区	寒冷地区	夏热冬冷、温和地区	夏热冬暖地区
大型、超大型数据中心	＜ 1.4	＜ 1.6	＜ 1.8	＜ 1.8
中型数据中心	＜ 1.4	＜ 1.6	＜ 1.8	＜ 1.8
小型数据中心（含改造机房）	＜ 1.2	＜ 1.2	＜ 1.6	＜ 1.6

第五节　容量模型

一、数据中心容量规模划分

数据中心的规模划分可以参考《关于数据中心建设布局的指导意见》（工信部联通〔2013〕13号）文件，文件中明确规定了不同规模数据中心的机柜数量和容量标准。

（1）新建超大型数据中心，重点考虑气候环境、能源供给等要素。鼓励超大型数据中心，特别是以灾备等实时性要求不高的、应用为主的超大型数据中心，优先在气候寒冷、能源充足的一类地区建设，也可在气候适宜、能源充足的二类地区建设。

（2）新建大型数据中心，重点考虑气候环境、能源供给等要素。鼓励大型数据中心，特别是以灾备等实时性要求不高的、应用为主的大型数据中心，优先在一类和二类地区建设，也可在气候适宜、靠近能源富集地区的三类地区建设。

（3）新建中小型数据中心，重点考虑市场需求、能源供给等要素。鼓励中小型数据中心，特别是面向当地、以实时应用为主的中小型数据中心，在靠近用户所在地、能源获取便利的地区，依据市场需求灵活部署。

（4）针对已建数据中心，鼓励企业利用云计算、绿色节能等先进技术进行整合、改造和升级。

不同规模数据中心的设计机柜数及主设备设计功率见表4-4。

表 4-4　数据中心的规模划分（一）

建设规模	设计标准机柜（2.5kW）数（个）	主设备设计功率（kW）
超大型	≥ 10 000	≥ 25 000
大型	3 000 ≤标准机柜数 <10 000	7 500 ≤主设备设计功率 < 25 000
中型	1 000 ≤标准机柜数 <3 000	2 500 ≤主设备设计功率 < 7 500
小型	100 ≤标准机柜数 <1 000	250 ≤主设备设计功率 < 2 500
微型	< 100	< 250

另外，在《数据中心项目规范（征求意见稿）》中根据设计最大用电负荷将数据中心划分为超大型、大型、中型和小型四类，取消了微型数据中心，见表4-5。

表 4-5　数据中心的规模划分（二）

建设规模	设计最大功率（MVA）	按照峰值 PUE1.4 折算对标标准机柜数（个）
超大型	P ≥ 40	基本对应 10 000 个 2.5kW 标准机柜
大型	40 > P ≥ 10	基本对应 3 000 ≤标准 2.5kW 机柜数 <10 000
中型	10 > P > 5	基本对应 1 000 ≤标准 2.5kW 机柜数 < 3 000
小型	P < 5	100 ≤标准机柜数 < 1 000
微型	—	对应取消

二、数据中心的容量模型计算表

数据中心的具体规划，是各专业逻辑关联，以容量模型为基础进行计量的结果。数据中心规模大，系统复杂，专业之间匹配要求高，其颗粒度小至 IT 设备级别，大至园区级别，各个级别容量需求均有所不同（如图 4-11 所示），要考量各专业和物理空间的横向数字平衡。例如，对 IT 设备而言，机柜功率密度和服务器的运行功率、安装数量密切相关，也对应着相关的配电和制冷需求；对机房布局而言，机柜列和 IT 设备的安装维护间距和通风散热密切相关，也对应着列头柜功率及区域的空调配置制冷量；对模块间或者微模块而言，其受对应的 UPS、末端空调配置数量、消防空间容积以及疏散走道影响；对一个楼层及建筑而言，它和变压器、中压电力系统及制冷系统容量密切关联；而对一个区域的同城主备或者云计算同城三园区而言，它和区域电网、网络路由距离、土地面积密切相关。

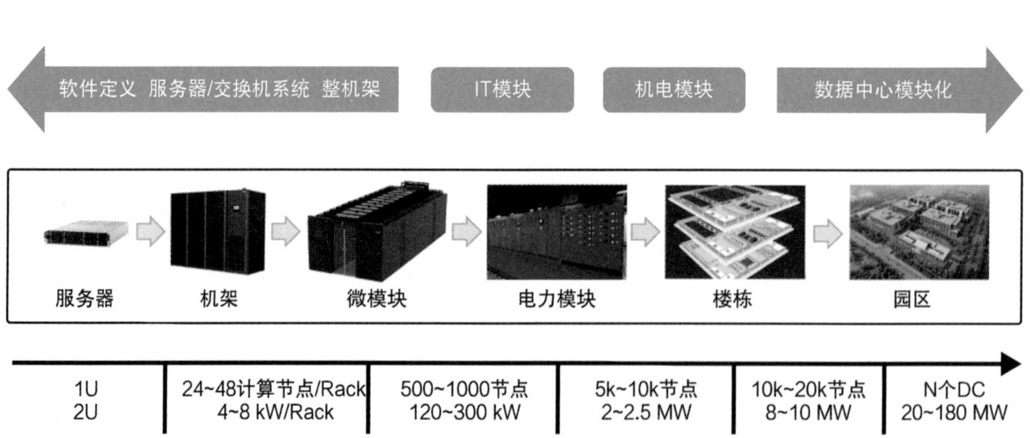

图 4-11　典型的云架构容量模型参考示意

园区级数据中心规划，其主要影响因素为土地面积、容积率与变电站容量。常规的 IT 产出率计算是以变电站满载容量为边界，并按照对应的系统架构选择峰值 PUE 计算出相关的功率密度机柜数量。表 4-6 参考了国内典型案例，包含 220kV 变电站、110kV 变电站，局部区域存在的 20/35kV 变电站开闭站，乃至较小的 10kV 开闭站（表 4-6 中机柜数值未考虑同时系数）。

表 4-6 典型的已有项目案例园区容量模型计算参考

层级	土地	变电站	用电量	制冷容量	机柜数量
园区级 —上海园区	500 亩	220kV 变电站 —10 万 kVA ×（2+1）	20 万 kVA， DR2+1	无集中冷站，楼栋配置中压冷机	20 000 个 8kW 机柜—160MW
园区级—山西园区	400 亩	220kV 变电站 —12 万 kVA ×（2+1）	24 万 kVA， DR2+1	间接蒸发空调，楼栋配置	22 500 个 8kW 机柜—180MW
园区级—苏州某园区	200 亩	110kV 变电站 -1 —8 万 kVA ×（1+1） 110kV 变电站 -2 —8 万 kVA ×（1+1）	16 万 kVA	无集中冷站，楼栋配置中压冷机	17000 个 8kW 机柜—126MW
园区级—廊坊某园区	240 亩	110kV 变电站 -1 —6.3 万 kVA ×（3+1）	19 万 kVA	无集中冷站，楼栋配置中压冷机	20 000 个 8kW 机柜—160MW
园区级—苏州某园区	80 亩	110kV 变电站 —6.3 万 kVA ×（1+1）	6.3 万 kVAw	无集中冷站，楼栋配置中压冷机	5 500 个 8kW 机柜—44MW
园区级—廊坊某园区	60 亩	110kV 变电站 —5 万 kVA ×（1+1）	5 万 kVA	无集中冷站，楼栋配置低压冷机	5 000 个 8kW 机柜—40MW
园区级—苏州某园区	30 亩	20kV/35kV 开闭站 —2 万 kVA ×（1+1）	2 万 kVA	无集中冷站，楼栋配置低压冷机	2 000 个 8kW 机柜—16MW
园区级—某园区	30 亩	10kV 开闭站 —1 万 kVA ×（1+1）×4	4 万 kVA	无集中冷站，楼栋配置低压冷机	3 500 个 8kW 机柜—28MW
园区级—某园区	20 亩	10kV 开闭站 —1 万 kVA ×（1+1）	1 万 kVA	配置低压冷机，1 300冷吨 ×（2+1）	1 600 个 4.4kW 机柜—7MW

数据中心楼栋的容量模型，较多的是 10kV 开闭站的模型，一般为 2 路 10kV 或者 4 路 10kV 的线路容量。有少数选择 6 路 10kV 线路容量的规划，建筑体量会较大；高容积率园区会部署较少楼栋，但需要注意建筑超长、超宽、超高的复杂情况，表 4-7 所示为楼层 /IT 模块间的典型容量模型。

表 4-7　楼层 /IT 模块间的典型容量模型

层级	建筑面积	开闭站	电力可用容量	制冷容量	机柜数量
6F 机房楼	25 000~30 000m²	6 个，14×（2×2 500）kVA 变压器	40 000kVA，中压冷机配电	4+1 台 2 000 冷吨冷机	8 个 IT 模块间，4 000 个 8kW 机柜
3F 机房楼	14 500~16 000m²	4 个，8×（2×2 500）kVA 变压器	20 000kVA	72 台 250kW 间接蒸发空调 +18 台 90 kWDX 空调	8 个 IT 模块间，2 000 个 8kW 机柜
3F 机房楼	8 500~9 500m²	2 个，4×（2×2 500）kVA 变压器	10 500kVA	2+1 台 1 300 冷吨冷机	8 个 IT 模块间，900 个 8kW 机柜
4F 机房楼	9 000~10 500m²	2 个，4×（2×2 000）kVA 变压器，中压冷机另外配电	10 000kVA	1+1 台 2 600 冷吨冷机	8 个 IT 模块间，1 840 个 4kW 机柜
4F 机房楼	9 000~10 500m²	2 个，5×（2×2 000）kVA 变压器	10 000kVA	2+1 台 1 300 冷吨冷机	8 个 IT 模块间，1 800 个 4kW 机柜

表 4-8 所示为典型的楼内变配电容量选择。

表 4-8　典型的楼内变配电容量选择

变压器 / 市电	8 000kVA	10 000kVA	10 500kVA	11 000 ~ 11 500kVA
2 500kVA	—	2 500kVA×5	2 000kVA×4+2 500kVA	2 500kVA×4+ 中压冷机，2 000kVA×6，2 000kVA×3+2 500kVA×2
2 000kVA	2 000kVA×4	2 000kVA×5		
1 600kVA	1 600kVA×5	1 600kVA×6	—	2 000kVA×4+1 600kVA×2；1 600kVA×7
1 250kVA	极少选择，1 250kVA×6	极少选择，可选 1 250kVA×8	较少选择	较少选择
1 000kVA	极少选择，1 000kVA×8	极少选择	较少选择	较少选择

续表

变压器 / 市电	8 000kVA	10 000kVA	10 500kVA	11 000 ~ 11 500kVA
800kVA	极少选择	极少选择	较少选择	较少选择
630kVA	极少选择	极少选择	较少选择	较少选择

表 4-9 所示为楼层 /IT 模块间的容量模型。

表 4-9　楼层 /IT 模块间的容量模型

变压器	UPS 配置选型 选型一	UPS 配置选型 选型二	列头柜	MCB
2 500kVA	800kVA × 4, 600kVA × 5, 500kVA × 6, 400kVA × 7	800kVA × 3, 600kVA × 4, 500kVA × 5, 400kVA × 6	300 ~ 800A	10 ~ 63A
2 000kVA	800kVA × 3, 600kVA × 4, 500kVA × 5, 400kVA × 6	600kVA × 3, 500kVA × 4, 400kVA × 5	300 ~ 800A	10 ~ 63A
1 600kVA	600kVA × 3, 500kVA × 4, 400kVA × 5, 300kVA × 6	500kVA × 3, 400kVA × 4, 300kVA × 5	300 ~ 800A	10 ~ 63A
1 250kVA	500kVA × 3, 400kVA × 4, 300kVA × 5	500kVA × 3, 400kVA × 4, 300kVA × 5	300 ~ 800A	10 ~ 63A
1 000kVA	400kVA × 3, 300kVA × 4	500kVA × 2, 400kVA × 2, 300kVA × 3	160 ~ 400A	10 ~ 63A
800kVA	500kVA × 2, 300kVA × 3	400kVA × 2, 300kVA × 2	160 ~ 400A	10 ~ 63A
630kVA	400kVA × 2, 200kVA × 4	300kVA × 2, 200kVA × 3	160 ~ 400A	10 ~ 63A
更小选型类比	—	—	—	—

表 4-10 为某数据中心楼典型的 IT 产出计算表。

表 4-10 某数据中心楼典型的 IT 产出计算表

楼层	机房名称	机柜（架）	机柜列数	机房面积（m^2）	机柜功耗（kW）	总功耗（kW）
二层	数据机房	108	8	360	7.2	777.6
二层	数据机房	108	8	360	7.2	777.6
二层	数据机房	108	8	360	7.2	777.6
三层	数据机房	108	8	360	7.2	777.6
三层	数据机房	108	8	360	7.2	777.6
三层	数据机房	108	8	360	7.2	777.6
四层	数据机房	108	8	360	7.2	777.6
四层	数据机房	108	8	360	7.2	777.6
四层	数据机房	108	8	360	7.2	777.6
一层	接入间	5	1	32	4	20
一层	接入间	5	1	32	4	20
合计						7 038.4

表 4-11 为某典型项目负荷计算表。

表 4-11 某典型项目负荷计算表

用电设备组名称	设备容量（kW）	系数	功率因数	tgΦ	计算负荷		
		Kx	COSΦ		有功功率 P（kW）	无功功率 Q（kVar）	视在功率 S（kVA）
机房 IT 设备	7 038.4	1.00	0.99	0.14	7 038.40	1 002.9	7 109.5
电池充电	599.3	1.00	0.99	0.14	599.26	85.4	605.3
UPS 损耗	329.1	1.00	1.00	0.00	329.11	0.00	329.1
冷冻水泵	220.0	0.90	0.85	0.62	198.00	122.7	232.9
冷却水泵	180.0	0.90	0.85	0.62	162.00	100.4	190.6
冷却塔	204.0	0.90	0.85	0.62	183.60	113.8	216.0
IT 精密空调	480.0	0.90	0.85	0.62	432.00	267.7	508.2
配电室空调	142.0	0.90	0.85	0.62	127.80	79.2	150.4

续表

用电设备组名称	设备容量（kW）	系数 Kx	功率因数 COSΦ	tgΦ	计算负荷 有功功率 P（kW）	计算负荷 无功功率 Q（kVar）	计算负荷 视在功率 S（kVA）
新风机组	40.0	0.80	0.85	0.62	32.00	19.8	37.7
弱电 / 运营商	99.0	0.90	0.85	0.62	89.10	55.2	104.82
建筑负荷	120.0	0.50	0.85	0.62	60.00	37.2	70.6
其他负荷	0.0	1.00	0.90	0.48	0.00	0.0	0.00
湿膜加湿机	84.0	0.90	0.85	0.62	75.60	46.9	88.94
小计	10 679.8	0.97	0.97	0.25	10 356.5	2 569.3	10 670.4
补偿容量						2 077.1	
合计			0.999	0.05	10 356.5	492.20	10 368.2
变压器损耗：ΔPb=0.01Sj，ΔQb=0.05Sj					103.68	518.41	
合计	10 679.8				10 460.2	1 010.6	10 508.9
中压系数 0.9	9 611.8				9 414.1		
变压器容量选择	2 500kVA × 8 台						

第六节　数据中心园区规划与架构设计

一、数据中心园区规划原则

数据中心园区规划应满足功能需求、运营和管理需求、交通需求、分期建设需求，因地制宜，合理安排各功能空间，提出总体规划，同时应具备灵活性，分区域、分功能、分等级采用适宜的建设模式，进行合理规划。数据中心规划应结合场地具体情况和规划指标、相关规范要求进行综合考虑。

1. 与城市环境及地域环境协调的原则

建筑设计应“以人为本”。建筑应重视人与自然的和谐关系，尽可能利用建筑物当地的环境特色与相关自然因素，尽可能不破坏当地环境，并尽可能确保当地生态体系健康运作。

2. 前瞻性原则

数据中心机房是重要的基础设施，在满足当前需求的同时还要兼顾未来的业务需求，充分考虑数据中心建设趋势、电源空调制约“瓶颈”，充分考虑当地特点，多方面、全专业进行技术经济论证。坚持“满足生产需要、适度控制规模、兼顾整体规划”的原则，高效利用土地，结合建设规划和用地范围进行合理规划和功能布置，合理利用现有场地条件，提高场地的综合利用效率和效益，营造大气美观的建筑景观布局，为城市增添美景。

3. 专业、高效原则

应基于对数据中心行业的深入了解，合理划分功能分区，提供最高效、理性的数据中心平面布局及基地配置。在使用先进技术的基础上确保数据中心的实用性；在达到同等安全可靠的性能、相同可用性层级的条件下，应着重考虑初期投资和长期运行维护成本之间的平衡；立足于全面解决数据中心的需求，尽量保证功能实现的全面性；应以满足近期使用需求为主，同时能够适应远期发展和使用变化的要求，考虑未来业务发展空间。

4. 安全可靠原则

项目的建设须符合相关技术要求、标准和规范，并须符合国家与地方关于环境保护、抗震设防、消防安全等方面的法律法规，保证数据中心人员、设备、数据的安全。

5. 可持续发展原则

按照国际一流、国内领先的数据中心机房标准建设，秉承绿色低碳、智能化创新的建设理念，承担节能降耗、降本增效的社会责任，将绿色建筑、环保节能理念应用于建筑的全生命周期，建设低功耗、环保、节能的绿色节能数据中心。

6. 主次原则

数据中心总体建设规划应以机房区为主，行政管理区（含运维研发区）与总控中心区合理匹配、协调统一；满足机房运营、封闭开发、金融科技研发、会议培训等多功能需求；动力、储油、空调、消防等采用“各类资源池化”规划，管线灵活布置以适应建设需求，构建可持续发展的生态智能化园区。

二、园区功能区域规划设计

数据中心园区规划，首先要按照园区的规划要求，根据园区外部条件进行合理规划，需要了解的外部条件如下：用地性质、规划红线、建筑退界、出入口、容积率、建筑密度、绿地率、建筑控高等；建议规划指标，最好为工业用地，容积率、建筑密度、绿地率、高度控制均应明确指标；与供电部门协商一期用电和远期用电规模引入、110kV 变电站位置等；与供水部门协商，保证数据中心日常用水；与燃油部门协商，保证柴油发电机存油更换和连续供油（不同等级有不同的保障时间）；与人防部门协商，数据中心不建人防，办公区域按物资库或人员掩蔽所建设，避免专业人防；国家发展改革委、建委、开发区、重点办、国土、规划、市容、消防、抗震、人防、交通、环保、卫生、防疫、林水、园文、绿化、市政、航空、物管会、供水、供电、供气、供热、电信、质监等各职能部门，以及建设、勘察、设计、监理、施工等五方主体协调配合。

1. 规划空间布局要求

数据中心园区建设应满足专业功能需求、运营和管理需求、交通需求、分期发展需求，因地制宜，合理安排各功能分区，提出总体规划布局，如图 4-12 所示。数据中心园区建设应满足以下总体要求。

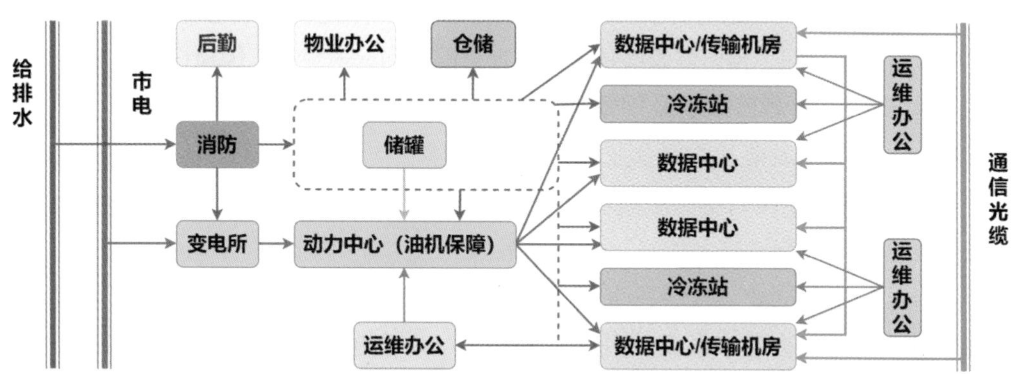

图 4-12 数据中心园区内各功能分区示意图

（1）园区及建筑单体的设计应保证人员、设备、数据安全。结合园区地块地理位置及地块使用的要求，严格按照国家和国际相关标准进行建设，统筹规划、合理布局、分步实施，建筑采用可靠的结构设计，并结合城市供电条件，扬长避短，选择安全可靠的市电引入方式，最终建成安全可靠的数据中心。

（2）满足建设定位与确定的各类客户的数据机房需求，同时满足特殊客户的定制化需求。园区整体规划设计具备兼容性，能满足不同的客户和场景需求。

（3）采用先进的技术、设备和优质材料以适应快速发展的数据中心的需要，从而使整个系统在较长时期内保持技术的先进性，并具有良好的发展潜力，以适应未来发展和技术升级的需要。

（4）园区整体规划设计应致力提供良好的客户体验，应体现人文关怀，以人为本，通过人性化设计创造温馨、舒适、健康的工作环境，并为客户及访客提供“宾至如归”的参观体验。

（5）园区规划应满足主机房、辅助区、支持区和行政管理区等空间规划。功能完善，分区清晰，易于运营。合理规划园区内交通组织，园区内外部人流、车流与物流合理分流，防止交叉干扰，利于消防、停车和人员集散。

（6）园区内主要道路应能满足大型消防车通行要求，路面承重能满足重载车辆的通行要求，每栋楼都应该能够满足大型货运车辆货运运输和装卸停靠的要求。

（7）合理规划园区通信网络、供电、给水、排水、供热等室外管线，与建筑单体和道路分期建设有很好的衔接，并合理安排变电站的位置。园区市电引入应为双路由，具备从不同方向进入园区变电站的条件。园区主干通信管道引入应具备两个及以上物理路由，按照终期通信数据传输规模建设并与园区红线外市政主干通信管道相连接。

（8）园区应根据建设规模合理选择消防报警系统形式，消防控制室的位置选择宜考虑后期系统运维的便捷性并能缩短响应时间。

（9）园区规划还应满足确定的海绵城市、绿色建筑等其他技术要求。

（10）如果有分期建设需求，应考虑合理分区，一期建设基本能覆盖运营需求，且给二期预留实施空间，预留好管线接口和物理分隔界面，避免运营因建设出现中断。

2. 生产性用房测算依据及规模确定

目前，国内外大型互联网企业服务器装机量已达十余万台至数十万台，且仍在快速增长；国内建行、工行等金融同业也在规划建设公有云服务，并大规模部署服务器。金融科技已成为建行“三大战略”之一，据 2021 全国性银行最新金融科技布局，建行云为政务、住房、同业、社会民生等九大领域的 346 个应用场景提供云服务支持；人工智能科技支撑能力基本形成，实现了 424 个人工智能场景应用，物联专网建设完成试点，物联平台接入物联终端超 20 万个；结合集团数字化战略工作部署，加快基础设施建设，以技术和数据双轮驱动，提升科技支持能力和服务客户能力，重构业务、数据和技术三大中台。

（1）规范推荐测算法

根据《数据中心设计规范》，数据中心的组成应根据系统运行特点及设备具体要求确定，宜由主机房、辅助区、支持区、行政管理区等功能区组成。

主机房的使用面积应根据电子信息设备的数量、外形尺寸和布置方式确定，并应预留今后业务发展需要的使用面积。主机房的使用面积可按下式确定：

$$A = S \times N$$

式中，A——主机房的使用面积（m^2）；S——单台机柜（架）、大型电子信息设备和列头柜等设备占用面积，可取 2.0 ~ 4.0m^2/ 台；N——主机房内所有机柜（架）、大型电子信息设备和列头柜等设备的总台数。

辅助区和支持区的面积之和可为主机房面积的 1.5 ~ 2.5 倍。辅助区和支持区面积是数据中心、动力中心、总控中心等功能用房面积之和。

为满足定制需求，辅助区、支持区的相应需求（如参观、监控等）可结合客户实际需求与智能化、无人值守的运维趋势，合理选用相应的测算指标。

若单个机柜占用面积按规范中的最小指标取 2m²/ 机柜作为主机房面积的计算依据，辅助区、支持区的面积按主机房面积的 1.5 倍确定，数据中心单个机柜的最小占用面积为 $1\times2+1\times2\times1.5=5m^2$。

若单个机柜占用面积按规范中的中位数指标取 3m²/ 机柜作为主机房面积的计算依据，辅助区、支持区面积按主机房面积的 2 倍确定，数据中心单个机柜所需的中位数面积为 $1\times3+1\times3\times2=9m^2$。

若单个机柜占用面积按规范中的最大指标取 4m²/ 机柜作为主机房面积的计算依据，辅助区、支持区的面积按主机房面积的 2.5 倍确定，数据中心单个机柜的最大占用面积为 $1\times4+1\times4\times2.5=14m^2$。

综上所述，数据中心单个机柜的占用面积为 5 ~ 14m²，范围跨度巨大，且该规范中没有具体推荐机柜尺寸，也没有提供功率密度建议。在实际的设计执行中，上述数据仅供参考。

（2）布局测算和经验矫正法

根据笔者多年的数据中心项目经验，对生产型用房面积指标进行综合推算，得出的经济性经验指标为 1m²/kW IT ~ 1m²/kVA 市电（包含基本支持区）。即在一个典型的 2 路 1 万 kVA 的市电引入条件下，采用 A 级别配置标准，在空调系统选用常规的冷冻水空调、供配电系统配置 2N 的 UPS 的情况下对应产出 IT 容量约为 7 000kW，即 1 667 个 4.2kW 标准机柜（20A，功率因数 0.95），此时数据中心需要的合理经济性面积区间为 7 500 ~ 10 000m²，反推计算，每个 4.2kW 机柜需要面积 4.5 ~ 6m²。如果使用高密度机柜 8kW，为 875 个机柜，此时机房面积对比 4.2kW 机柜的总占用面积会小一些，8kW 机柜需要 8 ~ 9.6m²。

数据中心的面积在上述经济性计算结果的基础上，仍应满足各类设备工艺设计的布置要求，满足系统运行、运行管理、人员操作和安全、设备和物料运输、设备散热、安装和维护的要求。主要规划要求如下：机柜的尺寸参数为 1 200mm（深）× 600mm（宽）；机柜列冷热通道间距为 1 200mm，主通道宽度为 1 500mm，维护巡检通道宽度不低于 1 000mm；消防走道、对应的空调间宽度不低于 2 400mm；气体消防分区面积不超过 600m²；UPS 和配电间按照与 IT 机房同层或者上下层布局方式设置；消防疏散走道长度不超过 60m；机房建筑不超过 4 层，总高度低于 24m。

另外，在实际规划中，当配电容量和电力资源锁定，规划机柜无法全部达到设计运行功率时，会考虑同时系数。此时，动力配电、电力、供水等支持区域面积不变，只需要考虑机房布局面积和相关疏散维护通道等的布局，因此会降低每个机柜的占地面积测算。

3. 技术业务用房测算依据及规模确定

根据《金融企业技术业务用房管理办法（暂行）》，金融企业要严格按照“依法合规、科学规划、合理配置、厉行节约”的原则，规范技术用房管理；要做好统筹规划，合理配置和使用技术用房，避免资源闲置和浪费。金融企业技术业务用房主要包括技术业务用房和配套设备用房。其中，技术业务用房包括科研技术用房、业务经营用房、金融交易用房、业务支持用房以及配套的附属用房等。配套设备用房的建筑面积原则上不超过技术业务用房（不含附属用房部分）的 9%。值班室建筑面积按照值班人员数量进行测算，人均建筑面积原则上控制在 15m² 以内。

技术业务用房建设标准按国家有关规定执行。金融企业应当按照国家技术业务用房建设标准、基本建设项目相关管理要求，制定本企业技术业务用房购建（含改建、扩建）具体标准。

（1）科研技术用房建设规模的确定

科技研发中心，包括办公、科研、培训、会议等工作配套设施，以及生活服务配套设施。可参照《党政机关办公用房建设标准》省级机关办公标准来计算科技研发中心总建筑面积，具体表达式如下：

$$S=[A+B+(A+B)\times 9\%]/K+C$$

式中，S——总建筑面积；A——各级工作人员研发办公室总使用面积；B——服务用房总使用面积；K——建筑总使用面积系数；C——附属用房总建筑面积。

若工作人员研发办公室按人均 9m² 计，服务用房使用面积按人均 8m² 计，建筑总使用面积系数取 65%，这里不计算附属用房建筑面积，即可根据上式计算出人均研发办公运营面积约为 28.51m²。

（2）配套用房建设规模的确定

①值班室（含值守宿舍）。

根据相关规范及已建数据中心经验数据，为保证大型数据中心的正常运行，需要配备必要的运营人员、维护人员、物业管理人员。

运营人员的数量根据园区的功能以及运营管理的功能来确定。按照数据中心运营管理标准，对于单栋数据中心，实行 7×24 小时运营管理，一般至少要求 4 班次进行日常值班管理。每个班次至少需要消防工程师 1 名、电力工程师 2 名、暖通工程师 1 名；当工程师具备综合能力时，可以复用其中 1 名，即保证至少 3 名人员进行值班管理。那么配置人员数量为 3×4＝12 人，其中 2 人也可以兼职为机房运营主管。

若园区需要维持常态安保，需要安保人员 2～3 人、保洁和维护人员 2 人以上，当安保具备消防工程师资质时，也可以复用。

另外，对于园区日常运营管理，需要 1～2 人主管，可以现场常驻或者定期白班或者晚班轮转。

因此，单栋数据中心园区需要配置的最少人数为 12 人日常值班＋2 人安保＋2 人保洁维护，合计 16 人。

对于园区多栋数据中心，可以复用安保和保洁维护人员，机房按照楼栋配置，即为 12 人 × 楼栋数 + 2 ~ 3 人安保 + 2 人保洁维护。

对于大规模数据中心新型智能园区，当客户为单一用户或者业主自用时，会考虑进行一定的运营优化，如投入巡检机器人、采用线上巡检系统、集中总控中心监控等，可以减少运营管理人数，可按以下经验公式进行计算：2 人 ×4 班次 × 楼栋数 + 2 ~ 3 人安保 + 2 人保洁维护。

②停车场（库）。

停车场（库）是指根据建设工程设施的配建标准建设的附属停车场（库），满足因工程设施本身的功能而产生的停车需求，包括业主、使用者、客户、访客等引发的停车需求。原则上，停车场（库）建筑面积控制在 40m²/ 辆以内，超出 200 个车位的控制在 38m²/ 辆以内。一个建设用地内的配建停车位指标，通常以国家及行业规范、地方标准和土地出让合同中的政府要求作为规划指导建设标准。

③仓储用房。

数据中心内的临时备品备件间如果不能满足装机、维护期间的物料存储需求，宜建设独立仓储用房进行分类管理、统筹规划。参考互联网数据中心的建设经验，1 000 个机柜（约 5 000m² 机房面积）配置不低于 100m² 的仓储用房，且至少分布在两个空间内。另外，考虑运维工具、机电配件等设施需求，需要预留额外的 50 ~ 150m² 的用房面积，因此库房总面积为 150 ~ 250m²，为机房面积的 3% ~ 5%。

④生活配套（健身、活动、小卖部）。

为保障运维人员的日常生活，提升员工的工作生活品质和满意度，拟设置必要的健身、活动、小卖部、饮食、影音娱乐等生活辅助设施。配套设施面积可根据建筑布置及园区规模确定，配套 1 000 ~ 2 000m²。

从满足需求、控制投资、便于管理的角度考虑，项目拟分期实施，项目的建设规模除了上述配置要求外，具体拟根据场地实际情况、总体规划与建筑平面进行优化。

⑤变电站。

为满足园区内部的供电能力和用电负荷发展需要，有效利用和增加当地高压配电网资源，缩短 10kV 供电距离，提高供电可靠性和电能质量，降低线损，可在园区内自建变电站。变电站需与当地供电主管部门协商沟通，根据园区需求设置变电站。目前常见的有 35kV 变电站和 110kV 变电站，国内也出现了超大型数据中心建设 220kV 变电站的情况。考虑园区内用地紧张，且需要考虑足够的建筑安全间隔，一般会选择紧凑型或者预制型集成变电站。具体按照变电站相关设计规范进行设计。

35kV 变电站一般预留 1 000m² 以下的土地面积或者建筑面积，可合用机房面积。

110kV 变电站一般为专用建筑设计或者预制变电站，结合类似项目经验值需预留 30m × 70m ~ 40m × 90m 占地面积，即 2 000m²/ 座（2 个主变）~ 3 600m²/ 座（4

个主变）。

三、数据中心典型规划设计案例

在数据中心园区的具体规划中，根据功能、工艺以及当地文化的不同，园区的建设也各有特点。目前，数据中心主要的规划可分为按照产业综合功能区综合规划、按照以工艺或IT产出为主的功能规划。

1. 按照产业综合功能区综合规划

图 4-13 建行北京生产基地（稻香湖数据中心基地）

建行北京稻香湖生产园区（如图 4-13 所示）位于北京市海淀区中关村创新园内，于 2013 年 5 月开工，一期建筑面积 28.4 万 m^2，是建行在亚洲最大的数据处理中心、软件开发中心、运营管理中心，是典型的总部型、集多种功能区为一体的综合园区。

从园区效果图可以分析出，生产园区设计 3 栋典型的标准机房楼，对应各自的动力连体楼，运营管理办公区域与机房区部署在不同区域，中心圆形建筑为 ECC 和展示中心，园区配置 110kV 变配电站。园区功能布局明晰且独立，各功能区之间运营流线通过建筑组合和连廊进行合理联系，在相邻地块部署了科技研发中心。园区建筑也体现了建行的一些独有的设计元素。

该类型的数据中心园区，需要考虑的企业因素和业务需求最多，体现的是综合、特色、亮点、前瞻性、分期等要点。首先，要考虑该区域的上位规划，从产业规划的角度进行规划布局；其次，要考虑客户的多种需求，对研发、科技生产、运营办公、甚至总部形象、企业文化要素进行综合考虑，而且需要创意性的规划和造型设计；再次，对于一些工艺布局，也要遵循其生产、运营、辅助管理的内在要求；最后，分期实施也是该类型园区需要重点考虑的，时间规划较长的分批次实施交付。

2. 按照以工艺或 IT 产出为主的功能规划

图 4-14 典型的互联网定制数据中心园区

典型的互联网定制数据中心园区（如图 4-14 所示），是以定制数据中心为主、以辅助功能区辅助区域布局的规划布局方式。园区一般采用 1 ~ 2 种典型的标准模型楼进行布局设计，占据整个地块的核心区域，并辅助部分动力、制冷辅助功能区域规划；园区变电站按照靠近一侧可以进入的主干道不会影响市政景观区域布局，而整个园区的主入口结合运营办公楼考虑整体形象设计。如图 4-14 所示，园区采用的是典型的数据中心的设计，采用二层轻钢结构或者三层钢混结构建筑设计，按照对称方式布局，规格统一，空调设备选择间接蒸发机组或者冷却塔水冷冷水机组形式，柴油发电机采用集装箱形式靠两侧布局。变电站和发电机远离办公区域，各自位于地块一角，很好地利用地块的特点进行了优化布局。该类型的数据中心园区，一般以客户需求为标准定制，可以按照规划在整体不做较大调整的情况下，兼容不同的客户机电需求；主要的区别是机房内的布局设计和系统选择，通用性好、建设速度快，可以模块化设计、批量快速交付。

第七节　数据中心建筑规划与架构设计

一、数据中心建筑分区规划

1. 物理功能分区设计

如前文所述，数据中心主要包括主机房、辅助区、支持区和其他区域。不同区域的划分和功能如下。

主机房是主要用于数据处理设备安装和运行的建筑空间，包括服务器机房区、网络及传输区、布线区等。

辅助区是用于电子信息设备和软件的安装、调试、维护、运行监控及管理的场所，包括监控室、消防和安防控制室、应急指挥中心、拆包区、客户接待区、客户操作区、客户休息区、会议室、备品备件间等，可根据实际功能需要进行选择性设置。

支持区是为主机房区、辅助区提供动力支持和安全保障的区域，包括高压市电引入区、变配电室、柴油发电机房、不间断电源系统室、电池室、空调机房、动力站房、消防设施用房、进线室等。

客户接待区、客户操作区、监控室、客户休息区和会议室等其他区域应有足够的数据路由和信息点与中心机房及网络互通。

数据中心主机房区、辅助区、支持区的占比，与主机房功率密度、机房等级密切相关，一般情况下辅助区和支持区的面积之和可为主机房面积的 1 ~ 1.5 倍，自用数据中心辅助区占比可酌情减少。

数据中心按照功能分区合理规划布局主机房区、辅助区、支持区等，应考虑所安装设备之间的功能关系及合理的工艺流程和管线排布，使其便利、顺畅，便于使用和维护管理。主机房区、支持区等的设备配置与布局，应充分考虑当前系统设备的容量要求，同时应兼顾系统扩展、容量增加和新技术应用的要求，为新系统的安装和投入运行做好空间上的预留设计。

数据机房内机柜布置应紧凑、结构合理，最大限度地提高设备安装量；主机房应尽量标准化、模块化，楼层安排合理，适合分期动态扩容。客户接待区、监控室、会议室、应急指挥中心、空调主机房、设备监控机房和消防控制中心等宜布置在首层；电力电池室宜靠近主机房区设置。

2. 安全分区设计

数据中心应满足高可靠性、高安全性原则，以保证提供连续不间断的机房环境服务。机房必须具有高可靠性，应依据国家《数据中心设计规范》以及相关规范要求，按不同等级数据中心的设计标准进行设计。对于具有不同可靠性要求的机房区域，应保留一定的灵活性，即随着未来 IT 系统部署的变化，相应的机房区域可以较灵活地提高或降低可靠性级别。从高安全性角度考虑，应具有完整的安全策略和切实可靠的安全手段保障机房的物理安全和系统基础环境安全。在建筑结构、物理安全、防恐防盗、防火、防洪、防水、防小动物、防雷接地、防电磁干扰和信息泄露等方面采取有效措施。

针对数据中心各个区域的不同功能，可将安全保障定义为 5 个安全保障等级区。

（1）一级安全保障等级区：数据机房区域。在数据机房出入口安装 IC 卡 + 密码双重验证电子门禁、摄像监控设备；所有出入口设防，门禁系统与视频监控系统联动；在机房内所有设备机柜排列方位安装视频监控摄像机，设备间通道设防。

（2）二级安全保障等级区：电池室、配电室、空调区、瓶组间等保障区。在保障区各房间出入口安装 IC 卡 + 密码双重验证电子门禁、摄像监控设备，在保障区各房间内安装无死角摄像监控设备。

（3）三级安全保障等级区：辅助用房、监控中心等。在辅助用房、总控中心安装 IC 卡 + 密码双重验证电子门禁、摄像监控设备。

（4）四级安全保障等级区：门厅、走廊。在进入大楼区域门处安装 IC 卡 + 密码双重验证电子门禁，并设置摄像监控设备；同时在各走廊安装摄像监控设备。

（5）五级安全保障等级区：园区及进入大楼区域、门及走廊区域、围墙区域。在园区内设置摄像监控设备；围墙设置高压脉冲电子围栏和摄像监控设备；园区大门设置车辆管理系统、人员管理系统、摄像监控设备。

二、金融行业数据中心机房设计需求

1. 金融行业数据中心机房设计原则

（1）数据保密

金融行业因客户数据庞大而对数据的保密性十分看重。银监会《商业银行数据中心监管指引》要求各功能区域根据使用功能划分安全控制级别，不同级别区域采用独立的出入控制设备并集中监控，各区域出入口及重要位置应采用视频监控，监控记录保存时间应满足事件分析、监督审计的需要。

因金融行业的特殊性，数据中心仅允许内部人员完成数据操作和实时监控，不会使用第三方的监测服务和操作服务。同时，基于数据保密性要求，金融行业要求数据中心设立多道门禁系统，楼内门禁系统与大楼门禁系统不通用。此外，还需要设计独立门禁系统并进行交叉认证操作。

（2）稳定性

金融行业有数据实时传输的需求，需要 IDC 运营商能提供长期稳定可靠的数据存储服务。金融企业具有分支机构多、地理上分布较广、跨地区或跨区域联网和交易量大等特点，且高度关注机房硬件设施条件安全和数据安全。其业务需求主要分为基础业务需求和增值业务需求两个部分，其中，基础业务需求主要包括服务器托管、互联网接入；增值业务需求主要包括流量清洗、数据备份、异地容灾等。

（3）可控性

金融行业灾备管理等级相对其他行业要求更高，维护、升级、扩容等需求更加多样化，维护管理方式要更专业、更灵活。有的金融类客户会要求数据中心为自己的技术人员提供常驻办公地点。

金融行业数据中心中无论是网络设备及出口数据链路通路，还是机房电源及空调等关键环节，都需要有相应的应急冗余系统来确保数据机房能够提供可靠的 7×24 小时不间断的对外服务。

（4）安全性

从机房物理设施来看，数据机房应拥有统一的、非常完善的多层安全保卫系统，如警卫、指纹认证等系统，以确保数据机房的安全运行。同时，数据机房应为客户提供网络安全及保护方面的服务。根据需要，数据机房客户的所有服务器状态都可通过设在数据机房内部的网管控制中心的统一控制台来监控。

（5）网络接入要求

银监会《商业银行数据中心监管指引》要求银行数据中心应用两家或多家通信运营商线路互为备份。互为备份的通信线路不得经过同一路由节点。

（6）更高的安全 / 保密等级要求

对于机房独立区域，可配置独立门禁系统，空调维护人员等不得进入机房。机房还可以进行模块化设计，单模块完全独立，可以根据客户要求采用门禁、监控、保卫等安全防护手段，提高安全保障等级。另外，机房需要配置连续制冷、不间断电源等高安全保障配套设施。网络安全防护手段可以根据金融行业网络安全要求灵活调整。

2. IT 设备类型与机柜功率密度规划

功率密度作为数据中心的一个重要技术参数，与 IT 设备的性能和功率密切相关，还受到数据中心功能定位、所承载业务的影响。ASHRAE 针对不同的工作负载将服务器类型分为科学研究型、数据分析型、业务处理型、云数据、可视化和音频、通信类和存储类，各类典型服务器的散热量和主要配置见表 4-12。业界对功率密度的描述主要有单位机房面积功率和单机柜功率两种形式。由于对单位机房面积的理解有所不同，该功率密度无法在同一水平衡量，因此业内主要采取单机柜功率密度作为数据中心功率密度的评价参数。

据 Uptime Institute 的统计数据显示，2020 年全球 46% 的数据中心平均功率密度在 5 ~ 9kW/ 机柜。我国三大运营商在用数据中心平均功率密度为 4.46kW/ 机柜，第三方服务商的平均功率密度为 5 ~ 9kW/ 机柜，大型互联网企业的平均功率密度为 8 ~ 15kW/ 机柜。随着 IT 硬件产品的不断迭代以及承载业务的计算需求的变化，互联网数据中心整体功率密度还将大幅上升。

表 4-12　各类典型服务器的散热量和主要配置

负载类型	典型散热量（W）	主要配置
科学计算	1 150	2 颗性能 CPU，16 块 16G 内存条，2 个 300W GPU，4 个 1GB 的网卡接口，1 个 10GB 的网络接口（FDR IB）
数据分析	575	2 颗性能 CPU，24 块 16G 内存条，4 块固态硬盘 +18 块（10k SAS）机械硬盘，4 个 1GB 的网卡接口，2 个 10GB 的以太网接口，1 个 16Fb 的光纤通道（FC HBA）
业务处理	550	2 颗 CPU，24 块 16G 内存条，6 块固态硬盘 +22 块（10k SAS）机械硬盘，4 个 1GB 的网卡接口，2 个 16Fb 的光纤通道（FC HBA），2 个 10GB 的 VFI 接口
云数据	450	2 颗 CPU，16 块 8G 内存条，8 块（SATA）机械硬盘，4 个 1GB 的网卡接口，1 个 10GB 的以太网接口，1 个 16Fb 的光纤通道（FC HBA）
可视化和音频（无 GPU）	575	2 颗性能 CPU，16 块 16G 内存条，4 块固态硬盘 +12 块（SATA）机械硬盘，4 个 1GB 的网卡接口，1 个 16Fb 的光纤通道（FC HBA），1 个 10GB 的 VFI 接口
可视化和音频（有 GPU）	1 000	4 颗 CPU，16 块 32G 内存条，1 块（10k SAS）机械硬盘，2 个 1GB 的网卡接口，4 个 300W GPU，1 个 16Fb 的光纤通道（FC HBA）
通信	275	2 颗低功耗 CPU，4 块 8G 内存条，2 块（10k SAS）机械硬盘，1 个 1GB 的网卡接口，4 个 10GB 的以太网接口
存储	575	2 颗 CPU，16 块 16G 内存条，4 块固态硬盘 +24 块（SATA）机械硬盘，4 个 1GB 的网卡接口，1 个 16Fb 的光纤通道（FC HBA），2 个 10GB 的 VFI 接口

现阶段大型银行大型机、小型机和 x86 服务器并存，中小型银行一般以小型机和 x86 服务器为主。未来，无论是大、小型银行还是其他金融机构的服务器均会向 x86 集群方式发展。目前，金融数据中心入驻的设备呈现多样性，单机柜功耗在 3kW 左右。IT 设备的生命周期为 5 ~ 8 年，一般按照 6 年计算，新采购设备将以高密度设备为主，预计每年有 15% 左右的低密度设备将被高密度设备替换，各年度相应比例见表 4-13。

表 4-13　金融等客户机柜功率密度趋势分析

机柜类型	2016 年	2017 年	2018 年	2019 年
高密度设备（5kW 及以上）占比	20%	35%	50%	65%
低密度设备（3kW 及以下）占比	80%	65%	50%	35%

证券、保险类客户的系统规模普遍较小，机柜规模平均在 20 个左右。银行客户一般整层（200 个机柜以上的规模）租用外部机房。

3. 金融类客户对机房工艺的要求

（1）非标准设备多，机房平面布置具备空间灵活性

根据笔者对金融行业主流设备的统计分析，金融行业小型机和大型存储设备数量较多，同时含有小部分新型 x86 服务器和虚拟服务器。另外，小型机和大型存储设备尺寸不一，配电形式的需求也不同，对机房平面布置的灵活性要求较高。

（2）小型机和存储设备占比高，机房单机柜功耗大

对主流金融行业应用的小型机和存储设备功耗进行统计分析，发现大型设备基本占用一个机柜空间，实际功耗主要在 5kW 左右，部分小型设备单台功耗为 1 ~ 3kW，尺寸不大，一般一个机柜可安装 2 ~ 3 台设备。

中国工商银行（以下简称工行）数据中心创新实验室陈庆在《大型银行数据中心设计功率密度研究》一文中对工行数据中心密度进行了统计分析，各功率密度等级对应的功率密度和单机柜功率密度见表 4-14。

表 4-14　工行数据中心各功率密度等级对应的功率密度和单机柜功率密度

等级	功率密度（kVA/m²）	折算密度（kW/ 机柜）	安装机柜类型
低密度	0.5	1.5	20 年前的大型机、小型机、高端存储等区域
中低密度	1	2.5	大型主机、集中存储、网络、高端服务器和机柜服务器
中密度	2	5	分布式存储、PC 服务器机柜
高密度	5	10 ~ 13.5	刀片服务器机柜

三、互联网数据中心的设计要求

1. 互联网数据中心的技术需求特征

在国内，电商、游戏、视频、云计算等行业领军的大型互联网或云计算公司，在应用数据和网络布局方面积累了优势资源。2013 年，互联网加速由 PC 端向移动端转移，大型互联网公司业务的快速发展，使其对服务器、存储设备等资源的需求海量增长。为了应对资源需求的快速增长，需要自建或与运营商合建定制数据中心来满足资源需求，其规模大，标准要求高，能效领先，运营管理要求高。笔者统计了 2020—2021 年若干大型互联网用户在华东区域自建或者定制数据中心的技术特征，见表 4-15。

表 4-15　2020—2021 年若干大型互联网用户在华东区域自建或定制数据中心的技术特征

定制大客户	机柜功率	PUE	WUE	运营 SLA	电力系统	制冷系统	创新要求
华东某电商	8kW	1.3	暂无规定	100% / 年、任何机柜	双路或 DR 高压直流	双管双冷站高温水系统	蒸发冷、盘管墙
华东某综合企业	风冷 8 ~ 16kW，浸没液冷 30kW	1.1 ~ 1.3	<1.2	100% / 年、任何机柜	双路高压直流、巴拿马	高温水系统、液冷	盘管墙、浸没液冷
华东某视频企业	8 ~ 12kW	1.3	暂无规定	99.99% / 月、任何机柜	双路 UPS	双管双冷站高温水系统	蒸发冷
华东某云厂商	6kW	1.3	暂无规定	100% / 年、任何机柜	双路 UPS	高温水系统	暂无
华北某视频企业华东基地	8 ~ 12kW	1.3	暂无规定	99.99% / 月、任何机柜	双路 UPS	高温水系统 / 液冷	液冷、风墙
华南某云厂商	风冷 8 ~ 16kW，液冷 25kW	1.3	1.0	99.999% / 年	双路或 DR 的 UPS	高温水系统 / 液冷	液冷

另外，通过对各大互联网客户的需求研究，总结了互联网数据中心的一些共性的技术标准。

（1）需要三路网络路由进入园区，且每栋楼都需要至少两个独立的网络接入间。

（2）核心网络区域需要进行物理隔离。

（3）高功率密度机柜高度尺寸需要定制，常规通用机柜标准无法满足要求。一般 8kW 功率密度以上机柜要求机柜高度为 48 ~ 54U（每 U 高度为 46.5mm），相当于 2 400 ~ 2 600mm 的机柜高度。

（4）弹性功率设计，基本单机柜功耗按照 8 ~ 16kW、核心网络区域 12 ~ 30kW

等功率设计，同时保留后续提升机柜密度的可扩展性，即设计时主要以整体最大IT产出作为标准，机柜设计按照较低功率密度布置机柜，但是单机柜使用一般先高密度部署，后期再扩容服务器安装，以最大化利用机柜空间。

（5）应允许其他运营商提供互联网骨干接入。

（6）独享定制租用的IDC相关的基础设施服务。

（7）设计应做到技术先进、经济合理、安全适用、节能环保，在电气、空调等核心基础设施中不允许出现单故障点，即要求比较创新的电力和制冷架构，追求低PUE和高性价比。

（8）定制数据中心可能使用整机柜交付模式，要求空地板交付，预留配电接口通道密封组件，在进行机房规划时，从地板承重、整机柜搬运、空调运行上考虑整机柜建设的可能性。

2. 互联网数据中心未来技术发展方向

随着云计算、AI、5G、数字经济等的不断发展，数据中心的需求越来越大。同时，随着计算机相关技术的不断研发和突破，IT设备也朝着小型化、集成化和虚拟化等方向发展。更重要的是，在全球大力追求碳达峰、碳中和的背景下，数据中心要紧随IT行业的创新发展，优化自身的架构设计方案，在其实现节能减排的过程中有着重要意义。现阶段，互联网研发的新型IT设备主要包括以下三类。

（1）量子计算机

量子计算机是一种使用量子逻辑进行通用计算的设备，已有的速算量子算法的运算速度比传统计算机快数亿倍，量子计算对传统计算做了极大的扩充，其本质特征为量子叠加性和量子相干性。量子计算机的处理器自身功耗虽然很小，只有不到1uW，但由于需要工作在绝对零度环境下，其制冷系统的功耗巨大。尽管如此，量子计算机的单位能耗提供的计算能力仍大幅优于传统计算机，能以更低的碳排放提供更高的算力。

（2）专有处理器芯片

适用于AI和云计算业务的专有处理器芯片的推出，可以代替现有的CPU和GPU架构。在云计算市场，该芯片CPU核能全部释放出来用于计算，能释放更多有效计算性能，有明显的性能与能耗优势。另外，可解决数据中心多节点服务器互联的效率问题，提升节点间的通信效率，降低TCP/IP时延，从而达到降低流量功耗和成本的目的。GPU服务器的功率一般比较大，可能需要采用液冷解决方案。

（3）液冷

液冷在当前主流互联网应用中，一种是以阿里为首的浸没式液冷方式，另一种是以板式液冷为主的方式，也有少量的喷淋液冷等其他冷却方式。目前来看，液冷服务器解决方案的成本普遍高于风冷解决方案，主要以应用试点为主，未来的发展取决于政策要求，如更低的 PUE、WUE 要求。现阶段液冷主要应用于高密度计算场景（如AI、VR、实时高速计算等）。

四、数据中心建筑规划与系统设计

在当前数据中心规划中，因数据中心规模较大、能效要求高，已经很少考虑分散独立布置的 DX 类型空调，而较多采用水冷、间接蒸发冷却、液冷等与水系统相关的节能型制冷系统。针对不同的制冷方案，建筑规划要充分考虑制冷系统主设备布局、配电系统中压低压布置、室外冷却设备布置、对应的发电机机组的布置和配电系统布局。数据中心常见的主要设备布局方式有集中布置于低楼层、高楼层分层布置和一层大平层布置三种。

1. 集中布置于低楼层

集中布置于低楼层的建筑方式，比较适合 2 ~ 4 层建筑，尤其是 2 ~ 3 层建筑。该布局方式将数据中心配电及制冷系统的主要设备集中布置于一层，把 IT 机房独立布置在 2 ~ 4 层，可以更好地对 IT 和机电基础设施进行分层管理。其中，配电设备包含柴油发电机，中压、低压及 UPS 配电系统。制冷系统主设备在一层布置，制冷末端和管路分层布置。虽然该方式的制冷管路和配电线路均采用竖向管井的方式垂直到达楼层末端，各管线路由较短，但是该方式需要解决各楼层管线尤其是配电路由独立路由的开孔问题，以避免同路由或者同管线孔洞支持不同楼层 IT 机房。另外，因配电设备和制冷系统主要布置在一层，会造成一层的使用面积较大，对建筑占地面积要求较高。由于 IT 机房和机电设施分层布置，可以将电力系统和制冷系统进行模块化布局设计和安装，同时结合预制化钢结构设计，并行实施机房模块的建设，实现数据中心的快速交付。该方式尤其适合间接蒸发冷却和 AHU 部署，如图 4-15 所示。

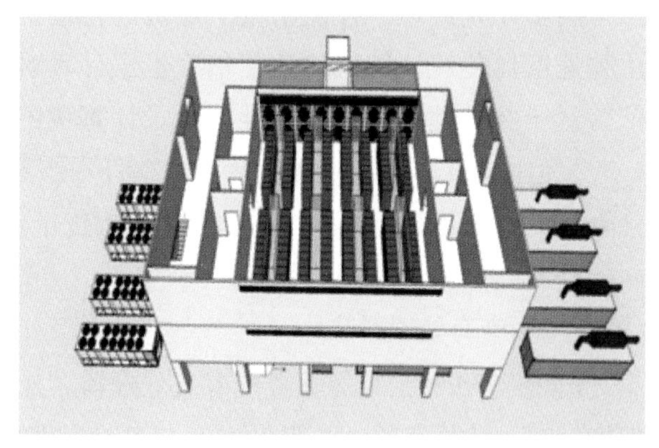

图 4-15　2 ~ 4 层建筑集中楼层布置机电系统方式

2. 高楼层分层布置

当数据中心采用三层及以上高楼层建筑形式时，由于管线路由较长或者建筑高度过高，低压系统传输距离长且损耗较大，并不适合将电气和暖通设施集中部署在某一层。一般情况下，会采取一层楼层部署中压系统和制冷主设备系统，而将配电系统中的变压器、UPS 低压配电设备以及制冷系统中的水平管线和末端进行分楼层布局的方式，如图 4-16 所示。该方式需要同时考虑各楼层 IT 机房承重和 UPS 电池承重要求。楼层

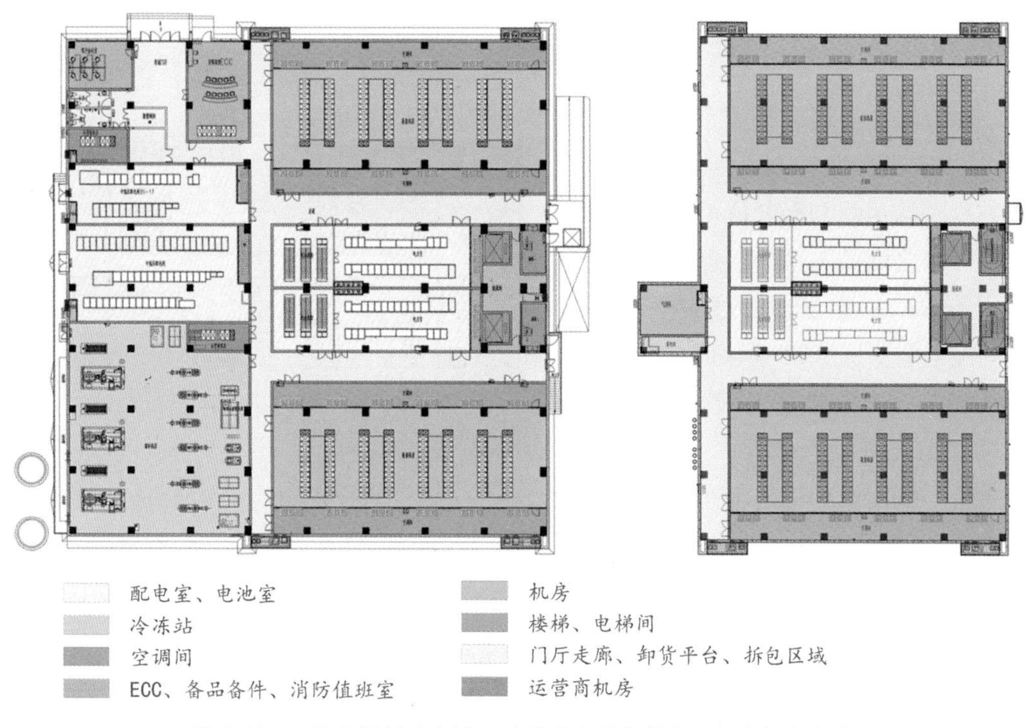

图 4-16　一层部署制冷中压 + 分楼层高层部署变配电和制冷末端

面积、配电容量和制冷容量是对应匹配的，适合标准化交付。

然而，分楼层配电必然带来其配置容量的限制，在不跨层配置用电负荷的情况下，分楼层布置方式不太能匹配功率密度的变化，楼层的扩容或者未来提升低负载率机房容量的能力不足。另外，因为需要吊装较大重量的变压器、UPS 设备，需要预留较大的吊装平台及较大承重的货梯。但是，又由于分楼层部署配电制冷末端，该部署方式有利于分楼层机房的分期交付运营，在此过程中，主要影响中压管线和制冷垂直干管。

3. 一层大平层布置

大型互联网，如 Facebook、微软、腾讯将数据中心建设在偏远郊区，考虑到偏远地区的土地面积大且价格便宜，土地容积率要求不高，可将各机电设施按照平面一字排开，通常会采用一层大平层布置方式。该布置方式无须考虑高度方向上的货运、设备安装、管线孔洞等规划，设计极简。

另外，大型互联网的大平层数据中心，在制冷方式上也会考虑极简的方式。例如，Facebook 采用建筑侧面布置蒸发冷却和新风空调结合屋顶鸡笼排风的方式，腾讯 T-block 则使用了在机房侧面布局间接蒸发冷却机组的方式。此种架构设计，大平层建筑主要设备为配电设施和 IT 机柜，将建筑和机电的紧耦合改为松耦合，极简化建筑和架构系统的关联，可以将建筑做大，各系统分开实施、分区域部署，实现模块化交付。然而，该部署方式的土地利用经济性指标差，并不适合规模性和普适性的数据中心规划。

五、建筑楼层 IT 模块间与系统设计

在数据中心楼层平面布局规划过程中，需要厘清 IT 机房与辅助配电和制冷空调房间乃至气体消防等辅助功能房间之间的关系。根据其位置的对应关系，主要的布局方式有三种：中间配电两侧机房 IT 模块间布局（见图 4-17）、中心机房 IT 模块间四周配电和功能辅助区布局、一侧 IT 机房对应一侧配电和辅助区布局（见图 4-18）。

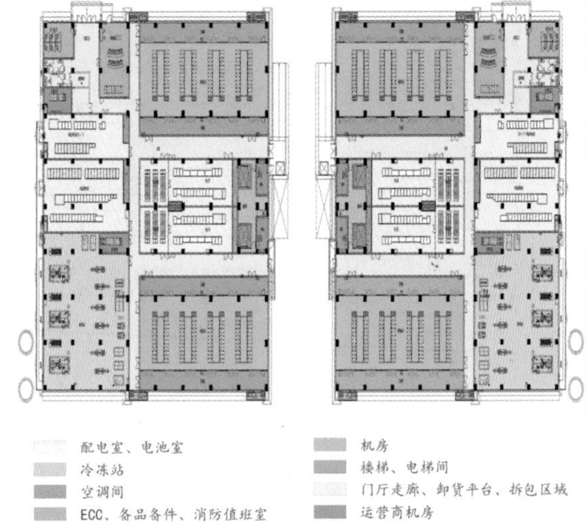

图 4-17　中间配电两侧机房 IT 模块间布局图

一般而言，中间配电两侧机房 IT 模块间布局利于空调制冷管路的部署且对走道空间的影响相对较小；配电系统和中间楼梯辅助用房为核心筒的形式，会优化配电线路路由。该形式因为最大限度地利用了建筑外结构，内环通道较小、空间利用率较高，可以减少机电基础设施相关配套成本；但带来的不利影响就是 IT 机房的单独网络互连路由、弱电管线和桥架数量会有所增加。

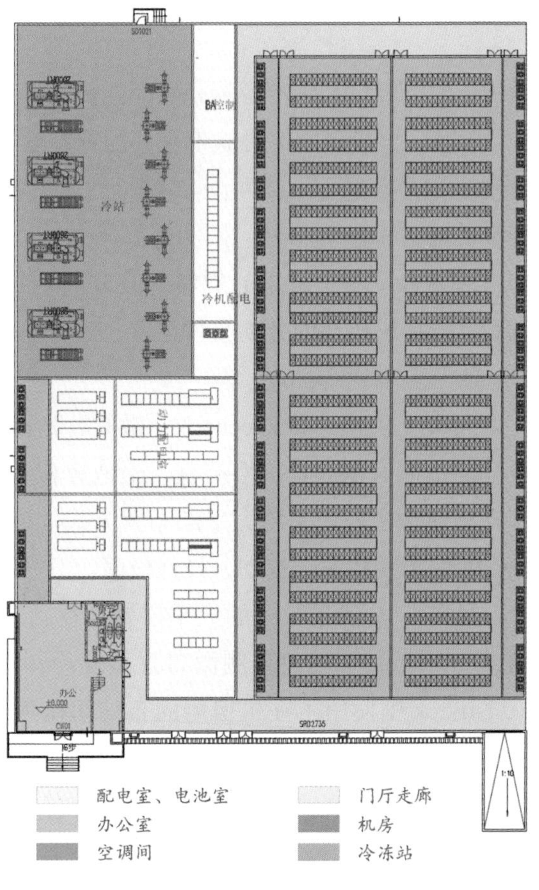

图 4-18 一侧 IT 机房对应一侧配电和辅助区布局图

采用中心机房模块间四周配电和功能辅助区布局设计，因 IT 机房集中且相邻布局，使网络路由和管线桥架最短，利于 IT 设备交叉互联，但是该种方式的机电设备管线复杂，尤其是制冷管路需要形成环路，且与配电管线在垂直和水平位置存在交叉，对层高和综合桥架处理要求高，安装实施相对复杂，尤其是当配电设备分布在不同的区域时，需要做好分区设计并按照区域就近原则将配电与 IT 机房

一一对应，否则管路容易形成单点回路，造成对应的物理双路由需要绕远，从而增加线路成本和损耗。

采用一侧 IT 机房对应一侧配电和辅助区布局设计，功能区布局简单，此时 IT 机房集中且相邻布局，使网络路由和管线桥架较短，可避免配电和制冷以及网络路由之间在不同的区域进行交叉，利于分区域实施。然而，该方式最大的问题在于会形成单个消防疏散通道，如果数据中心是行业的 T4 级别或者要求是完全物理不重合的双路由通道，则该方式较难实施。

以上三种典型的平面和机房规划布局，需要根据客户需要进行合理选择，兼顾成本、可用性、运维便利性等要求。

六、机房 IT 模块间布局设计

典型的标准间设计主要考虑建筑柱网、机柜列功率密度、冷热通道宽度和风速、主搬运维护和巡检通道尺寸、空调间位置和空调间配置的空调数量、疏散走道距离和疏散门布置等因素。一般疏散走道距离为 40 ~ 60m。对于设置气体消防的机房，需要考虑满足相关规范中建筑容量不超过 3 600m^3 的限制。对于制冷尤其是功率密度较高的机房，除了满足规范布置或间距之外，实际的工程项目经验和气流组织模拟表明，空调送风口距离第一个机柜一般不低于 2.1m，最好超过 2.4m。另外，在实际项目中，建筑柱网如果与机柜功率密度和列间距匹配，会提高建筑的利用率，能够部署更多的有效机柜。不同功率密度下，机柜列长、通道宽度和柱网间距的匹配关系见表 4-16。

表 4-16　不同功率密度下机柜列长、通道宽度和柱网间距的匹配关系

机柜功率（kW）	机柜数量（台）	列头柜容量（kW）	机柜列长（m）	通道宽度（m）	柱网间距（m）
4 ~ 6	20 ~ 22	80 ~ 132	13.2	冷通道：1.2，热通道：1.2	7.2/9.6
7 ~ 8.8	16	120 ~ 150	10	冷通道：1.8，热通道：1.5	8.4/10.8
10 ~ 12	16	150 ~ 180	10	冷通道：2.1 ~ 2.4，热通道：1.8 ~ 2.1，	9.6/12
13 ~ 16	12	180 ~ 240	8	冷通道：2.4 ~ 3，热通道：2.1 ~ 2.4	10.6 ~ 10.8

另外，在规划设计中还需要考虑功率密度与空调间的布置，对于低密度机柜，因为整个模块间机柜功率低，可以采用单侧空调送风的布局方式（见图 4-19）。但是对于高密度机柜（尤其是功率>10kW 的机柜），在实际工程中，无论是从空调配置的数量，

还是气流组织模拟结果来看，双侧空调送风（见图 4-20）都是解决机柜局部热点和风速过高问题的最佳解决方案。

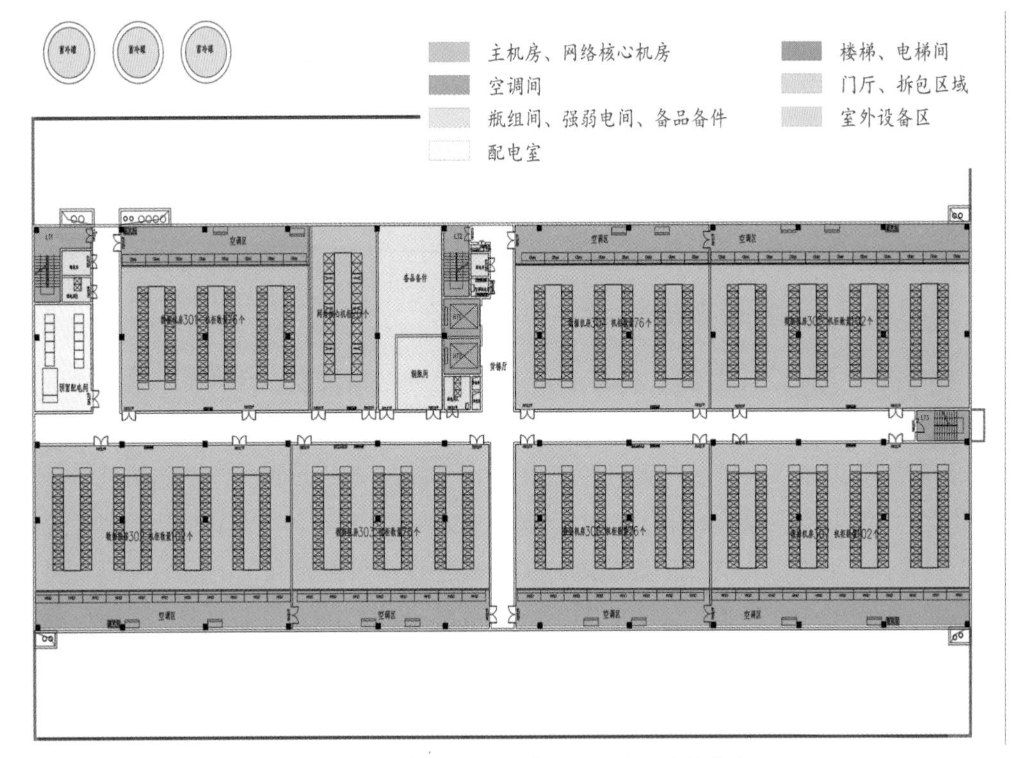

图 4-19 低密度机柜适用的单侧空调送风布局方式

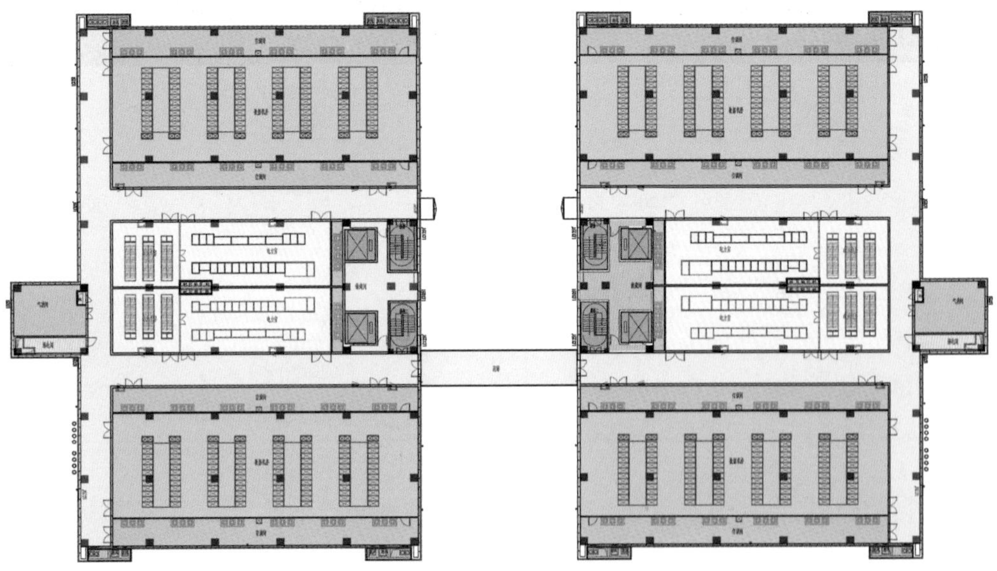

图 4-20 高密度机柜适用的双侧空调送风布局方式

七、机柜功率配置设计

目前，常见的 42 ~ 47U 机柜适配相对低功率密度，其一般配置 32A 及以下的单相空开，对应 32A 的机柜 PDU（电源分配单元）。对于互联网常用定制高密度机柜，常规采用 52U 高的机柜，配电按照对应的高密度容量配置，机柜 PDU 数量也可能从 A/B 2 组变为要求 A/B/C/D 4 组配置。不同机柜功率密度，其机柜尺寸和对应供电配置可以参考表 4-17。

表 4-17　机柜配置设计

机柜功率		4.4kW ~峰值 6.6kW		8kW ~峰值 8.8kW		10 ~ 12kW		15 ~ 20kW	
机柜：宽（mm）× 深（mm）× 高（mm）		600 × 1 200 × 2 000~2 200		800 × 1 200 × 2 550		800 × 1 200 × 2 550		800 × 1 200 × 2 550	
机柜配置		42 ~ 47U –（4.45+1.5）mm/U		52U –（4.45+1.5）mm/U		52U –（4.45+1.5）mm/U		52U –（4.45+1.5）mm/U	
供电		交流 A	交流 B	交流 A	交流 B	交流 A	交流 B	交流 A	交流 B
机柜 PDU	电流 A	32	32	50	50	63	63	63	63
	相	1	1	1	1	1	1	1	1
	数量	1	1	1	1	2	2	2	2
	C13 口	8	8	12	12	8	8	8	8
	C19 口	8	8	12	12	8	8	8	8
	类型	竖向	竖向	竖向	竖向	竖向	竖向	竖向	竖向
列头柜空开	电流 A	32	32	63	63	63	63	63	63
	相	1	1	1	1	1	1	1	1
	规格	1 × 2P	1 × 2P	1 × 2P	1 × 2P	1 × 2P	1 × 2P	1 × 2P	1 × 2P

八、数据中心机房综合布线系统设计

1. 系统设计概述

当前，我们正处在一个信息爆炸的时代，数据的存储量已经不仅仅是用 KB、MB、GB 甚至 TB 来计量，在不远的将来，人们所谈论的将是 PB（1PB=1 000TB）甚至 EB（1EB =1 000PB）。在企业的 IT 基础架构中，数据中心是数据及业务应用的总控中心，汇聚了最昂贵的服务器和存储及网络设备，担负着数据存储、访问的艰巨任务。数据中心的建设要面向企业业务的发展，并为企业提供全面的业务支撑。这种支撑涵盖客户、企业业务、企业数据和决策支持等层面。

随着数据中心高密度刀片式服务器及存储设备数量的不断增多，数据中心面临着网络性能、散热、空间、能耗等一系列严峻的挑战。因此，建设一个完整的、符合现在及将来要求的高标准的新一代的数据中心需要达到以下几点要求：

高可靠性——基于标准的开放系统，预先经过测试，确保系统 7×24 小时稳定可靠运行；

高性能——满足当前的网络传输需求，支持至少 10Gbps 甚至更高速率传输；

高密度——节省空间，方便设备散热；

可维护性——美观大方，适应频繁的需求变化，方便维护；

可扩展性——充分考虑未来业务增长需要，支持未来扩容需求。

2. 主要设计标准

GB 50311—2016《综合布线系统工程设计规范》；

GB / T 50312—2016《综合布线系统工程验收规范》；

ISO / IEC 11801《国际综合布线标准》；

TIA—942《数据中心电信基础设施标准》；

TIA / EIA 569《北美建筑通讯线路间距标准》；

TIA / EIA 606《北美商用建筑通讯基础结构管理规范》；

TIA / EIA TSB67《非屏蔽双绞线布线测试标准》；

TIA / EIA 607《北美商用建筑通讯接地要求》；

EN50173《欧洲综合布线系统标准》。

3. 数据中心综合布线系统发展的趋势

数据中心综合布线系统的发展趋势主要表现在以下几个方面。

（1）扁平化

传统数据中心布线采用主配线区、水平配线区和设备配线区三层结构的布线方式，未来数据中心布线结构趋向扁平化，简化为主配线区和中间配线区两层结构，设备机柜则通常采用柜内交换机到服务器跳线直连的方式，这种方式方便统一管理，且能够显著减少部署时间。

（2）宽带化

随着大数据的不断发展，网络带宽越来越高，使其布线产品不断升级，铜缆已经由普通的 6 类发展到 7A 类和 8 类；光缆从 OM2 到 OM3、OM4、OM5。主干网采用 24 芯或者 12 芯 MPO 光缆，支持 100Gbps 或 40Gbps，水平区可采用 Cat.7 铜缆和光缆，支持 10Gbps 或 25Gbps 到服务器。

对铜缆来说，传输速率越高，空间电磁干扰（且为同频干扰）的现象越严重，因此，必须采用屏蔽缆线并进行良好的接地来保证数据传输的稳定性。

（3）光进铜退

随着数据传输速率和带宽的要求不断提高，普通铜缆已经不能满足数据的传输需求。虚拟化驱动数据中心采用更高性能、更多芯数的光纤，未来的数据中心由于采用 ToR 布线结构，不存在水平布线，光缆和铜缆的比重大约是 7 ∶ 3 甚至更高。

随着光纤芯数和密度的不断提高，数据中心需要采用更专业的光纤管理设备，提供熔接保护、弯曲半径保护、余缆存储和物理保护以及路由管理，从而保证网络在 7×24 小时内可靠运营，同时方便日后的跳线管理和维护。

（4）交叉连接

未来数据中心一般在主配线区或中间配线区采用交叉连接的方式，即交换机采用跳线的方式连接到一个影射配线架上，日常维护过程中如网络需求发生变化，比如需要对跳线进行增加、移动或者变更（MAC），管理员无须在交换机上进行插拔，只需在影射配线架和水平配线架之间进行跳线操作即可。

（5）智能化

随着云计算数据中心投入运营，用户流量不断增多，管理范围不断扩大，管理员要面对大量的资产管理和设备频繁的移动、增加、变更维护及多站点的管理等，为了有效地管理这个生态系统，云计算数据中心通过采用数据中心基础设施管理或自动基础设施管理等智能化手段，实现实时、远程监控数据中心的主要基础设施，包括供电、环境、安防、电子配线系统，因而大大提高了数据中心可视化水平和管理效率。

综上所述，综合布线对于数据中心而言是如人体血脉一样重要的存在。综合布线技术的不断进步与数据中心健康发展息息相关。

4. 数据中心综合布线规划与设计主要步骤

在规划和设计数据中心建设时，要求对数据中心建设有一个整体的了解，需要较早全面地考虑与建筑物之间的关联和作用。综合考虑解决场地规划布局中有关建筑、电器、机电、通信、安全等多方面协调的问题。

在新建和扩建一个数据中心时，机房布线系统需要与建筑、电气规划、楼宇布线结构、设备平面布置、供暖通风及空调、环境安全、消防措施、照明等方面协调设计，需要充分考虑建筑相关专业的设计流程和要求，需要布线工艺和土建做好技术交底与配合。

5

第五章 数据中心基础设施组成

导　读

数据中心建筑的使用寿命一般为 50 ~ 100 年，整体建筑的可扩展性和合理性设计对于数据中心的生命周期有着至关重要的影响。作为基础建筑，数据中心的建设具有建筑安装工程的通用性，必须严格执行建筑行业相关标准规范；同时，数据中心为电子信息设备提供运行环境和支持环境，其建设也有其特殊性，应遵循实用性、先进性、安全可靠性、灵活性与可扩展性等原则，结合客户需求和工程的实际情况，合理确定数据中心的等级，充分满足 IT 设备和工作人员对机房温度、湿度、洁净度、电磁场强度、噪声干扰、振动、安全防范、防雷和接地等方面的需求。数据中心建设和客户需求直接相关，其建设细节更多地固化或体现在相关标准和规范之中。数据中心基础设施建设通常包括机房的建筑与结构、供配电系统、制冷系统、智能化系统、综合布线系统、消防系统、测试验证管理等。

第一节　数据中心建筑与结构

数据中心的建筑与结构从平面布局到结构抗震都要符合《数据中心设计规范》等国家现行标准的相关要求。建筑与结构主要界定机房的抗震等级、机房对建筑结构的要求以及满足工艺条件要求的机房空间布置、出入口、防火疏散、室内装修等，数据中心的建筑与结构在土建层面通常还包括给水排水、采暖通风等内容。结合金融行业的特点，金融行业数据中心的建筑与结构在满足规范要求的同时，还应考虑安全和节能减排等因素。

一、建筑要求

1. 平面布局

（1）数据中心的建筑平面通常采用模块化布局，围绕基本机房模块单元进行空间布局，并满足数据中心机房的通信工艺和机电专业要求。建筑空间应紧凑，提高空间利用率。主要功能空间如下：主机房区是数据中心生产运行的核心机房区域，包括网络机房、出租 / 托管业务机房（区）等；支持区包括变配电室、柴油发电机房、电力电池室、空调机房、消防设施用房、消防和安防控制室等；辅助功能区包括卸货区、装配区、调测间、备品备件室、监控室、维护值班室，卫生间等；可选辅助功能区包括运维室、用户办公区、ECC、门厅等，具体规模根据项目实际需求灵活确定。

（2）数据中心的建筑平面需结合 IT 设备的布置要求，合理选择平面柱网，柱距一般在 7.2 ~ 9.6m，具体根据场地规划指标和需求进行优化调整。

（3）数据中心平面应具有通用性和灵活性，IT 机房和电力机房能灵活调整比例，以满足不同功耗机柜、不同制冷形式的布置需求。制冷设备包括冷却塔等散热设备，一般设置在通风良好的位置。

2. 出入口

（1）数据中心园区通常设置了两个及以上出入口：园区主出入口和货运出入口等，以保证办公参观车流与货车流线路互不交叉。

（2）数据中心主机房区宜设置单独的出入口，避免人流、物流交叉；数据中心机房安全出口不应小于两个，并设置在机房两端；机房门应向疏散方向开启；走廊、楼梯间应有明显的疏散指示标志。

3. 搬运需求

数据中心主机房区设置在二层或二层以上时，应有载货电梯到达主机房区所在楼层，货运电梯核定载重量应不小于 3.0 吨，轿厢尺寸应能满足搬运设备的需要。在数据中心一层通常设置直接对外的卸货平台，并统一考虑设置货运电梯。货运通道，开门的宽度、高度应结合客户要求和大型设备搬运尺寸合理设计。数据中心结合空间布局和设备安装需要，通过设置吊装平台满足变压器等大型设备的吊装搬运需求。

4. 围护结构

数据中心外围护结构的热工性能应根据全年动态能耗分析确定最优值，在满足机房不结露的前提下尽量降低外墙保温性能要求，以利于散热。

5. 建筑层高

（1）数据中心层高应由工艺生产要求的净高、结构层、建筑装修层、下送风架空地板或回风吊顶及消防管网等高度构成。例如，室内冷冻机房和柴油发电机房梁下净高一般控制在不小于 6m，变配电机房梁下净高控制在不小于 4m。又如，主机房层高根据不同末端空调和送回风形式，通常取 5.1 ～ 6.9m，采用封闭热通道吊顶回风时，层高要求会更高，达 7.5m 左右；若采用列间空调、背板空调等新型末端形式，主机房层高的要求可以适当放宽，定制机房根据客户的定制化需求确定。数据中心机房室内外高差应结合地形确定，并不宜小于 0.6m。

（2）建筑层数优先考虑 2 ～ 4 层，建筑高度控制在 24m 以下；当容积率要求达到 1.5 以上时，可按高层建筑考虑。

6. 建筑外立面

数据中心的建筑外立面造型应考虑项目所在地周边的建筑风格，应与周围环境相协调。机房楼建筑体型宜规整，减小体形系数，既能节省建设投资，也利于建筑节能。在满足室内功能所需的采光、通风、消防等要求的条件下，应尽量减少外立面开窗。主机房不宜设置外窗，当主机房设有外窗时，应采用双层固定式玻璃窗，外窗应设置外部遮阳，外墙装饰材料的选用应遵循耐久、美观、安全牢固的原则，色彩力求简洁明快。

二、结构要求

1. 地基基础

数据中心的地基基础通常按照承载力优先原则确定经济、合理、施工速度快的设计方案。根据岩土工程勘察资料，结合结构类型、建筑材料和施工条件，基础形式的优先采用次序为天然地基、地基处理、桩基础等。

2. 主体结构

（1）多层数据中心通常选用钢筋混凝土框架结构，高层数据中心通常选用框架剪力墙结构。在高烈度地区（0.2g 及以上）可选用减震隔震技术，提高抗震性能，减少结构用材。

（2）对有装配式要求的数据中心建设项目，建议优先采用钢框架结构体系。

（3）结构柱应优先采用高强度混凝土，结构梁板混凝土强度不得高于 C30，结构柱、梁应优先采用高强度钢筋。现浇结构应选用预拌混凝土，砌筑、抹面宜选用预拌砂浆。

3. 结构荷载

结构荷载应适当考虑前瞻性，主机房活荷载不应低于 12kN/m^2，电力电池室活荷载不应低于 16kN/m^2，中、低烈度地区主机房和电力电池室活荷载可统一取值 16kN/m^2。

三、机房装修要求

数据中心的室内装修必须达到防尘、屏蔽干扰、防静电、防漏水、隔热、保温、防火、防雷、防鼠等标准。楼地面、墙面、顶面的面层材料，应按室内通信设备的需要，选用气密性好、不起尘、易清洁、耐磨、耐久、防滑、防火、防潮的材料。机房区隔墙耐火极限应满足防火规范的要求和耐压要求。

1. 地面

数据机房如采用防静电架空地板，地板下需要做好保温防尘处理；不设置架空地板的数据机房、电池室、配电室地面通常采用防静电环氧自流平地面；ECC 控制室地面通常采用架空地板，上铺防静电阻燃地毯。

2. 墙面、顶面

数据机房墙面通常采用 A 级装修材料，主要采用无机涂料、复合饰面板材等。

数据机房顶面通常采用无机涂料如防尘乳胶漆，其他场所如走道、门厅、ECC 控制室等顶面，通常根据装修要求采用无机涂料、复合饰面板材、吊顶格栅等。

3. 门窗

数据机房一般不宜设置外窗。数据机房的门窗均应采取可靠的密闭措施，做好遮阳、防鼠、防虫和密封处理。

四、给水排水要求

1. 给水

（1）数据中心给水管网应充分利用市政给水压力，通常采用竖向分区方式和减压限流措施以控制用水器具的流出水头。当市政给水压力不足时，给水加压设备应优先采用变频调速供水、无负压管网增压稳流供水等节能的供水技术。

（2）数据中心建筑场地内绿化灌溉用水、景观用水、浇洒道路用水、洗车用水优先考虑使用雨水、再生水。绿化灌溉宜采取喷灌、微灌、滴灌等节水、高效的灌溉方式。

（3）采用水冷冷水机组的冷源系统须按机房等级要求设置冷却水补水储存装置，A 级数据中心按 12 小时储水，可根据项目的实际情况考虑分期或合建水池和泵房。

2. 排水

数据中心建筑内冷冻站及水管专用管道间、数据机房内安装空调机组和加湿器系统的房间均应设置排水设施；地下电（光）缆进线室宜设排水设施。

五、采暖通风要求

1. 采暖

数据中心存在冻结风险的房间室内温度应保持在 0℃以上，当房间蓄热量不能满足要求时，应按 5℃设置值班供暖；供暖工艺有特殊要求时，可按工艺要求确定供暖温度。数据中心人员集中的辅助区、行政办公区，其供暖设施应满足人员的舒适性要求。数据中心在技术经济合理的前提下，需要供暖的区域宜优先利用主机房的余热。

2. 通风

数据中心无外窗或设置固定窗的房间设有气体自动灭火系统时，宜设置灾后排风系统，灾后排风系统应与消防系统联动，消防气体喷洒过程中，灾后排风系统严禁开启。设有灾后排风系统的区域，宜设置补风措施，在通风良好的条件下，可利用开启门或其他通风系统间接补风。在密闭空间，应采取机械补风措施。

数据中心的电池间宜设置独立的通风系统，当通风系统无法满足电池间设备的环境要求时，宜设置空调系统。电池室是否设置其他通风设施可根据项目实际需求确定。

数据中心柴油发电机房的通风系统应符合下列规定。

（1）柴油发电机房的进风口应设在室外空气较清洁处，进风量应为排风量与发电机组燃烧空气量之和。

（2）柴油发电机房的进风系统和排风系统应设有自动启停装置。设有风阀时，风阀的开启速度不应影响柴油发电机的正常启动和运行；风阀的电动执行机构应由不间断电源供电。寒冷和严寒地区的柴油发电机房的进风口处宜装设能严密关闭的保温风阀，冬季运行时应有防止因冷风侵入导致机房内设施冻结的措施。

（3）柴油发电机房的进、排风口宜设置消声装置，满足环保和劳动保护要求，排风系统应满足最大排风量的需要，其室外出口应避免与进风发生短路，应避开人员密集区。

六、节能减排要求

节能减排措施能否在数据中心应用，取决于建筑结构是否满足要求，因此在数据中心设计规划阶段，应充分考虑所采用的节能技术的可行性，如根据当地的气候条件采用新风自然冷却、间接蒸发冷却等节能技术，并从建筑平面布局及结构上予以考虑；若要实现快速部署，可采用模块化机房、装配式建筑等建筑平面布局，结构形式可选用钢结构设计等；数据机房一般应采用矩形布局，以提高面积有效利用率；机房区内部各类通信设备的布局，在预留发展空间的前提下应相对集中；楼层安排贯彻“人机分离”“各种线路短捷”“分散供电”“布局紧凑”等原则；电源供电设置方式以确保供电系统不成为业务发展“瓶颈”为原则，提高电源的利用率；建筑层高可根据不同的气流组织形式、新型末端形式等进行合理规划。

数据中心建筑受制冷形式的影响较大，制冷形式与项目建设地的气候条件、能源政策有关。不同建筑形式的数据中心，其建筑平面布置差异较大。数据机房的净深与宽度应根据不同的空调末端形式进行合理规划。每栋建筑规模以引用每路市电容量合理模数和单个空调系统总制冷容量合理配置、附属用房合理规划为原则。

数据中心建筑围护结构热工设计和节能措施应满足《数据中心设计规范》和《公共建筑节能设计标准》的有关规定。当主机房与外围护结构相邻时，对应部分外围护结构的热工性能应根据全年动态能耗分析情况确定最优值；从安全、节能的角度考虑，主机房不宜设置外窗，必须设置的，外窗的气密性应符合《建筑外门窗气密、水密、抗风压性能检测方法》的有关规定，遮阳系数应符合《公共建筑节能设计标准》的有关规定。由于我国幅员辽阔，各地气候差异很大，为了使建筑物能够适应各地不同的气候条件，满足节能要求，应根据建筑物所处的建筑气候分区，确定建筑围护结构合理的热工性能参数。

与民用建筑不同，在进行数据中心热工设计的过程中要考虑以下问题。

（1）数据中心主机房外围护结构

一般民用建筑的外围护结构强调夏季“隔热”、冬季“保温”，但数据中心的主机房强调夏季隔热，冬季要降低保温性能，这对数据中心的室内环境保持和节能有利。数据中心主机房与外围护结构之间一般有以下两种情况。

①主机房与外围护结构之间有通道隔离时，建筑外围护结构的节能措施应按照现行国家标准《公共建筑节能设计标准》的有关规定执行。

②主机房与外围护结构直接相邻时，主机房对应部分外围护结构的热工性能应根据全年动态能耗分析情况确定最优值，并不需要完全按照现行标准《公共建筑节能设计标准》的有关规定执行，应根据当地气候条件确定数据中心外围护结构的节能措施。例如，北京市地方标准《公共建筑节能设计标准》规定，电子信息系统机房可以不执行大规范中建筑节能与建筑热工设计的相关规定。

（2）数据中心外窗的设置原则

外窗的主要作用是采光和通风，但有了外窗，就有非法进入数据中心的可能；有了外窗，就有热量交换，就会增加空调负荷；有了外窗，就会有空气交换，外界灰尘将随之而入。因此，从保证数据中心安全、节能、洁净的角度出发，服务器机房、网络机房、存储机房等日常无人工作区域不宜设置外窗。

电池室不宜设置外窗的原因是避免阳光直射电池，造成电池温度升高导致起火燃烧，甚至爆炸。当电池室设有外窗时，应将电池室设置在背阴处，以避免阳光直射。

ECC 总控中心、测试间等有人工作的区域，从保障人体健康角度出发，可以设置外窗，但应保证外窗有安全措施、有良好的气密性。外窗的气密性不低于《建筑外门窗气密、水密、抗风压性能分级及检测方法》规定的 8 级要求，防止空气渗漏和结露，满足热工要求。

大量调查和测试表明，太阳辐射通过窗进入室内的热量将严重影响建筑室内热环境，增加建筑空调能耗。因此，减少窗户的辐射传热是建筑节能中降低窗口得热的主要途径，应采取适当遮阳措施，减少直射阳光的不利影响。

七、建筑抗震要求

《数据中心设计规范》对数据中心抗震提出了明确的要求。该规范第 6.1.7 条规定，新建 A 级数据中心的抗震设防类别不应低于乙类，B 级和 C 级数据中心的抗震设防类别不应低于丙类。该规范第 6.1.8 条规定，改建的数据中心应根据荷载要求，按照《建筑抗震鉴定标准》的规定进行抗震鉴定。经抗震鉴定后需要进行抗震加固的建筑应根据现行国家标准《混凝土加固结构规范》《建筑抗震加固技术规程》和《混凝土结构后锚固技术规程》的规定进行加固。

《数据中心设计规范》规定"抗震设防类别为丙类的建筑改建为 A 级数据中心时，在使用荷载满足要求的条件下，建筑可不做加固处理"的原因如下。

（1）我国现行的有关抗震设计规范基本上都是 2008 年汶川地震后修订的，修订后的规范对结构安全有更高的要求，但目前大多数建筑是在规范修订前建设的，是符合当时的设计规范的。按照我国规范的实施原则，新规范实施日期前，项目按原有规范的要求进行设计，新规范实施日期后，新建项目按新规范的要求进行设计，即遵循老建筑按老规范设计、新建筑按新规范设计的原则。

（2）抗震设防为丙类的建筑，结构设计应遵循"小震不坏、中震可修、大震不倒"的原则，在地震情况下处于安全状态，所以大多数建筑的抗震设防均为丙类。从建筑结构上来讲，"小震不坏、中震可修、大震不倒"的原则已基本满足数据中心的使用要求。

（3）对于新建 A 级数据中心，为了提高其可靠性，以及提高新建 A 级数据中心的建设标准，数据中心设计规范将新建 A 级数据中心的抗震设防提高到乙类。抗震设防乙类比丙类在构造上进行了加强，安全度储备更高。

（4）目前，国内数据中心有 60% 以上的项目是采用已有建筑建设的，当已有建筑抗震设防类别为丙类，且使用荷载满足要求时，就已经满足了数据中心的使用要求。在这种情况下，如果还要求将建筑加固到乙类，则基本上所有的已有建筑都不满足要求，且加固难度很大、加固成本极高，会造成极大的浪费。

（5）对抗震设防类别为丙类，但使用荷载不满足 A 级数据中心要求的已有建筑，应进行加固。加固措施可继续保持建筑的抗震设防类别为丙类，也可将抗震设防类别提高到乙类。

目前，很多数据中心是对办公楼或厂房进行改建建成的，尤其是办公楼的改建，大部分场所会进行承重加固，但对于抗震的要求往往会忽略，未进行抗震鉴定或抗震加固。从改建成本的角度考虑，当将抗震设防类别为丙类的建筑改建为A级数据中心时，仅需满足荷载要求进行承重加固，而不需要将抗震设防类别加固到乙类。

如果改建项目满足使用荷载要求，对抗震设防类别为丙类的建筑不做加固处理。

八、安全要求

（1）变形缝不宜穿过主机房。《数据中心设计规范》对变形缝不宜穿过主机房进行了明确要求，规定变形缝不穿过主机房的目的是避免因主体结构不均匀沉降而破坏电子信息系统的运行安全。当由于主机房面积太大而无法保证变形缝不穿过主机房时，必须控制变形缝两边主体结构的沉降差，尤其是对于改建的机房，更应注意此安全要求。

（2）主机房位置的选择及门窗的设置。主机房在位置选择上要注意远离水源及避免水管在机房上方通过，以防止水患发生。

第二节　数据中心供配电系统

在数据中心基础设施各子系统中，供配电系统是投资最大，也是最重要的系统之一。供配电系统支撑数据中心中所有设备的正常运行。在所有影响IT设备运行的故障因素中，供配电是最敏感的要素。《应急计划》（*Contingency Planning*）发表过一组关于计算机网络系统发生故障原因的统计数据报告，在电源故障、暴风雪、火灾、硬件及软件故障、水灾和水患、地震、网络转运终止、人为故障、暖通故障等诸多因素中，由供配电系统引起计算机网络系统发生故障的占45.3%。

数据中心的供配电系统提供IT设备运行所需电力，是支持信息系统安全稳定运行的关键基础设施，必须满足安全可靠及联系性等基本要求，而供配电系统具有建设成本高、后续变更不易等特点，供配电系统的可靠性、灵活性和经济性都是数据中心规划和建设的重点关注目标。金融业务系统对数据中心供配电系统的可靠性要求更高。

数据中心供配电系统通常由高压变配电系统、低压变配电系统、不间断电源系统组成。主要组成部分有电力变压器、UPS、蓄电池、柴油发电机组和配电柜等。其中，每个组成部分又或多或少都包含了供配电设备。比如：高压变配电系统就包括进线、计量、避雷、PT、出线、联络、转接7种常见柜型和数台配电柜。而每个设备又是由不同的器件以不同的形式组成，每个器件又可以有多种选择。它们相对独立，又互相关联，组成一个庞大、复杂、功能完善的供电网络。

鉴于市电电源便于维护的特性，数据中心经常使用市电作为主用电源。早期的数据中心耗电量较小，普遍使用380V或者10kV市电引入，随着数据机柜单设备功耗的急剧上升（从1 ~ 2kW上升到4 ~ 20kW，甚至更高）以及数据中心规模的不断增大，单个数据中心建筑的功率很容易就达到1万kW以上，一个数据中心集群或者园区的功率经常达到几十万kW，在这种情况下，数据中心的市电引入多条常规的10kV线路也不能满足用电要求，数据中心开始使用35kV、110kV、220kV的市电引入，因此数据中心内自建各级降压变电站或者配电站也成为常规性配置。降压变电站的作用就是将10kV等高压市电交流电源电压降到380V/220V。

低压变配电系统由380V/220V低压配电柜直接送到建筑负荷设备或经电力变换设备和配电设备送到IT负荷设备。

为了保证数据中心内数据机柜设备供电的连续性以及不间断制冷性能，交流不间断电源或者直流不间断电源在数据中心中被大量使用。我国大量的数据机柜使用380V交流不间断电源进行供电，也有部分数据机柜使用直流240V或者336V系统进行供电。这类电源通常可以对外部引入的市电进行整流处理或者整流逆变处理，使得数据机柜能够得到更加稳定的且优质的电源输入。为了增加供电的可靠性，不间断电源系统通常还会使用各种冗余架构，如主备用供电方式、N+1并联冗余供电方式、2N系统供电方式，或者DR（Distributed Redundancy）型、RR（Reserved Redundancy）型冗余系统，为数据机柜进行供电。各类不间断电源通常使用阀控式铅酸蓄电池来保证切换期间的短时间后备，后备时间从十分钟到几十分钟不等。近年来，有些机房也开始将磷酸铁锂电池用于数据中心的探索。另外，有些数据中心使用飞轮储能作为后备电源，或者使用铅碳蓄电池作为后备电源以及储能电源。

备用发电机组是电源系统的交流备用电源。因为蓄电池组的备用时间较短，当市电电源长时间停电时，为保证IT负荷不间断供电，应有辅助的交流电源供电。备用发电机组一般采用固定式或移动式柴油发电机组或燃气轮机发电机组。备用发电机组的能源来自柴油燃料，只要燃料充足、柴油机系统不出故障，备用发电机组就可以连续运行（一般可运行几个小时、几十个小时甚至几天或更长时间）。因此，备用发电机组称为数据中心供配电系统的长时间备用电源。这类后备电源可以满足长时间断电时数据中心不间断运行的要求，通常柴油发电机组的油料储备需要满足8小时（国标A级数据中心要求为12小时）以上的时间的用量需求。

抛开供电架构不谈，典型的数据中心供配电系统的电气构成如图5-1所示。

对于供配电系统来说，除了主用电源和备用电源，整个系统架构的可靠性和灵活性也是非常重要的。整个供配电系统的基础设施，从建筑物的电力入口到数据中心IT负载的整个系统，包括交流输入系统（市电、发电机及输入配电）、不间断电源系统（输入/输出配电、UPS主机或高压直流、蓄电池组等）、功率因数调整和电能质量调整装置、机架配电等多个构成元素。提高系统的可用性是对供配电系统最主要的要求，关键环节的冗余配置、系统智能管理和正确的设备选型等，都是整个供配电方案规划阶段首先要考虑的内容。

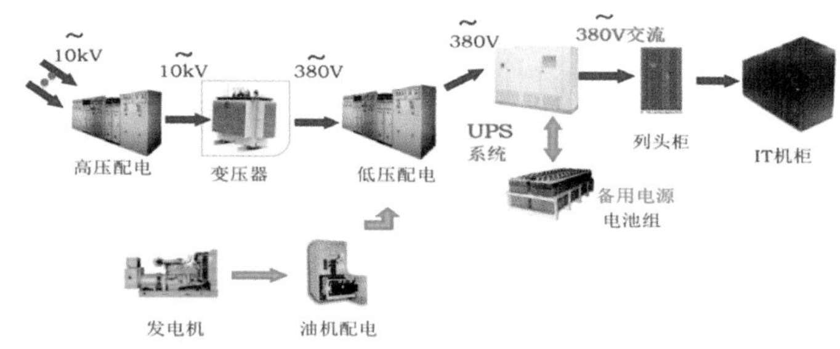

图 5-1 数据中心供配电系统的电气构成

一、数据中心供配电系统架构

数据中心的供配电系统是基础设施中的重中之重，一般会使用不同的系统架构进行多重保障，以确保IT设备24小时不间断供电。

金融行业的数据中心一般按照《数据中心设计规范》中的A级标准进行建设，供配电系统应按照容错系统配置，实际操作中人们更多采用2N的方式进行配置。图5-2为国内和国际标准中2N供配电系统的系统架构。

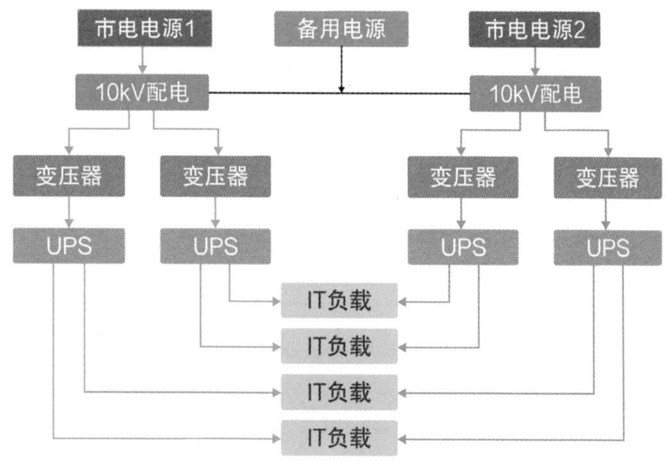

图 5-2 国内和国际标准中 2N 供配电系统的系统架构

也有不少数据中心按照美国Uptime Institute发布的TierⅢ的建设标准进行建设，该等级的标准定义中，除了对自备发电机组这一自主可控的长时间后备电源有连续运行的要求外，最重要的要求就是不能具有任何单点故障。一般来说，比较流行的架构主要是对典型的国A标准要求的2N架构中的发电机组的配电系统进行冗余母线的配置。图5-3为满足

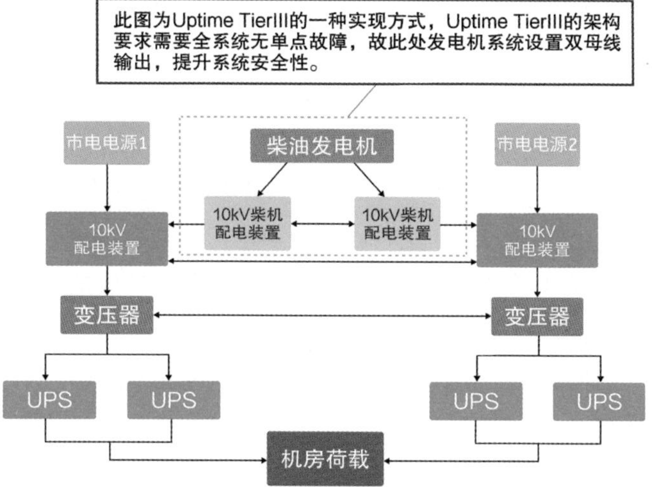

图 5-3 Uptime Institute Tier Ⅲ的 2N 供配电系统的系统架构

Uptime Institute 标准要求的使用较多的 2N 供配电系统的系统架构。

需要指出的是，满足各种标准要求的数据中心供配电系统架构的实现方式有很多种，上述两种供配电系统架构仅为示例。比如《数据中心设计规范》中的 A 级标准并未限定只有 2N 的供配电系统架构才能满足 A 级标准，只要配置得当，N+1 系统也可以满足标准要求，比如较少使用的 DR 供配电架构（如图 5-4 所示）和 RR 供配电架构（如图 5-5 所示），都能够使得最终的用电设备获得两路独立的不间断电源供电。

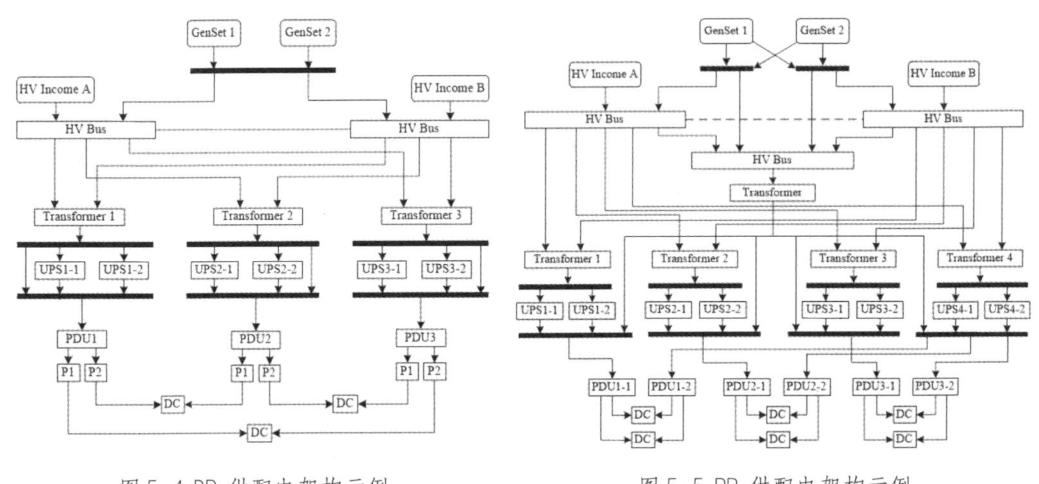

图 5-4 DR 供配电架构示例

图 5-5 RR 供配电架构示例

上述三种不同的供配电架构配置中，2N 系统的配置最为简单，且结构清晰，2N 系统的供配电设备容易实现物理隔离，且方便维护，但是设备利用率最高只能达到 50%，随着 IT 功率密度的快速提高、整个供配电系统更自动化和智能化，其很有可能会被效率更高的系统架构取代。DR 系统和 RR 系统则能够将系统中配电设备和不间断电源设备的利用率提高到（N—1）/ N 的水平，整个系统的占地面积和效率都得到了优化，相比之下，其复杂的维护性和物理隔离方式等缺点也会被逐渐弱化，在将来的供配电系统建设中很有可能会增加比重。

另外，有些其他的供配电系统架构也在使用，比如 2（N+1）的系统架构，配电侧 DR、UPS 侧 2N 相结合的系统架构，一侧为 N+1 且另一侧为保障电源的简化架构，以及可靠性更高的 2N 架构与 N+1 架构结合形成的系统备用方式，为数据中心的建设方提供了多种选择。

当然，在数据中心建设体量较大的场合，国内较多采用 10kV 高压柴油机组在供配电系统中作为备用电源，而国外更倾向于使用低压柴油发电机组作为备用电源，这两种方式的选择主要取决于建设方是更看重系统可靠性（低压机组的切换点更加靠近终端负荷，而高压机组使用更少的铜材和土建通道），还是更倾向于节约成本，二者没有必然的高下之分。

二、数据中心高低压配电

1. 电力变压器

变压器是一种静止的电气设备，利用电磁转换原理，将一种电压、电流的交流电转换成同频率的另一种电压、电流的电能。它由磁芯或者铁心和线圈组成，是变配电系统中最常用的设备，主要作用就是变压、变流和电气隔离。数据中心中最常用的变压器主要是降压变压器，其作用是将公共电网或者园区高压变电站中的高压电源转换为可供用电设备使用的380V/220V低压电能。

电力变压器所涉及的主要参数有额定电压、容量、接线组别、短路阻抗、空载损耗、负载损耗等。

变压器的额定电压分为一次绕组额定电压和二次绕组额定电压，根据变压器在电网中的作用不同，划分为升压变压器和降压变压器。

升压变压器的额定电压：一次绕组额定电压等于发电机额定电压，二次绕组额定电压高于电网额定电压10%（5%），如6.3/38.5kV、10.5/121kV、6.3/38.5/121kV、13.8/121/242kV等，在数据中心中一般不涉及升压变压器的使用。

降压变压器的额定电压：一次绕组额定电压等于电网额定电压，二次绕组额定电压高于电网额定电压10%（5%），如35/11kV、110/38.5/11kV、330/242/11kV、220/121/10.5kV、10/0.4kV等，在数据中心中使用较多的主要有35/11kV、10/0.4kV、35/0.4kV等。

变压器的接线组别种类较多，主要是变压器一次绕组和二次绕组的接线方式组合在一起，形成了较多的组别。一般来说，用D表示绕组的三角形接线，用Y表示绕组的星形接线，用Yn表示绕组星形接线并且带中性点接地，再用时钟数字表示变压器二次侧线电压滞后一次侧线电压的角度（超前30° 表示为11点，超前60° 表示为10点，以此类推，当一次侧线电压与二次侧重合时用0表示）。大写字母表示一次侧接线方式，小写字母表示二次侧接线方式。在数据中心中使用最多的降压配电变压器的接线组别一般为D，Yn11，表示一次侧绕组为三角形接线，二次侧绕组为星形接线并且中性点接地，二次侧绕组线电压超前一次侧绕组30° ，这种配电变压器的接线方式可以有效减小负载侧的谐波对电源侧的影响，因而得到了广泛使用。

在配电变压器的选择方面，除了额定电压和接线组别的选择外，通常在系统短路电流较大的场合下使用较高短路阻抗的变压器，以限制短路电流。

在节能性能选择方面，使用损耗较低的变压器已经成为趋势。在近年来的数据中心建设中，一些业主更倾向于使用一级能效的变压器，利用其具有较低的空载损耗和负载损耗的特性来降低数据中心运维费用。此外，由于非晶合金变压器具有空载损耗较低的特性，使用非晶合金带材来取代传统硅钢片铁芯的非晶合金变压器也获得了不少业主的青睐。根据 GB20052—2020《电力变压器能效限定值及能效等级》的规定，各种能效等级的非晶合金变压器与相应等级的电工钢带变压器相比，其节能性主要体现在空载损耗较低上，一般在电工钢带变压器的 50% 以下。

2. 高低压配电柜

（1）高压配电设备

目前，国内大型数据中心使用的高压配电设备一般都是 10kV 设备，简称高压配电柜。随着负荷密度的不断提高，部分城市电网中也逐渐出现了 20kV 的电压等级，也有一些数据中心会用到 20kV 配电柜，除额定电压、绝缘等级、尺寸、防护等级等要求外，其主要原理与 10kV 配电柜类似，本节不详细展开描述。

10kV 成套高压设备的断路器操作机构有电磁、弹簧、液压、气动、电动机等多种类型，其中应用较广泛的是电磁操作机构和弹簧操作机构。弹簧操作机构所需功率较小，其操作电源可由装在进线外侧的电压互感器或变电所用变压器提供交流电源；电磁操作机构所需功率较大，其操作电源应采用直流电源柜（含蓄电池柜）提供直流电源。

两路电源的高压供电系统主回路的电气接线图如图 5-6 所示。

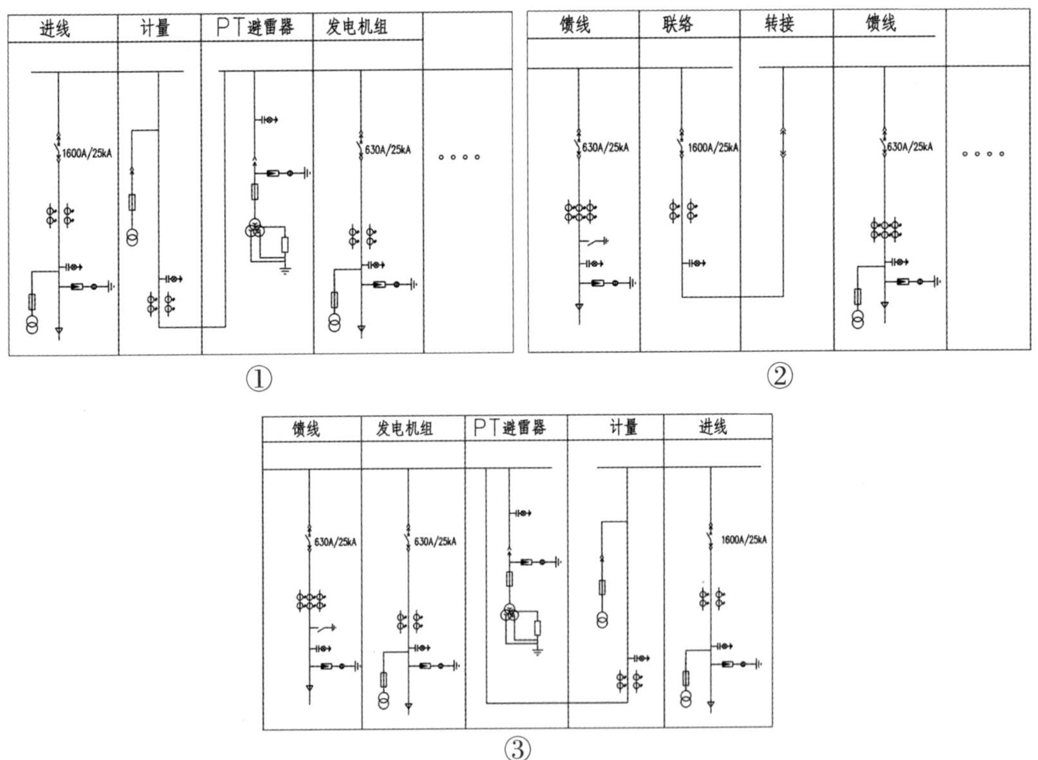

图 5-6　两路电源的高压供电系统主回路的电气接线图

大容量高压供电系统有较多的控制和保护设备，因此在工程中除了应提出工艺对土建的要求和完成设备安装设计外，相应的高压设备订货图纸也需要包括高压供电系统主回路（一次回路）的电气接线图和各柜（进线柜、计量柜、测量柜、联络柜、出线柜）的二次回路接线图；高压断路器采用电磁操作的，还要提供直流电源接线图。

高压开关柜的用途不一，内部配置的元器件也不同。现将各种高压开关柜内部元器件的配置分述如下。

①高压进线柜是引入的高压线接向受电设备的第一道控制设备，主要装有断路器或兼有避雷器。其中，断路器的额定电流选择要略大于它所承担的各变压器高压侧额定电流之和，并且根据短路电流的计算，使其开断容量能断开高压进线线路最大短路电流。当需加装电流速断保护时，必须征得当地供电部门的同意，使其保护时限与供电部门要求的一致。高压断路器目前多采用真空断路器。

②高压计量柜内装电压互感器、电流互感器和精度经认可的电能计量仪表。如果数据中心这一电压等级的上级有自建变电站，则该高压柜功能可以省掉。

③高压测量柜内主要安装 PT 和避雷器，PT 用于将高压母线电压转换为 100V 的仪表用低电压，有时也会在该柜内装设抗谐振装置。

④高压联络柜装有联络断路器，用以实现两路高压线路之间的联络，当有一路高压线路停电时，将其闭合，则实现由另一路高压给线路全部变压器供电。高压联络柜的断路器安装在两段高压母线之间。高压联络柜断路器的容量取决于其所承担变压器的总容量，也就是说，断路器的额定电流应略大于流经它的各变压器高压侧额定电流之和，并且在母线发生短路时，断路器必须有能力断开其短路电流。

⑤高压出线柜安装的断路器是从高压母线上引出高压电供给所控制的变压器的关键设备。高压出线柜的断路器的容量取决于所控制的变压器的容量，也就是说，断路器的额定电流应略大于变压器高压侧额定电流，以便保护变压器不过流。在变压器发生短路时，断路器必须有能力断开短路电流，并且当过电流保护时限大于 0.7s 时，如果在发生故障时不能迅速断开，还应当加装电流速断保护。高压出线柜的配置数量取决于变压器的台数。

⑥高压柜中的断路器分为交流操作、直流操作两种，它们都以弹簧储能操作作为后备。当采用直流操作时，作为高压设备的辅助设备还须配置直流操作电源柜和蓄电池柜；当采用交流操作时，可配套 UPS 系统作为操作电源。

（2）继电保护

电力系统正常运行中可能发生各种故障和不正常运行状态，最常见也最危险的故障是发生各种形式的短路。在发生短路时可能产生以下后果：故障造成很大的短路电流，其产生的电弧使设备损坏；从电源到短路点间流过的短路电流引起的发热和电动力将造成该路径上非故障元件的损坏；靠近故障点的部分地区电压大幅下降，使用户的正常工作遭到破坏或影响产品质量；破坏电力系统并列运行的稳定性，引起系统振荡，甚至使该系统瓦解和崩溃。

所谓不正常运行状态是指系统的正常工作受到干扰，使运行参数偏离正常值，如一些设备过负荷、系统频率或某些地区电压异常、系统振荡等。

故障和不正常运行状态常常是难以避免的，但事故却可以预防。电力系统继电保护装置就是装设在每个电气设备上，用来反映它们发生的故障和不正常运行情况，从而动作于断路器跳闸或发出信号的一种有效的反事故的自动装置，其基本任务是：自动有选择性、快速地将故障元件从电力系统中切除，使故障元件损坏程度尽可能降低，并保证该系统无故障部分迅速恢复正常运行；反映电气元件的不正常运行状态，并依据运行维护的具体条件和设备的承受能力发出信号、减负荷或延时跳闸。

除了继电保护装置外，还应该设置电力系统安全自动装置。后者着眼于事故后和系统不正常运行状态的紧急处理，以防止电力系统大面积停电，保证对重要负荷连续供电及恢复电力系统的正常运行，如自动重合闸、备用电源自动投入、自动切负荷、快关气门、远方切机、在选定的开关上实现系统解列、过负荷控制等。

下面介绍在数据中心使用比较广泛的电流电压保护。

电网在运行过程中发生短路故障时，其主要特征就是电流增加和电压降低。利用这两个特征，可以构成电流电压保护。电流保护主要包括无时限电流速断保护、限时电流速断保护和定时限过电流保护。

①无时限电流速断保护。无时限电流速断保护也称为Ⅰ段电流保护或瞬时电流速断保护。根据对继电保护速动性的要求，保护装置动作切除故障的时间必须满足系统稳定和保证重要用户供电的可靠性要求。在简单、可靠和保证选择性的前提下，原则上保护动作速度越快越好。因此，应力求装设快速动作的继电保护，无时限电流速断保护就是这样的保护。它是反应于电流的增大而瞬时动作的电流保护，故又简称为电流速断保护。

②限时电流速断保护。由于有选择性的电流速断保护不能保护本线路的全长，因此可考虑增加一段新的保护，用来切除本线路上速断范围以外的故障，同时作为电流速断保护的后备，这就是限时电流速断保护，又称为Ⅱ段电流保护。对这个新设保护的要求，首先是在任何情况下都能保护本线路的全长，并具有足够的灵敏性；其次是在满足上述要求的前提下，力求具有最短的动作时限。正是由于它能以较短的时限快速切除全线路范围以内的故障，因此称它为限时电流速断保护。

③定时限过电流保护。前面所介绍的无时限电流速断保护和限时电流速断保护的动作电流都是按某点的短路电流整定的。虽然无时限电流速断保护可无时限地切除故障线路，但它不能保护线路的全长。限时电流速断保护虽然可以在较短的时限内切除线路全长上任一点的故障，但它不能做相邻线路故障的后备。因此，引入定时限过电

流保护，又称为Ⅲ段电流保护，它是指启动电流按照躲开最大负荷电流来整定的一种保护装置。它在正常运行时不启动，但在电网发生故障时能反应于电流的增大而动作。在一般情况下，它不仅能保护本线路的全长，而且能保护相邻线路的全长，以起到后备保护的作用。

电压保护主要是指低电压保护。当发生短路时，保护安装处母线上残余电压低于低电压保护的整定值时，保护就动作。但是在电压互感器二次回路断线的情况下，低电压保护也会误动作，所以很少单独采用这种保护措施，多数情况下是与电流保护配合使用。例如，电流电压联锁速断保护等。

（3）低压配电设备

低压交流供电系统通常是由一台或多台变压器的低压配电设备组成的低压供电系统。当配置多台变压器时，每台变压器的低压配电设备的供电系统间均设有母联开关设备，以保证其供电的可靠性。低压交流供电系统主要是对数据中心内的所有建筑负荷（动力、照明等）、空调负荷及数据机房所需的交流电源供电。

成套低压配电柜分为受电柜、馈电（动力、照明等）柜、联络柜、自动切换柜等。选用低压配电柜时应根据工艺的馈电分路及分路容量要求、计费要求、系统操作的运行方式的要求进行选择。低压配电柜的结构形式通常有两种可供选择：一种是固定式，另一种是抽屉式。两种结构形式各有利弊，应根据使用、维护的要求选择。从使用及维护方面来看，抽屉式低压配电柜维护方便，便于更换开关，同容量的开关在不同的柜内可相互替换。但应注意的是，抽屉式低压配电柜由于采用封闭式结构，柜内散热比固定式低压配电柜要差，为此在选择开关时应考虑环境温度影响导致的降容。

低压配电柜内的元器件内容较多，涉及的参数和选择要求也非常多，在《工业与民用供配电设计手册》中有比较详细的描述，读者可以自行查阅。

（4）功率因数补偿与谐波治理

因数据中心使用了不少容量大小不等的感应电动机、变压器和荧光灯等，所以有大量的无功电流在供电线路上、变压器设备内和电动机设备内往返流动，造成无功功率损耗，这是很不经济的，因此需要考虑改善功率因数。

数据中心的大部分服务器设备功率因数都在感性0.9以上，甚至有一部分为弱容性。为服务器设备供电的UPS设备在轻载时容性表现更是突出，故数据中心在轻载运行时配电系统的功率因数经常表现为容性，此时系统电流相位超前电压相位。为保证系统和设备的安全，此时就需要进行超前功率因数补偿。

超前功率因数不能采用常用的电容器进行补偿，目前，一般采用静止无功发生器（SVG）进行补偿。该设备是采用并联方式安装，可向380V低压电网注入补偿无功电流，以抵消负荷所产生无功电流的主动型无功补偿装置。其工作原理与有源滤波器类似，因此既可补偿滞后功率因数，又可补偿超期功率因数。

在交流电源系统中，含有大量谐波的电源设备可以等效为一个线性负载和一系列的谐波电流源。可以认为，连接到交流电源的非线性负载从交流电源吸取基波电流并向交流电源反馈各种频率的谐波电流。谐波电流值和电源内阻越大，谐波所造成的电压波形失真就越大，所造成的危害也越大。

谐波的治理应当首先考虑预防，控制好谐波产生的源头，使系统中产生的谐波尽可能减少，就可以更方便地治理或者不用再进行进一步的治理。因此，在选择设备和构建系统时，就应该将减少谐波作为一项重要的条件来考虑。数据中心电源系统中主要的非线性设备就是 UPS 和高低压开关电源设备。在其他条件相同或类似的情况下，UPS 系统应该优先选择 12 脉冲或者 Delta 转换的设备，直流系统应优先选择有更好的整流电路和更完善的滤波措施的产品，目前使用较多的高频机的谐波含量也普遍较小。

在预防的基础上，还需要考虑补救措施。特别是对于既有的用户低压系统来说，由于系统结构已经基本固定，谐波问题只能通过加装无源滤波器和有源滤波器等补救措施来控制。

三、数据中心长时间备用电源

数据中心是对供电可靠性要求非常高的地方。发电机组作为用电设备的备用电源，是数据中心机房供电系统中不可或缺的配套设备。在 Uptime Institute 的数据中心架构中，发电机组是用户自主可控的电源之一，甚至可以取代市电的位置。当然，在《数据中心设计规范》的规定中，供电网络中独立于正常电源的专用馈电线路也可取代发电机组作为备用电源。

一般的柴油发电机组由柴油发动机、封闭式水箱、燃油箱、消声器、同步交流发电机、电压调节装置、控制箱（屏）、联轴器、底盘等组成。机组具有电压和转速自动调节功能。数据中心使用的柴油发电机组一般都装设了自动控制系统，为自动化机组，发电机组的启动是由独立获得的信号触发的，无须手动干涉。当市电突然停电时，机组能够自动启动、自动转关开关、自动送电，市电来电时自动停机及自动保护（装有超转速、高水温、低油压保护装置）等。发电机组系统可以采取单机运行工作模式或多台并机运行工作模式。

1. 机组主要参数

发电机组的额定功率应在以下规定条件下标定，能够输出额定功率并正常工作。海拔高度≤ 1 000m；环境温度 −5 ~ +40℃；空气相对湿度：≤ 90%（25℃）。发电机组相关的主要技术指标如下。

（1）额定功率 P（kW）或 S（kVA）

P 为发电机输出的有功功率（$P=\sqrt{3}\,UI\cos\phi$），S 为发电机的视在功率（$S=\sqrt{3}\,UI$）。

（2）额定电压 U

高压机组的额定电压为 10.5kV，低压机组的额定电压为 400V。

（3）额定频率 f

国标规定工频机组的额定频率为 50Hz，中频机组的额定频率为 400Hz。

（4）额定电流 I

额定电流是指发电机定子绕组允许长时间通过的电流大小。

（5）额定功率因数 cos φ

三相发电机组的额定功率因数为 0.8（滞后），单相发电机组的额定功率因数为 0.9（滞后）或 1.0。

（6）额定转速 n

额定转速是指对应额定功率下发电机转子的转速。目前，三相发电机组使用较多的是 1 500r/min，单相发电机组一般使用的是 3 000r/min。

（7）额定励磁电流 Ir

额定励磁电流是指交流发电机处于额定负载条件时，励磁绕组中通过的直流电流。

（8）额定励磁电压 Vf

额定励磁电压指额定励磁电流时加在励磁绕组上的直流电压。

（9）励磁方式

提供励磁电流的电源，来自发电机外部的称为他励，来自发电机本身的称为自励。他励和自励统称为励磁方式。他励方式分为并激式和复激式两种类型；自励方式分为凸极式逆序磁场励磁、交流励磁机励磁、电抗移相式相复励磁、谐振式相复励磁、三次谐波励磁、可控硅励磁等多种类型。

（10）性能等级

根据《往复式内燃机驱动的交流发电机组 第 1 部分：用途、定额和性能》的要求，数据中心使用的发电机组要满足 G3 等级的要求。

2. 功率定额

功率定额分为以下几种类型。

（1）持续功率（COP）

持续功率是指在商定的运行条件下按制造商规定的维修间隔和方法实施维护保养，发电机组每年运行时间不受限制地为恒定负载持续供电的最大功率，如图 5-7 所示。

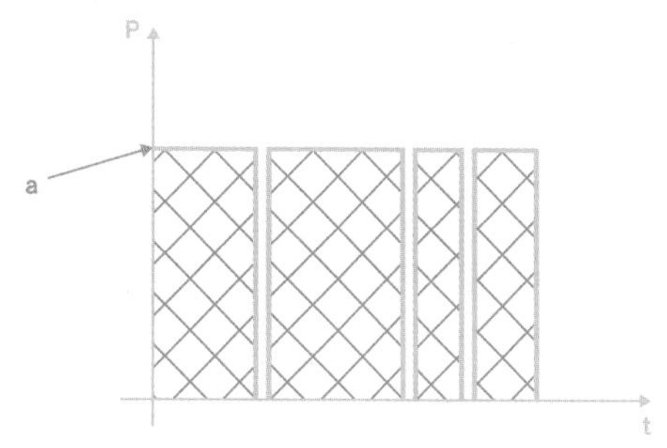

图 5-7 持续功率（COP）图解

其中，t——时间；P——功率；a——持续功率（100%）

（2）基本功率（PRP）

基本功率是指在商定的运行条件下按制造商规定的维修间隔和方法实施维护保养，发电机组每年运行时间不受限制地为可变负载持续供电的最大功率，如图 5-8 所示。

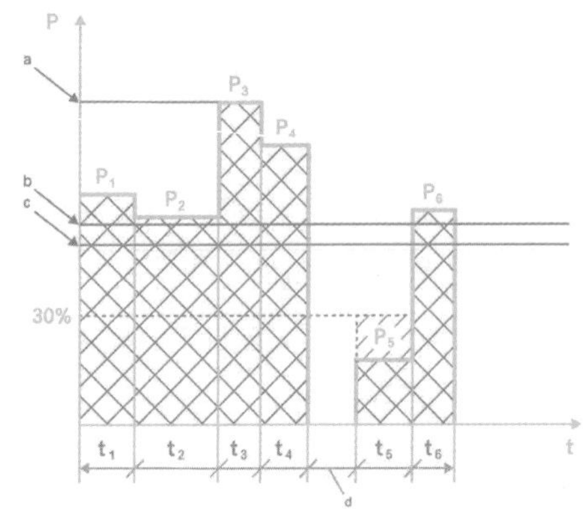

图 5-8 基本功率（PRP）图解

除发动机制造商另有规定外，在 24h 周期内的允许平均功率输出 PPP 应不大于 PRP 的 70%。当要求允许的 PPP 大于规定值时，应使用 COP。在暂态负荷条件下和突然施加负荷时，需要提供额外的电能。这种附加功率通常是发电机组额定功率的 10%。

除非另有说明，并考虑现场运行状况（参照制造商数据表），在运行 12h 内，10% 的过载功率可在有或无中断的情况下持续 1h。

在确定一个可变功率序列的实际平均功率输出 PPA 时，小于 30%PRP 的功率应视为 30%，停顿时间不应计算在内。

实际平均功率 PPA 按下式计算：

$$\text{PPA}=\frac{p_1t_1+p_2t_2+p_3t_3+\cdots+p_nt_n}{t_1+t_2+t_3+\cdots t_n}=\frac{\sum_{i=1}^{n}p_it_i}{\sum_{i=1}^{n}t_i}$$

式中，P_1，P_2，$\cdots P_1$ 是时间 t_1，t_2，$\cdots t_1$ 时的功率。

其中，t——时间；P——功率；a——基本功率（100%）；b——24 小时内允许的平均功率（PPP）；c—24 小时内实际的平均功率（PPA）；d—停机。

注：$t_1+t_2+t_3+\cdots+t_n=24\text{h}$。

（3）限时运行功率（LTP）

限时运行功率是指在商定的运行条件下并按制造商规定的维修间隔和方法实施维护保养，发电机组每年供电达 500h 的最大功率，如图 5-9 所示。

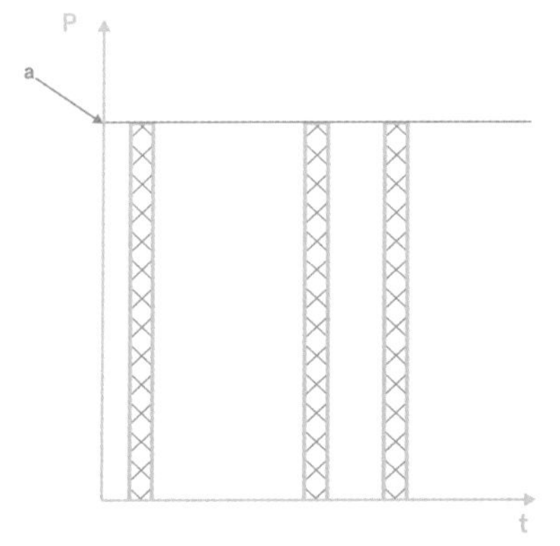

图 5-9 限时运行功率（LTP）图解

按 100%LTP 每年运行时长最大不超过 500h。

其中，t——时间；P——功率；a——限时运行功率（100%）。

（4）应急备用功率（ESP）

应急备用功率是指在商定的运行条件下按制

造商规定的维修间隔和方法实施维护保养，当公共电网出现故障时或在试验条件下，发电机组每年运行达 200h 的某一可变功率系列中的最大功率，如图 5-10 所示。

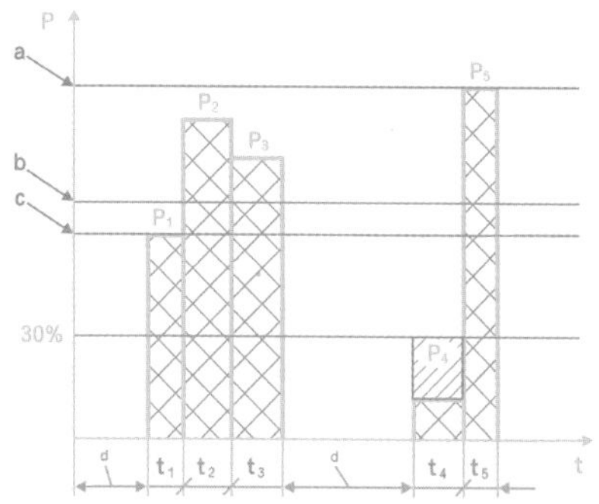

图 5-10 应急备用功率（ESP）图解

在 24h 的运行周期内允许的 PPP，应不大于 ESP 的 70%，除非往复式内燃（RIC）机制造商另有规定。

PPA 应低于或等于定义 ESP 的 PPP。

当确定某一可变功率序列的 PPA 时，小于 30% ESP 的功率应视为 30%，且停机时间应不计。

PPA 按下式计算：

$$\text{PPA} = \frac{p_1t_1 + p_2t_2 + p_3t_3 + \cdots + p_nt_n}{t_1 + t_2 + t_3 + \cdots t_n} = \frac{\sum_{i=1}^{n} p_it_i}{\sum_{i=1}^{n} t_i}$$

式中，P_1，P_2，$\surd P_1$ 是时间 t_1，t_2，$\times t_1$ 时的功率。

其中，t——时间；P——功率；a——应急备用功率（100%）；b——24h 内允许的平均功率（PPP）；c——24h 内实际的平均功率（PPA）；d——停机。

注：$t_1 + t_2 + t_3 + \cdots + t_n = 24\text{h}$。

（5）数据中心功率（DCP）

数据中心功率是指发电机组在提供可变或连续电力负荷时，以及在无限制运行时间内能够提供的最大功率。根据供应地点和可靠市电的供应情况，发电机组制造商有责任确定自身能够提供何种功率水平来满足这一要求，包括硬件或软件或维修计划的调整。

发电机容量应能满足所有关键负荷的容量需求，且能够满足蓄电池充电情况下发生的负荷需求。

3. 备用电源电气系统

数据中心的负荷一般较大，使用柴油发电机组时会用 10kV 机组，采用多台并机的方式进行负荷共担和负荷分配，也有一些小型数据中心考虑维护方便性和可靠性，会使用 380V 低压机组采用并机或单母线分段联络的方式作为备用电源。

高压机组的数据中心备用电源系统拓扑结构多采用单母线、双母线、环路母线的形式。所有的机组出线均汇集在同一条母线上再进行分配的方式是目前常用的单母线接线方式，系统一般配置一套并机系统。单母线接线方式接线简单、维护方便，作为备用电源使用性价比很高，一般适用于 N+1 的备用电源系统。

考虑单母线接线方式下所有机组出线都汇集在同一条母线上，形成了单点，母线进行检修或者高压试验的时候，整个备用电源系统都无法送出电力，在保障等级较高的数据中心经常使用双母线接线方式。此种接线方式下系统具备两条地位对等的汇集母线，每台机组均向两条母线汇集，再从两条母线进行负荷分配。两条母线都配置了各自的并机系统，互为备份。双母线接线方式具备完全冗余的母线和并机控制，可靠性高，维护简单，是目前比较容易被用户接受的 2N 接线方式。

大型数据中心园区一般需要配置多套柴油发电机组的并机系统作为不同负荷模组的备用电源，这时可以每条母线仅配置 N 的机组容量，使用统一的配置了 N 的机组容量的母线作为备用母线，形成环网、互相联络等不同的接线方式。

4. 其他

数据中心一般使用多台柴油发电机组或者以多个机组集群为负荷提供长时间备用，合理的油路配置对于保证柴油发电机组系统的安全可靠十分重要，一般等级较高的数据中心油路系统会设置双回路或者环形系统，并设置双份的油泵，防止系统内单个器件发生故障或者进行检修时影响供油。相应地，还需要在建设初期就将大容量储油对数据中心的消防安全的影响纳入考虑。

柴油发电机组的进排风和降噪问题也是工程建设者和维护方无法忽视的问题。流畅的进排风通路不仅需要与机房建设布局和机房内的降噪措施相结合，还需要考虑工程建设地点的风向与总体气流布局，防止热风回流和气流组织短路造成机组出力不足。机组降噪问题一般与工程所在地的环境要求有关，可以参考国家相关标准规范。

四、数据中心不间断电源

数据中心的 IT 负荷的供电要求不间断，故一般会配置大量的不间断电源系统（交流负荷使用 UPS，直流负荷使用高压直流电源），并设置过载、短路保护、安全接地等措施。不间断电源系统应有自动和手动旁路装置。确定不间断电源系统的基本容量时应留有余量。

不间断电源系统的基本容量可按下式计算：

$$E \geqslant 1.2P$$

其中，E——不间断电源系统的基本容量（不包含备份不间断电源系统设备）（kW / kVA）；P——IT 设备的计算负荷（kW / kVA）。

1. 交流不间断电源（UPS）

（1）UPS 性能分类

IEC 62040-3 国际标准除了废除不科学的老的 UPS 名称，规定了新的 UPS 名称以外，还提出了 UPS 按性能分类的方法。这种分类方法基于 UPS 输出电压和输出频率与 UPS 输入电源的参数的关系，提出了 UPS 性能分类代码。按性能分类的目的是提供一个共同的基础，使用户可以在相同条件下对额定功率相近的不同厂家的 UPS 产品进行比较。符合 IEC 62040-3 国际标准的 UPS 将由厂家按规定进行性能分类代码的标识。用户一般应避免采用未标识性能分类代码的 UPS 产品。

（2）UPS 性能分类代码

UPS 性能分类代码包括三部分内容，分别表示电源质量、输出电压波形和输出电压瞬态性能。

①电源质量的分类代码选项（三个字符或两个字符）。以下各选项均表示在正常工作方式下的电源质量。根据不同的 UPS，可以划分为 VFI、VFD、VI 三类，表示 UPS 输出电压与市电输入电源的电压、频率的关系。

VFI：表示这种 UPS 的输出电压和频率与市电电源的电压和频率无关。

VFD：表示这种 UPS 的输出电压和频率取决于市电电源的电压和频率变化。

VI：表示这种 UPS 的输出频率取决于市电电源的频率变化，输出电压与市电电压无关。

②输出电压波形的分类选项（两个字符）。

第一个字符表示在正常和旁路方式下输出的电压波形，可以为 S、X、Y。

第二个字符表示在储能方式下输出的电压波形，可以为 S、X、Y。

S：表示在所有线性和基准非线性负载条件下，输出波形均为正弦波，其总谐波失真因数 D 小于 0.08。

X：表示在线性负载条件下，输出波形均为正弦波（与 S 相同），在非线性负载条件下（如果超过规定的极限），其总谐波失真因数 D 大于 0.08。

Y：输出波形是非正弦波。

③输出电压瞬态性能的分类选项（三个字符）。

第一个字符表示改变工作方式时的输出电压瞬态性能，可以为 1、2、3。

第二个字符表示在正常 / 储能方式下，带线性阶跃负载时的输出电压瞬态性能（最不利的情况），可以为 1、2、3。

第三个字符表示正常 / 储能方式下，带基准非线性阶跃负载时的输出电压瞬态性能（最不利的情况），可以为 1、2、3。

1 表示瞬态电压≤图 5-11 所示 1 类输出动态性能数据（无中断或无零电压出现）。

2 表示瞬态电压≤图 5-12 所示 2 类输出动态性能数据（输出电压为 0 持续 1ms）。

3 表示瞬态电压≤图 5-13 所示 3 类输出动态性能数据（输出电压为 0 持续 10ms）。

下面是典型的 UPS 完整的分类代码：

电源质量	输出波形	输出动态性能
VFI————	SS————	111
VI————	SX————	222
VFD————	SY————	333

按照上述 UPS 性能分类代码的定义，VFI-SS-111 的含义如下。

VFI：UPS 的输出电压和频率与市电电压和频率无关。

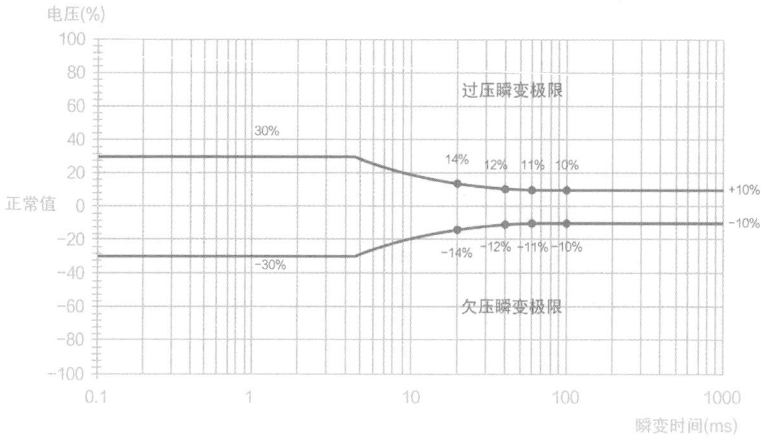

图 5-11 1 类输出动态性能数据（无中断或无零电压出现）

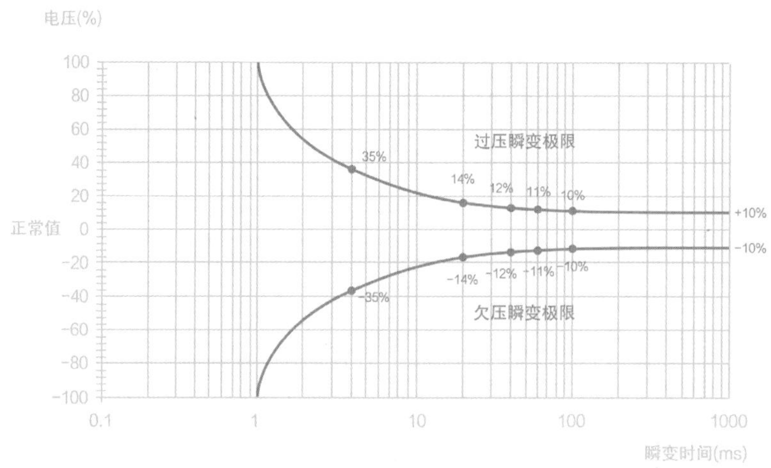

图 5-12 2 类输出动态性能数据（输出电压为 0 持续 1ms）

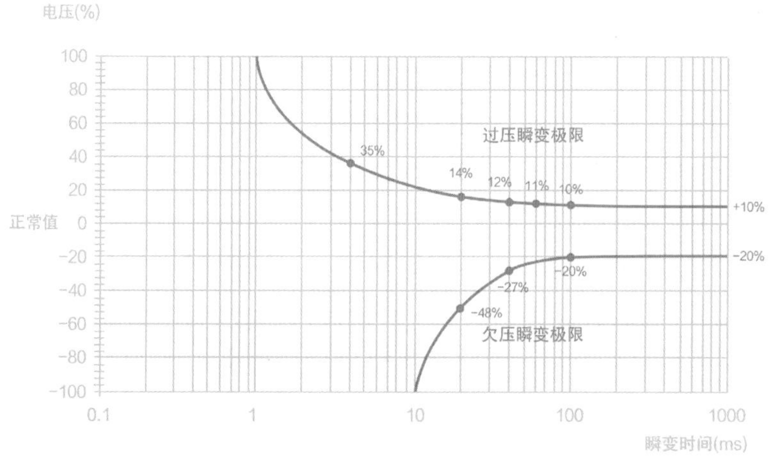

图 5-13 3 类输出动态性能数据（输出电压为 0 持续 10ms）

SS：第一个“S”表示在正常和旁路方式下，带线性负载和基准非线性负载时，UPS 的输出电压波形是正弦波，总谐波失真因数 D 小于 0.08。第二个“S”表示在储能方式下，带线性负载和基准非线性负载时，UPS 的输出电压波形是正弦波，总谐波失真因数 D 小于 0.08。

111：第一个“1”表示在工作方式改变时，UPS 的输出电压的动态性能为无中断或无零压出现。第二个“1”表示在正常和储能工作方式下，UPS 带线性负载时的输出电压的动态性能为无中断或无零电压出现。第三个“1”表示在正常和储能方式下，UPS 带基准非线性负载时的输出电压的动态性能为无中断或无零电压出现。

（3）各种 UPS 产品的技术特点

UPS 产品技术可以分为两大类，即双变换技术和单变换技术。

①双变换技术。在正常运行时，UPS 通过整流器 / 逆变器组合，对输入交流电源进行 AC—DC 和 DC—AC 两次电源变换。输入交流电源故障时，UPS 转换到储能方式，整流器停止运行，逆变器从蓄电池得到 DC 电源，继续运行，供给负载。UPS 运行在蓄电池上，一直到输入交流电源恢复正常，或运行到蓄电池能量放完。双变换 UPS 的输入输出技术指标和性能很高，但效率较低。双变换 UPS 的性能属于 VFI。

②单变换技术。单变换 UPS 系统在正常运行时直接采用输入市电电源为负载供电，电池充电机将市电交流电转换为直流电给蓄电池充电，保证蓄电池处于满充电状态。如果市电电源的技术指标超出预定的容限，立即启动逆变器，逆变器从蓄电池吸取功率，将蓄电池的 DC 电源逆变为 AC 电源。在市电电源恢复正常之前，UPS 一直运行在逆变器供电方式下。

常见的单变换 UPS 是互动 UPS 和备用 UPS，这两种 UPS 典型地用于小容量的应用中。当市电电源电压在一定范围内变化时，互动 UPS 可以通过电源接口对市电输入电源进行粗略调节，使输出电压保持在可接受的极限范围内，而不需要使用蓄电池，故互动 UPS 比备用 UPS 具有更宽的输入电压范围。单变换 UPS 输入输出技术指标和性能较差，但系统效率较高。互动 UPS 的性能属于 VI，备用 UPS 的性能属于 VFD。

③多方式双变换 UPS。多方式双变换 UPS 是近年来为适应关键负载对电源性能和系统效率的要求而发展起来的新的 UPS，其性能属于 VFI。多方式双变换 UPS 组合了双变换 UPS 和单变换 UPS 的优点，获得了很好的效果。每当输入市电电源的情况发生变化时，UPS 系统就自动进行工作方式的转换，以满足关键负载的要求。多方式双变换 UPS 有以下几种工作方式。

节能方式。当市电的指标在可接受的极限范围内时，UPS 直接以市电为负载供电，因此可获得很高的系统效率。

双变换方式。当市电的指标超出预定的指标范围时，系统转换到双变换方式，通

过整流器 / 逆变器对市电输入电源进行适当处理，使负载与市电的各种干扰完全隔离。

储能方式。当市电电源中断或持续异常时，超出整流器所能调节的范围，UPS 就利用蓄电池提供的能源，经逆变器继续为负载供电。

（4）数据中心的不间断电源解决方案

大型数据中心电源系统的外市电引入通常采用两路进线，互为备用，配置一套备用发电机组作为备用电源系统。市电电源之间、市电与备用发电机组之间一般采用自动转换方式。由于大型数据中心业务的重要性，为满足大型数据中心服务器等 IT 设备高可用性的用电要求，一般配置由双变换 UPS 组成的双母线供电系统。双母线供电系统由两套独立的 UPS 系统（含配电）构成两段供电母线。在一段供电母线（供电系统）需要维护或因故障无法正常供电的情况下，另一段供电母线仍能承担所有的负载，保证机房供电业务，确保数据中心业务不受影响。在 UPS 输出到服务器之间时，配置服务器 PDU 进行电源分配和管理。

对于双电源输入的服务器设备，可以通过 PDU 直接从双母线供电系统的两套母线引两路电源。对于单电源输入的服务器设备，通常选用静态转换开关（STS）为其选择一套供电母线供电。当正在供电的母线发生故障时，STS 将自动快速转换到另一套供电正常的母线供电。这种 2N 的供电系统可用性可达到 99.999 9%。

2. 直流不间断电源系统（高压直流系统）

高压直流系统比 UPS 系统结构简单，因而提高了系统可靠性，但是受后端串联输出配电设备可靠性的限制，从电源至设备的整体供电可靠性与相应的 UPS 供电系统相当。

一般来说，供电能力相当的高压直流系统与 UPS 系统相比，主机费用与 UPS 设备费用相当，蓄电池组费用大致相当，输出配电设备费用较高，输入电缆费用较低，输出电缆费用较高，整体造价相当。适当提高直流输出电压可降低输出电缆费用。

由于 IT 设备的自身电源要求使用交流供电的较多，目前 UPS 系统仍旧是 IDC 数据中心的主流供电设备；而高压直流供电系统凭借其诸多优点，也在一些数据中心如阿里巴巴和腾讯的自建数据中心得到了较广泛的应用。

五、数据中心蓄电池

蓄电池作为系统供电的最后一道保证，是数据中心不间断供电系统中不可或缺的组成部分。蓄电池在系统中主要作为储能设备，当外部交流供电突然中断时，通信设备的正常工作将会受到威胁，而蓄电池作为系统供电的后备保护，可提供 5 分钟至数小时或更长时间的不停电供电电源。

1. 阀控式密封蓄电池

阀控式密封铅酸蓄电池自 20 世纪 80 年代问世以来，由于自身具有无酸雾溢出、不污染环境、使用中不需要加水、维护量小及安装使用方便等优点，在我国已被广泛应用。

（1）阀控式密封蓄电池的工作原理

阀控式密封蓄电池是在普通的防酸隔爆式铅酸蓄电池的基础上，从材料、结构、工艺诸方面进行改进后生产出的一种新型电池。其电化学反应过程仍是双硫酸铅化反应，即蓄电池的正、负极放电后，都变成硫酸铅的化学反应。

阀控式密封蓄电池与防酸隔爆式铅酸蓄电池的不同之处在于：在充电过程中产生的气体，阀控式密封蓄电池通过内部自身再化合，即正极析出的氧气通过空隙或气体通道扩散到负极，被始终处于不饱和状态的活化性海绵状铅电极吸收再化合，形成单纯的氧气循环而没有氢气产生，从而达到电池密封的目的。

（2）阀控式密封蓄电池的结构特点

密封性好；少维护；结构紧凑，体积小，可多层叠放安装，占地面积小；无流动电解液（吸附式），可以卧放；阀控式密封蓄电池在出厂时已带电荷，安装好后稍加补充电即可投入实际运行，使用起来较为方便。

2. 磷酸铁锂电池

碳材料为负极，以含锂的化合物作正极，在充放电过程中，没有金属锂存在，只有锂离子，这就是锂离子电池。当对电池进行充电时，电池的正极上有锂离子生成，生成的锂离子经过电解液运动到负极。而作为负极的碳呈层状结构，它有很多微孔，达到负极的锂离子就会嵌入碳层的微孔中，嵌入的锂离子越多，充电容量越高。同样，当对电池进行放电时，嵌在负极碳层中的锂离子脱出，又运动回正极。

磷酸铁锂电池就是因正极板采用 LiFePO4 材料而命名的。电解液采用的是有机电解液。磷酸铁锂电池的主要特点是：能量密度高，体积小、重量轻，同等规格容量的磷酸铁锂电池的体积是铅酸电池体积的 2/3，重量是铅酸电池的 1/3；循环寿命大大高于铅酸蓄电池；相比钴酸锂和锰酸锂等其他锂电池的安全性能也较高，一般能够顺利通过穿刺试验；工作温度范围宽广（-20℃ ~ + 75℃）；无记忆效应。

六、数据中心新能源

光照、风力是未来重要的发电能量来源。数据中心作为能量消耗大户，电费占运营成本的比重一直居高不下。利用数据中心的空余地、屋顶放置光伏组件、风力发电组件，将光伏、风力发电直接接入数据中心，就近利用，可以减少数据中心消耗电网的电量，实现节能目的。

光伏、风力发电用于数据中心，尽管可以有效降低数据中心电费消耗，理论上让 PUE < 1 的数据中心成为可能，但技术上还存在缺陷。一方面，数据中心需要的是持续而稳定的电力供应，而光伏、风力受自然气候影响，无法保证稳定的电力供应。另

一方面，数据中心面积有限，即便将所有有效面积都利用起来，光伏、风力提供的电量也有限。将光伏、风力应用于数据中心，如果无政策支持，目前很难实现收支平衡。

数据中心新能源的使用往往伴随着储能一同出现。将新能源发电高峰时段发出的电力以蓄电池储能的方式进行存储，在电力负荷较高或者发电出力较低时再输出，就用到了将多组长串蓄电池组集成在一起的储能箱。无论并网与否，大容量的光伏发电一般都需要配置储能箱，这样可以使得发电曲线更为平滑，避免峰谷出力差异较大的新能源发电对电网造成较大影响。此外，国家政策提出的更高的降碳要求也使得储能箱的大面积使用成为趋势，尤其是在电费峰谷差较高的地区，越来越多的用户考虑利用储能箱削峰填谷、降低电费，同时利用储能箱作为数据中心一定范围的后备电源。

七、防雷与接地

雷电具有很强的破坏性，主要有直击雷、雷电感应、雷电波侵入和地电位反击四种形式。其中又以雷电感应和地电位反击对弱电设备的破坏力最强。当天空的雷雨产生雷击时，其将携带高负荷雷电脉冲、电压及电流，以电磁波形式无规则释放，从而导致雷区域 1 ~ 5 千米范围内（视雷电波强度而定）所有带金属的导线（如高空架设天线、有线电视电缆、通信电缆、供电系统电缆等）瞬间感应到相应强度的脉冲电压及电流，这些电流沿着电气设备上的各种电源电线或信号电缆进入电气设备内部，在雷击电压超过电气设备额定抗电压的瞬间击坏内部器件；连接在电气设备上的电线电缆所带的电压高低不等，高电压就会往低电压冲去，形成电流，从而将电气设备局部击坏，造成整个设备系统瘫痪，严重时可能会把整机击毁，甚至危及人身安全。

机房内电子设备非常敏感，耐受过电压、过电流的能力较低，雷电通过建筑物、室外线路释放高电压、大电流，对电子设备的危害极大，机房既需要完善的接地系统，又需要可靠的防雷系统，而且二者是密不可分的。

机房内所有设备的金属外壳、各类金属管道、金属线槽、建筑物金属结构必须进行等电位联结并接地。

第三节　数据中心制冷系统

随着云计算、大数据产业的加速发展，数据中心产业进入了大规模建设时期，运营商、互联网企业、金融业、政府、制造业等都在规划、建设和改造各自的数据中心。我国已经发布 2030 年、2060 年“双碳”目标，数据中心建设如何响应国家号召，提出适合项目条件的低碳规划，大力发展先进减碳技术，对数据中心制冷系统的可靠性、经济性、可扩展性等提出了新的挑战。提升制冷系统的可扩展性和对未来IT设备发展的适应性，提升数据中心的制冷能力，降低制冷系统的运行能耗，对数据中心节能减碳具有重要意义。因此，数据中心应根据不同的建设等级，采用合理可行的制冷系统提升制冷效果，满足数据中心建设和运营的绿色低碳要求。

一、数据中心制冷系统的分类

数据中心制冷系统的制冷形式对数据中心建筑影响较大，制冷系统按冷源设置方式、冷源与末端的对应关系、制冷设备使用介质等可以划分为不同的系统类型。

1. 按冷源设置方式分类

数据中心制冷系统按冷源设置方式不同，可分为分散式、集中式和半集中式。

（1）分散式。每个机房的制冷由各自末端空调设备承担。室内设备与室外设备成组配套，室外设备互不关联，如风冷直膨机房空调系统、智能节能双循环空调（氟泵）空调系统、间接蒸发冷却系统、直接新风冷却系统。

（2）集中式。每个机房的制冷由各自末端空调设备承担。所有空调设备共用一套（多台）室外散热系统，如集中水冷冷水系统（冷电联供系统）、集中风冷冷水系统、集中冷却水系统。

（3）半集中式。每个机房的制冷由各自末端空调设备承担。多台室内空调设备对应一台室外散热设备，室外散热系统互不关联，如风冷多联机系统、风冷多联热管系统。

2. 按冷源与末端的对应关系分类

数据中心制冷系统按冷源与末端的对应关系不同，可分为集中风冷冷水系统、集中水冷冷水系统、蒸发冷却系统、冷却水系统。

（1）集中风冷冷水系统。冷源采用风冷冷水机组，可配合多种空调末端形式。

（2）集中水冷冷水系统。冷源采用水冷冷水机组，可配合多种空调末端形式，集中水冷冷水系统还可以采用冷电联供（有热用户时为冷热电三联供）系统——冷源采用吸收式制冷机组（热水或烟气补燃型直燃机组），可配合多种空调末端形式。

（3）蒸发冷却系统。冷源采用蒸发冷却冷水机组，可配合多种空调末端形式。冷源采用间接蒸发冷却机组，可配套风冷直膨电制冷辅助设备或配套集中水冷冷水系统的冷源。

（4）冷却水系统。冷源采用开式 / 闭式冷却塔，可配合冷却水空调系统和液冷系统。

3. 按制冷设备使用介质分类

数据中心制冷系统按制冷设备使用介质不同，可分为全空气系统、空气—水系统、全水系统、制冷剂系统。

（1）全空气系统。系统全部通过处理过的空气来承担室内的空调负荷，如间接蒸发冷却系统，间接蒸发冷却机组配套风冷直膨电制冷辅助设备送回风；直接新风冷却系统，组合式空调机组配套风冷直膨电制冷设备送回风。

（2）空气—水系统。系统通过处理过的水和空气共同承担室内的空调负荷，如水冷冷水机组或风冷冷水机组配合间接蒸发冷却机组、组合式空调机组送回风。

（3）全水系统。系统全部通过处理过的水来承担室内的空调负荷，如水冷冷水机组、风冷冷水机组、吸收式制冷机组等配合机房空调末端；冷却塔配合冷却水机房空调末端或液冷系统。

（4）制冷剂系统。制冷系统的蒸发器设置在室内，吸收余热、余湿，如风冷直膨机房空调系统、智能节能双循环空调（氟泵）系统、风冷多联机系统、风冷多联热管系统、蒸发冷多联热管系统。

二、数据中心制冷系统的选择

1. 制冷系统的选择原则

数据中心制冷系统的基本功能是保证安全、可靠、连续向电子信息设备（服务器）进行冷却，满足其散热需求。数据中心制冷系统的系统类型众多、特点各异，除了可靠性，还应根据具体项目所在地的资源情况、电力情况等选择合适的制冷系统。数据中心的制冷系统随数据中心分类等级不同而有所差异。A 类数据中心设计标准最高；对于 B 类和 C 类数据中心，除冗余和安全保证部分标准稍低外，其他要求同 A 类数据中心。

数据中心制冷系统的形式对数据中心建筑影响较大，而制冷形式与项目建设所在地的气候条件、能源政策有关。一般情况下，机房制冷系统可按以下原则选择。

第一，制冷系统的冷源方案，应根据建筑规模、制冷负荷、当地气候条件、能源状况、节能环保要求等因素，最大限度地利用自然冷源，通过技术、经济等方面的比较后确定，且符合下列规定。

（1）水资源丰富且能够满足数据中心用水需求的地区可选用集中水冷冷水系统；有热电厂余热或烟气资源可利用、用电指标紧张的数据中心可采用冷（热）电联供系统。

（2）水资源匮乏、室外空气品质较差的大中型数据中心可选用集中风冷冷水系统。

（3）集中水冷冷水系统在冬季和过渡季节可采用板式换热器 + 冷却塔自然冷却节能技术。集中风冷冷水系统可采用带自然冷却换热器的风冷式冷水机组。减少冷水机组运行时间，提高制冷系统能效。

（4）水资源匮乏或中小规模的数据中心可选用风冷直膨空调系统，采用风冷变频（氟泵）、热管多联等节能技术。

（5）全年室外空气干燥、温度较低的地区，可采用蒸发冷却节能技术。

（6）空气质量对电子信息设备的安全运行至关重要，全年室外空气温度较低、空气品质优良且符合机房送风要求的地区可采用新风冷却节能技术；当室外空气质量不能满足数据中心对空气质量的要求时，应采取过滤、降温、加湿或除湿等措施，使数据中心内的空气质量达到要求。

（7）在不影响生态环境的条件下，具有能连续满足冷源需求的海水、江河湖水的地区可采用海水、江河湖水作为制冷系统冷源。

（8）利用数据中心集中水冷、风冷系统较高温的冷水回水进行制热，可采用水源热泵机组和水源热泵多联机系统等节能技术，为数据中心园区内的辅助办公场所提供冬季采暖。

第二，数据中心建筑内其他辅助用房的制冷系统宜单独设置。

第三，制冷系统需具备分期建设、灵活调整功能的能力，具有便于扩容、柔性可调等特点。

2. 数据中心的负荷特点及冷负荷构成

与民用建筑相比，数据中心负荷具有以下主要特点：数据中心全年不间断制冷。数据中心的设备发热量大。

制冷系统设计制冷量应根据夏季机房内所有冷负荷的总量进行计算。制冷计算冷负荷包括建筑冷负荷和设备冷负荷两部分。

建筑冷负荷由下列各项构成：通过建筑围护结构散热引起的冷负荷；通过外窗太阳辐射热引起的冷负荷；人体散热引起的冷负荷；照明装置散热引起的冷负荷；新风冷负荷；伴随各种散湿过程产生的潜热引起的冷负荷。

设备冷负荷由下列各项构成：IT 设备散热引起的冷负荷；供配电设备按转换效率产生的设备散热量引起的冷负荷。

建筑冷负荷根据现行《民用建筑供暖通风与空气调节设计规范》《工业建筑供暖通风与空气调节设计规范》的有关规定，根据逐项逐时冷负荷进行计算。

数据中心制冷冷负荷包含 IT 设备、供配电设备散热引起的冷负荷，设备冷负荷根据设备不同，发热系数取值也不同，数据中心 IT 设备运行负荷相对稳定，一般 IT 设备负荷是指规划的设备功率负荷，按满载容量负荷计算，不做同时系数计算。数据中心的供配电系统由市电引入、高低压变配电、应急电源（UPS 或高压直流系统）、备用发电机组等系统组成。产生热量的主要设备有变压器、配电柜、UPS 或高压直流系统、蓄电池组、柴油发电机组等。

柴油发电机组的运行是临时的，发电机组本身配置排烟排热系统，放置柴油发电机组的机房一般设置通风系统（有采暖要求的设置采暖系统），而不设空调系统。电池在充放电过程（非常用状态）中因电化学反应产生临时性的散热量，该部分热量可在短时间内由房间内空气吸收且不会引起较大幅度温升。电池充放电过程中产生的这部分热量设计时可不予计算或按实际项目需求考虑具体散热量。配电设备正常运行时散热量较小，其热量一般依靠在设置配电柜的房间内设置通风系统来解决。变压器、UPS 或高压直流系统均为常用设备，运行过程中会持续不断地产生热量，这部分散热需要计算。供配电系统各类设备的散热量，原则上由供配电专业根据设备参数提供。在供配电专业没有提供相关设备散热量时，可根据供配电设备的损耗及发热系数进行计算，见表 5-1。

表 5-1 供配电设备的发热系数取值

供配电设备	变压器（按最不利场景）（/kVA）	UPS（/kW）	HVDC（/kW）	高压配电柜（kW/面）	低压配电柜（kW/面）	低压补偿器（kW/面）	变频器（/kW）	电池 kW 每组（120 只；1.75~2.2V/只）
发热系数取值	0.01~0.015	4%~9%	0.04~0.06	0.2	0.3	1.2	0.04~0.07	0.67

三、数据中心制冷系统常用形式

1. 风冷直膨式系统

（1）概述

风冷直膨式空调（如图 5-14 所示）由精密空调室内机、风冷室外冷凝器组成，通过独立的冷媒管路连接。风冷直膨机房空调机组本身自带压缩机，其制冷系统中液态制冷剂在蒸发器盘管内直接蒸发（膨胀）实现对盘管外的空气（空调室内侧空气）吸热而制冷，其制冷系统中气态制冷剂通过室外空气冷却为液态。风冷直膨式空调可实现每台空调独立控制，为分散式空调系统。系统可配置变频空调室外机及控制系统，根据机房设备的设置同步增加，具有安装简便、设计灵活的特点。

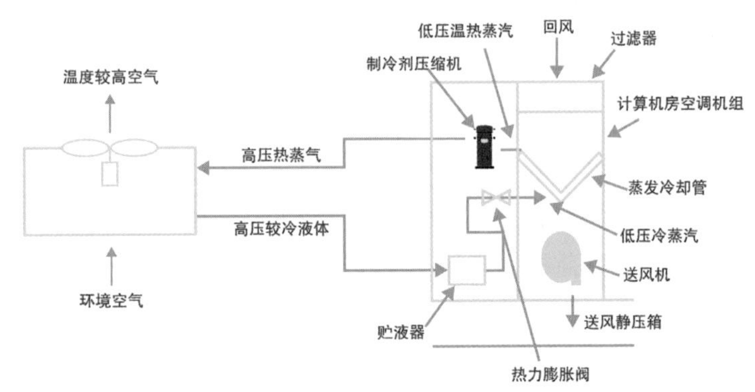

图 5-14 风冷直膨式空调示意图

为保证制冷效果，该系统空调室内外的安装距离有一定的限制，最大安装距离建议不大于 60 米或按设备提供的最大安装距离安装，室内外机的安装高差也需要按照相关要求确定。该系统适用于水源缺乏地区和中小型数据机房，由于室外机集中放置，易形成热岛效应，系统安装宜考虑室外机安装位置和安装空间问题，采取蒸发冷却、降噪等措施。

（2）运行模式

室外气温条件适宜地区，风冷直膨式空调系统可采用风冷精密空调智能双循环节能机组，配置“泵循环”和“压缩机循环”，两个循环共用一套冷媒管路，共用空调机组室内蒸发器和户外冷凝器节能运行，风冷直膨式智能双循环系统（如图5-15所示）可实现以下三种运行模式。

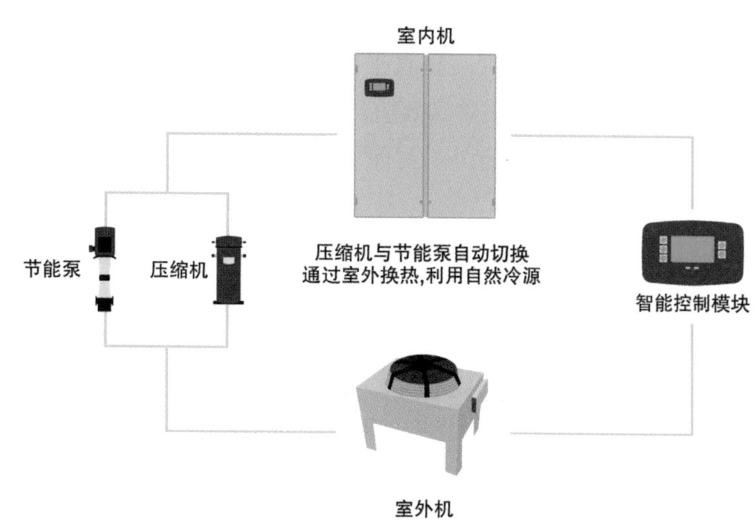

图5-15 风冷直膨式智能双循环系统示意图

①冷媒循环泵运行。在冬季低温季节，空调机组自动启动冷媒循环泵为制冷循环提供动力，完全利用室外自然冷源，在保证制冷量的同时，达到节能效果。

②压缩机和冷媒循环泵同时运行。在春秋或温度较低的季节，系统根据室外温度和制冷需求自动选择泵运行、压缩机运行或压缩机和泵同时运行。

③压缩机运行。在夏季高温季节，空调机组自动切换为压缩机循环制冷模式。

如果在氟泵自然冷却的基础上采用变频控制技术，风冷直膨式变频高效风冷精密空调机组通过调节压缩机转速来实现无极调节，每次负荷变化时变频机组都能精确地匹配机房负荷，快速响应负荷变化，从而减少压缩机的无谓输出，降低运行功耗。室外机采用集中式冷凝器，减少了占地面积，采用单模块或多模块组合布置，分期灵活部署。图5-16为风冷直膨式变频空调系统示意图。

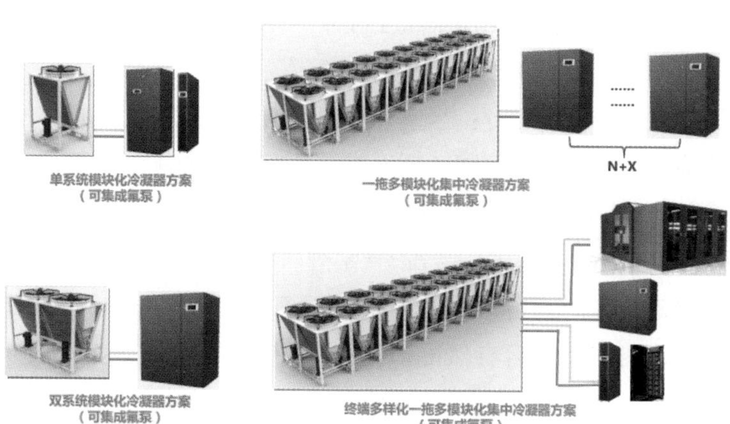

图5-16 风冷直膨式变频空调系统示意图

（3）风冷直膨式空调系统在安装时须注意的问题

①应考虑足够的

备机数量，一般选择 N+1 配置，N ≤ 5，具体根据项目需求确定；系统需充分考虑室外机的布局及数据中心所处的气候条件，合理选择空调设备配置。

②室外机布置在同一垂直平面或在屋面密集布置时，须充分考虑进排风空间，满足散热要求，避免形式热岛效应。

③同层设备平台室外机尽量立式安装，避免夏季太阳直射导致的高温，方便运维人员维护。

④可配套采用多种节能措施，降低风冷直膨空调的耗电量；采用变频空调室外机降低运行能耗；雾化喷淋设施能够有效节能，但要做好水质的软化及雾化；在气候适宜的地区尽量使用室外冷源，实现常规制冷、氟泵系统制冷，或通过相变换热制冷循环系统实现常规制冷、热管系统制冷，还可以采用磁悬浮压缩机或气动系统，达到有效的节能。

⑤沿海区域的室外机翅片较易腐蚀，应重点关注室外机的设备选型及使用寿命。

⑥空调系统的供配电宜将同一机房的空调机组接在不同的变压器后端，有效降低断电对机房温度的影响；如同一机房设置多台空调，可分奇偶数或不同组合将每台空调接在不同的变压器后端，如果一路市电出现故障，机房内受影响的空调数量较少，也能够满足制冷需要。

2. 集中风冷冷水系统

（1）系统组成及运行模式

集中风冷冷水系统采用风冷冷水机组配套自然冷却器或系统自带自然冷却器提供冷水，冬季或过渡季节，通过自然冷却器实现自然冷却。该系统是目前大型数据中心特别是缺水地区采用的制冷形式之一，风冷冷水系统采用自然冷却与室外气象条件、系统供回水温度和设备选型有关，系统的全年运行模式分为三种：制冷模式、预冷模式、自然冷却模式。

以制冷模式运行：当室外气温高于某温度（具体根据室外气候条件和系统配置确定）时为制冷模式（压缩机工作），干冷器不工作；夏季冷水机组按正常模式运行，关闭自然冷却干冷器，冷水旁通。

以预冷模式运行：当室外气温在某温度范围内（具体根据室外气候条件和系统配置确定）时为预冷模式（压缩机部分负荷工作），干冷器工作；过渡季节开启自然冷却干冷器，冷水先进入自然冷却干冷器预冷，再进入冷水机组蒸发器进一步降温。

以自然冷却模式运行：当室外气温低于某温度（具体根据室外气候条件和系统配置确定）时为自然冷却模式（压缩机停止工作），自然冷却干冷器工作；冬季关闭冷水机组，开启自然冷却干冷器，冷水进入自然冷却干冷器冷却，再供给机房制冷系统。

风冷冷水系统设计如图 5-17 所示。

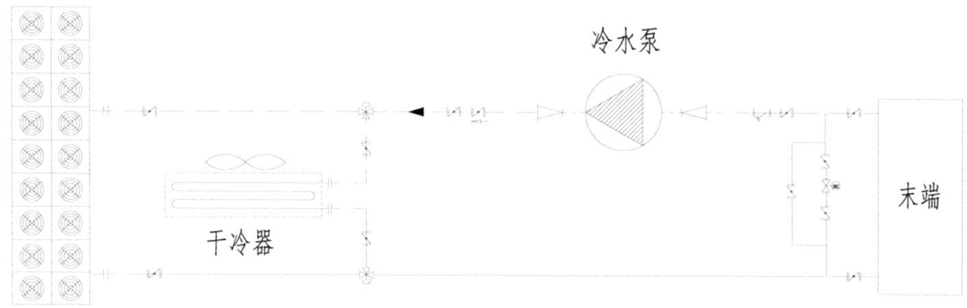

图 5-17 风冷冷水系统示意图

（2）典型的集中风冷冷水系统配置

典型的集中风冷冷水系统根据水泵配置方式不同，分为一级泵水系统和二级泵水系统，集中风冷冷水系统可通过设置蓄冷罐保证连续制冷。系统配置须满足不同等级机房满负荷和部分负荷的运行要求，通常采用变流量运行提升部分负荷运行效率。风冷冷水机组台数、单台制冷量宜与数据中心分期建设相匹配。风冷冷水主机与自然冷却器的运行模式需充分考虑自然冷源应用，提高冷水供水温度，加大供回水温差。

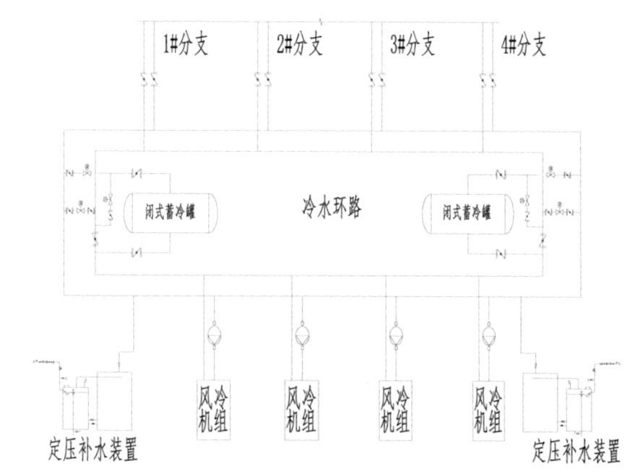

图 5-18 一级泵集中风冷冷水系统示意图（闭式蓄冷罐）

①一级泵集中风冷冷水系统。一级泵集中风冷冷水系统优先采用闭式蓄冷罐，通过阀门控制实现系统充放冷。如图 5-18 所示，一级泵水系统配置闭式蓄冷罐，闭式蓄冷罐串联设置于环路中，系统通过阀门切换实现充放冷和初期低负荷节能运行功能，循环水泵采用不间断电源保障连续供冷，系统由定压设备定压。一级泵集中风冷冷水系统采用开式蓄冷罐，需要配置放冷泵，通过阀门控制实现系统充放冷。如图 5-19 所示，一级泵集中风冷冷水系统配置开式蓄冷罐，开式蓄冷罐并联设置于环路中，设置放冷泵，实现充放冷和初期低负荷节能运行

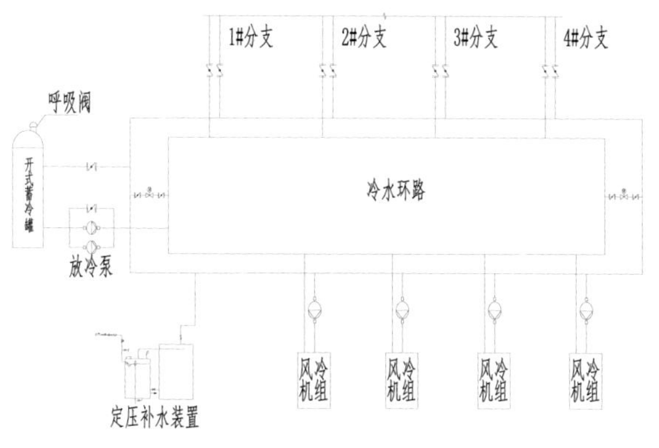

图 5-19 一级泵集中风冷冷水系统示意图（开式蓄冷罐）

功能，系统循环水泵和放冷泵均采用不间断电源保障连续供冷，系统优先由开式蓄冷罐定压。

②二级泵集中风冷冷水系统。二级泵集中风冷冷水系统，可配置闭式或开式蓄冷罐，通过阀门控制实现系统充放冷。如图 5-20 所示，二级泵集中风冷冷水系统配置闭式蓄冷罐，闭式蓄冷罐并联设置于环路中，设置二级泵，系统通过阀门切换实现充放冷和初期低负荷节能运行功能，一、二级水泵均采用不间断电源保障连续供冷，系统由定压设备定压。

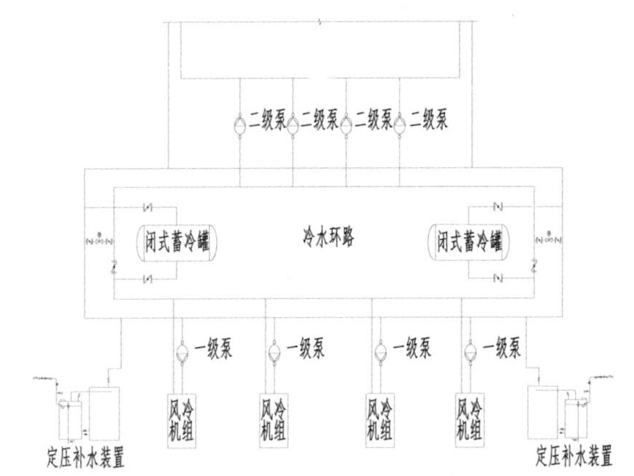

图 5-20 二级泵集中风冷冷水系统示意图（闭式蓄冷罐）

如图 5-21 所示，二级泵集中风冷冷水系统配置开式蓄冷罐，开式蓄冷罐并联设置于环路中，设置二级泵，系统通过阀门切换实现充放冷和初期低负荷节能运行功能，一、二级水泵均采用不间断电源保障连续供冷；系统优先由开式蓄冷罐定压。

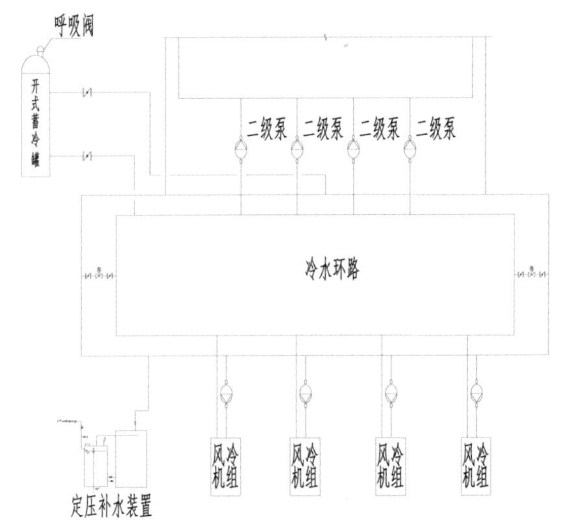

图 5-21 二级泵集中风冷冷水系统示意图（开式蓄冷罐）

3. 集中水冷冷水系统

（1）系统组成及运行模式

集中水冷冷水系统（如图 5-22 所示），采用冷水机组、冷却塔、板式换热器为系统提供冷水，冬季或过渡季节通过冷却塔＋板式换热器实现自然冷却。该系统是目前大型数据中心采用较多的制冷形式之一，冷却塔供冷与当地气候条件密切相关，须利用室外较低的干球温度或湿球温度通过冷却塔来制备冷水，部分或全部替代机械制冷。系统运行模式分为三种：制冷模式、预冷模式、自然冷却模式。模式的转换由单元控制器根据室外空

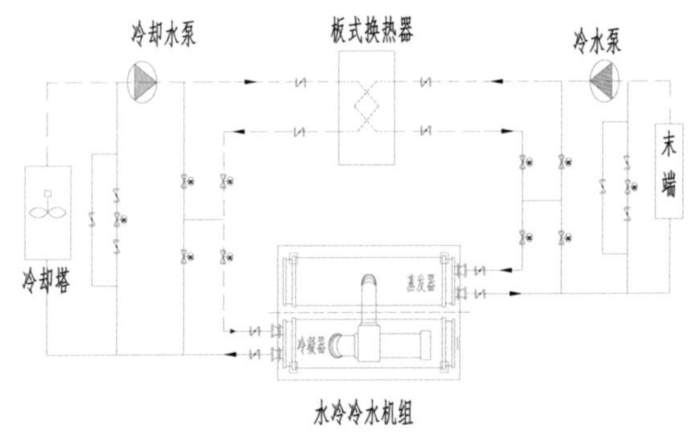

图 5-22 集中水冷冷水系统示意图

气湿球温度及稳定性、冷却塔风机单元的负荷、冷机及板式换热器的运行状况来综合确定，具体通过冷水机组与板式换热器管道连接中的阀门切换，根据冷水系统的不同供水温度确定切换点，实现三种运行模式的切换。

①以制冷模式运行。当室外空气湿球温度高于某温度（根据系统冷却塔出水温度选型对应的湿球温度确定），控制冷却塔用的冷却水供水温度设定值。冷机冷却水供水温度传感器用于冷却塔的控制回路，系统在纯制冷模式下运行，保证冷机正常运行。

②预冷模式运行。当室外湿球温度在两个温度之间（根据系统冷却塔出水温度选型对应的湿球温度和冷却水自然冷却出水温度选型对应的湿球温度确定）时，单元控制器开始检测冷却塔出水温度以及该温度与冷水回水温度的差值△t（板式换热器的换热温差值），若冷却塔的出水温度和△t值的时间超过15min（可调），单元控制器检测冷冻单元内相应设备及控制阀门的状态正常后，向群控制器发出进入预冷模式信号，由群控制器决定其进入预冷模式，并发出报警提醒操作人员，反馈正常后进入预冷模式运行。

③以自然冷却模式运行。在预冷模式下，当室外湿球温度低于某温度（根据冷却塔自然冷却出水温度选型对应的湿球温度确定）的时间超过30min（可调）时，单元控制器开始检测冷却塔的出水温度，若换热器进入冷机的冷水温度达到自然冷却模式温度（冷却塔出水+板式换热器的换热温差值），则单元控制器将发送硬接线的输出信号至群控制器，表示节能模式就绪，请求群控制器同意进入经济模式，反馈正常后进入自然冷却模式运行。

（2）典型集中水冷冷水系统配置

典型集中水冷冷水系统根据水泵配置方式不同，分为一级泵水系统和二级泵水系统，集中水冷冷水系统可通过设置蓄冷罐保证连续制冷。系统配置须满足不同等级机房满负荷和部分负荷的运行要求，通常采用变流量运行提升部分负荷运行效率。集中式水冷冷水系统采用水冷冷水机组，配套板式换热器，实现自然冷却。水冷冷水机组台数、单台制冷量宜与数据中心分期建设相匹配。水冷冷水机组和板式换热机组的运行模式须充分考虑自然冷源应用，提高冷水供水温度，加大供回水温差。

①一级泵集中水冷冷水系统。一级泵集中水冷冷水系统优先采用闭式蓄冷罐，通过阀门控制实现系统充放冷，如图5-23所示，一级泵集中水冷冷水系统配置闭式蓄冷罐，闭式蓄冷罐串联设置于环路中，系统通过阀门切换实现充放冷和初期低负荷节能运行功能，循环水泵采用不间断电源保障连续供冷；系统由定压设

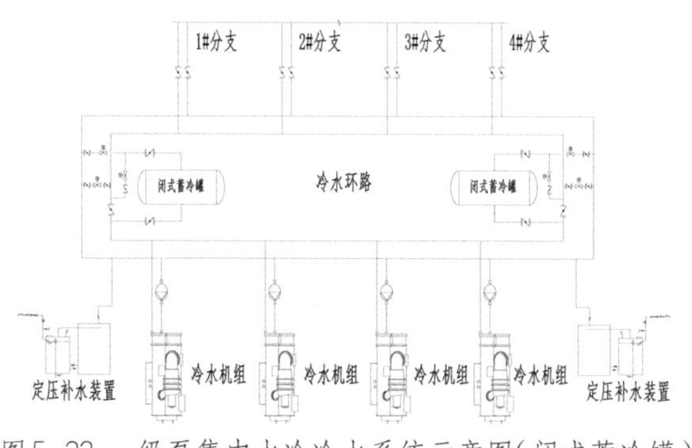

图5-23 一级泵集中水冷冷水系统示意图(闭式蓄冷罐)

备定压。

如图 5-24 所示，一级泵集中水冷冷水系统配置开式蓄冷罐，开式蓄冷罐并联设置于环路中，设置放冷泵，实现充放冷和初期低负荷节能运行功能，系统循环水泵和放冷泵均采用不间断电源保障连续供冷，系统优先由开式蓄冷罐定压。

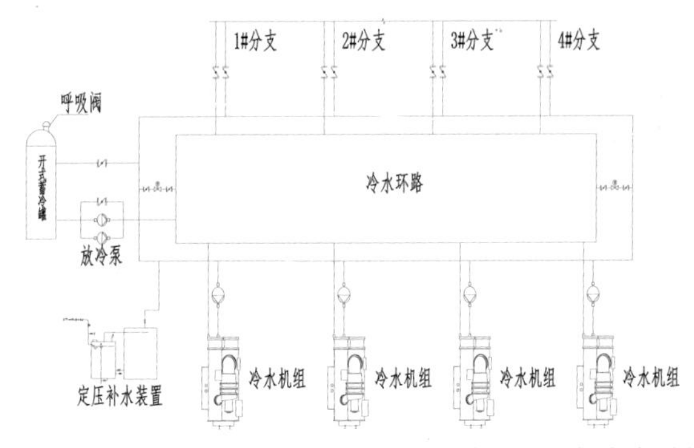

图 5-24 一级泵集中水冷冷水系统示意图（开式蓄冷罐）

②二级泵集中水冷冷水系统。二级泵集中水冷冷水系统，可配置开式或闭式蓄冷罐，通过阀门控制实现系统充放冷。如图 5-25 所示，二级泵集中水冷冷水系统配置闭式蓄冷罐，闭式蓄冷罐并联设置于环路中，并设置二级泵。系统通过阀门切换实现充放冷和初期低负荷节能运行功能，一、二级水泵均采用不间断电源保障连续供冷，系统由定压设备定压。如图 5-26 所示，二级泵集中水冷冷水系统配置开式蓄冷罐，开式蓄冷罐并联设置于环路中，并设置二级泵。系统通过阀门切换实现充放冷和初期低负荷节能运行功能，一、二级水泵均采用不间断电源保障连续供冷；系统优先由开式蓄冷罐定压。

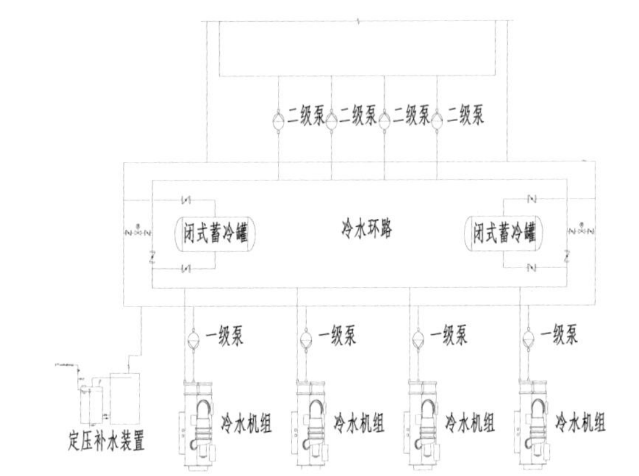

图 5-25 二级泵集中水冷冷水系统示意图（闭式蓄冷罐）

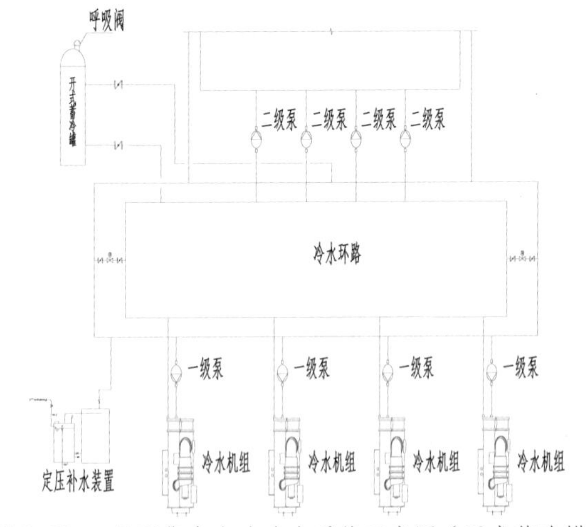

图 5-26 二级泵集中水冷冷水系统示意图（开式蓄冷罐）

（3）集中水冷冷水系统的设置特点

数据中心的冷冻水系统根据等级不同，系统配置也不同，A 级数据中心可设置双冷源，金融系统数据中心的冷冻水系统通常设置双系统。建设双系统的优点是制冷系统能够达到 2N 标准，当一套系统出现故障，可由另一套系统独立供冷，但缺点是投资大，占地面积大，末端管路维护难度大等。

《数据中心设计规范》第 7.4.1 条规定：采用冷冻水空调系统的 A 级数据中心宜设置蓄冷设施，蓄冷时间应满足电子信息设备的运行要求；控制系统、末端冷冻水泵、空调末端风机应由不间断电源系统供电；冷冻水供回水管路宜采用环形管网或双供双回方式。当水源不能可靠保证数据中心运行需要时，A 级数据中心也可采用两种冷源供应方式。

蓄冷设施通常有以下 3 种作用。

①在两路电源切换时，冷水机组需重新启动，此时空调冷源由蓄冷装置提供。

②供电中断时，电子信息设备由不间断电源系统设备供电，此时空调冷源也由蓄冷装置提供。因此，蓄冷装置供应冷量的时间宜与不间断电源设备的供电时间一致。蓄冷装置提供的冷量包括蓄冷罐和相关管道内的蓄冷量及主机房内的蓄冷量。

③在机房负荷较低时，间断运行冷水机组对蓄冷装置充冷，由蓄冷装置提供冷源，实现节能运行。

两种冷源供应方式包括水冷冷水机组与风冷冷水机组的组合、水冷冷水机组与风冷直膨式机组的组合、水冷冷水机组与间接蒸发冷却机组的组合等。

为保证供水连续性，避免产生单点故障，冷冻水供回水管路宜采用环形管网，如图 5-27 所示。

当冷冻水系统采用双冷源时，冷冻水供回水管路可采用双供双回方式，如图 5-28 所示。

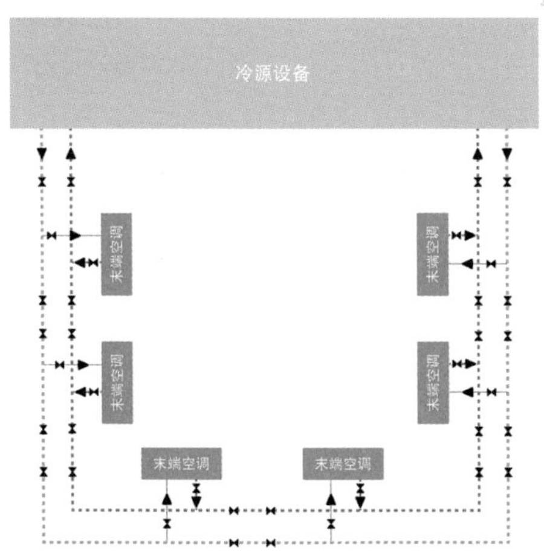

图 5-27 冷冻水供回水管系统示意图

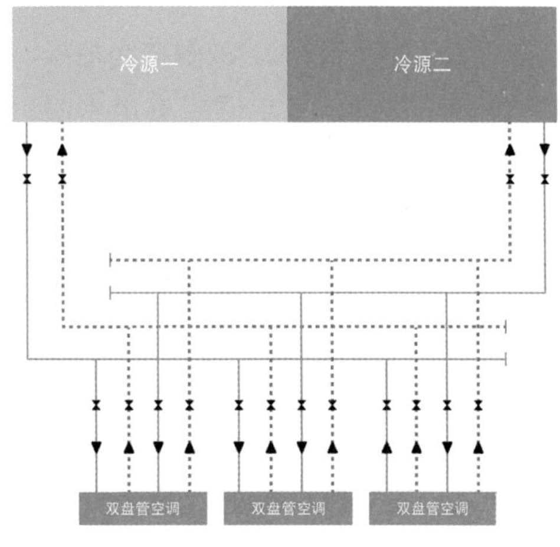

图 5-28 双冷源冷冻水供回水管系统示意图

4. 集中冷却水系统

集中冷却水系统（如图 5-29 所示）由开式或闭式冷却塔、壳管式冷凝器（板式换热器）、冷却水型机房空调、水泵组成，冬季开启冷却塔可实现部分自然冷却。系统

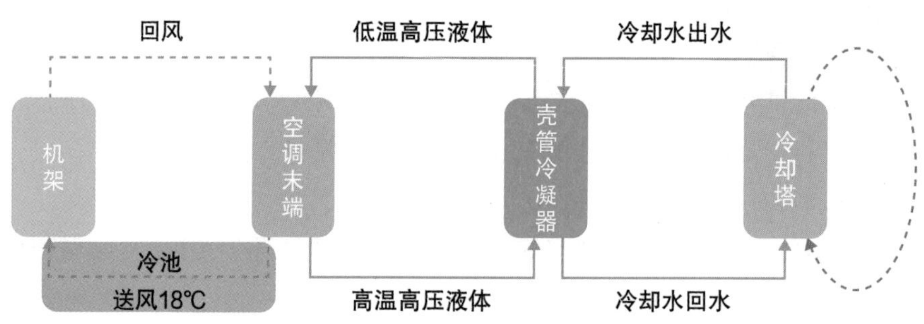

图 5-29 集中冷却水系统示意图

需按不同等级要求配置蓄水池。

集中冷却水系统适用于水资源丰富地区，可应用于中小型数据机房或要求水不进机房的空调系统和风冷直膨机房空调的冷却水节能改造等。系统配置应能满足不同等级机房满负荷和部分负荷的运行要求，系统宜变流量运行，提升部分负荷运行效率。冷却塔可采用开式或闭式冷却塔，进出水温一般为37℃/32℃，或根据当地气象条件和项目具体要求确定进出水温和温差，湿球温度按当地气候条件确定，须考虑冬季防冻及水处理。换热设备（壳管式冷凝器、板式换热器）机房须考虑通风排热。

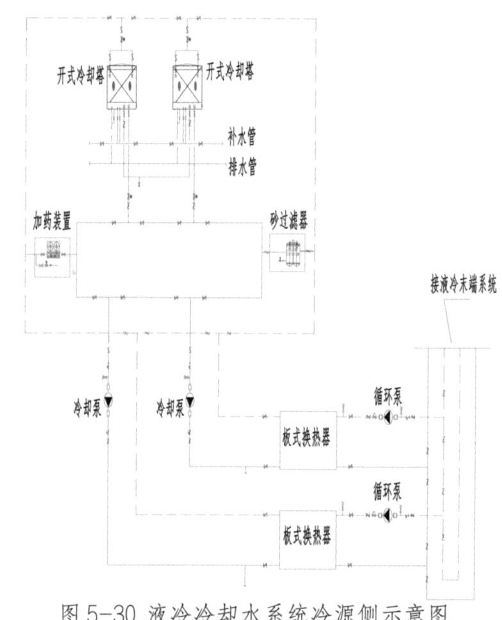

图 5-30 液冷冷却水系统冷源侧示意图

集中冷却水系统通过采用开式或闭式冷却塔、冷却水泵、末端通过水分配单元、热交换设备进行热交换，实现液冷冷却水系统（如图 5-30 所示）运行。系统须按不同等级要求配置蓄水池。

5. 风冷多联机系统

（1）风冷多联机系统

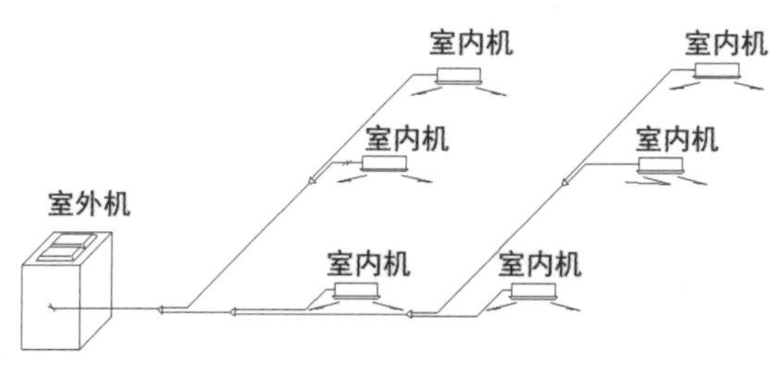

图 5-31 风冷多联机系统示意图

风冷多联机系统（如图 5-31 所示）

采用室外空气源制冷机组配置多台室内机组成，可实现群组或集中控制。

风冷多联机系统适用于数据机房辅助用房，若用于电力机房，一般采用单制冷机组，通常设置多套系统，以避免产生单点故障。电力机房制冷系统配置需要满足不同等级机房满负荷和部分负荷的运行要求，系统采用变流量运行提升部分负荷运行效率。空调冷凝水管需要避开电力设备正上方布置，做好防水措施。

（2）风冷多联热管系统

风冷多联热管系统（如图 5-32 所示）采用空气源制冷热管复合室外机配置多台热管室内机组成，一般采用单制冷模式，一套制冷系统中实现常规制冷、热管系统制冷两套循环，末端可采用热管房间级空调、热管行间级空调、热管背板等。

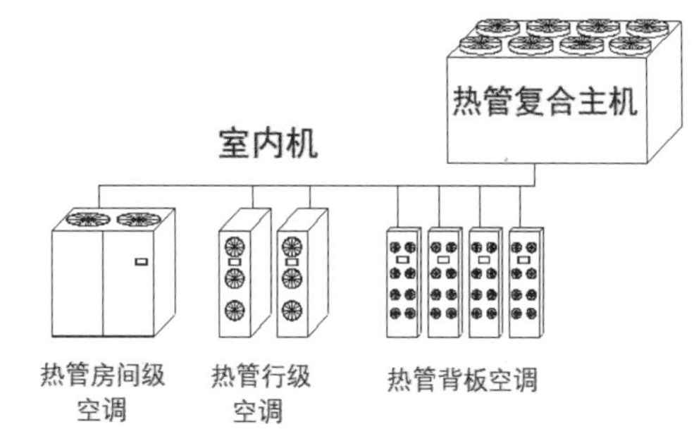

图 5-32 风冷多联热管系统示意图

风冷多联热管系统适用于新建或改建中小型数据机房。风冷多联热管系统配置可满足不同等级机房满负荷和部分负荷的运行要求，系统通常采用变流量运行，提升部分负荷运行效率。因单套系统容量小，因此一般采取多套系统设置，避免产生单点故障。室外机安装须考虑安装条件，室内外机的安装高差也需要按照相关要求确定。

6. 蒸发冷却系统

蒸发冷却系统分直接蒸发冷却和间接蒸发冷却两种类型（如图 5-33 所示）。直接蒸发冷却是指空气与水直接接触的绝热加湿过程；间接蒸发冷却是指空气与水通过盘管间接接触，而空气与水不直接接触的等湿冷却过程。

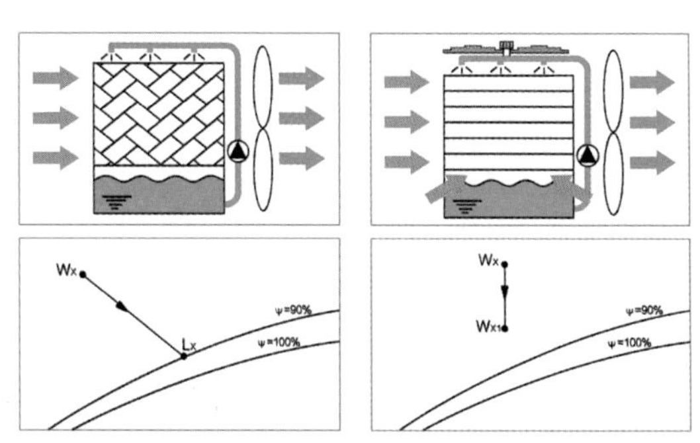

图 5-33 直接蒸发冷却、间接蒸发冷却

（1）直接蒸发冷却

直接蒸发冷却，将喷雾式直接蒸发冷却应用于新风冷却系统中，直接为机房提供冷风。喷雾式直接蒸发冷却技术被应用在俄勒冈州 Facebook 数据中心的新风直接引入系统中，根据俄勒冈州的气候特征，一年中 60% ~ 70% 的时间可利用外界冷空气来降低室温，其他时间需要使用喷雾式直接蒸发冷却系统来满足温度和湿度的需要，无须采用空调制冷。因受气候条件限制，国内数据中心应用较少。

直接蒸发冷却，采用蒸发冷气机（如图 5-34 所示），利用室外低温空气直接为机房提供冷风。直接蒸发冷却的蒸发冷气机是指直接采用室外低温空气为机房提供冷风，利用淋水填料层直接与待处理的室外空气接触，空气传递显热给淋水，部分淋水吸收空气热量蒸发，实现淋水与空气降温，蒸发冷气机适用于当夏季空调室外计算湿球温度较低、温度的日差较大以及水资源丰富地区的小型机房、基站等；也适用于高温作业的岗位送风、设备的冷却降温等场所。

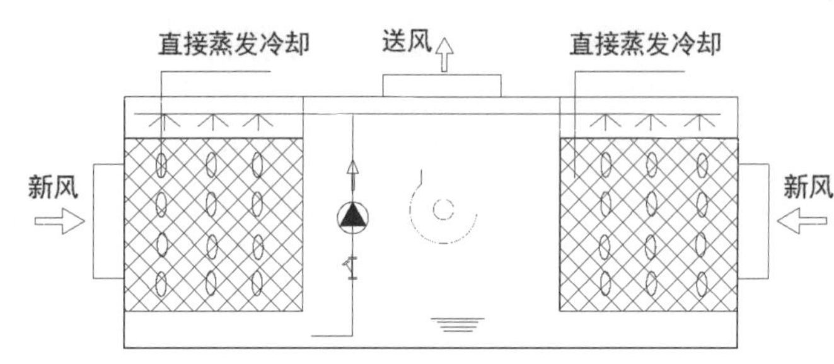

图 5-34 蒸发冷气机系统示意图

（2）间接蒸发冷却

间接蒸发冷却系统适用于具有较低湿球温度和较大干湿球温度差的干燥地区。

间接蒸发冷却系统指室外空气经过换热器与经蒸发冷却的水或空气进行换热而被冷却，低温空气用于数据中心的冷却，采用间接蒸发冷却机组，根据室外气候条件，分自然冷却运行（无水工况）、自然冷却＋绝热蒸发冷却运行、自然冷却＋绝热蒸发冷却＋补充机械制冷三种运行工况，为系统提供冷风，如图 5-35 所示。

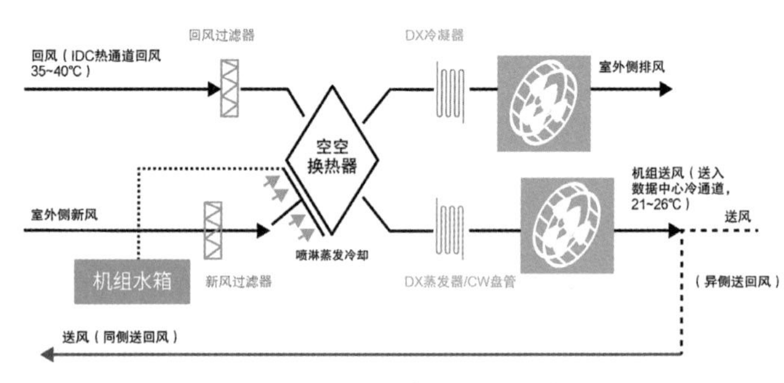

图 5-35 间接蒸发冷却提供冷风

间接蒸发冷却须根据当地气候条件，结合数据机房的送回风温度，计算不同运行模式下的系统能耗和需要的机械补冷量，通常配套直接膨胀电制冷辅助设备或利用集中冷水系统的冷源，满足全年制冷需求。间接蒸发冷却机组将室外空气经过初、中效、绝热制冷，通过换热器带走室内热空气的热量来降温，室外空气不进入机房，有效保障了室内空气品质及湿度要求。

设备运行工况以张北为例，如图 5-36 所示。采用蒸发冷却换热空气处理机组（L= 64 000m^3/h，

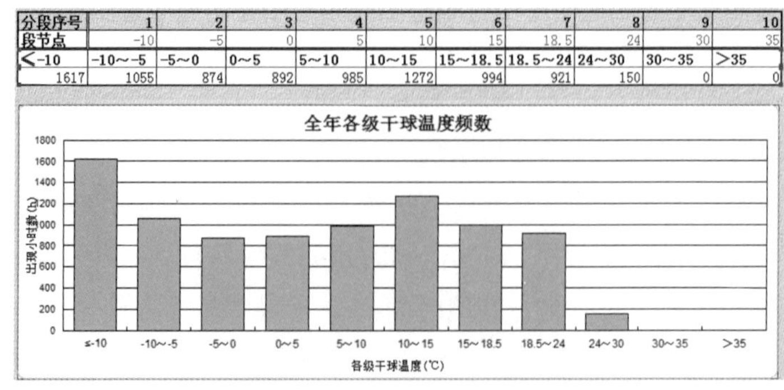

分段序号	1	2	3	4	5	6	7	8	9	10
段节点	-10	-5	0	5	10	15	18.5	24	30	35
≤-10	-10～-5	-5～0	0～5	5～10	10～15	15～18.5	18.5～24	24～30	30～35	>35
1617	1055	874	892	985	1272	994	921	150	0	0

图 5-36 设备运行工况（张北）

$L_{冷} \geqslant 260kW$），各工况时间理论计算断点，假设回风 37℃，送风 25℃。全年完全自然冷却运行时间：边界温度 1，Tdb ≥ 18.5℃（干球温度），7 689 小时，占全年运行时间的 88%（仅开启机组 EC 风机，无须开启喷淋泵，无水源消耗）。自然冷却 + 绝热蒸发冷却运行时间：边界温度 2，当 18.5℃ < Tdb < 24℃（干球温度）时，921 小时，占全年运行时间的 11%，最不利边界点小时加湿 248kg/h。自然冷却 + 绝热蒸发冷却 + 补充机械制冷运行时间：当 Tdb ≥ 24℃（干球温度）时，150 小时，占全年运行时间的 2%，最不利边界点小时加湿 113kg/h，需要增加机械补冷 35 ～ 40kW。

间接蒸发冷却，采用蒸发冷却冷水机组系统，利用“干空气能”为自然冷源，基于蒸发冷却技术实现干燥地区数据中心自然冷却。在严寒和寒冷地区，间接蒸发冷水机组可采用预冷换热器，通过表冷器、间接蒸发冷却器单一或多种组合组成的蒸发冷却冷水机组为数据中心制冷系统提供冷源，实现干冷地区自然冷却运行，如图 5-37 所示。

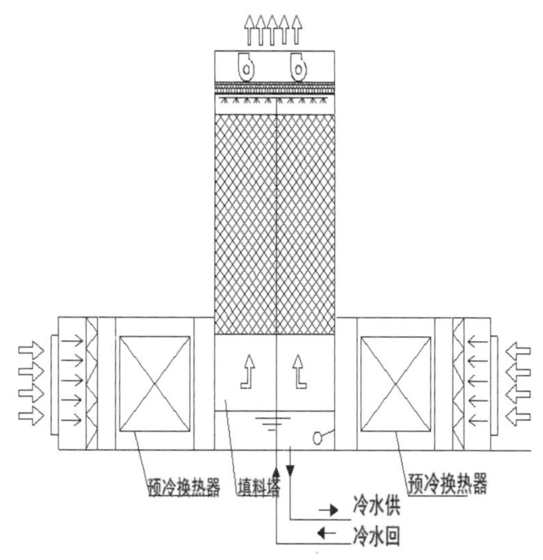

图 5-37　间接蒸发冷却提供冷水

间接蒸发冷却，采用一体式蒸发冷凝冷水机组为系统提供冷水，如图 5-38 所示。一体式蒸发冷凝冷水机组配置双冷冷凝器，高效利用自然冷源，系统集冷水机组、冷水输配及水处理、配电、集中控制于一体，可快速部署、节能运行。

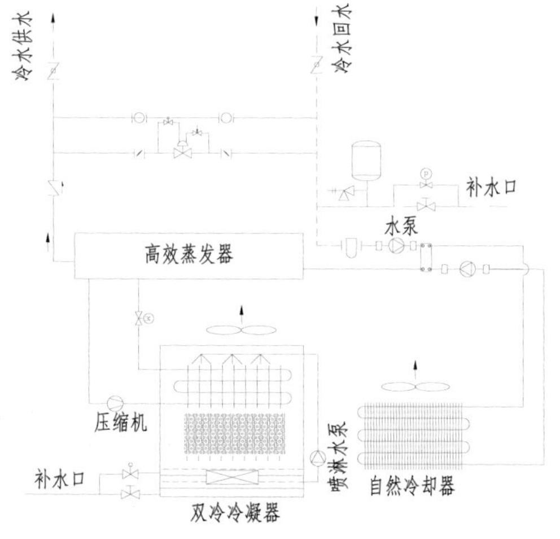

图 5-38　一体式蒸发冷凝冷水机组示意图

系统根据室外气象参数变化，全年实现三种运行模式：制冷模式、联合制冷模式、完全自然冷制冷模式，通过监测室外环境温度（干 / 湿球温度）及系统供、回水水温来完成系统切换。

制冷模式。当室外环境温度（干 / 湿球温度）高于机组回水温度时机组启动此模式，此模式下机组冷量全部由压缩机制冷提供，运行方式与常规机组相同，冷水不经过自然冷却换热系统直接流入蒸发器，自然冷却换热系统处于关闭状态。

联合制冷模式。当室外环境温度（干 / 湿球温度）低于机组回水温度时，此模式开启，此时冷冻水先进入自然冷却换热系统进行预冷，再进入蒸发器进行再冷，由于制冷过程中有大量冷量由自然冷源承担，所以压缩制冷能耗被大幅降低，机组能效得到有效提升。

完全自然冷制冷模式。当室外环境温度（干 / 湿球温度）持续降低，低至自然冷却换热系统全部承担室内冷量时，机组进入完全自然冷制冷模式，此时压缩机停止工作，机组仅有少量风机、水泵能耗，节能运行，满足室内制冷需求。

7. 新风冷却系统

（1）定义和特点

新风冷却，通常指直接采用室外低温空气，通过新风机组（风墙）直接为数据中心提供冷风，实现数据中心的冷却。新风自然冷却技术的特点如下：在气候条件适合的地区使用，运行能耗低；在室外空气污染环境条件下，须采取措施对粉尘和有害气体进行处理，空气处理成本高，维护工作量大；无法有效控制机房内温湿度，需采用带喷雾和挡水板功能段的新风自然冷却系统。目前，国内严寒和寒冷地区由于低温和室外空气质量问题，一般在集中冷水系统中应用或配置直膨式电制冷设备辅助制冷，为机房提供冷风。

（2）运行模式

新风机组根据室外空气质量和进风回风混合进行新风 / 回风 / 排风的转换，运行模式如下。

①全新风模式。当室外空气质量达标，且干球温度 27℃ < Tdb < 39℃时，室外露点温度 Tdp < 15℃，且持续时间长达 20min（可调），新风机组单元控制器向群控制器发出信号，进入全新风模式（部分风侧节能模式）。

②混风模式。当室外空气质量达标且干球温度 Tdb < 27℃时，室外露点温度 Tdp < 15℃，且持续时间长达 20min（可调），新风机组单元控制器向群控制器发出信号，进入混风模式（完全风侧节能模式）。

③全回风模式。当室外空气质量不达标，或室外露点温度 Tdp > 15℃（可调）时，新风机组单元控制器向群控制器发出信号，进入全回风模式。

运行工况以张北为例，如图 5-39 所示，采用新风机组（L= 64 000m^3/h，L$_{冷}$

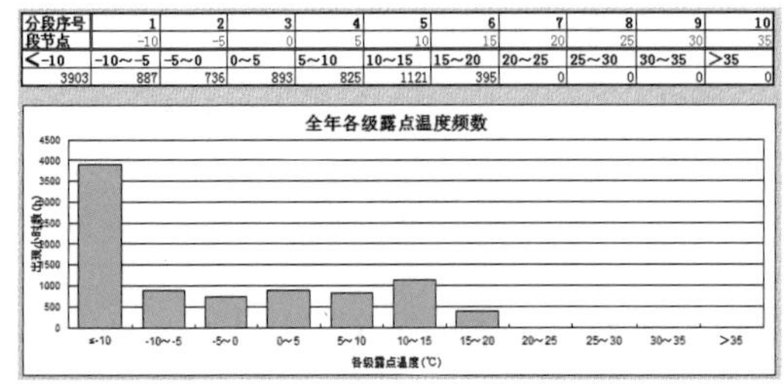

分段序号	1	2	3	4	5	6	7	8	9	10
段节点	-10	-5	0	5	10	15	20	25	30	35
<-10	-10～-5	-5～0	0～5	5～10	10～15	15～20	20～25	25～30	30～35	>35
3903	887	736	893	825	1121	395	0	0	0	0

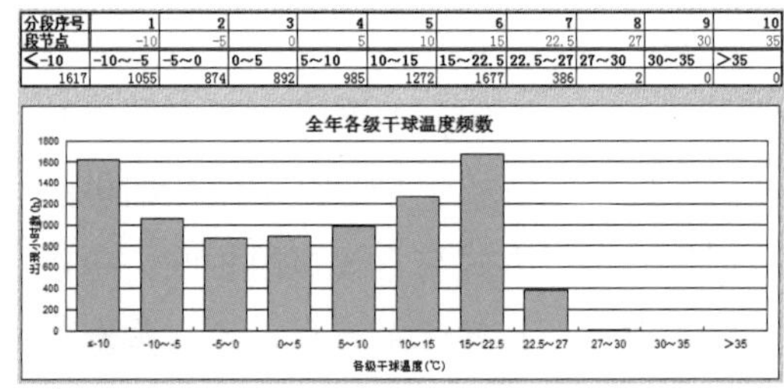

分段序号	1	2	3	4	5	6	7	8	9	10
段节点	-10	-5	0	5	10	15	22.5	27	30	35
<-10	-10～-5	-5～0	0～5	5～10	10～15	15～22.5	22.5～27	27～30	30～35	>35
1617	1055	874	892	985	1272	1677	386	2	0	0

图 5-39 运行工况（张北）

≥ 260kW）。各工况时间理论计算断点，假设回风 37℃，送风 25℃：当 Tdp ＞ 15℃（露点温度）时，采用全回风模式，395h，占全年运行时间的 4.51%；当 Tdb ＜ 27℃（干球温度）时，室外露点温度 Tdp ＜ 15℃，采用混风模式，完全关闭水盘管，8 363h，占全年运行时间的 95.46%；当 Tdb＞27℃（干球温度），室外露点温度 Tdp ＜ 15℃时，采用全新风模式，水盘管参与运行，2h，占全年运行时间的 0.03%。

张北处于严寒地区，当室外空气质量不达标时，新风机组采用全回风模式，需要利用盘管完全制冷，在低温时还需要加湿。当新风温度低于回风区露点温度时，百叶风口可能会凝露，在温度低于零下时有结冰风险，需要维护人员重点关注。

新风冷却利用建筑物设置的百叶窗和气流调节器控制空气流动，直接利用室外新风进行制冷，如图 5-40 所示。例如，纽约洛克波特“鸡笼”式数据中心（雅虎）利用建筑物上大量的百叶窗和气流调节器控制空气流动，充分利用室外新风进行制冷。“鸡笼”侧墙安装百叶窗，冷空气由此进入计算工作区，顶端烟囱效应将废热导流到厂房顶部后排放。目前，国内数据中心还没有直接利用建筑物对室外新风进行制冷的相关案例。“鸡笼”式数据中心的空气冷却流程如图 5-41 所示。

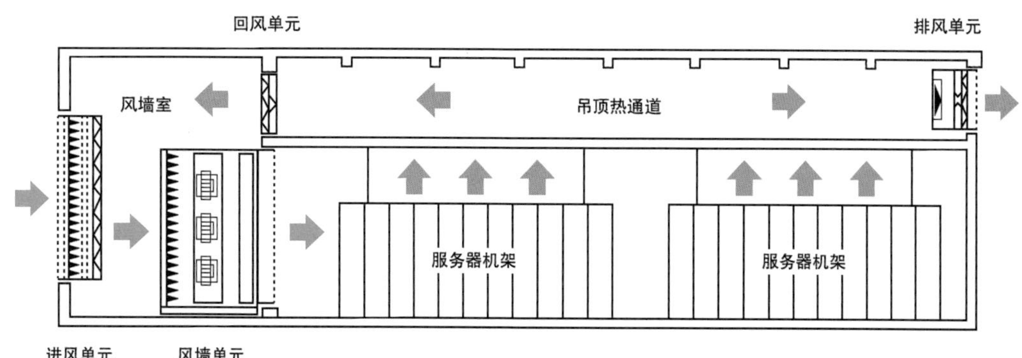

图 5-40　新风系统示意图

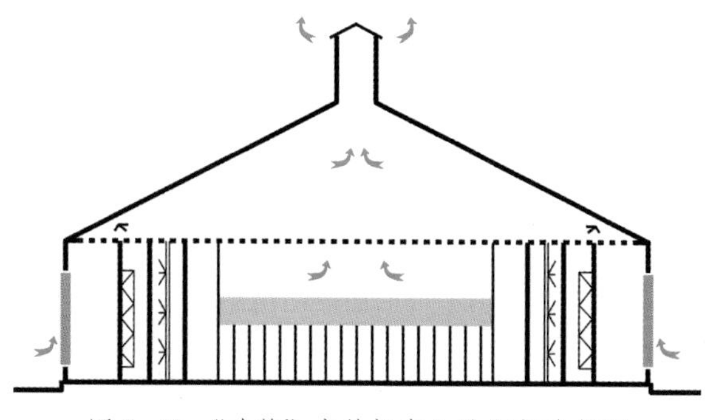

图 5-41　“鸡笼”式数据中心的空气冷却图

8. 数据中心主流行业制冷系统对比

数据中心主流行业制冷系统对比见表 5-2。

表 5-2　数据中心主流行业制冷系统对比

项目内容	金融	互联网	运营商	备注
机房可用性等级要求	国标 A 级，UPTIME 标准 T4 设计	国标 A 级，UPTIME 标准 T3 设计	国标 B 级，局部国标 A 级	国标 A 级 /B 级 /C 级，或 UPTIME 标准 T1 ~ T4 设计
制冷系统冗余等级	2N 容错	N+1 冗余，在线维护	N+1 冗余，在线维护	在线维护要求 / 满足主要部件冗余及维护要求
冷源	以集中风冷 + 水冷系统（带自然冷却）、变频风冷直膨系统（蒸发冷却）+ 集中水冷系统（带自然冷却）为主	集中水冷系统（带自然冷却）、集中风冷系统（带自然冷却）、蒸发冷却系统、液冷	集中水冷系统（带自然冷却）、集中风冷系统（带自然冷却）、蒸发冷却系统、风冷多联热管系统、集中冷却水系统	
末端形式	以房间级机房空调为主	房间级机房空调、行间型机房空调、新风机组（AHU）、间接蒸发冷却机组、液冷空调	房间级机房空调、行间型机房空调、背板空调、间接蒸发冷却机组	
系统形式	一级泵	一级泵、二级泵	一级泵、二级泵	
冷冻水管道系统	双路四管制	环状	环状或双路两管制	
冷却水管道系统	与冷水机组一对一设置	与冷水机组一对一设置，环状	与冷水机组一对一设置，环状	四管制、环状空调水系统，无单点故障
冷源设备冗余量（如冷水机组、冷却器、泵等）	2N	N+1	N+1	
冷水供回水温度	最高冷水供回水 15℃ /21℃	最高冷水供回水 18℃ /24℃	最高冷水供回水 15℃ /21℃	
末端设备冗余量（如房间级机房空调、行间级空调）	2N	N+1（N ≤ 5）	N+1（N ≤ 5）	

续表

项目内容	金融	互联网	运营商	备注
应急制冷	蓄冷罐	管道蓄冷、蓄冷罐	蓄冷罐	
连续制冷时间	≥ 15 分钟	≥ 15 分钟	≥ 15 分钟	
水系统水源（补水）	配置 2 路市政供水 + 补水池保障	配置 2 路市政供水 + 补水池保障	配置 2 路市政供水 + 补水池保障	当一路市政供水停止后，另一路市政供水满足满载供水保障要求
补水蓄水时间	满载≥ 12h	满载≥ 12h 部分要求满载≥ 36h	满载≥ 12h	
温湿度独立控制	是	是	否	
系统配电	制冷系统由双路电源分别供电、末端空调采用 1 路市电 1 路 UPS 供电	制冷系统由双路电源分别供电，末端空调采用 1 路市电 1 路 UPS 供电	制冷系统由双路电源供电，末端切换；部分机房末端空调采用 UPS 供电	

四、数据中心气流组织

随着数据中心 IT 服务器单机柜功耗的不断增加，粗放型的气流组织已经不能满足机房内区域温差控制要求，为保证机房送风效果，数据机房的气流组织根据不同机房功能区，分别采用了风管（风帽）上送风、架空地板下送风、封闭冷热通道、弥漫送风等形式，并结合不同的送风方式提高送风温度，有效延长了水冷系统自然冷却时间，降低了空调系统运行能耗。

1. 上送风

（1）风管上送风

房间级空调采用风管上送风（如图 5-42 所示），机组侧回风，通常用于电力机房，也用于无法设置架空地板的改造机房。一般采用上送风精密空调、送风静压箱、风管、

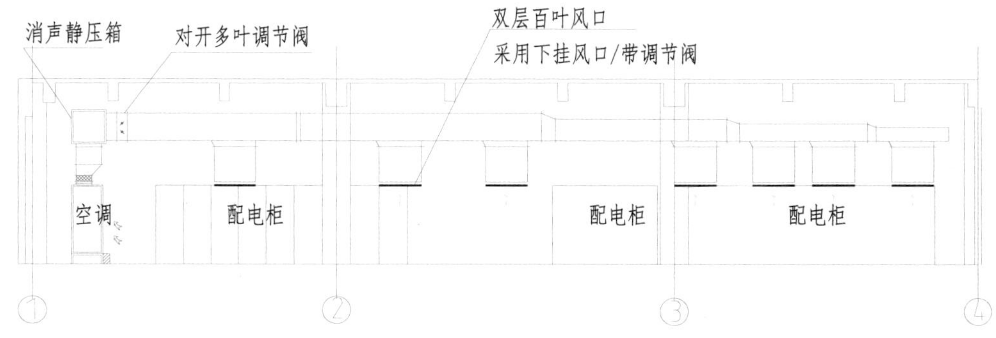

图 5-42 风管上送风示意图

风口将冷风送至机房，提高空调制冷效率，但须考虑合理的送风距离。

（2）风帽上送风

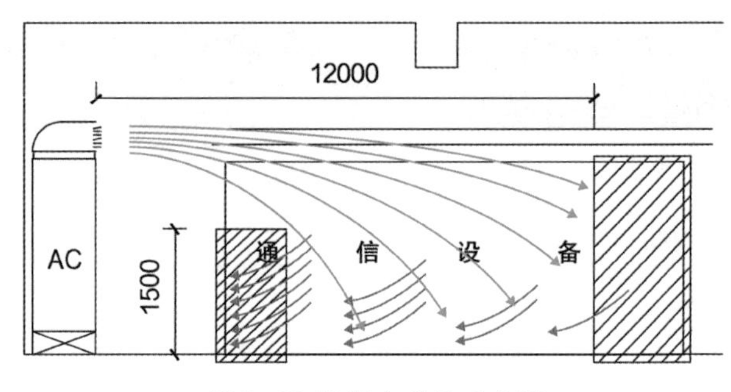

图 5-43 风帽上送风示意图

房间级空调采用风帽上送风（如图 5-43 所示），机组侧回风，通常用于电力机房，也用于无法设置架空地板的改造机房，通常建议用在机房面积不大、进深小，IT 通信设备功耗较小的机房。一般采用上送风精密空调，直接配套风帽、风口将冷风送至机房，机组侧下回风。

2. 下送风

（1）架空地板下送风

架空地板下送风通过下送风精密空调将冷风送至架空地板下，再利用架空地板形成的静压箱将冷风通过地板风口送至机房，为机房提供冷风，通信设备的热量从机柜后部或上部排出，再回到空调机组上部回风口进行处理，以提高空调制冷效率，达到节能目的，如图 5-44 所示。

（2）底部静压箱下送风

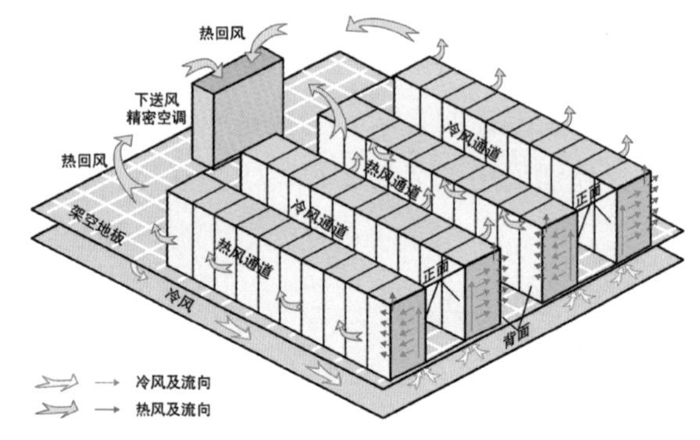

图 5-44 架空地板下送风示意图

房间级空调采用底部静压箱下送风，机组上部回风，通过下送风精密空调将冷风送至底部静压箱，静压箱针对机柜送风通道设置送风口送至机房，为机房提供冷风，通信设备的热量从机柜后部或上部排出，再回到空调机组上部回风口进行处理，以提高空调制冷效率，达到节能目的，如图 5-45 所示。

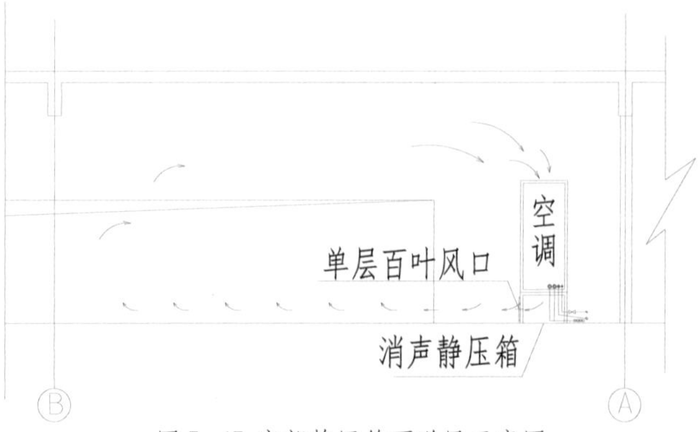

图 5-45 底部静压箱下送风示意图

3. 封闭冷热通道

（1）封闭冷通道，架空地板下送风

封闭冷通道，将冷风送至架空地板下，再利用架空地板形成的静压箱将冷风直接输送至封闭冷通道（冷池）内，带走通信设备内的热量，将其从机柜后部或上部排出，再回到空调机组上部回风口进行处理，以提高空调制冷效率，达到节能的目的，如图 5-46 所示。

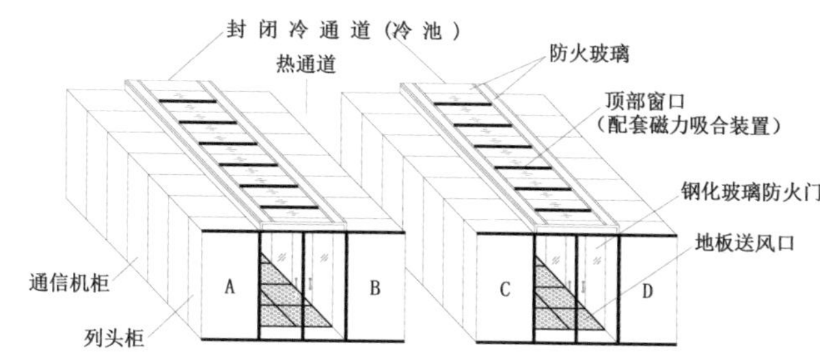

图 5-46 封闭冷通道架空地板下送风示意图

（2）封闭冷通道，行间级空调水平送风

封闭冷通道，采用行间级空调将冷风送至封闭冷通道（冷池）内，带走通信设备内的热量，将其从机柜后部排出，再回到空调机组回风口进行处理，以提高空调制冷效率，达到节能的目的。

（3）封闭热通道，架空地板下送风

封闭热通道，将冷风送至架空地板下，再利用架空地板形成的静压箱通过地板风口将冷风输送至机柜进风侧，采用封闭热通道带走通信设备内的热量，将其从机柜后部或上部排出，再回到空调机组上部回风口进行处理，封闭热通道可通过提高回风温度，相应提高冷水供回水温度，延长自然冷却时间，以达到节能的目的，如图 5-47 所示。

图 5-47 封闭热通道，架空地板下送风示意图

（4）封闭热通道，行间级空调水平送风

封闭热通道，采用行间级空调将冷风送至机柜进风口，采用封闭热通道带走通信设备内的热量，将其从机柜后部排出，再回到空调机组回风口进行处理，封闭热通道可通过提高回风温度，相应提高冷水供回水温度，延长自然冷却时间，以达到节能的目的。

（5）封闭热通道，弥漫送风

封闭热通道，通过房间级精密空调将冷风经格栅风口送至机房，侧向弥漫式送风，封闭热通道将热风从吊顶送至机组上部回风口。封闭热通道可通过提高回风温度，相应提高冷水供回水温度，延长自然冷却时间，以达到节能的目的，如图 5-48 所示。

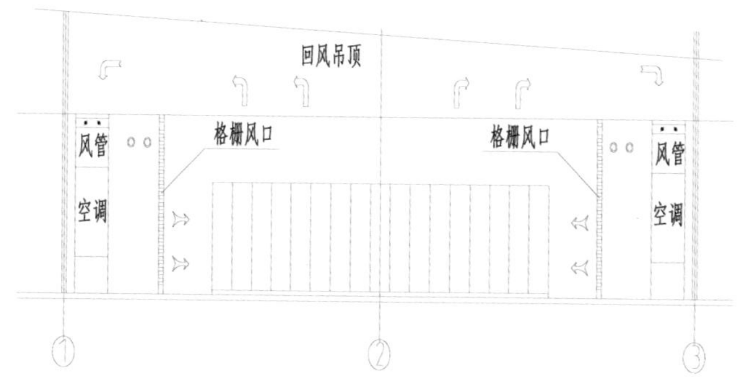

图 5-48 封闭热通道，弥漫送风示意图

五、数据中心制冷系统常用设备

1. 冷水机组

冷水机组是集中水冷和风冷空调系统的主机设备。传统的冷水机组包括水冷离心机组、水冷螺杆机组、磁悬浮离心机组、风冷螺杆机组等，还包括在数据中心大量采用自然冷却技术的主机设备，如一体式蒸发冷凝冷水机组、蒸发冷却冷水机组等。

水冷离心机组分高压、低压离心式冷水机组，高压、低压离心式冷水机组采用变频技术，机组出力与机房负荷贴合紧密，部分负荷运行高效。变频机组启动电流小，对电网冲击小。

磁悬浮离心机组在 50% 低负载下，较普通离心机组大幅减少了耗电量，部分负荷运行节能，适用于初期负荷小、分期建设的数据中心；离心式冷水机组 COP 高、IPLV 值高，变频控制部分负荷效率高，可配合冷却塔实现自然冷却，并具备快速启动的能力。

水冷螺杆机组单台制冷量较小，适用于中小规模数据中心应用。水冷螺杆机组相对水冷离心机组 COP 较低，但变频控制部分负荷效率高，水冷螺杆可配合冷却塔实现自然冷却，风冷螺杆配合干冷器实现自然冷却，并具备快速启动的能力。

一体式蒸发冷凝冷水机组配置双冷冷凝器，包括自然冷却冷凝器，高效利用自然冷源，系统集冷水机组、冷水输配及水处理、配电、集中控制于一体，可快速部署，节能运行。

蒸发冷却冷水机组，利用“干空气能”为自然冷源实现干燥地区数据中心自然冷却。在严寒和寒冷地区，间接蒸发冷水机组可采用乙二醇防冻措施的蒸发冷却冷水机组为数据中心机房制冷系统提供冷源。

数据中心冷水机组对节能要求相对较高，与民用建筑的冷水机组相比，选型要求有很大的不同，具体如下：

（1）冷水机组要求选用高效节能型产品。

（2）冷水机组台数及单机组制冷量的设置宜与数据中心的建设分期匹配。

（3）冷水机组选型需要根据室外气象条件配套相应的自然冷源设施。

（4）冷水机组选型一般都会提高供水温度，加大供回水温差。通常要求供水温度大于 10℃，供回水温差 6℃。

（5）冷水机组需要配置快速启动功能，设备在正常运行时突然断电停机，冷机重新启动直到恢复停电前状态所需的时间不得超过 10min。

（6）冷水机组的负荷调节应能在全负荷的 15% ~ 100% 无极调节。

（7）冷水机组应具备自适应功能，当冷凝压力过高或过低时，可以在报警的同时自动调节负荷（如提供或降低蒸发器出水温度设定值），设备不会因此进入停机或待机状态。

（8）冷水机组需要配置专用控制柜及控制元件，提供相应标准协议的网关，接入自控系统远程控制。

2. 冷却塔

冷却塔是用水作为循环冷却剂，从系统中吸收热量排放至大气中，以降低水温的装置。冷却塔通过水与空调流动接触进行冷热交换，实现蒸发散热，以保证系统的正常运行。

冷却塔从构造上分为开式冷却塔和闭式冷却塔两种类型，如图 5-49 所示。开式冷却塔采用直接蒸发冷却，冷却水与外界空气直接接触，换热效率高，但空气中的污染物易进入冷却水系统污染水质，需要采用化学药剂法和物理水处理法来处理，系统维护工作量较大。数据中心通常采用开式冷却塔＋板式换热器实现水系统自然冷却。闭式冷却塔采用间接蒸发冷却，冷却系统为闭式循环，空气或水与被冷却介质不直接接触，水环路无污染，从而保证系统运行水质安全。闭式冷却塔换热效率高、维护工作量较少，但闭式冷却塔有热交换的盘管，设备所需的扬程高，系统阻力增加，设备初投资较高，冬季运行需考虑防冻措施。

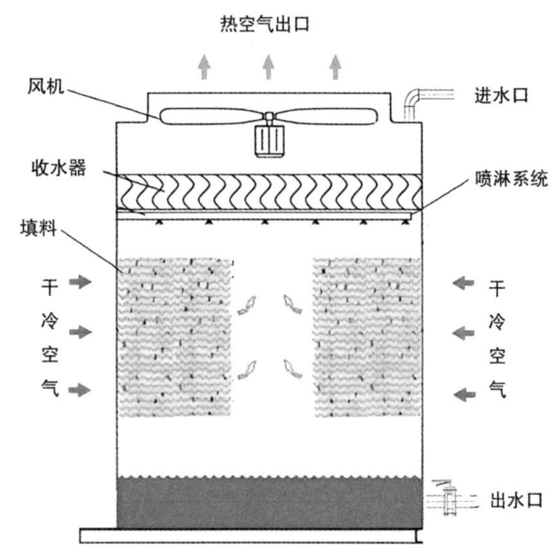

图 5-49 开式冷却塔和闭式冷却塔

冷却塔从形式上分为横流冷却塔和逆流冷却塔两种类型，如图 5-50 所示。横流塔指进入冷却塔的冷空气与喷淋水垂直相交，横流冷却塔的填料在进风侧，与冷空气直接接触，因填料易结冰，严寒、寒冷地区应用需采取防冻措施，严寒地区不建议采用。逆流冷却塔进入冷却塔的冷空气与喷淋水 180° 逆向相交，逆流冷却塔的填料封闭在箱

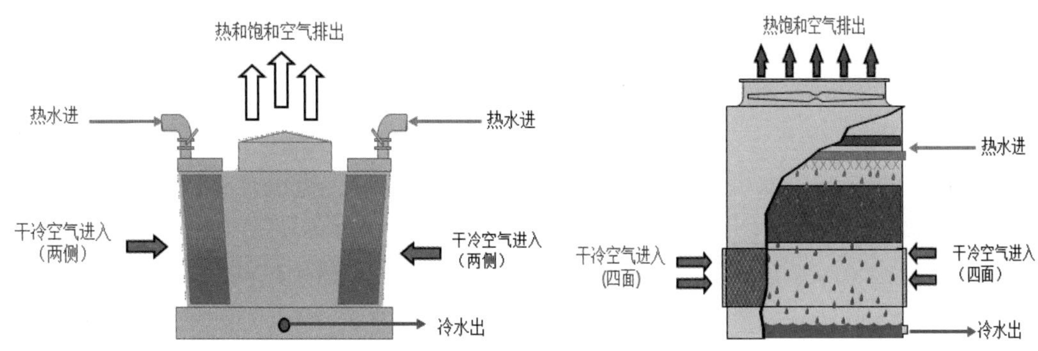

图 5-50 横流冷却塔和逆流冷却塔

体内，避免了与冷空气的直接接触，严寒和寒冷地区也需要采取措施防止箱体内的填料结冰，保证冷却效率。

冷却塔从材质上分为钢制冷却塔和玻璃钢冷却塔两种类型，钢制冷却塔通常采用进口 G235（Z700）热镀锌钢板、304 标准不锈钢等材料，钢制冷却塔结构强度高，抗风雪能力强，性能稳定，防火性能好，不可燃，使用寿命长。数据中心以及对冷却塔设备性能要求高的工业建筑和民用建筑会优先采用钢制冷却塔。玻璃钢冷却塔一般采用增强玻璃纤维材质，高温下结构强度下降，非防火材料，遇明火易燃，使用寿命与钢制冷却塔相比较短，数据中心冷却塔因冬季运行，对产品质量要求高，不建议采用玻璃钢冷却塔。

冷却塔在数据中心集中水冷冷水系统和冷却水系统中是一个非常关键和节能的设备，与民用建筑的冷却塔相比，在冷却塔的选型要求、运行工况上都有很大的不同，具体如下：

（1）数据中心全年制冷，集中水冷系统中的冷却塔选型需同时满足夏季、冬季工况要求；

（2）冷却塔选型中的夏季湿球温度建议根据夏季空调室外计算湿球温度或者当地极端湿球温度，具体可结合项目的设计要求和客户要求确定；

（3）数据中心冷却塔全年运行，建议选用钢制冷却塔，保证设备质量；

（4）冷却塔风机建议采用变频风机，通过降低风机转速确保冷却塔出水温度在控制范围内，特别是严寒和寒冷地区冷却塔出水温度要充分考虑防冻问题。

（5）数据中心冷却塔全年运行，水资源消耗大，须考虑水资源保障，包括双路供水、有无中水系统、后备水源保障等。

3. 间接蒸发冷却机组

间接蒸发冷却是空气通过换热器与经蒸发冷却的水或空气进行热交换，具有较高的能效比，特别是在具有较低湿球温度和较大干湿球温度差的地区，其运行节能效果明显，是数据中心在干冷地区推广应用的一种节能技术，配合快速部署，系统通常配套直接膨胀电制冷设备辅助制冷，可根据数据中心的等级要求采用不间断电源保障连续制冷。间接蒸发冷却机组通常有侧面安装和屋面安装两种方式。

数据中心采用间接蒸发冷却机组，需要根据不同等级数据机房的要求进行不同配置，具体如下：

（1）间接蒸发冷却机组风机通常采用变频控制，以满足部分负荷运行和冬季防冻要求；

（2）间接蒸发冷却系统需根据当地水质情况配套水处理设施；

（3）A 级数据机房需配置 12 小时储水量；

（4）A 级数据机房间接蒸发冷却机组和蒸发冷却冷水机组的风机、循环泵均需采用不间断电源保障连续制冷，直膨式辅助电制冷等设备也需采用不间断电源保证连续制冷；

（5）间接蒸发冷却机组采用机房侧面多层布置时，需考虑室外侧进排风空间需求，屋面布置时需考虑防水措施。

4. 换热器

换热器是用来实现热量从热流体传递到冷流体的装置。数据中心通常采用板式换热器，通过冷却塔 + 板式换热器实现自然冷却，随着室外气候条件的变化，冷水系统实现三种运行模式：电制冷模式、完全自然冷却模式、部分自然冷却模式。板式换热器作为节能组件，对数据中心的节能效果影响重大，板式换热器的配置应与空调系统的可靠性要求一致。

数据中心的板式换热器将保持全年制冷的运行工况，因此提供的设备必须质量稳定、可靠，使用寿命长，且节能环保。板式换热器设备配置要求相对较高，通常板片采用 AISI 304 不锈钢制造，一次压制成形；板片板厚≥ 0.5mm；导杆、支柱采用 45# 优质碳素钢等坚固金属材料制造，并喷漆或采用其他方法进行防锈处理；夹紧螺栓、框架固定板、压紧板等采用优质碳素钢，表面进行防锈处理，符合 ISO 630 标准。

5. 蓄冷罐

为了保证连续冷却，冷水系统通常设有蓄冷装置。蓄冷技术按蓄冷介质可分为水蓄冷、冰蓄冷、其他相变蓄冷材料蓄冷等。与冰蓄冷相比，水蓄冷可利用原系统冷水机组而不需要另设冷源设备，冷机的 COP 较高，系统能耗较低，蓄冷罐内冷水温度与系统中冷水温度相近，可以直接使用，系统控制简单，运行可靠，可以快速投入使用。因此，数据中心冷水系统的连续供冷一般使用水蓄冷系统。

蓄冷罐是一种水蓄冷设施，利用水在不同温度时密度不同的特性，通过布水系统使不同温度的水保持分层，从而避免冷水和温水混合造成冷量损失，达到蓄冷目的，通常包含水罐本体、布水器、液位计、测温元件、保冷层、爬梯、栏杆和防雷装置等。

蓄冷罐作为连续供冷设备，A 级机房蓄水时间不应小于不间断电源设备的供电时间，一般按 15 分钟设置；兼作削峰填谷蓄冷设备时，增加的蓄水时间根据项目需求经经济评价后确定。

蓄冷罐分为开式蓄冷罐和闭式蓄冷罐。开式蓄冷罐一般并联设置于水系统中，使其液位高度高于系统最高点，用作水系统定压设备。开式蓄冷罐须配置氮封装置，以保障水质。闭式蓄冷罐为压力容器，一般并联或串联设置于水系统中，数据中心通常要求在线切换，通过阀门切换实现充放冷，需要配置水系统定压设备，如图 5-51 所示。

开式蓄冷罐一般用于多层建筑，室外安装。按数据中心不同等级要求，蓄冷罐蓄水时间通常按 15 分钟设置，以满足电子信息设备连续供冷的运行要求。

开式蓄冷罐技术成熟，造价相对较低，蓄冷效率高，可根据建筑层高、场地空间情况合理选用。

闭式蓄冷罐为压力容器，单台容量较小，通常多台配置，造价相对较高，可根据建筑层高、场地空间以及运输条件等合理选用。

图 5-51 开式蓄冷罐和闭式蓄冷罐

6. 水泵

数据中心空调水系统中常用的水泵主要有三种：双吸水泵、端吸水泵和立式泵，双吸水泵流量大、效率高，一般为平进平出（部分因空间受限采用上进上出），运行时无径向压力，设备使用寿命长，适用于单台流量大于 500m^3/h 的系统。端吸水泵为一端进上出，有轴向压力，适用于单台流量不大于 500m^3/h 的系统。立式泵主要用于机房空间紧张的场所，在数据中心较少采用，一般用于补水泵、喷淋泵等。

数据中心水泵各部件配置：叶轮优先采用青铜合金精密铸造或压制；采用不锈钢轴，碳化硅或碳化钨机械密封，橡胶部分材质为 EPDM，无故障运行时间不少于 2 万小时，累计运行寿命不少于 10 万小时；免维护轴承、电机效率等级为 EFF1，防护等级为 IP55，绝缘等级为 F，变频器采用风机水泵类专用变频器；等等。

数据中心将保持全年制冷的运行工况，因此保证水力输送的设备必须质量稳定、可靠，使用寿命长，且节能环保，设备配置要求相对较高，具体如下。

（1）应选择能效较高的水泵，效率建议不低于 80%，水泵应运行在最高效率点附近，降低输配能耗。

（2）每台水泵均需由生产厂家配套一对一变频控制柜及标准减振基础。

（3）水泵变频控制柜须一对一配变频器、变频调速控制系统和变频控制柜，水泵须具备变频和工频切换功能（软启动或星 ± 三角启动）；变频控制柜具有双路电源接线功能。水泵变频控制系统应带有相关通信接口，可实现对水泵的远程启停及频率控制，并能检测下列参数。

①水泵运行或停止状况信号。

②水泵、变频器及传感器的各种故障状态信号。

③各变频器输出频率信号。

④各压差（或温差）感应器测量输出信号。

⑤各流量传感器测量输出信号。

⑥各控制器压差值远程设定。

⑦就地手动控制状态信号。

⑧尚须提供的其他信号。

7. 末端设备

数据中心末端设备种类较多，通常分为房间级精密空调、行间级精密空调、机柜级—背板空调等，因液冷冷却的特殊性，一般由液冷设备生产商完成。

（1）房间级精密空调

房间级精密空调有风冷直膨精密空调、冷却水直膨精密空调、冷水型精密空调，以及节能型智能双循环风冷直膨精密空调。

风冷直膨精密空调通常在机房内一侧或双侧布置，采用风帽或风管上送风，或采用下送风、侧送风与封闭冷、热通道配合应用，空调室外机可采用集中冷凝器，如图5-52所示。

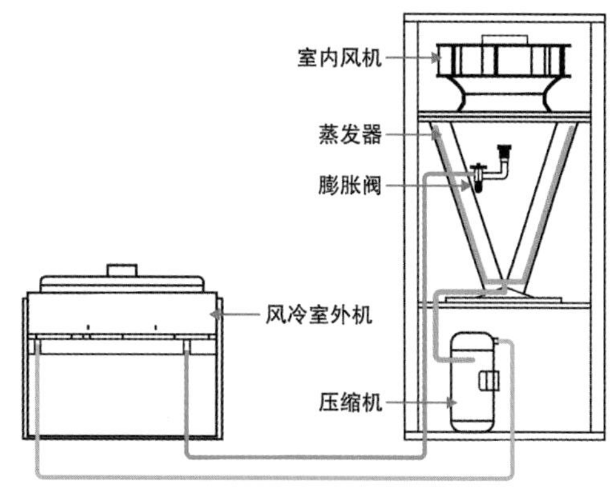

图 5-52 风冷直膨精密空调

冷却水直膨精密空调和风冷直膨精密空调相比，增加了内置水冷冷凝器，减少了室外风冷冷凝器。空调室内机通常在机房内一侧或双侧布置，采用风帽或风管上送风，或采用下送风、侧送风与封闭冷、热通道配合应用。冷却水直膨精密空调通常与壳管冷凝器或板式换热器配合应用。

冷水型精密空调和风冷直膨精密空调相比，减少了室内压缩机和室外风冷冷凝器，机组通常在机房内一侧或双侧布置，采用风帽或风管上送风，或采用下送风、侧送风与封闭冷、热通道配合应用。冷水型精密空调设备区通常会设置隔断，以防水进入机房。

智能双循环风冷直膨精密空调（如图5-53所示），采用“泵循环”和“压缩机循环”，两个循环共用一套系统，通过控制系统自动切换运行模式，实现节能运行，空调机组通常在机房内一侧或双侧布置，采用风帽或风管上送风，或采用下送风、侧送风与封闭冷、热通道配合应用，空

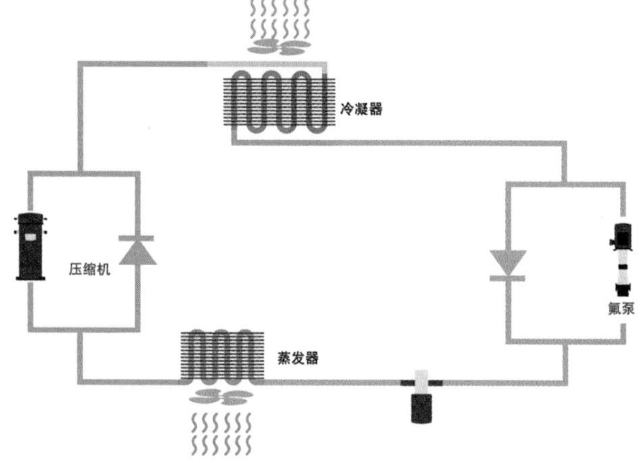

图 5-53 智能双循环风冷直膨精密空调系统

调室外机可采用集中冷凝器，如图 5-54 所示。

数据中心对房间级精密空调的要求较高，具体关注点如下：空调机组的输入电源为 380V/3P/50Hz，要求带有通信接口，通信协议应满足数据中心监控系统的要求，监控的主要参数应接入数据中心监控系统，并记录、显示和报警，设备建议采用变频控制。设备一般采用送风温度控制，空调机组运行在露点温度以上。空调室内外机的最大管长、最大高差均应符合产品的技术标准，同时兼顾能效比，噪声指标应满足当地环境指标要求。采用风冷直膨精密空调时，空调室外机设置应符合下列规定：应确保进排风通畅，避免气流短路和热岛效应；噪声指标应满足当地环境指标要求；室外机宜考虑维护便利性。

智能双循环机组泵循环模式下应能提供 100% 的冷量。

（2）行间级精密空调

行间级精密空调（如图 5-55 所示）有风冷直膨行间空调、冷却水直膨行间空调、冷水行间空调，以及节能型的智能双循环风冷直膨行间空调。

风冷直膨行间空调（如图 5-56 所示）机组在机柜行间布置，空调机组就近水平送风，降低了送回风能耗，通常与封闭冷通道或封闭热通道配合应用。空调室外机可采用集中冷凝器。

冷却水直膨行间空调（如图 5-57 所示），在机柜行间布置，就近水平送风，降低了送回风能耗，通常采用封闭冷通道或封闭热通道布局。一般与壳管冷凝器或板式换热器配合应用，实现冷凝侧散热。

冷水行间空调（如图 5-58 所示），在机柜行间布置，就近水平送风，降低了送回风

图 5-54 氟泵、普通冷凝器和集中冷凝器

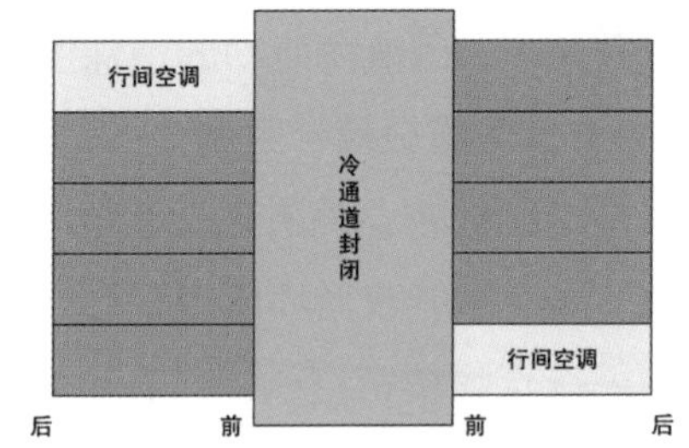

图 5-55 行间级精密空调布置示意图

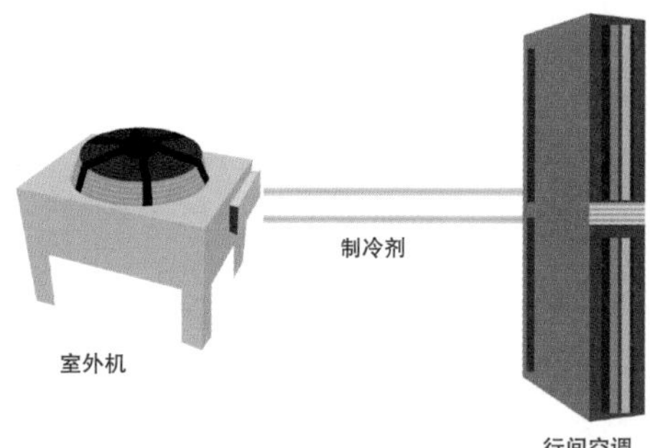

图 5-56 风冷直膨行间空调系统示意图

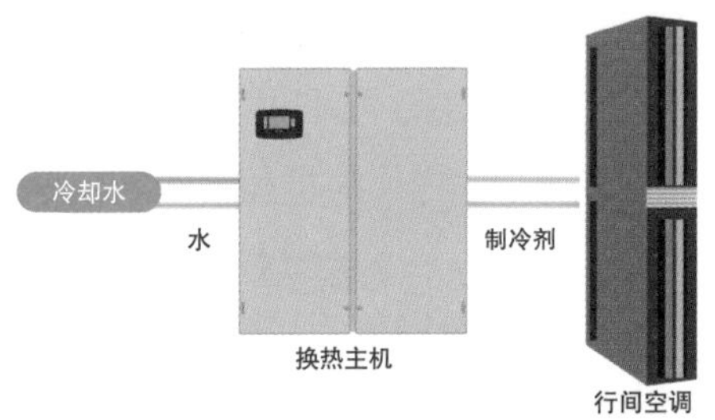

图 5-57 冷却水直膨行间空调系统示意图

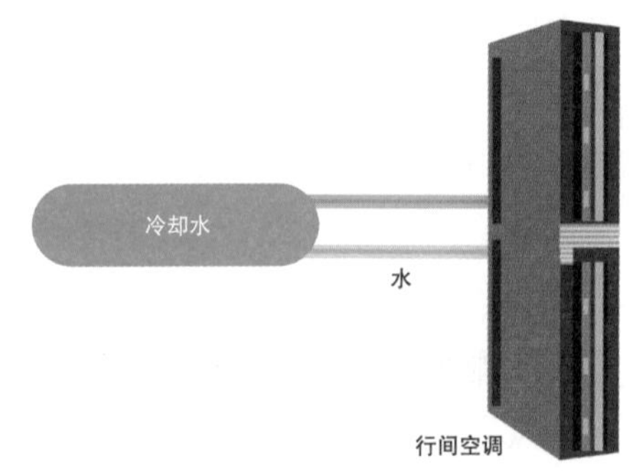

图 5-58 冷水行间空调系统示意图

能耗，通常采用封闭冷通道或封闭热通道布局。冷水行间空调通过与集中冷水系统同程系统连接实现制冷。

智能双循环风冷直膨行间空调，采用“泵循环”和“压缩机循环”，两个循环共用一套系统。通过控制系统自动切换运行模式，实现节能运行。空调机组在机柜行间布置，就近水平送风，降低了送回风能耗，通常采用封闭冷通道或封闭热通道布局。空调室外机可采用集中冷凝器。

热管行间空调采用重力热管或动力热管系统，重力热管依靠系统高差进行制冷剂循环，不设泵组件，动力热管设置泵组件，热管系统通过制冷剂循环实现热量的转移而制冷。空调机组在机柜行间布置，就近水平送冷风，降低了送回风能耗，通常采用封闭冷通道或封闭热通道布局。

行间级空调室内外机的最大管长、最大高差均应符合产品的技术标准，同时兼顾能效比，噪声指标应满足当地环境指标要求。

空调室外机安装须考虑安装空间，同时考虑噪声和散热问题。

智能双循环机组泵循环模式下应能提供 100% 的冷量。

热管行间空调需考虑换热器的安装高度。

（3）机柜级—背板空调

背板空调主要有重力热管背板、动力热管背板、冷水背板三种形式。

重力热管背板安装在机架后门，依靠工质相变实现传热。重力热管背板与通信机架结合就近制冷，降低风机功率、提高制冷效率。重力热管背板一般采用双盘管布置。

动力热管背板安装在机架后门，靠制冷剂泵驱动制冷循环，通过工质相变来实现传热。动力热管背板与通信机架结合就近制冷，降低风机功率、提高制冷效率。动力热管背板一般采用双盘管布置。

冷水背板安装在机架后门或前门，通过水盘管换热器直接冷却 IT 设备的排风。冷水背板与通信机架结合就近制冷，降低风机功率，从而提高制冷效率，须做好防水处理。冷水背板可采用单盘管或双盘管布置，如图 5-59 所示。

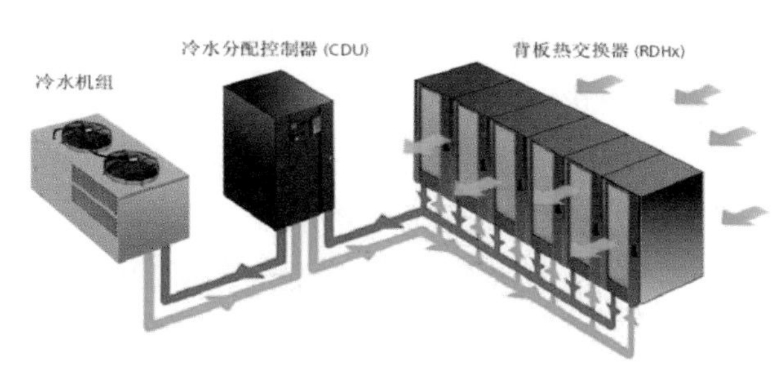

图 5-59 冷水背板系统示意图

数据中心背板空调的要求较高，具体关注点如下：空调机组输入电源为 220V 单相，要求带有通信接口，通信协议应满足数据中心监控系统的要求，监控的主要参数应接入数据中心监控系统，并记录、显示和报警。背板空调要求采用送风温度控制，空调运行在露点温度以上，严禁结露。背板空调尺寸需要配合机柜尺寸定制。背板空调风机一般采用热插拔设计，便于维护。重力热管背板需考虑换热器的安装位置。冷水背板进出管道宜采用插拔连接，管道需要考虑水力平衡。

8. 加湿设备

数据中心末端精密空调可自带加湿模块，但其加湿采用电极加湿较多，不节能；目前，新建数据中心更多采用独立湿膜加湿器取代各精密空调机组内的加湿器，以节省加湿所消耗的电能。

加湿机采用湿膜加湿，其工作原理是：洁净的自来水（或水箱水）通过进水管路和电磁阀送到湿膜加湿柜机内的循环水槽中，循环水泵将水槽中的水送到湿膜顶部布水器，湿膜布水器将水均匀分布，水在重力作用下沿湿膜表面从上往下流，将湿膜表面润湿。当空气流过潮湿的湿膜时，湿膜表面的水蒸发，使空气湿度增加，温度下降。从湿膜上流下来的未蒸发的水流进循环水槽，再由循环水泵送到湿膜顶部，这样不断循环，从而达到连续加湿降温的目的，如图5-60所示。

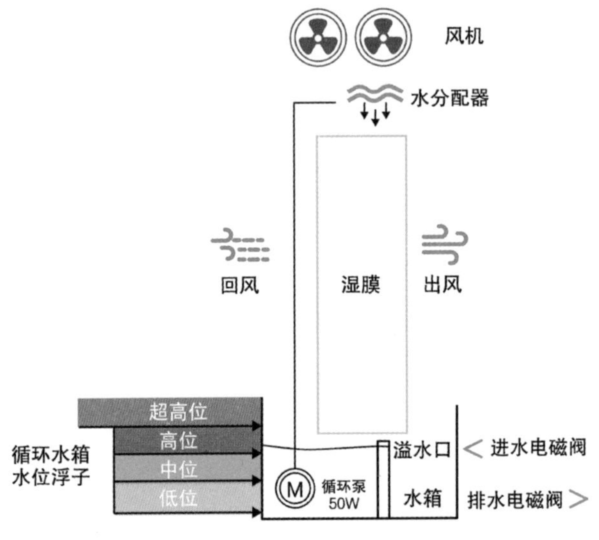

图 5-60 湿膜加湿工作原理示意图

加湿器应具备控制加湿量的功能，湿度可进行设置，并可按照设置的湿度要求自动调节控制机组运行、显示工作状态；对湿度的控制应能保证在设定控制点和精度控制范围内；室内湿度波动超限时，能自动发出报警信号。

（1）湿度控制范围：40 ~ 60%RH（控制器可调范围 0 ~ 99%RH）。

（2）湿度控制精度：±5%RH。

加湿系统具有液晶显示器，能显示湿度值和湿度设定值，风机运行模式状态，水箱水位状态，湿度设定状态，远程监控状态，手动、自动运行状态，进水、排水的状态。每台机组都应具有独立的控制系统、显示器和湿度传感器，以保证每台机组的正常运行及高精度运行。

9. 全自动智能加药装置

数据中心采用集中水冷空调系统，冬季或过渡季节通常采用冷却塔 + 板式换热器自然冷却节能技术，冷却塔全年运行，由于冷却塔系统为开式，存在结垢、沉积、微生物腐蚀引起管道堵塞、腐蚀，设备传热效率降低等问题，为保证冷却水系统正常运行、满足环保排放要求，数据中心的冷却水系统通常设置全自动加药装置，进行智能控制。

加药装置通常由溶液罐、若干法兰、阀门等组成，配置计量泵，计量泵为一用一备，这样方便用户在不停机的状态下进行检修、更换配件。主要部件有溶液罐、搅拌器、液位计、过滤器、安全阀、计量泵、缓冲器、球阀、止回阀、截止阀 、在线检测、压力表及相应管道等。

全自动加药装置要求具有性能稳定、能耗低、断电后能自动重启、外观美观、结构紧凑、占地面积小、操作方便、维修简单等特点；全自动加药装置须同时具有阻垢、杀菌、防腐的功能， 系统加药处理后循环冷却水的水质达到 GB 50050—2007《工业循环冷却水处理设计规范》中的水质标准要求；加药装置所有管道、阀门及配件应满足系统压力和耐腐蚀的要求。

10. 砂过滤器

冷却水砂过滤器是一种工业级装置，它是以石英砂为过滤介质，清除冷却水系统中大量的悬浮物和颗粒固体杂质，使系统水质达到排放标准。运行过程中，设备无须过滤介质替换，通过反冲洗就能将截留的悬浮物及污染物杂质排出设备，使设备恢复使用性能。由于砂过滤器性能稳定，便于维护，已在数据中心的冷却水系统中大规模应用。

砂过滤器主要由过滤槽、内部分配系统、过滤介质、管道和阀门以及控制系统等组成。砂过滤器作为旁滤水处理设备，水处理量要求不低于冷却循环水流量的 5%。设备过滤性能要求保证 10μm 及以上杂质颗粒的清除率达到 90% 以上。

第四节　数据中心智能化系统

一、系统架构

基于智能化系统的现状及发展趋势，数据中心智能化系统的典型功能架构和硬件部署架构如图 5-61 所示。

1. 功能架构

智能监控管理系统在功能设计上应选用模块化、松耦合设计的产品，确保各模块之间相互联系又互相独立，任何模块出现故障都不会影响同级别的其他模块的正常工作；同时可根据业务发展的需求，灵活地扩充更多关联性的功能模块。

智能监控管理系统功能模块一般分为四大功能层级。

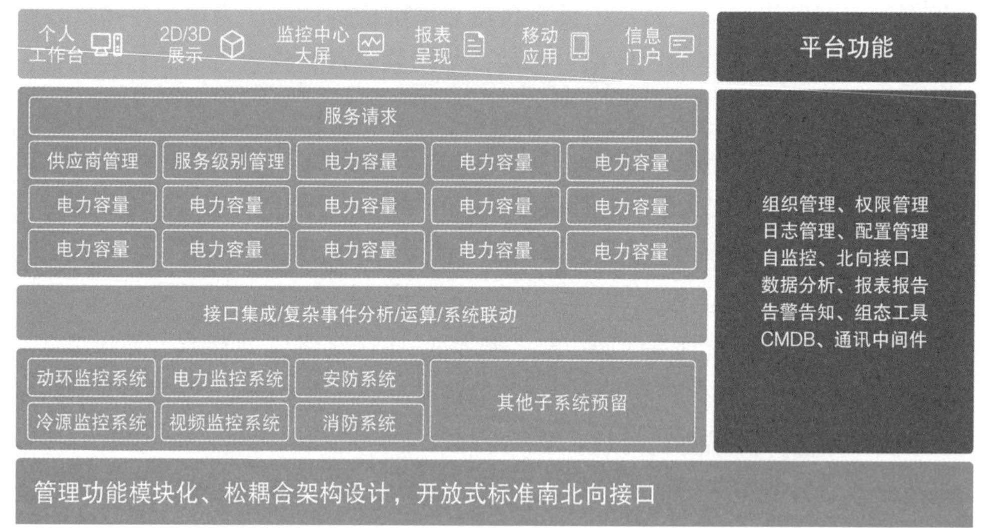

图 5-61 智能监控管理系统典型功能架构

（1）第一功能层级：数据采集层

面向数据中心的电力、环境、安防、消防、冷源等各大子系统，实现一体化数据采集；前端通过安装采集代理，分别采集来自下层专业子系统的数据。

（2）第二功能层级：集中处理层

通过系统数据分析模块对采集上来的数据进行统一梳理、清洗、运算分析、存储、图形化组态，根据每个用户的权限进行数据区分；通过告警告知模块，将前端系统的报警事件先经过复杂事件处理，然后将处理后的报警结果分级分类发送给指定运维人员；通过报表报告模块对历史大数据进行统计分析，将预测结果和累计结果发给运维人员做判断。

（3）第三功能层级：运行管理应用层

运行管理分为机房基础设施资源管理和日常运行管理两个方面：一是针对机房基础设施资源的管理，包括设施监控、资产管理、容量管理、能效管理等，这些管理模块会将所有基础设施的运行信息进行关联化处理和可视化呈现，并为数据中心的资源使用及规划提供必要的数据支撑、基本的辅助工具；二是基于 ITIL 体系构建的日常运行管理，包括个人工作台、服务请求管理、巡检管理、值班管理、维保管理、维修管理、变更管理、服务级别、供应商管理、知识管理、应急管理等。这些管理模块会对基础设施信息和运维人员的工作进行合规化管理，以提升运维管理人员工作的电子化、流程化、智能化水平。

（4）第四功能层级：交互展示层

交互展示层包括个人工作台展示、报表报告展示、大屏应用展示、移动终端等相关应用，系统所有的数据展示及信息交互都会在交互展示层上统一实现。

2. 部署架构

（1）典型部署架构一：面向单栋数据中心场景的智能监控管理系统的硬件部署

如图 5-62 所示，整个智能监控管理系统主要由以下 3 个部分组成：现场采集层、集中监控层、远程浏览层。各部分的主要作用如下。

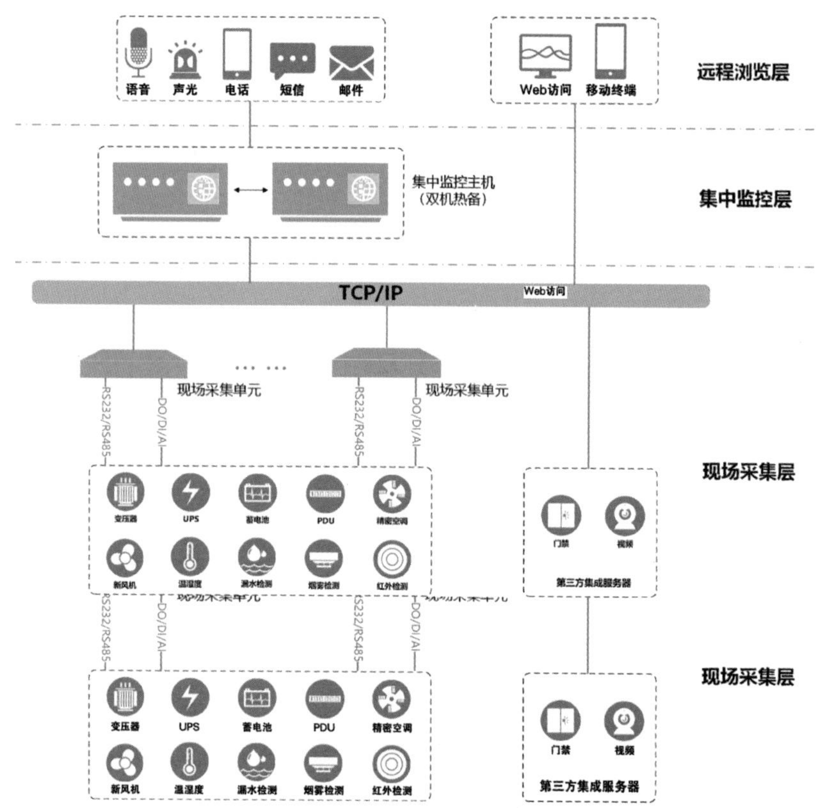

图 5-62 面向单栋数据中心场景的智能监控管理系统硬件部署

现场采集层：由各种传感器、安防设备、采集设备、第三方集成服务器等组成，采集如 UPS、蓄电池、配电柜、空调、温湿度、漏水等设备的数据信息。现场采集设备采用工业级硬件设计，具备多层防护功能；具备良好的接地及电磁兼容性设计，能有效避免电磁干扰，保证数据及报警准确；高度集成化，内置绝大多数通用采集协议，可随时根据需求进行协议扩展；物理接口种类丰富，无须外置转换模块即实现各类数据的采集；具备数据处理、数据过滤及数据缓存功能，以降低上层平台的运算负荷，并在出现突发状况时（如网络中断），保障采集数据的完整性。现场采集设备采用分布式部署方案，任一设备发生故障时都不会影响其他设备的正常运行。现场采集层将数据信息上传至集中监控系统平台，同时接受集中监控系统平台的管控。

集中监控层：部署集中监控系统平台，负责将下层设备上的各种信息进行处理、分析、存储、展示及上传，处理所有的告警信息，记录告警事件，并发送告警通知；同时负责将控制命令发送至下层设备，可以实现对现场设备的远程控制。平台具有强大的数据处理能力，实现各种数据分析、数据管理、告警管理、报表管理、权限管理、日志管理和组态配置等功能，同时可实现各种运行管理功能，如资产管理、容量管理、巡检管理、维保管理等。

远程浏览层：系统支持多种告警通知方式（包括但不限于现场语音、声光、短信、电话、邮件、App、微信等），在告警产生时可及时有效地通知运维人员，并且具备 Web 浏览器及移动终端访问方式，便于运维人员随时随地了解机房的工作状况。

（2）典型部署架构二：面向园区级数据中心场景的智能监控管理系统的硬件部署

如图 5-63 所示，单个区域可以理解为独栋数据中心的独立智能化系统，园区级数据中心以物理区域作为划分，单独建立独立智能化系统，面向整个园区，可建设集中智能监控管理平台，实现对整个园区的智能化管理。硬件部署图中的各层级功能与面向单栋数据中心场景的智能监控管理系统硬件部署类似，不做重复描述。

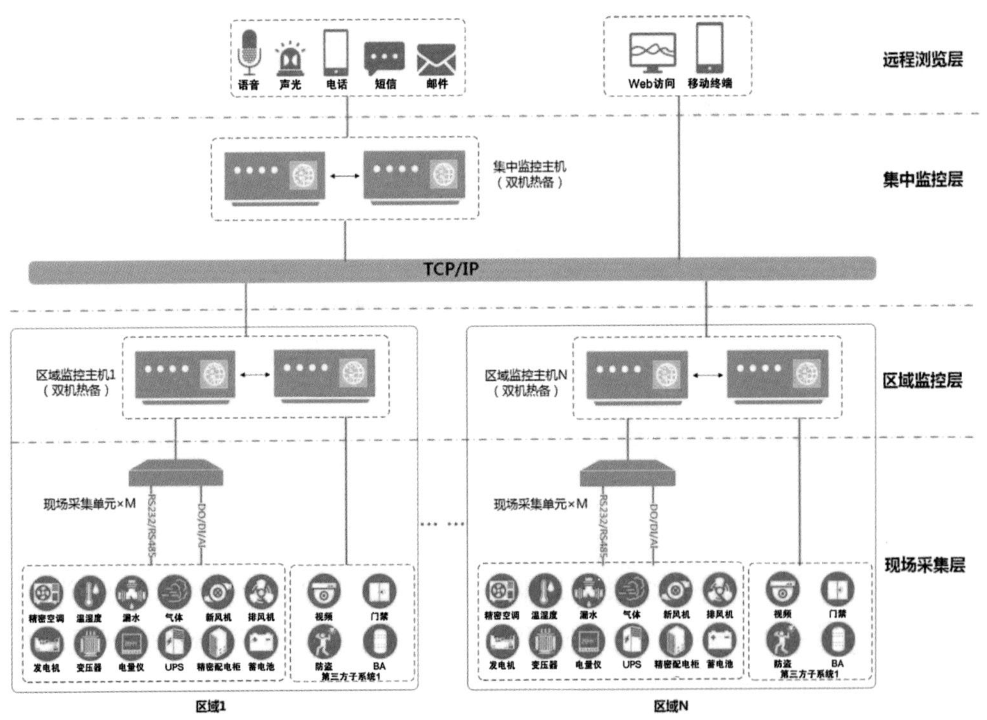

图 5-63 面向园区级数据中心场景的智能化监控管理系统硬件部署图

二、一体化监控

1. 功能概述

智能化系统功能主要完成数据集成、分析处理、控制、存储、展示，使用户能实时掌控数据中心的基础设施运行情况，辅助运维团队提升数据中心能效、资源利用率与可用性。 而基础设施一体化监控是实现智能化运维、全局调优的必要条件，是建设智能化系统的必由之路。

一体化监控采用扁平化的系统架构设计，即对所有基础设施监控对象不再分专业类别，而是就近接入采集处理器 / 控制器，从而简化了系统架构。一体化监控架构的采用，能有效解决多专业子系统带来的数据孤岛、权限管理困难等诸多问题，能有效提高关联基础设施之间的信息交互，从而更为便捷地实现基础设施之间数据的互联互通以及联动控制逻辑。

一体化监控针对于基础设施监控对象应分为四种监控方式：只监不控、非可靠控制、可靠控制、 独立闭环控制，对于可靠控制场景应采用 PLC 控制器实现，非可靠控制可由其他采集设备实现，从而实现强健可靠的监控系统。

2. 采集服务

（1）综合采集服务

通过对冷源监控系统、空调及环境设备、供配电设备、安全技术防范系统的接口协议进行解析，完成数据采集。综合采集服务功能的主要特性有：采集协议应采用行业主流规范，常见协议有 ModBus、SNMP、ODCC 等；可配置采集测点，屏蔽不关注数据；可设置默认安全阈值及对采集到的数据进行基本过滤，减少或消除误报、漏报；设备级故障定位，减少无效数据的存储与上传。

（2）IT 资产专用采集服务

通过 IT 资产识别技术应用，对于资产的属性信息、操作信息进行采集，可提升数据中心资产管理效率。资产采集的主要特性有以下几个：采用自动化盘点技术实现在架资产、库房资产、办公资产全域管理，如 U 位检测终端、条形码 / 二维码、RFID 等技术方式；对于设备属性信息的采集范围应包含 U 位高度、额定功率、品牌、厂商、型号等基础信息；U 位检测终端应具备多色状态指示灯功能，指示不同的资产在架状态；U 位检测终端宜整机采用非美国器件，核心芯片应国产制造；为便于适配机柜安装位置，U 位检测终端规格应满足宽度不超过 18mm、厚度不超过 7mm 的要求；U 位检测终端应具备机柜前面板上、中、下三点进风温度监测功能，实现机柜进风温度监测。

（3）电池监测采集服务

通过电池监测采集系统可监测电池的运行参数和工作状态，并对监测到的信息进行保存、分析，对异常信息进行报警。电池监测采集服务主要特性有：可采集电池单体电压、单体内阻、单体极柱温度、组电压、组电流参数。采集关键参数精度，单体电压测量精度 ±0.1%；单体内阻测量精度 ±2%；单体温度测量精度 ±1℃。电池采集网关应提供智能通信接口，将数据上传至智能化系统，并可通过电池柱状图、曲线图等迅速找到异常电池。

（4）PLC 控制服务

通过 PLC 控制系统对前端监控设备进行可靠性监控管理，并对监测到的信息进行存储、处理分析、逻辑控制，上层监控系统可对本地 PLC 进行远程调控。PLC 控制的主要特性有以下几个：PLC 控制网关具备主板、输入输出、存储等方面的可靠性设计，支持热备冗余配置和热插拔功能；支持可扩展 I/O 板卡，支持测点容量扩容接入；PLC 控制网关应采用 Linux 系统，兼容多种组态软件，提供编程工具。

3. 区域监控采集服务

面向数据中心多物理区域、多监控对象等特点，必须部署具备区域采集能力的设备，在采集层实现实时、可靠控制的能力。区域监控采集的主要特性有：具备丰富的智能串口和 I/O 接口；拥有可配策略的数据存储，且存储不少于 7 天的数据，并支持断点续传；支持底端协议解析、策略控制、数据处理；支持远程调试与维护。

4. 集中监控服务

集中监控服务负责对下层设备上传的各种信息进行存储、处理、分析和展示，并负责将控制命令下发至前端设备，实现远程控制。集中监控服务应具有强大的集成与被集成能力，通过标准通信协议实现不同系统间的互联互通。集中监控服务的主要特性有以下几个：具备友好的中文操作界面，支持图形化设计，具备电子地图功能；采用 B/S 架构，无须任何插件，直接通过 Web 浏览器进行访问、浏览和操作；提供多种界面风格，可根据不同的使用场景进行切换，提供人性化的交互体验；支持将同类设备集中在一个页面进行展示，便于运维人员根据个人的权限范围及业务职责进行查看；通过 3D 仿真实际数据中心结构布局，让用户更清晰、准确地定位故障点；内置策略分析引擎，对下层设备进行联动控制，支持定时控制及远程控制功能；内置复杂事件分析引擎，对产生的告警进行过滤、分类、屏蔽、升级等操作。

5. 监控对象

智能化系统需要充分覆盖数据中心监控对象，要有足够的兼容性，既能很好地接入具有智能接口的设备 / 子系统，也能接入非智能传感器、执行机构，还能支持各相对独立的专用系统的集成，满足各种用户场景对监控一体化的需求。

数据中心监控管理对象的范围见表 5-3。

表 5-3　数据中心监控对象范围一览表

序号	类别	监控对象	监测内容	监测	控制	控制监控类型	备注
1	冷站设备	冷水机组	机组累计运行时间、压缩机累计运行时间、冷机运行百分比、冷冻水出水温度、冷冻水进水温度、冷却水出水温度、冷却水进水温度、冷凝压力、蒸发压力、蒸发器饱和温度、冷凝器饱和温度、冷凝器小温差、蒸发器小温差、油压、油温、压缩机启停次数、压缩机喘振次数、冷机运行频率、冷机输出功率、蓄冷液位、板换投入保持时间、其他告警	●	●	可靠控制	
2		冷冻变频水泵		●	●	可靠控制	
3		冷却变频水泵		●	●	可靠控制	
4		冷却塔变频风机		●	●	可靠控制	
5		各类电动阀门（开关阀、调节阀）		●	●	可靠控制	
6		冷塔电加热		●	●	可靠控制	
7		板换 / 蓄冷罐		●			
8		温度、压力、流量、压差、液位		●		参与可靠控制	
9	冷站辅助设备	加药装置	药剂浓度、pH 值、电导率、浊度、补水泵频率、保压罐压力、风机频率控制、风机频率反馈、风机累计运行时间、冷却塔出水温度、冷塔三通阀开度控制、冷塔三通阀开度反馈、水泵启停状态、水表读数、其他告警	●			
10		RO 水处理 / 软化水系统		●			
11		闭式系统定压装置		●			
12		冷却水旁滤装置		●			
13		冷塔补水装置		●			
14		潜污泵		●	●	非可靠控制	
15		水池、开式冷罐液位、集水井液位		●			
16		送排风设备		●	●	非可靠控制	
17		生活水泵		●			
18		远传水表		●			

续表

序号	类别	监控对象	监测内容	监测	控制	控制监控类型	备注
19	空调及环境设备	水冷精密空调	机组累计运行时间、风机累计运行时间、风机转速百分比反馈、水阀开度百分比反馈、回风温度、送风温度、回风湿度、送风湿度、扩展温度、扩展湿度、水路进水温度、水路出水温度、滤网前后压差、冷热通道压差、电加热累计运行时间、加湿器累计运行时间、其他告警	●	●	独立闭环控制	
20		风冷精密空调 / 间接蒸发空调	机组累计运行时间、风机累计运行时间、压缩机累计运行时间、风机转速百分比反馈、回风温度、送风温度、回风湿度、送风湿度、扩展温度、扩展湿度、滤网前后压差、冷热通道压差、电加热累计运行时间、加湿器累计运行时间、压缩机转速百分比反馈	●	●	独立闭环控制	
21		加除湿机	湿度测量值、系统运行状态、其他告警	●	●	非可靠控制	
22		温湿度	温度、湿度、露点温度	●			
23		新风机	送风温度、送风湿度、送风机转速百分比反馈、送风阀开度百分比反馈、机组累计运行时间、机房温度、机房湿度、房间静压、风管压差、其他告警	●	●	非可靠控制	
24		排风机	启停状态、其他告警	●	●	非可靠控制	
25		漏水控制器	漏水检测状态、其他告警	●			
26		其他气体监测（压差、粉尘等）	大气压力、大气粉尘浓度、压力告警状态、粉尘告警状态	●			

续表

序号	类别	监控对象	监测内容	监测	控制	控制监控类型	备注
27	供配电设备	精密列头柜 / 小母线插接箱	输入相电压、输入相电流、零线电流、频率、总有功功率、有功功率、总功率因数、总有功电能、有功电能、输出分路电流、输出分路有功功率、输出分路电能、零地电压、正对地电压、负对地电压、输入开关状态、输出分路开关状态、其他告警	●			
28		智能 PDU	电压、电流、有功功率、功率因数、有功电能、通断状态、其他告警	●			
29		中压继保	相电压、线电压、相电流、三相有功功率、三相无功功率、总功率因数、频率、零序电流、零序电压、正向有功电能、反向有功电能、正向无功电能、反向无功电能、SOE 事件、故障录波（可选）	●	●	可靠控制	通过继保远程点动
30		低压配电柜	线电压、相电压、相电流、零线电流、频率、总有功功率、有功功率、总无功功率、相无功功率、总视在功率、相视在功率、总功率因数、功率因数、正向有功电能、三相谐波电压、三相谐波电流、开关状态、其他告警	●	●	可靠控制	通过智能断路器或智能低压柜远程点动
31		直流屏	输出电压、输出分路电流、总负载电流、开关状态、其他告警	●			
32		变压器	铁芯温度、其他告警	●			
33		HVDC	输入相电压、输入相电流、交流输入频率、输出电压、输出电流、输出功率、输出总电能、负载总电流、负载分路电流、负载分路功率、负载分路电能、负载总功率、负载总电能、整流模块输出电压、整流模块输出电流、开关状态、其他告警	●			

续表

序号	类别	监控对象	监测内容	监测	控制	控制监控类型	备注
34	供配电设备	UPS	主路相电压、主路相电流、主路频率、主路总有功功率、主路有功功率、主路输入总功率因数、旁路相电压、旁路相电流、旁路频率、旁路总有功功率、旁路有功功率、输出相电压、输出相电流输出频率、输出总有功功率、输出有功功率、负载总功率因数、负载功率因数、输出负载率、开关状态、其他告警	●			
35		柴油发电机系统	输出相电压、输出相电流、输出频率、输出总有功功率、输出有功功率、输出总无功功率、输出无功功率、输出总视在功率、输出视在功率、总功率因数、功率因数、正向有功电能、发动机转速、润滑油压力、润滑油温度、燃油压力、冷却液温度、油位高度、其他告警	●		独立闭环控制	
36		蓄电池	电池组电压、电池组电流、单体电压、单体内阻、单体温度、其他告警	●			
37		ATS/STS	相电压、频率、输出电流、输出负载率百分比、两路输入源相位差、开关位置、其他告警	●			
38	安全技术防范系统	视频监控系统	历史视频、实时视频、其他告警	●	●	非可靠控制 / 独立闭环控制	
39		出入口控制系统	门开关状态、人员进出记录、门超限告警、门远程开关、其他告警	●	●	非可靠控制 / 独立闭环控制	
40		入侵报警系统	红外探测告警、其他告警	●			
41	消防监控系统	各类消防设备	烟感告警状态、消防箱告警状态、温感告警状态、故障状态、其他告警	●			
42	其他系统	U 位管理系统	U 位高度、U 位编号、U 位标签 ID、进风温度	●			

第五节　数据中心综合布线系统

一、综合布线系统概述

综合布线系统是一种高速率的输出传输通道，它可以满足建筑物内部及建筑物之间的所有计算机通信及建筑物自动化系统设备的配线要求。由于建筑物结构与功能具有结构化、模块化等特点，因此被行业内称为结构化综合布线系统。

广义的综合布线系统涉及楼宇综合布线系统，早期是以楼宇综合布线为基础发展而来的，后来逐渐出现了数据中心综合布线系统的应用场景。传统的综合布线系统发展于智能建筑或智能大厦（Intelligent Building，IB）。随着信息时代的发展，以及计算机计算、通信技术、控制技术与建筑技术的结合，智能大厦成为时代发展的必然产物。综合布线系统的发展同智能建组密切相关。在传统的布线系统中，如电话、计算机局域网等各自独立，各系统按照不同的专业标准设计和安装，并采用不同类型的线缆及终端插座。

二、综合布线相关技术标准

1. 综合布线系统的主流标准

目前，综合布线系统的标准一般为《综合布线系统工程设计规范》和美国电子工业协会（EIA）、美国电信工业协会（TIA）为综合布线系统制定的一系列标准。后者主要有以下几种。

（1）EIA/TIA-568：民用建筑线缆标准。

（2）EIA/TIA-569：民用建筑通信通道和空间标准。

（3）EIA/TIA-607：民用建筑中有关通信接地标准。

（4）EIA/TIA-606：民用建筑通信管理标准。

（5）TSB-67：非屏蔽双绞电缆布线系统传输性能现场测试规范。

（6）TSB-95：已安装的五类非屏蔽双绞线布线系统支持千兆应用传输性能指标标准。

这些标准支持下列计算机网联标准。

（1）IEEE 802.3：总线局域网联标准。

（2）IEEE 802.5：环形局域网联标准。

（3）FDDI：光纤分布数据接口高速网络标准。

（4）CDDI：铜线分布数据接口高速网络标准。

综合布线光纤信道应采用标称波长为 850nm 和 1 300nm 的多模光纤（OM1、

OM2、OM3、OM4），以及标称波长为 1 310nm 和 1 550nm（OS1），1 310nm、1 383nm 和 1 550nm（OS2）的单模光纤。

2. 综合布线系统线缆防火等级

综合布线系统线缆防火等级分增压级、干线级、商用级、通用级、家居级五级。

增压级电缆是防火等级最高的电缆，在一捆电缆上使用风扇强制吹向火焰时，电缆将在火焰蔓延 5m 以内自行熄灭。增压级电缆使用聚四氟乙烯绝缘材料，在燃烧或极度高温时，散发出烟雾，电缆不会放出毒烟或水蒸气。

干线级电缆是防火等级位居第二位的电缆，在风扇强制吹风时，成捆电缆必须在火焰蔓延 5m 以内自行熄灭，但干线级电缆没有烟雾或毒性规范。通常在大楼干线和水平电缆中使用这种防火等级的电缆。

商用级电缆比干线级电缆要求低，成捆电缆必须在火焰蔓延 5m 以内自行熄灭，但没有风扇强制吹风的限制。与干线级电缆一样，商用级电缆没有烟雾或毒性规范。这种防火等级的电缆常用于水平走线中。

通用级电缆与商用级电缆的标准类似。

家居级电缆是通信布线中防火等级最低的电缆，这种等级的电缆没有烟雾或毒性规范，仅应用于单独敷设每条电缆的家庭或小型办公室系统中。

三、综合布线系统结构

1. 数据中心综合布线区域划分

数据中心数据机房内的布线空间包含主配线区、中间配线区（可选）、水平配线区、区域配线区和设备配线区。

主配线区（MDA）包括主交叉连接（MC）配线设备，是数据中心综合布线系统的中心配线点。当设备直接连接到主配线区时，主配线区可以包括水平交叉连接（HC）的配线设备。主配线区可以在数据中心网络核心的路由器、交换机、存储区域网络交换设备和 PBX 设备的支持下，服务于一个或多个及不同地点数据中心内部的中间配线区、水平配线区和设备配线区，以及各个数据中心外部的电信间，并为办公区域、操作中心和其他一些外部支持区域提供服务和支持。有时接入电信业务经营者的通信设备（如通信的传输设施）也被放置在该区域，以免缆线超出规定传输距离。主配线区位于数据机房内部，为提高安全性，可以设置在数据机房内的一个专属空间内。每个数据中心至少应该有一个主配线区。

可选的中间配线区（IDA）用于支持中间交叉连接（IC），常见于占据多个建筑物、多个楼层或多个机房的大型数据中心。每间房间、每个楼层甚至每个建筑物都可以有一个或多个中间配线区，服务于一个或多个水平配线区和设备配线区以及数据机房以外的一个或多个电信间。作为第二级主干，中间配线区位于主配线区和水平配线区之间。中间配线区可包含有源设备。

水平配线区（HDA）服务于不直接连接到主配线区的 HC 设备，主要包括水平配线设备、为终端设备服务的局域网交换机、存储区域网络交换机以及 KVM 交换机。小型数据中心可以不设水平配线区，而由主配线区来提供支持。一个数据中心可以在各个楼层设置计算机机房，每层至少含有一个水平配线区。如果设备配线区的设备水平配线距离超过水平缆线长度限制的要求，则可以设置多个水平配线区。水平配线区为位于设备配线区的终端设备提供网络连接，连接数量取决于连接的设备端口数量和线槽通道的空间容量，并应该为日后的发展预留空间。

在大型数据机房中，为了获得水平配线区与终端设备之间更高的配置灵活性，水平布线系统中可以包含一个可选择的对接点，叫作区域配线区（ZDA）。区域配线区位于设备经常移动或变化的区域，可以通过集合点（CP）的配线设施完成缆线的连接，也可以设置区域插座连接多个相邻区域的设备。区域配线区不能存在交叉连接，在同一个水平缆线布放的路由中，不得设置超过一个区域配线区。

设备配线区（EDA）是分配给终端设备安装的空间。终端设备包含各类服务器、存储设备及小、中、大型计算机和相关外围设备等。设备配线区的水平缆线终端连接在固定于机柜或机架的连接硬件上。每个设备配线区的机柜需设置足够数量的电源插座和连接硬件，使设备缆线和电源线的长度缩至最短距离。

2. 数据中心综合布线区域设计说明

数据中心综合布线系统采用星形拓扑结构，分为主配线区、中间配线区、水平配线区、区域配线区和设备配线区，其中水平配线区位于每列机柜的第一个机柜内。

3. 网络交换机与配线设备部署方式

根据网络交换机与配线设备设置的位置不同，列头柜可以设置于列头、列中，网络设备也可以设置在机柜顶部等。这主要取决于服务器的种类、数量及网络架构。

EoR（End of Row）是最传统的方法，接入交换机集中安装在一列机柜端部的机柜内，通过水平缆线以永久链路方式连接设备柜内的主机、服务器、小型机设备。EoR 需要设备机柜敷设大量的水平缆线连接到交换机，会提高布线的成本，布线通道中敷设大量的数据缆线也会降低冷却的通风量。

MoR（Middle of Row）的基本概念与 EoR 是一样的，都是采用交换机来集中支持多个机柜设备的接入。两者的主要区别是摆放列头机柜的位置不同，MoR 是将其放在每列机柜的中间。MoR 的设置方式是使缆线从中间位置的列柜向两端布放，减少缆线在布线通道出入口的拥堵现象，并缩短缆线的平均长度，适合实施定制长度的预连接系统，而且对布线机柜内配线设备的交叉连接和管理较 EoR 方便。

典型的 ToR（Top of Rack）配置是将 1U 高度的接入层交换机放在每个设备区机柜

顶部，对绞电缆或光缆以永久链路方式连接至水平配线区配线设备，而机柜内的所有服务器通过设备缆线直接连接到 ToR 交换机。这样做的好处是，每个机柜都可以通过交换机的上联端口以较少的光缆纤芯数量连接到水平配线区，对绞电缆主要用于机柜内设备之间的连接。针对 10G 端口的服务器，机柜内可采用专用高速光 / 电缆设备缆线在交换机和服务器之间建立互联，但是有可能会因服务器的数量不足，不能使交换机的端口完全得到利用，造成交换机网络资源的浪费，也会使布线系统的管理变得分散，不像 EoR 或 MoR 那样较为集中。

第六节　数据中心消防系统

消防系统的作用主要是控制或扑灭火灾，保护设备及建筑。数据中心是信息系统运行的核心，数据中心基础设施及其支撑的 IT 设备不但对火灾的预防要求高，还要求灭火后所产生的破坏最小化。数据中心消防系统除了要保障人员的安全，还要保证 IT 设备及核心数据的损失最小化。如何及早发现火灾隐患并选择合适的、有效的灭火方式是数据中心消防系统建设的关键。数据中心消防系统与民用及公共建筑消防系统有一定的差异，具体对比见表 5-4。

表 5-4　数据中心消防系统与民用及公共建筑消防系统对比

消防系统	数据中心	民用及公共建筑
气体灭火系统	机房、配电室、UPS 室等	除特殊场地外，较少配置
极早期火灾报警系统	机房、配电室、UPS 室等	除了超净厂房或高大空间的建筑如体育馆等，较少配置
火灾自动报警系统	采用	采用
水喷淋系统	走廊、新风机房、柴油发电机房、值班室等非气体灭火保护区域可采用预作用水喷淋系统，A 级数据中心内的电子信息系统在其他数据中心内安装有承担相同功能的备份系统时，也可设置预作用自动喷水灭火系统	应用于大部分场所，一般采用湿式系统
消火栓系统	采用	采用
消防联动系统	除与电梯、非消防电源、新风、排烟、防火门、消防水泵、事故广播等系统联动外，气体保护区域还与门禁、安防、声光报警、气体灭火、空调、送排风等系统联动	与电梯、非消防电源、新风、排烟、防火门、消防水泵、事故广播等系统联动
便携灭火器	二氧化碳灭火器	干粉灭火器

数据中心的消防系统建设包括建筑消防、建筑消防给水和自动灭火系统、气体灭火系统、火灾自动报警及消防联动控制系统、极早期火灾报警系统、防排烟系统等。数据中心防火和灭火系统应按照现行《数据中心设计规范》《建筑设计防火规范》《建筑防火通用规范》《气体灭火系统设计规范》《细水雾灭火系统技术规范》和《自动喷水灭火系统设计规范》等规范的要求执行。

一、建筑消防

数据中心内除磁介质库、纸介质库及备件库属于仓储用房外，其他房间与数据机房都属于民用建筑或工业建筑（当数据中心为工业地块时，可按厂房进行设计），其防火分区的设置、安全疏散及防排烟设施均应根据其建筑高度按国家标准《建筑设计防火规范》《建筑防火通用规范》《建筑防烟排烟系统技术标准》的相关要求执行，并应根据《数据中心设计规范》《建筑内部装修设计防火规范》《汽车库、修车库、停车场设计防火规范》《电动汽车充电站设计规范》等国家相关规范做好不同等级数据中心防火和灭火工作。

当数据中心按照厂房或民用建筑进行设计时，数据中心［含与数据中心合建的其他功能建（构）筑物，如汽车库、充电站等］或与数据中心毗邻的其他建筑物（办公、餐饮建筑、汽车库、充电站等）内任一点到最近安全出口的疏散距离，安全出口数量、宽度，疏散走道、疏散楼梯最小净宽度，机房疏散门数量、开启方向等均应满足《数据中心设计规范》《建筑设计防火规范》《建筑防火通用规范》《汽车库、修车库、停车场设计防火规范》等规范的要求。

建筑周边设置环形消防车道，各建筑之间距离均应满足《建筑设计防火规范》《建筑防火通用规范》中的消防间距要求。消防总控制室通常集中设置于建筑底层，并设置直通室外的门，消防控制室作为园区的消防控制中心，对园区内的其他建筑消防设备进行远程联动控制，室内设有接收火灾报警并发出火灾信号及安全疏散指令的设施，包括消防水泵、固定灭火装置、空调通风系统及防排烟设施等。

数据中心建筑的耐火等级不应低于二级。主机房与其他部位之间应设置耐火极限不低于2小时的隔墙，隔墙上的门应采用甲级防火门，其主机房的顶棚、壁板和隔断（包括壁板和隔断的夹芯材料）应选用不燃材料，且不得采用有机复合材料。数据中心的装修材料应选用难燃材料和不燃材料。

二、消防给水和自动灭火系统

数据中心需要根据机房不同级别设置相应的灭火系统。建筑物内设置室内消火栓系统，不能用水灭火的电池室、配电室设置气体自动灭火系统；主机房根据项目需求可设置自动气体灭火系统，也可设置自动喷水灭火系统；总控中心等长期有人工作的区域应设置自动喷水灭火系统，室内均配置便携式灭火器辅助消防。

A 级数据中心的主机房宜设置气体灭火系统，也可设置细水雾灭火系统。当 A 级数据中心内的电子信息系统在其他数据中心内安装有承担相同功能的备份系统时，也可设置自动喷水灭火系统。当数据中心建筑内设有自动喷水灭火系统时，宜采用预作用自动喷水灭火系统，柴油发电机房宜优先考虑采用预作用自动喷水灭火系统。数据中心室内外均设置消火栓系统，同时配套建筑灭火器，配合极早期烟雾报警系统辅助消防，规避可能的消防损失。

数据中心常用的气体灭火剂分为卤代烷和惰性混合气体，具有代表性的有七氟丙烷（HFC-227ea）和 IG-541。气体灭火系统自动化程度高、灭火速度快，对于局部火灾有非常强的抑制作用，但造价较高，数据中心的灭火系统宜以经济、适用、可靠、安全为原则，进行比较后确定。自动喷水、气体灭火、高压细水雾灭火系统的对比见表 5-5。

表 5-5　自动喷水、气体灭火、高压细水雾灭火系统对比

<table>
<tr><th rowspan="2">名称</th><th colspan="2">气体灭火</th><th rowspan="2">高压细水雾</th><th rowspan="2">自动喷水（预作用）</th></tr>
<tr><th>七氟丙烷</th><th>IG-541</th></tr>
<tr><td>对防护分区面积及容积要求</td><td colspan="2">一个防护区面积不宜大于 800m^2，且容积不宜大于 3 600m^3</td><td>对防护分区面积、高度、容积均无要求；分区灵活，对强度及密封性等没有要求</td><td>对防护分区面积、容积均无要求；分区灵活，对强度及密封性等没有要求</td></tr>
<tr><td>有无毒性</td><td>遇热产生 HF 物质，具有腐蚀性，有剧毒</td><td>主要有少量 CO_2 和惰性气体组成</td><td>无毒且可以降低火灾现场烟尘、CO_2 和 CO 含量</td><td>无毒且可以降低火灾现场烟尘</td></tr>
<tr><td>对设备的影响</td><td colspan="2">对设备无影响，可不间断运行</td><td>设计喷放半小时，喷放水量仅为预作用自动喷淋系统的十分之一，水渍损失较小</td><td>设计喷放一小时，水渍损失大，喷放范围内的机柜都会受到影响</td></tr>
<tr><td>人员安全性</td><td>喷放前人员必须撤离现场；喷放时可能会造成人员窒息死亡</td><td>人员可短时处于释放空间内，但应及时疏散</td><td>有降解烟尘和洗涤有害气体的作用，安全环保；喷放时，不仅对人员没有伤害，且有保护作用</td><td>大量水渍滞留地面</td></tr>
<tr><td>建筑成本</td><td colspan="2">防护分区须密闭，要设计泄压口并且气体喷放前除泄压口外的开口要求能自行关闭，防护区内墙及玻璃等建筑强度不小于 1 200Pa</td><td>对防护分区无密闭要求，不需要设计泄压口，对内墙、玻璃基本无强度要求</td><td>对防护分区无密闭要求，不需要设计泄压口，对内墙、玻璃基本无强度要求</td></tr>
</table>

续表

名称	气体灭火		高压细水雾	自动喷水（预作用）
	七氟丙烷	IG-541		
使用寿命	药剂一般 5 年左右就需要更换，瓶组 10 年左右需要更换		高压泵组、喷头、阀组及管材是不锈钢材质，系统寿命一般可达 50 年	使用寿命一般在 10 ~ 15 年
后期维护	后期维护比较复杂，需定期检查防护区的开口情况、防护区的用途等；定期需对瓶组及管网进行强度及气密性试验；瓶组放置在通风、干燥，温度在 0 ~ 50℃的环境内，不得受震动和冲击等		后期维护简单，主要对泵房设备、区域控制阀组等进行日常维护；定期更换部分过滤网，维护费用低；对运行环境几乎没有要求	后期维护简单，主要对泵房设备、报警阀组等进行日常维护；泵组及联动设备日常维护，维护费用低；对运行环境几乎没有要求
适用机房	A、B 类机房		A、B、C 类机房	B、C 类机房（A 类需要在一定前提下应用）

三、电气消防系统

1. 消防电源

园区消防电源负荷应根据数据中心不同等级要求设计。消防设备的两路电源应分别引自不同母线，并在末端配电箱处自动切换。火灾自动报警系统设主电源和直流备用电源，主电源应采用消防电源，直流备用电源采用火灾自动报警及联动控制器自带的蓄电池电源，且输出功率应大于火灾自动报警及联动控制系统全负荷功率的 120%，蓄电池的容量可以保证该系统在火灾状态时同时工作负荷条件下连续工作，时间根据规范要求确定。消防联动控制装置的直流操作电源采用 24V 电压电源。

2. 消防报警控制系统

消防报警控制系统主要包括火灾自动报警系统和极早期烟雾探测报警系统。数据中心园区一般采用控制中心设置集中火灾自动报警控制器及消防联动设备方式。消防控制室可以对各楼消防设备进行集中显示和监控。

根据规范要求，一般在消防控制室、冷冻站、瓶组间、电梯厅和走廊等处安装感烟探测器，在气体保护区内安装感烟、感温探测器和声光报警装置、放气指示灯及紧急启停按钮、手 / 自动转换按钮等。消火栓箱内安装消火栓报警按钮，疏散楼梯口、电梯厅等部位安装手动报警按钮。建筑物内设置火灾警报装置和火灾应急广播。

当防护区内发生火灾时，开启火灾应急广播报警，切断非消防电源，打开由门禁系统控制的门，联动消防泵启动，根据火灾情况强制电梯依次返航，并通过专用电话向当地消防部门报警，消防控制室启动消火栓泵。

当气体防护区内发生火灾时，气体灭火控制器接收到第一个火灾报警信号后，启动防护区内的火灾声光警报器，警示处于防护区域的人员撤离；接收到第二个火灾报警信号后，联动关闭排风机、防火阀、空气调节系统，启动防护区域开口封闭装置，并根据人员安全撤离防护区的需要，延时不大于 30s 后开启选择阀（组合分配系统）和启动阀，驱动瓶内的气体开启灭火剂储罐瓶头阀，灭火剂喷出实施灭火，同时启动安装在防护区门外的指示灭火剂喷放的火灾声光报警器（带有声光警报的气体释放灯）；管道上的自锁压力开关动作，并将动作信号反馈给气体灭火控制器。报警控制系统发出声光报警时，工作人员必须立即撤离气体防护区。当确定并没有发生火灾时（报警系统误动作），工作人员应立即开启防护区外面的紧急启停按钮来撤销灭火程序。

极早期烟雾探测报警系统是近年来发展起来的一种火灾预警技术，相对于传统的火灾报警技术产生了质的飞跃，以其高灵敏度、低误报率、隐蔽安装等特性得到了广泛认可。此系统是基于光学空气监控技术和微处理器控制技术的烟雾探测装置，运用了先进的数字微处理技术，实现火灾初期（过热、阴燃或低热辐射等）的探测和预警，其报警时间可比传统的火灾探测系统提前很多，即可在火灾初期发现从而消除火灾隐患，将火灾造成的损失率降到最低。

极早期烟雾探测报警系统宜考虑防护区域大小（如房间长、宽、高等）、防护区域的环境状况（如空调的通风口、回风口位置，空气流动路径及可能发热生烟的部位）、保护对象的位置（如设备距离墙、天花板的距离）及保护程度的等级，划分探测区域、选择探测设备，进行管网设计。按照典型感烟探测器的设置要求，安排采样管走向及采样孔的位置。

空气采样烟雾探测系统为模块化设计，包括探测器、显示器、编程器、网络插座及网络接口等部件。探测器为积木式结构，根据现场情况及用户要求可以单独使用，也可与显示器或编程器等组合使用。单独使用时，显示器或编程器可以放在监控室集中管理。

3. 应急照明及疏散指示灯标志

主机房、消防控制室、变配电室、电梯机房、楼梯间、走廊、前室和疏散通道设置应急照明或疏散指示标志保证人员正常工作和安全撤离到室外。消防应急照明和疏散指示系统的联动控制可采用集中电源集中控制型智能消防应急照明和疏散指示系统，由消防联动控制器启动应急照明控制器实现。当确认火灾发生后，从发生火灾的报警区域开始，顺序启动全楼疏散通道的消防应急照明和疏散指示灯具，系统全部投入应急状态的启动时间不应超过 5s。

数据中心建筑内消防应急照明和疏散指示标志的备用电源的连续供电时间，当总建筑面积大于 10 000m^2 时，不应少于 1.0h；当总建筑面积小于或等于 10 000m^2 时，不应少于 0.5h。数据中心的下列地点应设置疏散照明灯具：封闭楼梯间、防烟楼梯间及其前室、消防电梯间的前室或合用前室、避难走道、避难层（间）；建筑内的疏散走道；数据中心主机房、支持区、辅助区、行政管理区及其疏散走道。

消防控制室、消防水泵房、自备发电机房、配电室、防排烟机房以及发生火灾时仍需要正常工作的消防设备房应设置备用照明，其作业面的最低照度不应低于正常照明的照度。疏散照明灯具应设置在出口的顶部、墙面的上部或顶棚上；备用照明灯具应设置在墙面的上部或顶棚上。

数据中心建筑内应设置灯光疏散指示标志，并应符合下列规定：

（1）应设置在安全出口和人员密集场所的疏散门的正上方。

（2）应设置在疏散走道及其转角处距地面高度 1.0m 以下的墙面或地面上。灯光疏散指示标志的间距不应大于 20m；对于袋形走道，不应大于 10m；在走道转角区，不应大于 1.0m。

（3）数据中心建筑宜在疏散走道和主要疏散路径的地面上增设能保持视觉连续的灯光疏散指示标志或蓄光疏散指示标志。

（4）数据中心建筑内的消防应急照明和疏散指示系统宜采用集中电源集中控制型系统。

（5）数据中心建筑内的消防应急疏散指示系统应选择集中控制型系统。

（6）建筑内设置的消防疏散指示标志和消防应急照明灯具，还应符合现行国家标准《消防安全标志》《消防应急照明和疏散指示系统》《消防应急照明和疏散指示系统技术标准》的规定。

4. 电气火灾监控系统

根据《火灾自动报警系统设计规范》的规定，数据中心应设置电气火灾监控系统、消防电源监控系统、防火门监控系统。

（1）电气火灾监控系统

电气火灾监控系统由电气火灾监控主机、剩余电流式电气火灾监控探测器和测温式电气火灾监控探测器组成，监控主机设置在一层消防控制室内。监控探测器设置在各非消防配电箱（柜）内，用于监测供电回路的漏电流和温度。电气火灾监控系统的主要功能包括：剩余电流超限报警、温度超限报警、断路器运行状态指示、故障动作自动记录。

电气火灾监控系统的设置应满足《建筑防火设计规范》《火灾自动报警系统设计规范》和《电气火灾监控系统》的相关要求。该系统应有可靠的技术降低甚至消除剩余电流探测器误报、漏报，应有效地提高配电箱柜内电气火灾探测范围、提高探测效率，同时最大限度地提早探知配电柜内火灾的发生时间，实现火灾发生前报警。该系统应采取可靠剩余电流探测技术，并在规范标准内，依据现场线路及设备自有剩余电流值，有可靠措施合理设定设备报警值，避免误报警或漏报警，提高系统的实用性。

测温式电气火灾监控探测器应满足《火灾自动报警系统设计规范》的要求：测温式电气火灾监控探测器应设置在电缆接头、端子、重点发热部件等部位，保护对象为1000V 及以下的配电线路。测温式电气火灾监控探测器应采用接触式布置，宜选择光栅光纤测温式或红外测温式电气火灾监控探测器。光栅光纤测温式电气火灾监控探测器应直接设置在保护对象的表面。

（2）消防电源监控系统

消防电源监控系统由消防设备电源状态监控器、电压传感器、电流传感器、电压/电流传感器等部分或全部设备组成，电源状态监控器设置在一层消防控制室内。消防电源监控系统的主要功能包括：当各类为消防设备供电的交流或直流电源（包括主、备电源）发生过压、欠压、缺相、过流、中断供电等故障时，消防电源监控器进行声光报警、记录；显示被监测电源的电压、电流值及故障点位置；上传信息至消防控制室图形显示装置。

（3）防火门监控系统

防火门监控系统由监控器、电动闭门器、释放器和门磁开关等部分或全部设备组成，监控器设置在一层消防控制室内。该系统用于监测防火门所处状态及控制常开防火门的开闭。

防火门联动控制。通常以常开防火门所在防火分区内的两只独立的火灾探测器或一只火灾探测器与一只手动火灾报警按钮的报警信号，作为常开防火门关闭的联动触发信号，联动触发信号应由消防联动控制器发出，并由消防联动控制器联动控制防火门关闭。疏散通道上各防火门的开启、关闭及故障状态信号应反馈至防火门监控主机。

非疏散通道上的防火卷帘门的联动控制。通常以所在防火分区内任意两只独立的火灾探测器的报警信号，作为防火卷帘下降的联动触发信号，并联动控制防火卷帘直接下降到楼板面。手动控制方式，应由防火卷帘两侧设置的手动控制按钮控制防火卷帘的升降，并能在消防控制室内的消防联动控制器上手动控制防火卷帘的降落。

疏散通道上的防火卷帘门的联动控制。通常由防火分区内任意两只独立的感烟火灾探测器或任一专门用于联动防火卷帘的感烟火灾探测器的报警信号联动控制防火卷帘下降至距楼板面 1.8m 处；任一专门用于联动防火卷帘的感温火灾探测器的报警信号应联动控制防火卷帘下降到楼板面；在卷帘的任一侧距卷帘纵深 0.5 ~ 5m 处设置不少于 2 只专门用于联动防火卷帘的感温火灾探测器。手动控制方式，应由防火卷帘两侧设置的手动控制按钮控制防火卷帘的升降。

5. 消防报警线路及安装

消防用电设备的供配电、控制线路均采用耐火电线电缆；报警总线、消防广播和消防专用电话等采用阻燃耐火电线电缆。不同电压等级的线缆不应穿入同一根保护管内，当合用同一线槽时，线槽内应有隔板分隔。消防报警和联动系统的线路均穿金属管敷设。暗敷设时，应采用金属管保护，并应敷设在不燃烧体的结构层内，且保护层厚度不小于 30mm；明敷段时，应采用金属管或金属线槽保护，并应在金属管或金属线槽上采取防火保护措施。各类电气管线穿越分隔墙、防火分区、楼板时的孔洞周边的空隙应采用不燃烧的防火封堵材料进行密实封堵。

6. 防雷接地

防雷接地同程采用联合接地系统。火灾自动报警系统与大楼接地共用接地装置，接地电阻应 <1Ω。消防控制室内的电气和电子设备的金属外壳、机柜、机架和金属管、线槽等，应采用等电位连接。由消防控制室接地板引至各消防电子设备的专用接地线选用铜芯绝缘导线，线芯截面为 $6mm^2$。消防控制室接地板与大楼接地体之间采用 BVR-1X35mm^2 铜芯绝缘导线连接。消防报警主机的报警总线、24V 电源线、广播线、消防电话线、通信线和控制线等出线处及进出建筑物处设置配套的消防用信号（电源）浪涌保护器。

四、防排烟系统

数据中心应设置防排烟系统，并要求符合《建筑防烟排烟系统技术标准》的有关规定。具体要求如下。

第一，不满足自然防烟条件的前室、合用前室、楼梯间均需设置机械加压送风系统。

第二，不满足自然排烟条件的内区房间、内走道均采用机械排烟。

第三，设置机械加压送风系统的封闭楼梯间、防烟楼梯间，尚应在其顶部设置不小于 $1m^2$ 的固定窗。靠外墙的防烟楼梯间，尚应在其外墙上每 5 层设置总面积不小于 $2m^2$ 的固定窗。

第四，地上采用自然通风方式的封闭楼梯间、防烟楼梯间，应在最高部位设置面积不小于 $1m^2$ 的可开启外窗或开口；当建筑高度大于 10m 时，尚应在楼梯间的外墙上每 5 层设置总面积不小于 $2m^2$ 的可开启外窗或开口，且布置间隔不大于 3 层。

第五，地上前室采用自然通风方式时，独立前室、消防电梯前室可开启外窗或开口的面积不小于 $2m^2$，共用前室、合用前室可开启外窗或开口面积不应小于 $3m^2$。

1. 通风与空调系统防火措施

通风与空调系统应采取以下防火措施。

（1）通风与空调系统下列部位应设 70℃防火阀：管道穿越防火分区处；穿越通风、空气调节机房及重要的或火灾危险性大的房间隔墙和楼板处；垂直风管与每层水平风管交接处的水平管段上；穿越变形缝处的两侧。

（2）排烟管道下列部位应设置 280℃排烟防火阀：穿越通风、空气调节机房及重要的或火灾危险性大的房间隔墙和楼板处；垂直风管与每层水平风管交接处的水平管段上；一个排烟系统负担多个防烟分区的排烟支管上；排烟风机入口处；穿越防火分区处。

（3）设置在管井内的竖向排烟管道耐火极限不得低于 0.5h；设置在设备用房和汽车库的排烟管道，耐火极限不得低于 0.5h；设置在吊顶内的水平排烟管，耐火极限不得低于 0.5h，设置在室内的水平排烟管耐火极限不得低于 1.0h；设置在走道部位吊顶内和穿越防火分区的排烟管，耐火极限不得低于 1.0h。穿越防火分区的风管，耐火极限不得低于 1.0h；穿越前室或楼梯间的风管，耐火极限不得低于 2.0h。

（4）当吊顶内有可燃物时，吊顶内的排烟管道应采用不燃材料进行隔热，并应与可燃物保持不小于 150mm 的距离。排烟管道的隔热层应采用厚度不小于 40mm 的不燃绝热材料，绝热材料的施工应按《通风与空调工程施工质量验收规范》的有关规定执行。

（5）防排烟系统中的管道、风阀、风口等必须采用不燃材料制作。

（6）消防风机与风管应采用法兰连接，或采用不燃材料的柔性短管连接。当风机仅用于防烟、排烟系统时，不得采用柔性连接。

（7）排烟风管及排风兼排烟风管法兰密封采用 3mm 厚防火橡胶板，防烟、供暖、通风和空气调节系统风管法兰密封采用不燃密封胶带，风管在穿越防火墙、防火隔墙、楼板和变形缝处采用 2mm 厚镀锌钢板制作，孔隙采用不燃防火材料封堵，穿越处风管上的防火阀、排烟防火阀两侧各 2.0m 范围内的风管应采用耐火风管或风管外壁采取防火保护措施，且耐火极限不低于该防火分隔体的耐火极限。

（8）空调风管和空调水管的保温材料均采用难燃 B1 级橡塑海绵。

（9）挡烟垂壁采用不燃烧材料制作，根据不同场所分别采用固定挡烟垂壁（暂定透明防火玻璃）和电动挡烟垂壁。

2. 防排烟系统控制

防排烟系统控制过程如下。

（1）排烟系统与火灾自动报警系统联动。

（2）排烟风机、补风机的控制方式应满足下列要求：现场手动控制启动；火灾自动报警系统自动启动；消防控制室手动启动；系统中任一排烟阀或排烟口开启时联动排烟风机（补风机）自动启动；排烟防火阀在 280℃时应自行关闭，并联锁关闭排烟风机和补风机。

（3）机械排烟系统中的常闭排烟阀（排烟口）应具备火灾自动报警系统自动开启、消防控制室手动开启和现场手动开启功能，其开启信号应与排烟风机联动。当确认火灾发生后，消防控制中心应在 15s 内联动开启相应防烟分区的挡烟垂壁、排烟阀、排烟口、排烟风机和补风设施，并应在 30s 内自动关闭与消防排烟无关的通风、空调系统。

（4）消防控制设备显示排烟系统的排烟风机、补风机、阀门等设施启闭状态。

第七节　适合金融数据中心的绿色节能技术

当前数据中心节能降碳面临以下四大挑战。

挑战 1：大量的建设需求和日趋严格的地方政策限制以及供给减少带来的挑战。

风险：直接导致新建数据中心无法通过能评，无法拿到政府合法批文进行下一步数据中心建设。

挑战 2：客户业务复杂性增强使得技术架构和节能方案的选择难度增大。

风险：直接导致数据中心建设成本升高、投资亏损、能效不达标引发高额罚款，从而被动进行整改。

挑战 3：外部电力资源利用效率低。

风险：直接导致数据中心得电率低、出柜率低。

挑战 4：IT 设备算力提高带来的单机柜功率密度不断增加。

风险：直接导致数据中心内部热点难以消除，使得发生较严重宕机的风险不断增高。

对于数据中心运营者来说，要不断提升技术能力，充分研究、合理应用系列先进的、可落地的节能减排技术，从而最大限度地实现数据中心绿色、低碳、节能运行，为未来数据中心实现“碳中和”的最终目标打下坚实的基础。

数据中心的能源效率目前虽以 PUE 为主，能反映能源效率，但从行业核心竞争力角度考虑，应基于更多的因素进行整体综合考量才能反映企业需求。未来新建数据中心在满足 PUE 监管要求的前提下，应根据数据中心安全等级、所在地的地理环境等，运用节能技术，降低单位运行成本，推进数据中心绿色节能。

一、整体节能技术

1. 预制模块化数据中心技术

预制模块化数据中心采用全模块化建设理念，融合数据中心土建工程及机电工程，功能区域采用全模块化设计，结构系统、供配电系统、制冷系统、监控系统、消防系统、照明系统、防雷接地、综合布线等子系统预集成于预制模块内，所有预制模块在工厂预制、预调测，同步现场站点进行地基土建建设。交付过程中，预制功能模块从工厂运输到站点现场，无须进行大规模土建，只需要进行简单吊装，实现快速建设及部署，相比传统方式上线时间提前了 50%。

2. 高可靠性低 PUE 整体架构技术

在高可靠性和高可用性的基础上，数据中心技术方案实现可落地交付性和可行性。包括供配电系统采用模块化预制化设计、密集母线、集中补偿、新能效 1 级变压器、高频 UPS、融合型智能电力模组，制冷系统充分利用自然冷源、预制冷站、冷热通道隔离、独立加湿和除湿以及AI智能控制等技术。

二、IT服务器节能技术

数据中心耗电量占比最大的不是空调、电气，而是IT设备，IT设备耗电量占到了全部用电量的60%～80%。

数据中心总能耗是指维持数据中心正常运行的所有耗电量，包括IT设备、制冷设备、供配电系统和其他设施耗电量的总和。在保证IT设备算力、稳定性的同时，降低IT设备的能耗，未来IT设备需要从多个方面进行优化，如碳基芯片比硅基芯片可降低30%的耗电量，采用2nm芯片比7nm芯片可以降低75%的耗电量，采用虚拟化和休眠技术，让小负荷服务器处于休眠状态，把工作转移到其他服务器上，可以动态地减少耗电量。

新通信技术的出现也为数据中心节能提供了有力的支撑。例如，刀片服务器可节能70%，双密度载频可节能47%，基于时隙级或载频级的功放关断技术可节能12%～20%，谐波治理可节能6%以上，软交换技术可节能50%～80%。近年来，波分技术、可插拔光模块等新技术的发展使得传输设备的能耗明显降低，同时极大地节约了空间资源。

三、建筑节能

数据中心建筑节能主要包括以下几个方面。

（1）减少建筑物的体形系数可以减少制冷负荷。

（2）减少窗的面积。在保证日照、采光、通风、观景条件下，适当减少窗洞口的面积，从而减少夏季太阳辐射、冬季热能损失。

（3）设置遮阳设施。减少阳光直接辐射屋顶、墙、窗及透过窗户进入室内，可采用安装热反射窗帘、门窗选用低辐射玻璃等遮阳措施。

（4）提高门窗的气密性。通过改进门窗产品结构（如加装密封条）提高门窗气密性。

（5）改善建筑的保温性能，直接有效地减少建筑物的冷热负荷。对机房部分应根据冬夏室外气温差异采取不同的措施，以减少冷热负荷。

（6）墙体拟采用蒸压轻质加气混凝土砌块等新型材料，以减少建筑物的能耗。

（7）绿化物种选择适宜当地气候和土壤条件的乡土植物，采用包含乔、灌木的复层绿化。

（8）新建建筑场地园林铺地采用透水地砖或镂空。

（9）绿化灌溉、浇洒道路用水、洗车用水优先考虑采用雨水、再生水。其水质应符合国家标准《城市污水再生利用城市杂用水水质》的规定。

四、空调技术节能

1. 利用自然冷源的自然冷却技术

自然冷却技术是指利用室外冷源如空气或水（海水、江河水、湖水）对数据中心进行冷却，替代或部分替代机械制冷，减少压缩机运行，实现系统节能。室外气候和环境条件在很大程度上决定了自然冷却的可行性和经济性，严寒地区、寒冷地区、夏热冬冷地区的自然冷却技术节能效果相对明显。

自然冷却技术包括水侧自然冷却、空气侧自然冷却、制冷剂自然冷却。

（1）水侧自然冷却

水侧自然冷却包括水侧直接冷却和水侧间接冷却两种类型。水侧直接冷却是指利用海水、湖水、江河水、地下水等水资源进行直接冷却，需要充足、合适的水资源，并且需要通过当地环保部门的环评。水侧间接冷却通常是指集中水冷空调系统，采用冷却塔 + 板式换热器提供冷水。

（2）空气侧自然冷却

空气侧自然冷却包括空气侧直接冷却、空气侧间接冷却等多种方式。空气侧直接冷却通常是指直接利用新风系统；空气侧间接冷却分为风冷系统自然冷却、间接蒸发冷却、制冷剂自然冷却等。

直接利用新风系统，适用于室外环境温度低、空气质量优的地区，如果空气质量不达标，须采用化学过滤等措施，运行成本较高，如图 5-64 所示。

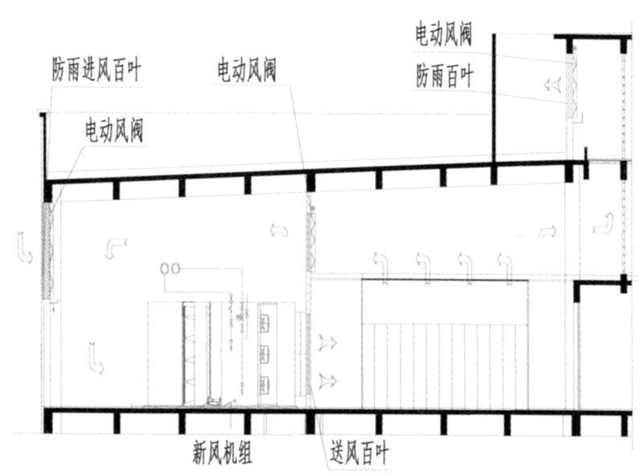

图 5-64 直接利用新风系统提供冷风示意图

风冷系统自然冷却是指风冷冷水机组配套干冷器，适用于缺水地区节能应用，风冷冷水机组配套干冷器示意图如图 5-65 所示。

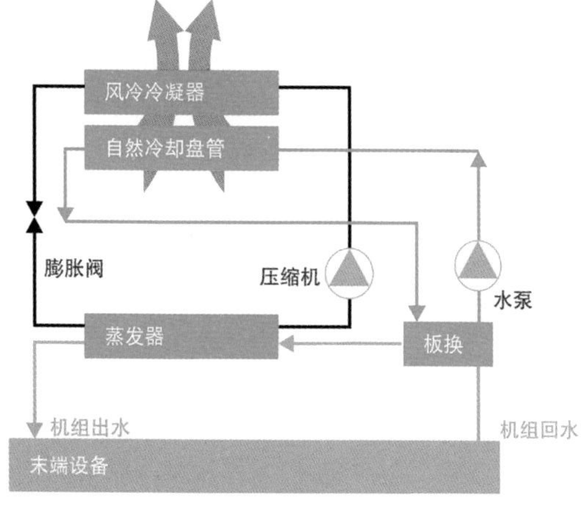

图 5-65 风冷冷水机组配套干冷器示意图

间接蒸发冷却是近年来应用推广的一项节能技术，是指利用干湿球温度差，通过非接触式换热器将直接蒸发冷却得到的湿空气冷量传递给需要处理的热空气，从而实现等湿降温的过程。该技术适用于具有较低湿球温度和较大干湿球温度差的干燥地区，可实现快速部署。

间接蒸发冷却系统由间接蒸发冷却设备直接对数据中心进行制冷，采用一体式间接蒸发冷却机组，工厂成品制作，一般在顶面（如图 5-66 所示）或外墙侧安装（如图 5-67 所示），蒸发冷却是绝热喷淋、等焓加湿的过程，理论上可以将空气的干球温度冷却到和湿球温度相同。蒸发冷却空调根据室外气温变化，有三种运行模式：干工况、湿工况和混合工况。干工况：自然冷却运行。湿工况：自然冷却 + 绝热蒸发冷却运行。混合工况：自然冷却 + 绝热蒸发冷却 + 机械制冷运行。

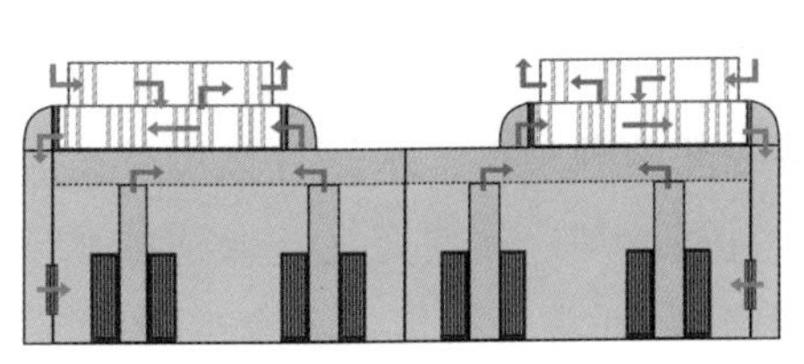

图 5-66 间接蒸发冷却机组顶面安装

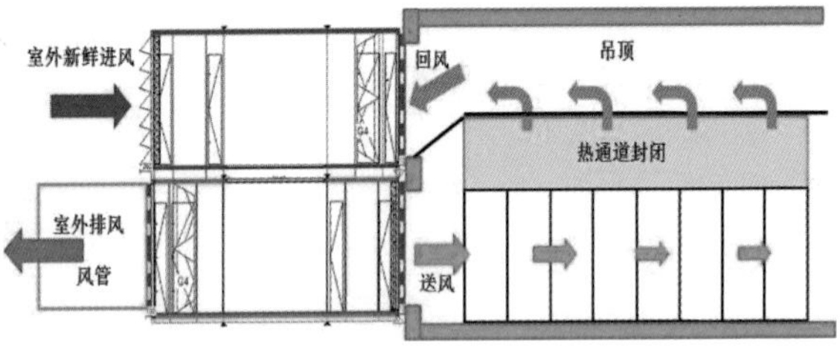

图 5-67 间接蒸发冷却机组侧面安装

（3）制冷剂自然冷却

制冷剂自然冷却可分为氟泵制冷和热管制冷两种类型。

氟泵制冷系统代替传统的压缩机机械制冷系统进行制冷，可以有效地节能降耗，实现碳排放的减少。搭载氟泵技术的制冷循环系统，在室外低温工况下不需要压缩机压缩气态制冷剂以达到所需的冷凝压力，此时采用氟泵可克服系统阻力驱动整个制冷循环。在过渡季节，采用氟泵技术的混合模式提升了冷凝器后的液态制冷剂压力，从而在相同的电子膨胀阀开度下，能提升蒸发压力，减少压缩机做功，从而达到节能效果。另外，可通过相变换热制冷循环系统（无氟泵）实现常规制冷、热管制冷（如图 5-68 所示），从而达到节能运行的目的。

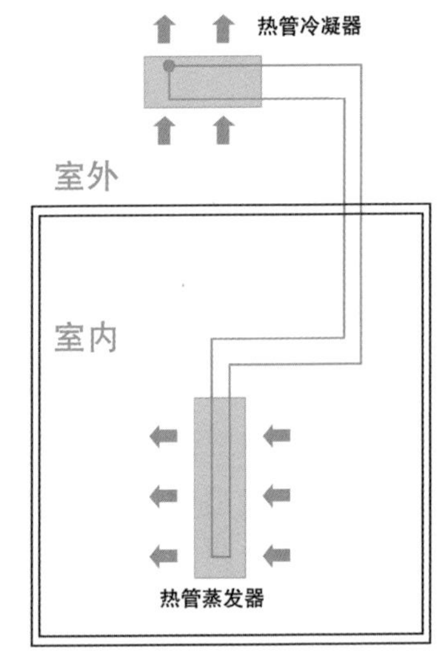

图 5-68 热管制冷示意图

2. 系统节能

除了自然冷却等节能技术以外，数据中心也可会选用节能的制冷系统。

（1）三联供系统

利用热电厂余热能、烟气能及空气能等分布式能源系统，为数据中心提供冷水。

冷、热、电三联供系统是通过发电机冷热电联供，将一次能源（燃料的化学能生成烟气的热能）按品质分别转化为二次能源（电能和蒸汽热能），进而实现对一次能源最合理的梯级利用。电厂、钢厂、化工厂等大型工业企业往往存在大量余热，如果蒸汽的品质和价格适合作为数据中心的能源，采用蒸汽或烟气型溴化锂制冷机组可以大幅降低数据中心电制冷的运行费用。另外，以天然气为燃料，经由燃气内燃机、发电机、溴化锂制冷机组等联合循环，通过冷、热、电三联供等方式实现能源的梯级利用，数据中心分布式能源系统如图 5-69 所示。

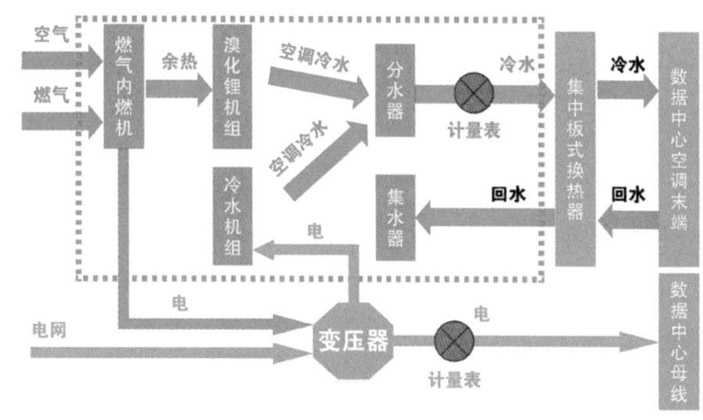

图 5-69 数据中心分布式能源系统

（2）水蓄冷和冰蓄冷

蓄冷措施可分为水蓄冷和冰蓄冷两种类型。水蓄冷除了夜间蓄冷白天放冷作用以外，还可以实现系统连续供冷、满足初期低负荷系统运行；冰蓄冷通过相变蓄冷，利用材料在不同物态转换过程中的热力学状态变化，实现冷量的存储与释放。利用峰谷电价，采用冰蓄冷技术，夜间制冰，白天为系统提供冷量，达到节能运行的目的。

数据中心为满足连续制冷的需求，通常配置蓄冷罐作为应急冷源。蓄冷罐除了应急冷源以外，在有峰谷电价的地区还可实现削峰填谷的功能，进行夜间蓄冷、白天放冷。系统前期低负荷运行时，蓄冷罐还可满足初期低负荷用冷需求，降低空调系统的运行成本。

如图 5-70 所示，冰蓄冷系统中，民用建筑为白天制冷、夜间制冰，但数据中心全年制冷，不能利用系统设备夜间制冰，需要设置独立的蓄冰系统，占地面积大、系统投资较高，通常用在电力资源紧张、峰谷电差价较大的地区，采用双工况冷水机组，实现冷机蓄冰、冷机供冷、蓄冰槽供冷、冷机联合蓄冰槽供冷四种运行模式。

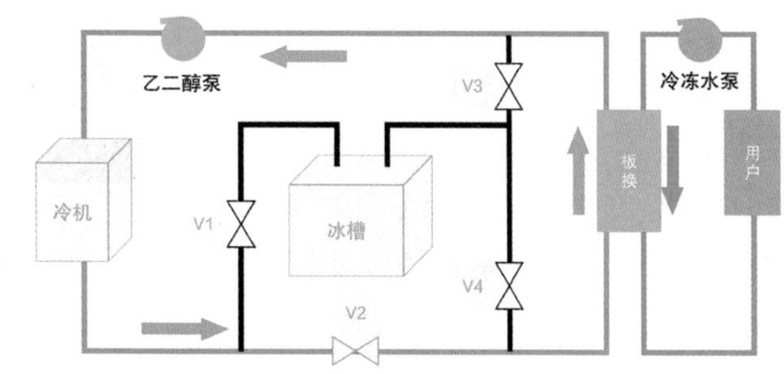

图 5-70 冰蓄冷系统示意图

水蓄冷可与空调水系统无缝切换连接，无须额外配置蓄冷冷源，在数据中心应用较为广泛。

（3）液冷系统

①冷板式液冷技术。冷板式液冷技术利用工作流体作为中间热量传输媒介，将热

量由热区传递到远处再进行冷却。在该技术中，工作液体与被冷却对象分离，工作液体不与电子器件直接接触，而是通过液冷板等高效热传导部件将被冷却对象的热量传递到冷媒中，如图 5-71 所示。由于液体比空气的比热大，散热速度远远大于空气，因此制冷效率远高于风冷散热。该技术可有效地解决高密度服务器的散热问题，而且可以降低冷却系统能耗、降低噪声污染。

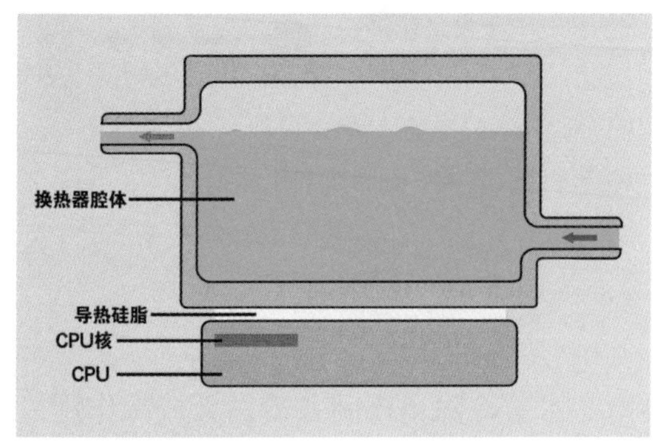

图 5-71 冷板式液冷

冷板式液冷技术主要有单相冷却（利用水或油的温升过程带走热量）和相变冷却（利用氟利昂或易蒸发液体的汽化过程带走热量）两种形式。采用水冷式热管散热器的服务器对环境温度并不敏感。因此，只要保证合适的循环水温度，可以适当提高环境温度，减少空调能耗，保证服务器 CPU 的散热效果。

②浸没式液冷技术。服务器被浸泡在模块化的箱体内，包含一个电介质（不导电）液体。图 5-72 中采用的是某氟化液。当服务器发热，氟化液液体沸腾（在 49℃时从液态变为气态）。通过打开盖子，简单地将服务器从箱体中取出进行维修。当服务器从镀液中被慢慢地取出，设备表面的液体会迅速蒸发并被冷凝器捕获。因此，服务器离开箱体基本上是干燥的，只会造成极小的液体损失，可以正常地维护。冷却水的温度可提升至 40℃以上，无须采用压缩制冷。数据中心浸没式液冷技术根据冷液换热过程中是否发生相变可分为单相浸没式液冷与两相浸没式液冷。数据中心浸没式液冷技术的能耗主要来源于促使液体循环的泵和室外冷却设备。由于浸没式液冷的室外侧通常是高温水，其室外冷却设备往往可以利用自然冷源，从而达到节能减排的目的。液冷系统通常采用冷却水，通过冷却塔与板式换热器换热，达到液冷机柜所需的冷却水温进行热交换。

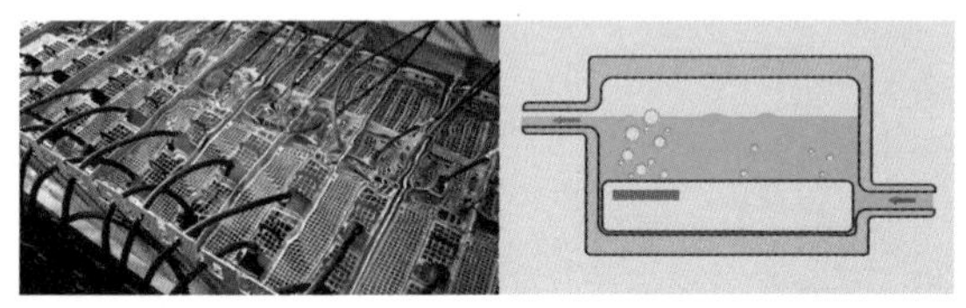

图 5-72 浸没式液冷

（4）利用制冷剂相变的热管系统

数据中心多联系统一般由压缩机、油分、冷凝器、蒸发器、节流装置、气分及管路组成，其中室外机模块之间、室内机模块之间采用分歧管进行并联连接，以保证模块间冷媒分配均匀，也可采用环网管道将内外机模块进行连接。制冷模式下，可以根据动力系统分为纯压缩机模式、氟泵模式、混合模式三种类型。

多联式制冷热管复合机组，利用制冷剂相变，在一套制冷系统中实现常规制冷、热管系统制冷两套循环，结合变频控制、蒸发冷凝技术，提高蒸发温度，实现自然冷却、节能运行。

（5）余热利用系统

利用数据中心较高温的冷冻水回水进行制热，可采用水源热泵机组、水源热泵多联式空调系统（如图5-73所示）等，为数据中心园区内的辅助办公场所提供冬季采暖，数据中心公共区域冬季需采暖区域采用水源热泵多联式系统、水源热泵系统，利用数据中心冷冻水回水进行制热，同时减少数据中心空调系统制冷能耗，也可以通过热交换设备进行局部热交换，为数据机房内门厅、走廊等场所提供冬季采暖用热风。

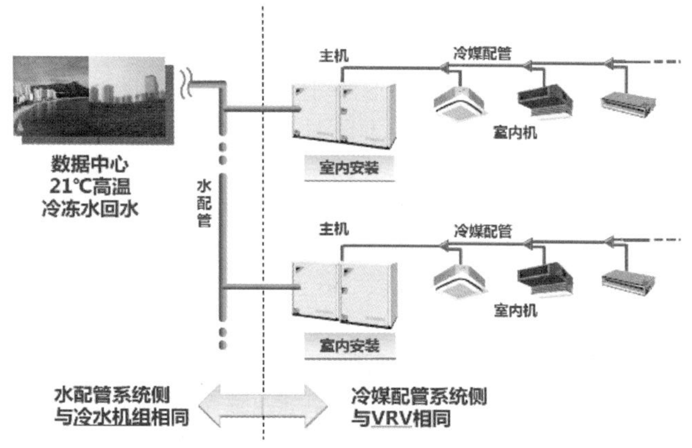

图5-73 水源热泵多联式空调系统示意图

3. 设备节能

数据中心设备节能有主机节能设备、新型末端节能设备。主机节能设备包括变频离心机组、螺杆机组、磁悬浮冷水主机等，因具有部分负荷制冷性能高、无极变频，适用于初期负荷小、分期建设的数据中心，在部分负荷运行的数据中心节能效果明显。

除上述传统主机设备外，充分利用自然冷却技术的节能主机设备还包括间接蒸发冷却机组、蒸发冷却冷水机组、一体式蒸发冷凝冷水机组、热管多联机组，末端节能设备包括预制式全变频及全时自然冷的节能氟泵机组、直接膨胀变频风冷精密空调、智能双循环节能机组（带氟泵）、新风机组、行间及空调、热管背板、冷水背板等。

预制式全变频及全时自然冷技术是以风冷全变频风冷氟泵精密空调系统为基础，通过实时的全自动控制实现对室外自然冷源的实时、充分利用，全面满足数据中心制冷系统的低初投资、低运行成本、运维简便、高可靠性、快速交付等核心需求，可以跟随室外气候环境温度的变化实现全自动调节，实现最佳匹配节能，并且全程不需要任何水处理，大大降低了维护工作量。在不同室外气候环境温度下，空调机组有全变频压缩机模式、部分混合模式和完全经济运行模式三种自动切换的运行模式。

4. 气流组织节能

数据机房的气流组织根据不同机房设备功耗，采用上送风、水平送风、架空地板下送风、弥漫送风、结合封闭冷热通道等多种送风方式，减少送风温差、提高送风温度，有效延长水冷系统自然冷却时间，降低了空调系统运行能耗。

5. 提高水系统供回水温度

中高温冷冻水空调系统由机房内空调末端和机房外部制冷机组组成，机房外部制冷机组分风冷冷冻水系统与水冷冷冻水系统两种。中高温冷冻水空调通过提升冷冻水供回水温度，可有效提升制冷运行效率、降低运行 PUE 和 OPEX、减少碳排量。

数据中心采用自然冷却节能技术，它与集中冷水系统的冷水供回水温度有关，不同的冷水供回水温度、不同地区自然冷却的时间完全不同，目前，数据中心普遍采用中高温水系统提高冷水系统的供回水温度，延长自然冷却时间，打造高温数据中心来降低运行能耗。根据《中国建筑热环境分析专用气象数据集》显示，典型地区代表城市全年自然冷却时间见表 5-6 至表 5-8。

表 5-6　冷水供回水温度 14/20℃时典型地区代表城市全年自然冷却时间统计

运行工况（全年小时数）	寒冷地区（北京）	严寒地区（张北）	寒冷地区（济南）	夏热冬冷地区（上海）	夏热冬暖地区（广州）	温和地区（贵阳）	湿球温度 Ts
完全自然冷却模式（h）	3 848	5 675	3 330	1 836	109	1 678	Ts ≤ 6℃
部分自然冷却模式（h）	1 069	1 172	1 158	1 697	1 237	1 813	6℃ < Ts ≤ 11℃
冷机电制冷模式（h）	3 843	1 913	4 272	5 227	7 414	5 269	Ts > 11℃

表 5-7　冷水供回水温度 15/21℃时典型地区代表城市全年自然冷却时间统计

运行工况（全年小时数）	寒冷地区（北京）	严寒地区（张北）	寒冷地区（济南）	夏热冬冷地区（上海）	夏热冬暖地区（广州）	温和地区（贵阳）	湿球温度 Ts
完全自然冷却模式（h）	4 044	5 928	3 570	2 156	242	2 179	Ts ≤ 7℃
部分自然冷却模式（h）	1 110	1 189	1 166	1 628	1 446	1 544	7℃ < Ts ≤ 12℃
冷机电制冷模式（h）	3 606	1 643	4 024	4 976	7 072	5 037	Ts > 12℃

表 5-8　冷水供回水温度 17/23℃时典型地区代表城市全年自然冷却时间统计

运行工况（全年小时数）	寒冷地区（北京）	严寒地区（张北）	寒冷地区（济南）	夏热冬冷地区（上海）	夏热冬暖地区（广州）	温和地区（贵阳）	湿球温度 Ts
完全自然冷却模式（h）	4 434	6 367	4 044	2 901	746	2 931	Ts ≤ 9℃
部分自然冷却模式（h）	1 204	1 327	1 169	1 377	1 536	1 362	9℃ < Ts ≤ 14℃
冷机电制冷模式（h）	3 122	1 066	3 547	4 482	6 478	4 467	Ts > 14℃

另外，数据中心提高冷水供水温度，对系统设备节能也有影响。

（1）空调系统水温提升对制冷机组的影响：冷水供水温度升高 1℃，制冷机组性能系数提升 3.5% ~ 5%；冷水供回水温差增加 1℃，制冷机组性能系数提升 0.2% ~ 0.3%，目前，冷水主机厂家都在开发适用于数据中心的大温差、小压比的高效冷水机组设备。

（2）提高冷水供水温度，水温高于回风的露点温度，可避免在表冷器上出现凝水，实现干工况运行，减少末端除湿和加湿动作。

冷水供水温度与气候无关联，从能耗的角度看，冷水供水温度越高，系统设备越节能。但冷水供水温度与数据机房所在的海拔有间接关联，根据 ASHRAE 相关文献，数据机房在海拔 1 000m 以上时，最高环境温度应按海拔高度每增加 300m 降低 1℃进行设计。

6. 变频电机节约能源

变频控制技术是数据中心常用的节能技术，包括水冷冷水机组和风冷冷水机组、冷却塔风机和冷水泵、冷却水泵、蒸发冷却机组、末端设备等均采用变频控制，其中水泵及冷却塔风机、蒸发冷却机组、蒸发冷凝机组等设备控制柜均设置“变频—工频”运行模式切换功能，以节省能耗。空调末端采用 EC 风机无极调速运行，调速风机根据回风温度控制风机的功率；直接膨胀变频高效风冷精密空调，在氟泵自然冷却的基础上通过调节压缩机转速来实现无极调节，快速响应负荷变化，从而节省压缩机的输出，降低运行能耗。

（1）变频冷水机组。冷水机组采用变频电机并做特殊设计，节能效果非常明显。

（2）变频水泵。冷却水和冷冻水的水泵由于常年运转，耗能惊人。变频水泵可以在部分负荷时通过降低频率减少水的流速来节能。

（3）水冷精密空调采用调速（EC）风机。调速风机一般根据回风温度控制风机的功率，若回风温度较低，就降低调速风机的功率减少风量，若回风温度较高，就提高调速风机的功率增加风量。

7. 提高回风温度

封闭热通道后，空调回风温度可提高至 32℃ ~ 37℃（传统机房回风温度为 28℃），减少空调系统运行能耗。

8. AI 节能自控技术

除了系统设备采用变频控制，对于数据中心空调水系统而言，冷源系统需根据室外气象参数、机房负荷、系统设备和管路设置，选择合适的运行模式进行平稳切换，最大限度地实现节能运行，并在切换的过程中保证系统安全可靠。AI 自动化控制系统是数据中心空调系统不可分割的一部分，和民用建筑的 BA 系统相比，由于数据中心的空调系统全年不间断制冷运行，数据中心空调系统的自动化控制从可靠性、节能技术控制等方面来看都有更高的要求。

数据中心自动化控制系统的架构、可靠性要求与数据中心的可靠性等级有关，对于 A 级或 T3、T4 级数据中心，自动控制系统需满足数据中心整体可靠性要求，即控制系统的任一组件出现故障不应影响系统的正常运行，T4 级数据中心中的任一组件或路由故障出现，自动控制系统仍能保证控制系统的容量。数据中心 AI 节能自控技术，机器学习精准节能，通过 AI 挖掘和分析更多数据去适应数据中心的复杂情况，从而实现稳定控制温度、消除局部热点、降低 PUE 等功能，缩小实际能效与设计能效的差距，起到辅助优化作用。

五、给排水节能

数据中心的给排水节能措施如下：（1）选用恒压变频调速给水设备，减少供水能耗；（2）卫生器具和水龙头采用节水产品，坐便器水箱容积不大于 6 升；（3）热水系统采用太阳能热水设备，节约能源。

六、电气节能

1. 光伏发电系统

在太阳能辐射条件下，太阳能电池组件阵列将太阳能转化为直流电能，再经过逆变器、汇流箱 / 柜、并网柜，将其转化成交流电供给建筑自身负载使用，如图 5-74 所示。随着光伏技术的发展以及政府支持清洁能源发展的政策不断落地，光伏发电的成本在不断降低，带来的节能减排效果显而易见。数据中心可以利用屋面、园区空闲面积建立光伏发电站，推动降低数据中心碳排放量。

2. 储能系统

储能系统通过削峰填谷减少购电成本，同时通过优化用电负荷、平滑用电曲线、提高供电可靠性、改善电能质量，实现需求侧管理，减小峰谷负荷差，从而改善城市整体能效。全串联式电池模式示意图如图 5-75 所示。

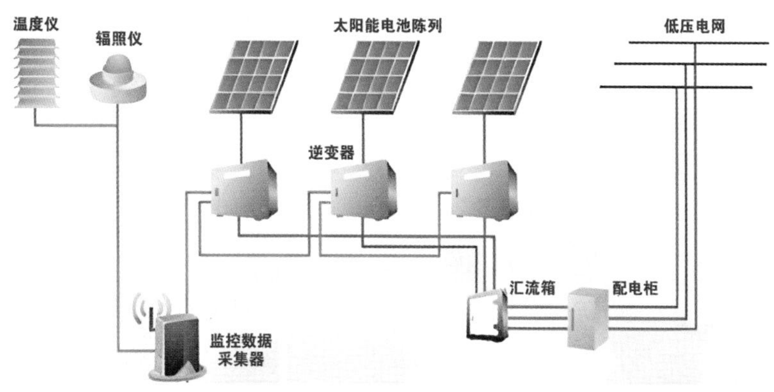

图 5-74 光伏发电系统示意图

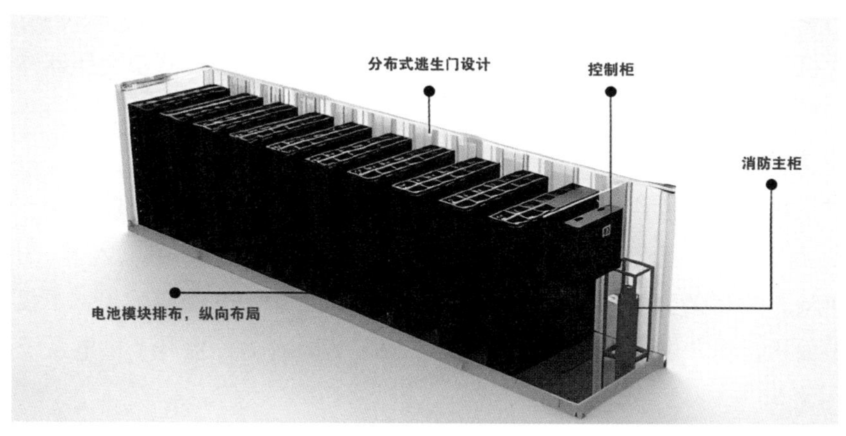

图 5-75 全串联式电池模组示意图

3. 电气系统优化设计节能

变配电室设置在负荷中心，可以减少低压侧线路长度，降低线路损耗。

在变配电室的低压侧设集中无功自动补偿，采用自动投切装置，要求功率因数保持在 0.95 以上。对于容量较大、符合稳定且长期运行的功率因数较低的用电设备采用并联电容器就地补偿。对于谐波电流较严重的非线性负荷，无功功率补偿考虑谐波的影响采用抑制谐波的措施。

采用绿色高效节能设备，如高压直流、高效 UPS 等，采用高效供电架构，如高压直流或 UPS 旁路直供等，进行配电系统优化，减少配电级数，使供电设备深入负荷中心。

光源以 LED 灯为主，LED 节能灯是用高亮度白色发光二极管做发光源，光效高、耗电少、寿命长、易控制、免维护、安全环保。部分区域采用节能型荧光灯及金卤灯，荧光灯采用电子镇流器，金卤灯采用节能型高功率因数电感镇流器。

园区室外采用风光互补庭院灯，室内采用LED灯以及智能照明系统，实现多种节能运行模式控制。

电动机采用变频器调速节能措施。

4. 高效UPS及智能在线模式

高效UPS双变换效率最大可达到97%（R载），使用超高效UPS（效率97%）比普通UPS（效率94%）可减少二氧化碳排放。UPS智能在线是指在满足《不间断电源设备(UPS)第3部分：确定性能的方法和试验要求》中规定的电网输入的条件下，UPS可以从VFI模式0ms切换到VFD/VI模式，并可以根据负载情况在VFD和VI模式之间实现0ms切换。当电网条件不满足标准规定的电网输入条件时，UPS可以从VFD/VI模式0ms切换至VFI模式。

5. 电力电子变压器

电力电子变压器是一种通过电力电子技术实现能量传递和电力变换的新型变压器，电力电子变压器的本质是通过电力电子器件将电能高频化，以减小变压器体积和节约成本，同时实现了能量的交流直流可控。

6. 电力模块技术

电力模块是一种包含变压器、低压配电柜、无功补偿、UPS及馈线柜、柜间铜排和监控系统的一体化集成的、安全可靠的全新一代供配电产品，其输入为三相无中线+PE的10kV、50Hz的交流电源，输出为380V三相四线+PE交流输出，不仅可以节省机房占地面积，提升供配电系统效率，而且安装省时省力，提升了供电系统的整体可靠性。

7. 自备电温控技术

自备电温控技术通过在设备内部集成备电功能，从而取消动力设备前端集中UPS和电池，简化温控动力设备供电链路，提高供电效率。在设备内部集成备电功能后，可以完全实现设备内风机、压缩机、水泵不间断供电，真正意义上实现了连续制冷。

8. 供配电系统全功率链融合型智能电力模组技术

供配电系统全功率链融合型智能电力模组技术是一种集成化系统级方案，供配电全功率链设备可做到工厂预制、系统联调，与现场应用环境解耦，使得现场工程安装部署工作大大简化，实现了高质量、高标准的快速交付，具有极简、快速、可靠、节地、美观以及节能等多方面技术优势，支持超高效率的UPS或HVDC产品集成，方便实现供配电系统预防性维护。

七、数据中心资源回收技术

1. 污水回收技术

将排污废水经过超滤、脱盐等处理，产出符合要求的冷却水，再进入数据中心冷却水补水系统循环利用，可以大幅提高水资源的循环使用效率。

2. 老旧设备替代

旧设备能耗远远高于同类新设备，技术上也不能满足软件化、智能化发展需要，技术持续迭代推动产品加速更新换代，加快数据中心的升级改造，提高了整体能效。

3. 热回收技术

数据中心内大量的电能最终以服务器发热、冷却水散热的形式损耗掉，大量的热源浪费是节能减排的巨大浪费，可以将数据中心热量通过余热回收技术输送给有热源需要的场所，既可以帮助整个社会节能减排，还能减少数据中心的能源消耗，一举两得。

4. 废旧设备处理

妥善处理数据中心内淘汰的各类废弃物，加强固体废物、危险废物管理，防止其在贮存、处置过程中造成二次污染。

八、其他节能技术

1. 量子计算机

量子计算机是一种使用量子逻辑进行通用计算的设备，其运算速度比传统计算机的运算速度快数亿倍，量子计算对传统计算做了极大的扩充，其最本质的特征为量子叠加性和量子相干性。量子计算机的处理器虽然自身功耗很小，只有不到 1uW，但由于需要工作在绝对零度温度附近，因此其制冷系统的功耗巨大。尽管如此，量子计算机的单位能耗提供的计算能力仍大幅优于传统计算机，能够以更低的碳排放提供更高的算力。

2. 专用处理器芯片

推出适合 AI 和云计算业务的专有处理器芯片，以代替现有的 CPU 和 GPU 架构，在云计算市场，使得 CPU 能释放更多有效计算性能，有明显的性能与能耗优势。专用处理器芯片可以解决数据中心多节点服务器互联的效率问题，提升节点间的通信效率、降低 TCP/IP 时延，从而达到降低流量功耗和成本的目的。

3. 多系统协同

数据中心通过 CPU 等核心器件定制、服务器系统架构设计、动力环境基础设施高效化、运营运维智能化，实现数据中心服务器集群、暖通空调系统、供电系统的全系统协同节能降耗。在同等算力的情况下，数据中心整体节能可达到 65%，逐步实现数据中心全系统数字化建模、全生命周期智能统筹联动，根据算力需求直接控制能量输入。

4. 碳捕获与封存

碳捕获与封存（CCS），又称为碳封存或碳收集及储存等，是指收集从点源污染（如火力发电厂）产生的二氧化碳，将它们运输至储存地点并长期与空气隔离的技术过程。此项技术的主要目的是防止在发电过程中或其他行业使用化石燃料而释放大量二氧化碳至大气层，减轻因为使用化石燃料时所释放出的排放物而造成的全球暖化及海洋酸化。

5. 生物能源与碳捕获和储存

生物能源与碳捕获和储存（BECCS）是一种温室气体减排技术，能够创造负碳排放，有效地从大气中清除二氧化碳。

6. 氢燃料电池

利用氢燃料电池代替柴油发电机进行发电，可以实现真正意义上的零碳排放，配合 UPS 不间断电源和后备锂电池对数据中心进行现场供电。

建设与交付篇

第六章 数据中心项目建设与交付

导　读

数据中心项目投资建设在程序上大体可以划分为项目投资前期、项目投资建设期、项目运营维护期三个大的项目周期。每个周期又由多个环节构成，同时存在一定的交叉、并行的情况。图 6-1 为数据中心项目建设流程图，因不同项目具体操作时有所区别，此图非标准流程，仅供参考。

数据中心项目全生命周期是一个复杂的整体过程，其中项目建设与交付只是项目全生命周期的一部分，本章只对建设交付环节进行相应阐述。

数据中心项目建设是一种典型的工程项目，是指在一定条件下，以公司为运营主体、以形成固定资产为目标，为了项目达到预期目标投入一定量的资本，在约束条件下经过一定程序而形成固定资产的一次性投资建设活动。

因数据中心建设交付的特殊性和区别性，建设过程中需参考本书中提及的相关国家标准、行业标准规范所要求的内容。数据中心项目建设有其自身特点，我们在建设过程中需要注意以下几点。

（1）明确目标：任何工程项目都有明确的建设目标，数据中心项目因投资体量大、使用功能特殊，更应该确立明确的目标。目标包括广义目标和狭义目标，广义目标应包含宏观经济效果、社会影响、环境影响、相应国家政策等；狭义目标主要是项目的盈利能力等财务目标。

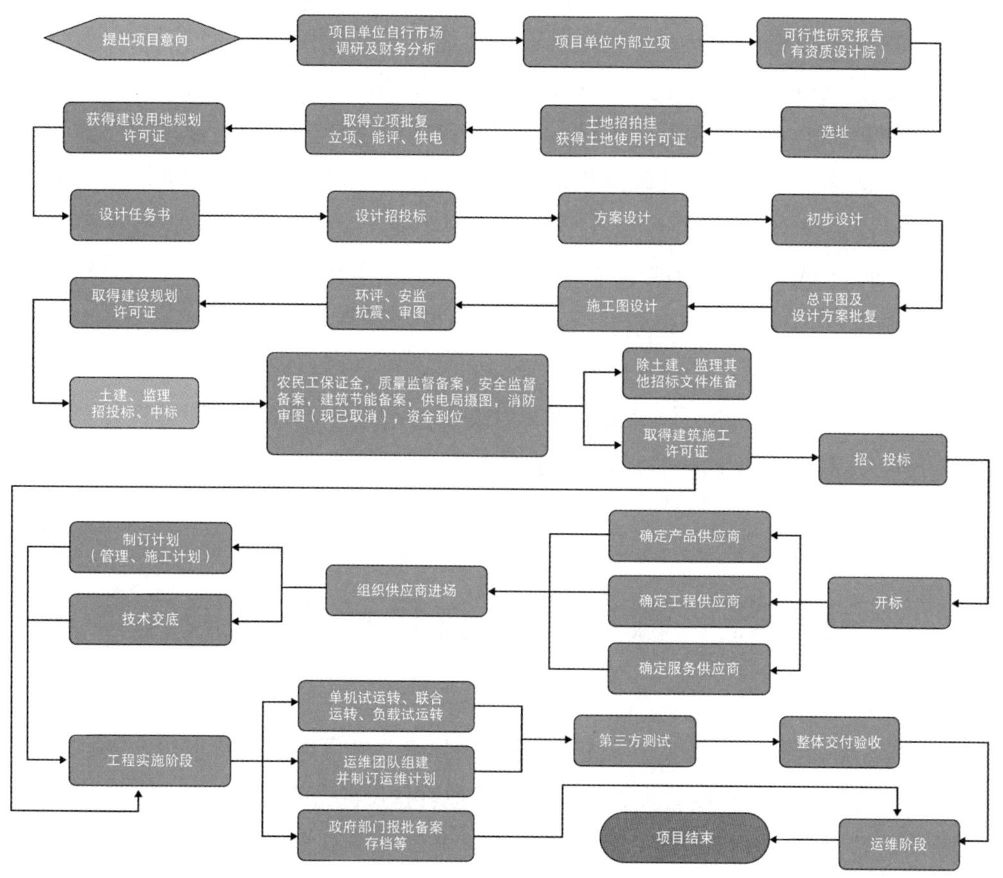

图 6-1 数据中心项目建设流程（供参考）

（2）约束条件：建设目标的实现过程会受到多方条件的制约。例如：①时间约束，项目建设需要有合理的工期，根据建设体量、建设模式、建设要求，工期均应有所调整；②政策约束，数据中心项目由于投资体量较大、资源需求较多，对当地政策的依赖度也越来越高，项目建设应充分了解当地相关政策，并积极争取有利政策倾向；③资源约束，项目建设需要一定的人力、财力和物力的支撑；④空间约束，项目建设需要在一定的施工空间范围内完成，尤其是很多数据中心项目在密集的城镇区域，需要通过科学合理的方法来组织施工作业；⑤质量约束，数据中心项目需要较高有的可用性，在建设阶段必然满足将来的产品等级、生产能力等要求；⑥安全约束，在项目施工过程中应采取足够的措施保障施工人员、设施的安全，避免安全事故发生。

（3）影响的长期性：数据中心项目一般建设期为 6 个月至 2 年，但是整体运营周期目前可考察的项目有超过 20 年的，项目存续周期较长。工程质量的好坏会直接影响项目后期运营。

（4）受环境影响大：项目建设受环境影响较大，既包括周围自然环境，也包括社会环境。数据中心项目建设涉及大量的露天作业，尤其现在很多项目为新建楼体，必然受到施工所在地的地质、水文、气候等条件的制约，需要在项目设计、施工技术、施工方案和组织上充分考虑上述条件。项目建设需要遵守当地的法律法规、需要进行大量的物资运输，所以当地的政策规定、法律规定、经济状况、人文环境及市政设施等对项目建设都会产生重大影响。

（5）管理的复杂性：数据中心建设管理是一项复杂的工作，是一个不断解决和协调各种冲突和矛盾的动态管理过程。数据中心的工程技术一直在不断提高、不断更新，新工艺、新材料频出，更凸显了其施工管理的复杂性；项目建设涉及多个单位，各单位之间关系的协调难度和工作量大；外界社会、经济及生态环境对项目管理会产生极大影响，特别是对一些跨地区的项目影响更大。

第一节　数据中心立项和报规报建

近年来，国内对项目开发的监管更加科学合理，项目建设手续监管也更加严格。数据中心项目由于投资密度较大，更应该注重项目建设的合理合规。

随着监管力度的不断加强，数据中心项目更显现资源的稀缺性，所以在建设之初取得投资备案、节能审查意见、用水用电的审批显得格外重要。

一、项目立项备案

立项特指建设性项目已经获得政府投资计划主管机关的行政许可，可以进入项目实施阶段。投资项目管理分为审批、核准、备案三种形式，其中，审批一般又分为项目建议书、可行性研究报告、初步设计三个阶段，立项就是政府投资主管部门已批准了的项目建议书或可行性研究报告。

数据中心项目一般采用项目备案制的立项形式，也是立项的三种形式中最易操作的一种形式。企业投资项目备案制，是适用于企业投资一般项目的管理制度，也是投资项目的前置条件之一。

国务院并未制定全国适用的、统一的备案制投资项目立项管理办法，具体的实施办法由国务院授权各省级人民政府制定。由于各地省级政府制定的具体实施办法有所差别，因此造成各地备案制主管部门均有一定的差别，常见的备案制主管部门有经信委、行政审批局、发展和改革局等。现对一般地区备案制投资项目立项流程进行说明。

（1）项目单位向主管部门出示具备相应资质的咨询机构编制项目备案申请报告和

附件，附件主要是项目资本金证明文件。

（2）主管部门审查同意后填写项目备案登记表进行备案登记，项目单位持备案登记表再行办理其他基本建设手续。

二、项目报规报建

项目报规报建是指企业在项目投资建设之初向政府的规划管理部门和建设管理部门递交申请资料，取得项目建设合法手续的过程。

1. 报规

报规是指方案设计报国土局（规划局）审查通过，取得《建设用地规划许可证》的过程。近年来，国内数据中心有向集约化、园区化方向发展的趋势，大规模的新建数据中心都是在新建土地上落地，需要办理报规手续，此外改造型项目如果改变原有建筑外立面或者容积率，按相关政策要求也需要重新办理报规手续。报规阶段，数据中心企业需要注意结合土地出让条件及市场调研进行初步的项目描摹，明确项目定位、产品、经营目标等，形成建设规划设计。

2. 报建

报建是指工程建设项目由建设单位或其代理机构在工程项目可行性研究报告或其他立项文件被批准后，须向当地建设行政主管部门或其授权机构进行报建，交验工程项目立项的批准文件，包括银行出具的资信证明以及批准的建设用地等其他有关文件的行为。

3. 其他资源申请

数据中心项目往往还涉及其他资源的审批流程，主要包括以下几项。

（1）节能审查审批

节能审查审批是指根据节能法规、标准，对项目节能评估文件进行审查并形成审查意见，或对节能登记表进行登记备案的行为。根据国家发展改革委 2017 年公布实施的《固定资产投资项目节能审查办法》的规定，节能审查由地方负责审查的机关审查，地方的审查机关有地方发展改革委、工信委。

（2）人防审批

园区中若规划高层建筑，还需要同步规划和建设人防工程，在报审阶段就需要提前和当地人防办进行沟通，确定人防建设面积、平面布局、缴费等情况。

（3）市政配套审批

①电力。提前和供电局、电力设计院沟通，提前了解项目周边的电站、电站的电压等级、距项目的距离、供电站的剩余负荷是否满足数据中心使用需求以及是否具备扩容条件、从电站到项目地的大致路由、市政电缆的负荷容量、是否有综合管廊等，确保电力能满足数据中心投产要求以及后续扩容的要求。另外，还需要提前

沟通双方的工作界面和维护界面，如计费是从变电站的出线侧计量还是从数据中心进线侧计量，以及整个供电线路的投资界面（是以项目的进线口为界，还是以供电局电站的出线口为界）、后续的维护界面（是以供电局电站的出线口为界，还是以项目的进线口为界）等。

②给水。提前与自来水公司和市政沟通，是否有完善的市政供水管网；是否能提供双路供水；供水量是否充足；如果数据中心较为偏僻，周边无市政供水管网，周边的水井、地下水是否满足（但要考虑水泵站的供电形式，如较为偏僻的地方所采用水泵站的供电不可靠，经常停电也会影响用水可靠性）；如果有多个供水公司，可以考虑多个供水公司提升供水可靠性。

第二节　数据中心建设组织管理

数据中心项目建设是涉及多专业、多工种的系统性工程，具有多专业协调穿插施工、工艺多样化、协调难度大等特点，要求工程现场必须将多种专业按照科学的方式组织起来进行现场实施作业。

数据中心的建设组织管理需要通过研究、设计现场的发包模式、管理架构、施工范围、合同管理等手段来组织整个施工过程，以便顺利完成整个建设目标。

一、发包模式及管理

数据中心工程的施工发包一般不是某种单一模式的发包，而是多种发包模式相互结合、互为补充。建设工程选择何种发包模式，主要取决于工程性质、工程技术复杂程度、建设周期的要求以及设计图纸的深度等因素。正确选择工程发包模式对维护项目发包人的利益具有非常重要的意义。

1. 发包模式

目前，国内工程主要采用的发包模式有以下几种。

（1）平行承发包模式

平行承发包模式是发包人根据建设工程的特点等因素，将建设工程项目进行分解后，分别委托几家承包单位进行建造的一种发包方式。各施工单位分别与发包方签订施工承包合同，业主将面对多个施工单位、多个材料设备供应单位和多个设计单位，这些单位之间是平行的，各自对业主负责。

这种模式需要发包人多次选择不同专业的承包人，签订多份不同合同，招标工作量大，合同管理具有一定难度，而且发包人是全部合同的履约主体和责任主体，承担着对整个工程的工期、质量、安全和造价进行管理的责任，各承包人之间的组织、协调工作需要由发包人来承担。这就对发包人管理能力提出了很高的要求，这也决定了这种模式一般适用于管理能力较强的发包人。

（2）项目总承包模式

项目总承包模式是业主将工程的设计和施工工作合并委托给一家承包单位实施的一种发包方式。项目总承包单位提供工程设计、设备采购、材料订购、设备安装、工程安装、设备调试、工程验收交付等一条龙的整体服务。总承包单位可以自行完成全部设计、施工工作，也可以将部分设计或施工工作另行委托其他设计、施工单位实施，值得注意的是，分包行为需取得建设单位的认可之后才能实施。

项目总承包模式的另一种类型是项目总承包管理，项目总承包管理单位在与建设单位签订项目总承包合同后，将工程设计与施工任务全部分包给下游分包单位。一般情况下，项目总承包管理单位不参与具体工程的施工，具体的工程项目需要再进行分包的发包工作，把具体的施工任务发包给分包商来完成。如果项目总承包管理单位也想承包部分工程，可以向其发包部分工程，但其必须通过竞标取得。项目总承包人要对工程项目的质量、安全、工期、造价全面负责。这种模式使发包人日常管理的工作量会减轻，但由于增加了中间管理层次，发包人对整个项目的管理力度和管理效率会降低，由于整个项目都发包给了总承包人，由总承包人组织实施并承担总承包责任，因此整个工程的造价相对会更高，或者总承包人可能会向发包人收取较高的总承包管理费。

（3）设计 / 施工总承包模式

设计 / 施工总承包模式是建设单位将工程的设计工作委托给一家设计单位，将施工工作委托给另一家施工单位进行承建的一种发包模式，设计单位是设计总承包单位，施工单位就是施工总承包单位。采用这一发包模式，建设单位将直接面对两个承包单位，两个承包单位是平行关系，各自对建设单位负责。相对项目总承包模式，设计 / 施工总承包模式下，建设单位需要协调设计总承包单位和施工总承包单位之间的矛盾和问题，一般要求建设单位具有较强的设计管理能力，可以较好地管理设计总承包单位的设计进度和把控设计质量。

一般情况下，需要在工程设计全部完成后进行工程的施工招标，设计与施工工作不能交错进行。

（4）联合体承包模式

联合体承包模式是目前国际上比较流行的一种承包模式，是指两个以上法人或者其他组织组成一个临时联合体，以一个承包人的身份共同承包工程项目的行为。合同实施完成之后联合体解散，各企业按各自股权及分配权大小分配联营所得。

联合体是一个临时性组织，不具有法人资格。组成联合体的目的是增强承包竞争能力，减少联合体各方因支付巨额履约保证而产生的资金负担，分散联合体各方的承包风险，弥补有关方技术力量的相对不足，提高共同承担的项目完工的可靠性。如果属于共同注册并进行长期经营的“合资公司”等法人形式的联合体，则不属于《中华人民共和国招标投标法》所称的联合体。

联合体对外“以一个承包人的身份共同承包”。也就是说，联合体虽然不是一个法人组织，但是对外承包应以所有组成联合体各方的共同名义进行，不能以其中一个主体或者两个主体（有多个主体的情况下）的名义进行，即“联合体各方”“共同与招标人签订合同”。这里需要说明的是，联合体内部之间权利、义务、责任的承担等问题需要以联合体各方订立的合同为依据。

2. 项目管理委托模式

业主方的项目管理主要有以下三种模式。

（1）自管：甲方自行管理项目建设。

（2）托管：甲方委托项目管理咨询公司进行项目建设管理。

（3）共管：甲方委托项目管理咨询公司与甲方工程师共同进行项目管理。

其中，项目管理咨询公司的工作性质属于工程咨询和工程顾问的服务。

二、工程范围管理

工程范围管理是项目管理过程中最为关键的组成部分之一。对项目范围进行划分是项目执行过程中极为重要的一环。施工界面划分是一个系统性的工作，界面划分的完善性、系统性、具体性体现了项目管理精细化的程度，合理的界面划分能够提高项目管理效率，减少施工管理中的扯皮，防止施工内容遗漏。特别是对于数据中心项目，由于其专业的多样性，单个项目一般有几个、十几个，甚至更多的参建单位，合理的工程范围划分就显得尤为重要。

数据中心项目是多专业系统性工程项目，工程范围按专业可分为土建工程、装修工程、小市政工程、园林景观工程、外市电工程、消防工程、机电工程（电气工程、暖通工程、弱电工程）等，工程范围涵盖工程施工、设备供应、工程服务等。

界面划分应在招标前完成，建设单位根据工程发包模式进行相应的界面划分，需要多方专业的参与。在划分界面时，应特别注意交叉界面划分及施工管理责任划分，以及设备供应与工程施工交叉界面划分。交叉界面易产生分歧的更需要提前明确（仅做参考）。

（1）土建工程与机电工程交叉界面：洞口预留、墙体开凿、管线预留预埋、封堵等。

（2）消防工程与机电工程交叉界面：消防桥架、消防支吊架、抗震支架、电力设备消防模块、消防配电箱等。

（3）电气工程与暖通工程交叉界面、弱电工程：桥架、支吊架、抗震支架、管线预留预埋、设备电缆端接及送电等。

（4）设备供应与工程施工交叉界面：车板交货、卸货吊装、设备安装等。

项目执行过程中，如遇到界面遗漏或新增施工需求，可通过工程签证或洽商方式指定施工单位实施。

三、合同管理

建设工程施工合同明确了项目工程实施和管理的主要目标，是合同双方在工程中开展各种经济活动的依据。由于数据中心工程项目具有专业多样性，单个项目一般有多个参建单位，合同管理必须协调和处理参建各方的关系，使合同规定的各工程活动之间不相互矛盾，以保证项目有秩序、按计划实施。

1. 合同分类

工程施工合同按照合同计价方式和风险分担情况的不同，可分为单价合同、总价合同和成本加酬金合同三种类型。不同类型合同的风险分担方式和特点不同，其状态补偿方式也不同。实践中，承发包双方应根据不同合同的特点，选择适合拟建项目的合同类型。

（1）单价合同

单价合同是指由发包人提供工程量清单，承包人据此填报单价所形成的合同。采用这种合同形式，工程量变化风险由发包人承担，单价风险由承包人承担。单价合同也可约定部分要素价格依据相应指数波动调整单价。单价合同主要适用于投标时工程数量难以确定，特别是在设计条件或其他建设条件（如地质条件）不太明确，合同履行中需增减调整工程范围或工程量的工程项目。

单价合同的特点是单价优先。单价优先表示实际工程款的支付也将以实际完成工程量 × 合同单价进行计算。单价合同又分为固定单价合同和变动单价合同两种类型。

（2）总价合同

总价合同是指在合同中确定完成一个项目的总价，承包人据此完成项目全部内容的合同。这种合同计价类型通常适用于工程量事先能够准确计算，且工程实施期间极少变更的项目。总价合同中，招标人提供的工程量清单仅供投标人参考，投标人自行计算核定工程量。总价合同的工程数量、单价及总价不变，除约定的合同范围调整或设计变更可以调整总价外，也可约定人工、材料和设备等部分要素价格波动依据约定的指数调整总价。除此之外，其他风险则由承包人承担。总价合同适用于工程规模较小、技术比较简单、工期较短（不超过一年）、具备完整详细设计文件的工程建设项目。

总价合同又分为固定总价合同和变动总价合同两种类型。在固定总价合同中可以约定，在发生重大工程变更、累计工程变更超过一定幅度或其他特殊条件下可以对合同价格进行调整。因此，需要定义重大工程变更的含义、累计工程变更的幅度以及什么样的特殊条件下才能调整合同价格，以及如何调整合同价格等。采用固定总价合同，承包商会承担较大风险：一是价格风险；二是工程量风险。其中，价格风险包括因报价计算错误、漏报项目、物价和人工费上涨等引发的风险。在变动总价合同中，对于建设周期一年半以上的工程项目，应考虑下列因素引起的价格变化问题：劳务工资以及材料费用上涨；其他影响工程造价的因素，如运输费、燃料费、电力等价格的变化；外汇汇率不稳定引起的工程费用上涨；国家或者省、市立法的改变引起的工程费用上涨。

总价合同的特点：发包单位可以在报价竞争状态下确定项目的总造价，可以较早决定或者预测工程成本；业主需要承担的风险较小，承包人将承担较大的风险；评标时易于迅速确定最低报价的投标人；在施工进度上能极大地调动承包人的积极性；发包单位能够更有把握地对项目施工情况进行控制；必须完整而明确地规定承包人的工作；必须将设计和施工方面的变化控制在最小范围内。

（3）成本加酬金合同

合同价格中工程成本按照实际发生额计算确定和支付。承包人的酬金可以按照合同双方约定的额度或比例的工程管理服务费和利润额计算确定，或按照工程成本、质量、进度的控制结果挂钩奖惩的浮动比例计算核定。成本加酬金合同由发包人承担项目实际发生的所有成本费用，承担了项目的全部风险。承包人由于承担的风险小，其报酬往往也较低。这类合同的缺点是，发包人不易控制工程总造价，而承包人往往不注意控制工程成本。这类合同适用于投标或核定合同价格时，工程内容、范围、数量不清楚或难以界定的工程建设项目。

2. 合同内容

各种施工合同示范文本主要由以下三个部分组成：协议书；通用条款；专用条款。

《建设工程施工合同（示范文本）》通用条款规定的优先顺序：合同协议书；中标通知书（如有）；投标函及其附录（如有）；专用合同条款及其附件；通用合同条款；技术标准和要求；图纸；已标价工程量清单或预算书；其他合同文件。

施工合同中工期、工程质量、工程造价、合同双方权利和义务一般是合同双方最为关注的问题，因此，施工合同中有关这几个方面的条款须详细考量和制定。

第一，对工期的约定。工程施工中关于工期的争议多因开工、竣工日期未明确界定而产生。开工日期有“破土之日”“验线之日”或“合同签订之日”之说；竣工日期有“验收合格之日”“交付使用之日”“申请验收之日”之说。此外，还涉及工期是否包含法定节假日等特殊日期。无论采用哪种合同形式，均应在合同中予以明确约定。

第二，对工程质量的约定。合同中应明确约定各项工程质量标准、监管制度、奖惩办法、验收制度，以及最终参与项目验收的单位、人员，还有采用的质量标准、验收程序、须签署的文件及产生质量争议时的处理办法等。

第三，对工程造价的约定。建设工程施工合同最常见的纠纷是对工程造价的争议。由于任何工程在施工过程中都无法避免设计变更、现场签证和材料差价等情况的发生，所以难以“一次性包死，不做调整”。因此，合同中必须对价款调整的范围、程序、计算依据和设计变更、现场签证、材料价格的签发及确认作出明确的规定，以为后续结算工作的顺利进行提供依据。

第四，对合同双方权利和义务的约定。合同的主要条款规定了合同双方的权利和义务，反映了当事人对合同的要求，工程合同价款中，履行方式及违约责任等必须符合法律规定的要求。关系到有关双方权利和义务等的各项条款，在订立合同时应考虑全面、细致，避免出现责任不清的问题。同时，对关键词和关键语句的含义要达成共识，避免在理解合同条款时产生多义性和随意性问题。

3. 合同执行

各参建单位施工合同签订后，合同相关方按照合同约定履行权利和义务。项目承建方应在合同履行前向合同相关方进行合同交底，对合同内容、风险、重要条款或关键性问题作出特别说明和提示。

在合同履行期间，项目承建方应对合同实行动态管理，跟踪收集、整理、分析合同履行中的信息，对合同履行进行预测，及早提出和解决可能影响合同履行的问题，以规避或减少风险。如遇到需与相关方签订补充协议的情况，须做好现场签证、设计变更等书面资料管理。合同执行阶段的管理重点是合同履行控制分析和结算、变更、索赔等各项工作。合同竣工交付阶段的管理重点是竣工资料的准备以及竣工结算。

四、签证管理

工程现场签证是指施工过程中出现与合同规定的情况、条件不符的事件时，针对施工图纸、设计变更所确定的工程内容以外，施工图预算或预算定额取费中未包含而施工过程中确须发生费用的施工内容所办理的签证（不包括设计变更的内容）。

工程签证是由建设单位、监理单位（如有）、施工单位共同签署的，在施工过程中就费用、工期、损失等事宜达成的合同内容以外的补充协议。它具有临时发生、内容不同、无规律性的特点，最终以工程价款变化的形式体现在工程决算中，而工程决算直接关系到建设单位以及施工单位的切身利益，如果签证不规范，容易引起经济纠纷，导致工程停工。工程签证是工程建设活动中一项极其重要的制度，如果建设单位对工程签证管理不够规范，将直接影响工程的投资成本。因此，规范工程签证管理并加以持续改善，对于工程的投资控制具有重要的现实意义。

1. 工程签证原则

工程签证须遵循以下原则。

（1）真实性原则。以合同为依据，以现场发生为事实，以施工单位实际发生的工程量为准，不虚报。

（2）全面性原则。签证申请中所涉及的签证原因、签证内容、签证工程量计算以及相应的证据资料要充分、齐全。

（3）时效性原则。监理单位及建设单位接到施工单位签证申请后需立即进行核实确认，组织相关人员进入现场，对工程量及相关内容做好记录及审核；所有签证手续必须在签证发生后的规定时间内完成，隐蔽工程需在下一个工序施工前完成所有签证手续。

（4）准确性原则。用词简洁准确、条理清楚、逻辑性强，凡是可明确计算工程量内容的，需签明确工程量，签证工程量的计算需符合合同约定。

2. 工程签证审核依据

工程签证审核须依据以下资料进行：

（1）工程施工合同；

（2）施工过程中的设计变更、工作联系单等文件；

（3）工程相关的图片、文字等依据；

（4）监理单位及建设单位、审计部门确认过的工程量。

3. 工程签证成立须具备的条件

工程签证成立须具备下列条件：

（1）与合同相比较，造成了实际的额外费用或工期损失；

（2）造成原因不属于承包商的行业责任；

（3）造成损失不是应由承包商承担的风险；

（4）承包商要及时与建设（监理单位）协商，在施工前确定签证单价及工程量计算规则。

4. 工程签证程序（供参考）

工程签证有以下几个程序：

（1）签证实施前，施工单位以《工作联系单》的方式提出签证申请，写明签证的依据、内容和预算价，报监理工程师初审；

（2）初审后，建设单位同审计部门造价人员依据权限进行签证内容及经济审核；

（3）审核通过后方可施工，在施工过程中，建设单位、审计部门造价人员、监理单位根据审核后的《工作联系单》对产生的人工、材料、机械等使用量进行监督记录；

（4）施工完成后，施工单位须在规定时间内向建设单位、监理单位提交《工程量签证单》，建设单位组织监理单位、施工单位、审计部门造价人员进行现场计量，对签证单上的内容进行审核，并签署意见；

（5）《工程量签证单》经审核签署详细意见后，再履行各方签字盖章手续，留存相关文件作为工程决算依据。

5. 设计变更单、工程联系单与工程签证的关系

设计变更单、工程联系单与工程签证单是工程实施过程中常用的三种联系方式，三者并不是孤立存在的，彼此之间既有区别又有联系。

（1）设计变更单是设计单位就工程设计变更有关事项的说明文件，任何单位如果有关于设计变更的事项需要协商时，必须与之相符，要求对变更内容进行合理修改的建议除外。设计变更单是由设计院出具的对于施工图的不足所做的弥补或者修改、变更，在工作量较小的时候使用，如果变更幅度比较大，需要重新出图纸；设计变更单是对图纸的补充与完善，与原图具有同等的效力。

（2）工程联系单是可用于参建各方之间的联系方式，可以就工程建设有关问题进行协商，但是协商意见以议定的记录为准。工作联系单可以由设计、甲方、监理、施工方等任何一方出具，用于工程中某项事宜的工作联系；工程联系单只是一种联络单。

（3）工程签证如果与工程变更有关，就必须与之对应，不能随意修改变更意图。工程签证是施工方出具的关于工程中需要监理、甲方等认证的项目；工程签证单是根据现场实际所做的一种现场改动。工程签证单作为甲乙双方决算的依据，只是在实际工程建设过程中形成的记录。

三者发生矛盾时，签证不能与设计变更单矛盾（只有设计单位有资格进行设计变更），工程联系单的内容与设计变更单矛盾时，应该以工程联系单生效后的设计变更单为准。如果没有再变更，应该以原变更为准。当工程联系单与工程签证单矛盾时，应该看其与工程联系单的议定记录是否矛盾，有矛盾时，一方面看两者生效日期，以后生效的为准；一方面看实际发生情况，以发生事实为准。决算时，应该以合同为中心，涉及合同价款变更的以上三单逐一论证是否可调价款。

第三节　数据中心建设计划管理

一、项目进度目标

依据项目承包合同所约定的工期目标，在确保项目质量和安全的原则下，采用动态的控制方法，对项目进度进行主动控制，确保项目按项目承包合同规定的工期完工。

二、项目施工进度设计要求

项目施工进度设计应在总进度要求、施工技术设计、施工组织设计的基础上编制。编制施工进度过程中，应充分考察项目现场，了解施工难度和施工时间的限制，制订切实可行的施工技术进度计划。在施工过程中，总包单位应按照项目施工进度设计要求，为项目配备足够的施工力量，确保项目进度和质量。

（1）施工计划应用网络图或甘特图表示。

（2）施工计划应具有可行性。

（3）施工计划应明确设备、材料的进场时间。

（4）施工计划应覆盖从勘查现场到交付使用的全过程。

三、项目进度控制的总框架

数据中心项目进度控制是一种循环的例行性活动。其活动分为四个阶段：编制计划、实施计划、检查与调整计划、分析与总结。

在整个项目进度控制过程中，总承包单位将项目进度控制分三个管理层次进行控制：项目总进度控制——总承包单位项目经理对项目中各里程碑事件进行进度控制；项目主进度控制——总承包单位项目经理对项目中每一主要事件进行进度控制；项目详细进度控制——总承包单位各专业工程师对各具体系统进行进度控制，这是实现进度控制的基础。

四、项目进度控制

项目进度控制的工作目标是确保各个项目按照整个项目的计划及各部分分解计划规定的工期完成，确保各个项目之间按照整个项目计划的要求在实施进度上协调配合。进度控制的工作内容如下。

一是为了确保对数据中心项目的进度控制，应确定进度计划的评审时间和资料搜集的频次；应识别、分析进度计划偏离的情况，偏离严重时应采取相应措施；应结合剩余工作，分析项目进展趋势，预测风险及机会。

二是为了有效管理项目的进度，我们需要借助一些工具去了解工作的进展，并及早察觉出现问题或脱节的环节。管理进度的方法主要是收集项目完成情况的数据与计划进程进行比较，一旦项目进程晚于计划，则采取纠正措施。

1. 项目进度控制任务

在数据中心项目建设过程中，总承包单位将依据项目合同所约定的工期目标，在确保项目质量和安全的原则下，在与质量、投资、安全和知识产权目标协调的基础上，采用动态的控制方法，协助并审核进度计划和资源供应计划。

项目进度控制任务的重点在于制定项目的目标规划、动态控制和管理方案，对项目进行主动控制并实施动态管理，发现问题及时纠偏、不断修改，通过进度控制，确保数据中心项目在基本工期合同和其他相关约定的范围内完成。

2. 项目进度控制原则

总承包单位进行项目进度控制须遵循以下两项原则。

（1）与五大目标紧密结合

工期、投资、质量、安全和知识产权构成数据中心项目的五大目标。其中，投资发生在项目的各个子项目投资规划中；质量取决于各个子项目的建设过程；安全体现于各个子项目的安全施工过程；知识产权关键在项目建设过程中，参与各方对知识产权的保护过程；工期则依赖于进度系列上时间的保证。这些目标均能通过进度控制加以掌握，进度控制是项目控制工作的首要内容，是项目管理的灵魂。

（2）实施进度分层管理

将数据中心项目进度控制分三个管理层次进行控制，即项目总进度控制、项目主进度控制和项目详细进度控制。要想把好项目进度关，就要对项目总进度和分项进度进行全面控制，把控制的重点放到各种干扰质量的因素上，做好事前分析工作，预测各种可能出现的质量偏差，并制定有效的预防措施。

3. 项目进度控制方法

总承包单位用于数据中心项目进度控制的主要方法如下。

（1）组织方法

落实进度控制责任，建立进度控制协调制度，分三级进行进度控制管理，即项目总进度控制、项目主进度控制和项目详细进度控制。

（2）技术方法

审核项目总体进度计划，制定项目总体计划审核制度和控制流程。

审核项目分项进度计划，要求各分项进度计划在总进度范围内，分项进度计划要求具体、可操作性强。

利用甘特图进行进度控制，甘特图直观、简单，容易操作、便于理解，主要用于简单的分项项目。

利用网络图计划法进行进度控制，数据中心项目是一个复杂的大型项目，涉及的子项目较多，各子项目的建设又相互关联，我们将用到网络计划法对复杂的分项项目进行进度控制。

（3）信息管理方法

引入一套进度管理软件，实行计算机动态控制比较，并提供比较报告。

（4）行政手段管理方法

通过用户上级领导的指示，利用行政权力和发布行政指令进行指导、协调、考察，利用奖励、表扬、批评等手段进行监督、督促和实施。

五、项目进度控制措施

在对数据中心项目的进度进行分解，拟定总体和各子项目进度计划后，在项目进度控制方法的框架下拟定具体的控制措施，来保证项目能够按工期计划实施，并按预定的时间完成。

1. 设计和准备阶段

设计和准备阶段可采取以下项目进度控制措施。

（1）在进行总体设计时，与用户和设计单位一起对项目总体进度和子项目进度进行规划，并仔细论证进度计划的合理性和可行性。

（2）协助用户、项目管理公司、监理公司检查总包实施前的准备工作是否就绪，条件具备的可安排先行开工，尚未就绪的督促做好准备，如有需要应及时调整计划。

（3）协助用户、项目管理公司、监理公司确定分项项目内容和项目周期，并提出安排项目进度的合理建议。

（4）协助用户、项目管理公司、监理公司针对进度条款制定可操作的控制措施和处罚措施。

2. 实施阶段

在实施阶段可采取以下项目进度控制措施。

（1）协助用户、项目管理公司定义项目关键里程碑，制定项目实施计划要求。

（2）审核总包单位施工设计文件中的总体进度计划和分项进度计划，并提出意见。

（3）审核总包单位设备供货计划。

（4）审查总包单位项目进度报告，督促总包单位做好施工进度控制，对施工进度进行跟踪，掌握施工动态。

（5）在施工过程中，做好人力、物力的投入控制工作，做好信息反馈、对比和纠正工作，促使进度连续进行。

（6）开好进度协调会，及时协调各方关系，使项目施工顺利进行。

（7）及时处理总包单位提出的项目延期申请。

（8）按照项目施工总进度计划和阶段性计划检查项目进度。

（9）及时为用户提供各种进度报表，作用用户决策依据。

（10）进行项目进度动态管理，及时采取纠偏措施，定期向用户提交项目进度报告。

3. 验收阶段

验收阶段可采取以下项目进度控制措施。

（1）审核项目整改计划的可行性，控制整改进度。

（2）审核测试公司测试计划，督促测试进程执行。

（3）做好项目初验和最终验收的组织工作，并按照计划实施验收。对验收不合格的，督促相关单位制定整改方案，并督促其按计划进行整改，直至达到验收要求。

六、项目施工进度检查

总承包单位每天检查项目施工进度，监督项目计划实施，努力协调一切可能影响工期的因素。如果出现进度计划拖后的情况，应首先分析造成项目延期的原因，厘清责任，必要时责令施工单位采取赶工措施，以确保进度目标的实现，或者施工单位提出项目进度修改计划，提交建设单位审核。

第四节　数据中心建设质量管理

一、项目质量目标

项目质量是否合格，直接决定了项目竣工后能否满足生产运营的需求。因此，必须确保项目质量达到项目承包合同规定的要求，达到国家、地方和行业有关标准规定的要求，各项性能满足项目设计要求。

严格按照有关法律法规、信息技术标准，监督项目关键性过程和检查项目阶段性结果，在整个项目周期中强调对项目质量的事前控制、事中监督和事后评估，以确保项目质量合格。

二、项目特点分析

1. 项目的性能质量要求比较高

数据中心要确保 IT 系统稳定可靠运行及保障数据中心内工作人员有良好的工作环境，数据中心内的温度、湿度、照度、噪声、尘埃、电磁干扰、振动及静电等环境因子必须控制在一定的水平，才能满足 IT 设备长期不间断工作的要求。因此，在数据中心的设计、建设及设备材料选型上，需做到技术先进、经济合理、高性能、实用可靠、安全适用、确保质量。

2. 项目的管理要求比较高

数据中心建设涉及的分项目多，技术相对复杂，施工组织安排和技术指导就显得特别重要，施工时需要协调的部门、单位也较多，要保障项目保质、保量和按期完成，对机电管理单位的能力和经验是一个考验，在按规范开展项目管理工作的同时需要对项目建设实施有重点的、全面的、精线条的管理。

三、项目质量控制

数据中心项目的质量控制要从整个系统的功能、性能、安全性、可靠性、易用性及可扩展性等方面进行考察，必须满足可行性研究和概要设计提出的质量要求，以符合国家相关标准、规范，以及省市项目设计的要求。

我们根据对项目的理解和自身在大型数据中心项目建设中的管理经验，提出项目建设各个部分的质量目标，进而制定科学、合理的质量控制方法，并根据项目建设特点制定可行的质量控制措施。

1. 项目质量控制原则

对数据中心项目的质量控制应坚持以下原则。

（1）与各单位对项目的监督紧密配合

数据中心项目质量的成功控制，除了要求项目机电管理单位在整个项目实施过程中做好对项目质量的事前控制、事中监督和事后评估，通过对项目的正确理解、合理的质量控制方法，制定一整套质量控制措施，还需要用户、项目管理公司、监理公司共同承担起对项目的质量监管责任。

（2）质量控制贯穿整个项目周期

数据中心项目实施过程，也是质量形成的过程。要使项目的质量控制能够产生预期的成效，建设单位要对项目设计阶段、实施阶段、验收阶段整个项目周期中的各个环节进行把关。

（3）实施全面控制

数据中心项目质量控制内容比较广泛，既包括硬件、软件的质量控制，也包括系统集成、项目管理及培训的质量控制，所以把好项目质量关，需要对项目内容进行全面控制，把控制的重点放到各种干扰质量的因素上，做好事前分析工作，预测各种可能出现的质量偏差，并制定有效的预防措施。

（4）坚持科学的方法和与实践相结合的方式

质量控制首先要根据数据中心项目的特点进行目标规划，运用科学的方法建立和项目管理公司、监理公司、总包单位及用户的质量保证体系，分析项目建设过程中可能影响项目质量的各种因素，做好事前控制、事中监督、事后评估，同时，结合项目工作经验给用户提供咨询意见。

2. 项目质量控制方法

数据中心项目质量控制方法可以概括为目标规划、动态控制、组织方法、技术方法等。

（1）目标规划

根据数据中心项目概要设计的质量要求，确定项目总体质量目标，并将项目总体质量目标逐层分解到各子系统、分项目，在此基础上制定机电管理规划和实施细则，以指导机电管理工作的实施，从而确保各分项目、子系统、项目总体质量目标的实现。

（2）动态控制

项目质量控制是一个动态的过程，根据计划实施的情况动态调整计划，实时纠偏，不断循环。项目总体质量目标的实现总要受到外部环境和内部因素的影响，必须采取应变性的措施。总承包单位将在目标规划的基础上针对各级分目标实施控制，以期实现项目总体质量目标。

（3）组织方法

首先建立健全机电管理组织，明确项目组成员职能，落实质量控制责任。然后监督总包单位建立健全项目组织，审核总包单位的组织规划方案，落实质量控制责任。在此基础上协助建立健全多方的项目实施组织，以信息的收集、处理、分析为基础，共同协调质量控制问题。

（4）技术方法

数据中心项目质量控制的技术方法包括评审、会审、检查、监督、测试、评估等手段。具体技术方法如下。

①协助用户做好需求调研和分析。

②评审设计阶段的各种方案，充分论证总体方案的技术性、经济性，做好目标控制和技术把关，对投入物（包括系统软件、第三方控件、人力资源等）进行质量控制，从源头上确保项目高质量地完成。

③组织多方会审项目中的各种技术文档及变更。

④认真监督总包单位按方案施工，把好项目实施质量关。

⑤审核总包单位的单元测试、集成测试和系统测试方案，并检查实施测试过程与测试方案的符合性。

3. 项目质量控制措施

准备阶段主要为项目设计阶段，在本阶段主要完成设计文件的审核等工作，本阶段质量控制的具体措施见表 6-1。

表 6-1　准备阶段质量控制措施

编号	措施内容	成果体现
1	制定项目的各种机电管理质量要求和标准，根据质量要求和标准审核设计公司的总体设计，出示审核意见，并根据审核意见督促设计公司落实	《机电管理质量要求》 《设计审核意见》
2	依据总体设计要求，协助用户分解项目，制订项目计划、设备采购进度及测试验收的标准流程	《设备采购进度》 《验收流程》
3	分析总包单位建设过程中可能影响质量的各种因素，制定与之相关的制约条款	《项目备忘录》 《文件评审记录》
4	建立健全建设单位自身的质量控制体系，如项目组织、管理规章、保密制度等文件，指导总承包单位进行质量控制	《项目组织架构》 《项目管理规章制度》 《项目管理保密制度》

实施阶段的质量控制是项目质量控制的重点和难点，建设单位通过评审、测试、旁站、抽查等手段监督总包单位的实施工作。本阶段主要包括分项目项目验收、单系

统功能测试、单系统初步验收、整体综合测试、项目最终验收等工作，机电管理单位除了要保证相关人员的到场率，还要做好其他质量控制措施，见表 6-2。

表 6-2　实施阶段质量控制措施

编号	措施内容	成果体现
1	审查施工图纸，确认设计文件的要求，审查设计内容、完整性等要素；审核设计的施工工期、节点划分的合理性	《施工图纸审核意见》 《改进意见》
2	检查总包单位的施工组织、项目质量管理体系是否完善、合理，人员配备及到位情况，以及施工人员是否具有相应的资质	《施工组织审核意见》 《质量管理体系审核意见》 《改进意见》
3	审核其他技术文件资料，如设备安装报告，质量问题报告等，确认其技术合理有效。	《审核意见》 《改进意见》

验收阶段的质量控制措施见表 6-3。

表 6-3　验收阶段质量控制措施

编号	措施内容	成果体现
1	审查测试公司的测试方案，重点审查测试如不通过的处理方案	《测试方案审核意见》 《改进意见》
2	各方落实测试时间、人员等事宜	—
3	确定测试的条件，如场地、测试设备、人员等都已准备就绪	《建设单位意见》
4	合理分组，提高测试效率	《建设单位意见》
5	检查或抽查试运行状况，记录试运行期间发生的问题，并及时落实解决问题的措施或方案	《试运行检查记录》
6	协助用户、项目管理公司、监理公司组织并参与对系统的验收（总体验收）	—
7	协助监理单位、总包单位办理系统移交	《系统移交签证》
8	审核总包单位、分包单位提交的培训师资、培训教材、培训时间等，确认能够达到预期的效果	《培训计划审核意见》 《改进意见》

根据上述项目质量控制方法，我们在数据中心项目质量控制的具体措施可以概括为“一条原则、两个重点、三个阶段、四种手段”。

（1）一条原则：在质量控制过程中坚持“总承包单位监督施工单位按技术规范、设计方案的要求施工”的原则。

（2）两个重点：将数据中心项目分成重点项目和重要环节两个部分进行质量控制。

（3）三个阶段：将项目质量控制归纳为三个阶段，即准备阶段、实施阶段和验收阶段。

（4）四种手段：数据中心项目的质量控制技术手段可以归纳为评审、测试、旁站及检查四种，具体如下。

①评审。评审依据包括国家和行业的相关标准、技术规范和其他相关规定，用户制定的各种技术要求和指示，其他可用信息。在数据中心项目中可能需要评审以下内容：分项目的技术需求文件，总包单位质量保障体系内容，总包单位的施工技术方案，总包、分包单位的培训方案和计划，项目测试方案，项目过程中的其他重要文档。

②测试。测试是数据中心项目质量控制常用重要手段之一。对项目各系统进行质量控制的结果要通过实际测试才能知道，这是判断信息系统建设质量的重要手段。建设单位的主要工作之一是评审测试公司提交的测试计划、测试方案、测试实施和测试结果：评审测试公司的测试计划、测试方案；督促总包、分包单位成立测试小组，并全过程参与测试；对测试工具的有效性进行确认；对测试的结果的正确性进行审查；对测试的问题改进过程进行监督。

③旁站。在数据中心项目实施过程中，建设单位与监理公司一起在施工现场对总包单位的关键工作节点进行旁站监督，并根据管理要求进行记录。

④检查。在数据中心项目中，建设单位与监理公司一起对主要设备、物料进行到货查验，并随时对项目实施过程中可能影响项目质量的环节进行抽查。

四、项目质量保证管理

在项目质量保证管理方面，建设单位的工作主要是与监理公司共同检查总包单位质量保证部门是否按自己制订的质量保证计划和措施去执行，因此要审定总包单位质量保证部门是否制定了评审过程手册并留有内部评审记录，以及质量保证部门是否制定了内部审计过程手册并留有审计过程记录。

1. 项目质量保证整体管理

在项目质量保证整体管理方面，建设单位的工作主要是与监理公司共同审定总包单位是否已经建立起内部的质量保证体系，审定总包单位质量保证部门的人员组织机构是否建立、相应的人员是否为本项目工作，审定总包单位质量保证部门质量手册的内容、总包单位项目生命周期是否适应本项目的要求。

2. 审定总包单位质量保证体系

数据中心项目涉及的子系统专业性强，各个子项目间联系密切，技术实现比一般的应用系统要复杂，为了保证数据中心系统的可靠性，建设单位建议用户在选择总包单位时除了考察其技术实力，还要关注总包单位是否已建立起完善的质量保证体系。

质量政策作为质量保证体系的指导思想，指导质量保证体系的建立。质量手册包含对质量相关的组织、角色和职责的定义。

质量保证体系包括过程、模板、指南、检查表。过程是必须遵守的，指南是对过程执行的解释。

质量计划从活动开始建立。

质量部门周期性对项目进行审计。

五、项目随工检查

施工过程中实施随工检查，如果发现不符合标准或设计要求的施工现象，就立即填写项目问题通知书，要求施工单位立即整改，并备案保存。

数据中心建设是一个耗时长、工艺烦琐的项目，是多个领域、多个系统的结合。下面摘选一些常见的施工问题。

1. 数据中心装修工程

易出现设计方案和图纸不全，不足以指导施工的现象，往往导致盲目施工、乱施工，或施工效果、工艺和用户真实需求相去甚远，造成停工、返工；材料选择不注意消防、环保规范及数据中心要求，选择易燃、易挥发有毒物质或易起尘的材料，如大量使用普通木质材料，无环保认证的油漆、石膏板，同时，地面、天花板未做防尘处理，易导致灰尘在机器内积累，影响机器的稳定运行及使用寿命。

2. 数据中心配电系统

数据中心配电系统常见的问题包括：无图纸施工；线径按民用规范来计算或靠“经验”估算，导致线径不足，没有预留扩展容量；不做漏电保护，开关容量过大，使其起不到应有的过载保护作用；施工时没有考虑三相负载平衡等问题，电缆的配色混乱，未按设计要求编号。

如将一、二级防雷器装在同一防雷箱内，中间必须加装退耦器，一般一级防雷器的动作电压为 2 ~ 4kV，二级防雷器的动作电压为 1 ~ 2kV，二级防雷器不但动作电压低而且动作时延短，不加退耦器会造成二级防雷器先动作而一级防雷器后动作，不但达不到应有的防雷效果，反而极易损坏二级防雷器。防雷器不应安装在离配电箱较远的位置，由于雷电电流脉冲很短促，而导线有一定的电感，过长的导线会使防雷效果大大减弱，强大的电流也会产生很强的电磁脉冲，使周围的金属、导线感应出很高的电压，进而干扰系统正常工作甚至损坏设备。

建设单位须通过严格审核设计文件和加强随工检查来避免上述问题发生。

第五节　安全文明施工管理

一、项目安全文明施工控制

安全文明施工控制的主要任务是确保项目符合用户对项目安全的要求和国家有关安全规范的要求，帮助用户确定项目的风险，通过安全文明施工控制，使项目的安全风险降到用户可以承受的水平。安全生产是项目管理的一项重要内容，也是建设单位的一项工作职责。

1. 建设单位开展安全文明施工控制的方法

（1）要求总包单位建立安全文明施工的完整体系。

（2）听取用户对安全文明施工的要求，并要求总包单位将其加入安全文明生产体系中。

（3）审核安全文明生产体系方案，确保总包单位严格服从用户、项目管理公司、建设单位、监理公司的要求，有专门人员负责施工队伍的安全施工和文明施工，且职责明确，在人员安全、机械正常、成品保护、职工纪律和队风建设各方面进行有效把关。

2. 总包单位的安全文明生产体系

（1）明确安全生产组织管理体系及职责。

（2）成立安全生产（施工）领导小组，由项目经理担任组长，由项目副经理和技术总监担任副组长。

（3）组员包括项目技术人员、质检人员、施工队长。

（4）项目经理负责项目整体安全管理和协调工作。

（5）项目经理负责施工人员、设备、施工过程等的安全。

（6）技术总监负责施工技术安全。

3. 总包单位安全控制措施

在项目建设施工过程中进行安全控制，为确保不出现安全事故，总承包单位将采取如下措施。

（1）安全员持证上岗，保证项目安全目标的实现，项目经理是项目安全生产的总负责人。

（2）项目经理根据项目特点，制定安全施工组织设计或安全技术措施，根据施工中人的不安全行为、物的不安全状态、作业环境的不安全因素和管理缺陷进行相应的安全控制。

（3）项目安全控制遵循确定施工安全目标、编制项目安全保证计划、项目安全计划实施、项目安全保证计划验证、持续改进、兑现合同承诺等程序。

（4）为了提高项目安全文明施工的管理水平，预防伤亡事故的发生，确保职工的安全和健康，从社会利益角度出发，项目管理公司有责任督促承包人建立健全安全保障体系及施工安全与文明措施。

（5）为了使数据中心项目达到优良标准，总承包单位应对工程施工加大管理力度，必须认真贯彻落实“安全第一、预防为主”的方针。在项目全范围内树立安全第一的思想，建立健全安全生产管理机构，落实各项安全生产的规章制度和保质量、保安全的措施，明确安全生产责任，并层层分解到人，定期考核检查。

二、项目安全文明施工管理目标

各承建单位的企业法定代表人和项目经理是数据中心项目各子项目的安全生产第一负责人，对安全生产工作应负全面的领导责任，分管安全生产的项目副经理或总工程师（技术负责人）应负具体的领导责任，在分管工作中涉及安全工作内容的人员也应承担相应的责任。

建设单位要监督承建单位加强领导，把安全工作列入本单位的重要议事日程，并制订安全生产工作计划，至少每周召开一次安全专题会议，认真总结施工过程中存在的或发生的安全事故和隐患，研究解决工作中的安全生产重大问题。在计划、布置、检查、总结、评比生产工作的同时，计划、布置、检查、总结、评比安全工作，并认真组织实施，工作应细致具体、落到实处。

承建单位必须严格执行国家、省、市等行政主管部门有关安全生产的方针、政策、法律、法规和各项规章制度，及时传达贯彻落实对安全工作的各项决定、指示和工作部署，结合本单位工作实际制定有关安全生产的具体措施，并认真组织落实。建立完善的以安全生产责任制为中心的安全管理机构和各项安全管理制度，建立健全的以项目经理为组长、相关人员共同参加的“安全生产管理领导小组”，作为各项目部的安全生产领导和管理机构，配备与安全生产相适应的专职安全管理人员。

积极开展安全宣传教育活动。对项目部所有工程技术人员和工程管理人员，以及施工单位的劳务人员应采取多种形式的安全教育和安全技术培训，组织开展好至少每月两次班组的“安全日”学习活动，增强全员安全意识，提高职工队伍的整体安全素质。安全教育宣传覆盖率达 80% 以上，职工的三级安全教育率达到 100%，特殊工种的专业人员持证上岗率达到 100%。

要求承建单位做好职工劳动保护工作，按国家规定及时发放有关职工的劳动保护用品，认真贯彻落实国家有关劳动保护的政策；严格遵守各类伤亡事故报告制度，凡属于重大事故的必须在 2 小时内及时上报用户。

三、项目安全文明施工责任目标

基于数据中心项目的特殊性，施工安全是安全生产过程中的重要内容。凡涉及本项目安全的，出现重大、特大安全事故的承建单位项目部，均实行一票否决制，不允许参加相应阶段的质量进度评比活动，并按规定进行必要的处罚。

四、项目安全文明施工管理内容

项目安全文明施工管理的主要内容如下。

（1）贯彻执行“安全第一，预防为主”的方针，国家现行的安全生产法律、法规，行政主管部门制定的安全生产的规章和标准。

（2）督促施工单位落实安全生产的组织保证体系，建立健全安全生产责任制。

（3）督促施工单位对工人进行安全生产教育及分部、分项工程的安全技术交底。

（4）审查施工方案及安全技术措施。

（5）检查并督促施工单位。按照建筑施工安全技术标准和规范要求，落实分部、分项工程或各工序、关键部位的安全防护措施。

（6）监督检查施工现场的消防工作、冬季防寒、夏季防暑、文明施工、卫生防疫等工作。

（7）不定期组织安全综合检查，可按《建筑施工安全检查评分标准》进行评价，提出处理意见并限期整改。

（8）发现违章冒险作业的要责令其停止作业，发现隐患的要责令其停工整改。

五、项目安全文明施工管理方法

项目安全文明施工管理的一般方法如下。

（1）审查各类有关安全生产的文件。

（2）审核进入施工现场各分包单位的安全资质和证明文件。

（3）审核施工单位提交的施工方案和施工组织设计中的安全技术措施。

（4）审核工地的安全组织体系和安全人员的配备。

（5）审核新工艺、新技术、新材料、新结构的使用安全技术方案及安全措施。

（6）审核施工单位提交的关于工序交接检查和分部、分项工程安全检查报告。

（7）根据工程进展情况，总承包单位对各工序安全情况进行跟踪巡查、现场检查，验证施工人员是否按照安全技术防范措施和规程操作。

（8）对主要结构、关键部分的安全状况，除进行日常跟踪巡查外，视施工情况，必要时可做抽检和检测工作。

（9）对每道工序检查后做好记录并给予确认。

第六节　数据中心建设风险管理

风险是指在项目建设过程中基于正常理想的技术、管理和组织之上的建设过程受到干扰，导致建设目标无法实现而事先又不能确定的内部和外部的干扰因素或事件。风险管理在数据中心项目建设中不可或缺，可以有效实现对建设目标的主动控制，对建设过程中存在的风险或干扰因素做到防患于未然，以避免或减少损失。

一、全面风险管理

全面风险管理需要用系统的、动态的方法进行项目风险控制，减少项目中的不确定性，防患于未然。

1. 对项目全过程中的风险管理

可行性研究阶段：对风险的分析必须细致，需要预见风险发生的可能性和规律性，必须研究各种风险对项目进行的影响程度，同时可以参考以往项目经验，逐一排查风险。

项目设计阶段：需要对影响重大的风险进行预测，进一步预测实现建设目标的风险和困难，如施工工艺是否能够实现、监管风险、安全风险等。

实施方案阶段：随着设计工作的深入，开始逐步细化建设方案、明晰项目结构，这时需要有针对性地分析风险种类，而且需要细化到各项目结构单元，直至最底层的操作环节。

实施阶段：需要对项目建设现场进行充分的风险控制，包括安全、进度、质量等方面，不仅要防范来自自然的风险因素，如雨雪、风暴、洪水等，更要防范来自人为的风险因素，如工人行为风险、技术风险、外部监管风险及组织风险等。

项目竣工交付：应该对测试方案、人员安排等进行严格的论证分析，以满足功能的完整性需要，并对整个项目的风险管理进行评价，作为以后项目管理的经验教训。

2. 对风险分析的全面性

其一，要分析风险对项目各方面的影响，如对整个项目、项目的每个环节（进度、质量、安全、成本等）的影响。

其二，采用的风险应对措施也要考虑综合手段，从招投标策略、合同条款、经济手段、技术、施工组织等各个方面来解决风险问题。

其三，风险管理包括风险的识别、分析、资料整理、评估及控制等。

二、风险识别及处理

风险通常具有不确定性和隐蔽性，人们往往容易忽视这些隐藏的风险，或是被其他问题吸引而看不到内在的危险。风险的识别是风险管理的第一步，我们必须正确识别风险，统一认识，才能制定出有效的风险管理措施。

1. 识别风险

识别风险需要对可能对建设目标的实现产生影响的风险事件来源及最终结果进行基于事实的调查和论证。

其一，确认不确定事件的客观存在。这项工作包括两个方面的内容：首先需要辨别所识别或推测的因素是否存在不确定性，其次需要确认这种不确定性是否客观存在。

其二，整理初步清单。对识别的风险以清单的形式进行管理，清单中应明确列出客观存在和潜在的各种风险，应包括影响安全生产、进度、质量、成本效益及合规性等各种因素。这往往需要依靠建设者的经验做出判断，并对其进行深入研究和分析。

其三，风险事件确认和结果推测。根据初步清单中列出的各种重要风险来源推测关联的各种可能性，包括人身伤害、自然灾害、进度、建设质量、成本等方面。

其四，风险分类。通过对风险进行分类管理，加深对风险的认识和理解，明晰风险的性质，预测风险结果，有助于发现其中的各方面关联因素。

2. 处理风险

识别并分析风险之后，需要对可能发生的风险进行处理，风险处理手段主要包括风险控制和财务措施两种。

（1）风险控制

为充分保障数据中心项目能按计划顺利进行并达到预期效果，项目建设者需要在项目管理中特别注意风险及问题的管理与控制，尽早发现，分析并控制可能影响项目进展的风险和问题。

在项目各阶段对项目进行风险分析评估并提出相应对策，力争使风险提前得到控制和规避。风险控制主要包括风险回避、风险预防、风险分离、风险分散等手段。风险回避主要针对终端风险来源，在风险源还没有造成损失的情况下切断其发展路径，回避其影响。当然，这可能需要做出一些必要的牺牲，属于被动式防范手段，在决策过程中应该慎重衡量其利弊。风险预防主要是指减少风险发生的机会或降低其影响程度，使风险造成的影响最小化。风险分离主要是指将各风险单位分离间隔，避免发生联锁反应，将风险控制在一定范围内，以减少损失。风险分散是指通过增加风险单位来减轻总体风险的压力，转移部分风险影响，达到共同分摊集体风险的目的。

（2）财务措施

对一些特定的风险可以采用经济手段来控制。财务措施主要包括财务转移、风险自担、风险准备金和风险保险等。财务转移利用外来资金补偿确实发生或已经发生的风险。这种方式可以通过多种途径实现，如通过合同条款的规定转移建设过程中可能会发生的风险，或者通过担保银行或保函的形式，保证人保证委托人对债权人履行某种明确的义务。风险自担即风险留给自己承担，不进行风险转移。通常情况下，如果建设者评估认为风险的影响不太大，在自身承受范围内，会有意识地采取风险自担的处理方式，并需要做好相应的风险应对准备。风险准备金这是从财务的角度为风险做准备，在原财务计划中另外增加一笔费用（如投标中）。当然，是否设置准备金以及准备金的多少都需要进行相应的决策，应该与风险概率、影响大小成正比。风险准备金 = 风险损失 × 发生概率。当然，在具体操作时也要充分考虑外部环境因素，如风险准备金的增加会增加己方成本，从而提高报价，降低中标概率。风险保险是指风险的处理还可以通过保险公司以收取保险费的方式监理保险基金，在建设过程中发生自然灾害或意外事故时用保险金给财产损失或人身伤亡以一定的补偿。

第七节　项目调试及工程验收

一、项目验收阶段

为了确保项目如期交付，满足用户的需求，项目伊始，建设单位需向项目各参与方明确验收标准、提供验收规范，对各设备、各专业工程验收内容及检查方式提供书面指导。规范数据中心项目的交付验收过程，加强过程管理，及时纠偏，有助于项目的顺利实施及最终交付。

1. 项目验收内容

项目验收内容包括主设备厂验、隐蔽项目验收、设备到货验收、系统调试、项目初步验收、综合测试、项目最终验收等。

其一，主设备厂验。主设备定标后，建设单位组织相关单位对供货商的中标设备进行厂验，经标准程序进行测试，在性能、主要设备参数满足设计及技术文件的要求之后，要求厂家进行排产，并按照项目进度计划按期将设备运输到指定位置。

其二，隐蔽项目验收。隐蔽工程验收是指在房屋或构筑物施工过程中，对将被下一工序所封闭的分部、分项工程进行检查验收，一般包括给排水工程、电气管线工程、防水工程等。由于隐蔽工程在隐蔽后，如果发生质量问题，就需要重新覆盖和掩盖，从而造成返工等非常大的损失，所以必须做好隐蔽工程的验收工作。

其三，设备到货验收。设备到货验收包括到货清点数量、开箱验收，主要检查是否为原厂包装，到货数量、规格型号是否与采购清单一致，随机资料、质量文件是否齐全等。

其四，系统调试。系统调试包括 10kV 外线验收送电、机电系统调试。各系统完成深化设计后，根据项目进度计划，甲方组织总包单位制定各系统调试方案，确定各系统控制逻辑，明确功能要求。设备到货安装完毕后，在环境、临电、临水条件具备的情况下，由总包单位按进度计划对各系统进行开机调试，并组织各系统联合调试，要求各系统调试完毕后能够达到设计、招标技术文件的要求。

其五，项目初步验收。在项目施工完毕后对每个子项目、子系统进行测试，如符合设计要求和国家标准，签订初步验收报告，否则督促施工单位改正，直至达到初验标准。

其六，综合测试。项目初步验收完成后即可进行项目综合测试。综合测试应该由第三方测试单位，按照建设单位与其确认的测试方案、测试流程进行，完成测试后提交初版测试报告。施工单位根据检查与测试结果完成项目整改，并由测试单位进行复测，直至复测结果满足测试标准，并由测试单位提交项目最终测试报告。

其七，项目最终验收。项目最终验收包括复核初步验收通过的系统、设备性能指标是否满足设计要求，检查综合测试报告以确定系统运行稳定情况。如各项指标满足设计要求、符合国家标准并且系统运行稳定，则签署最终验收报告。

2. 项目验收流程

项目验收流程主要包括：验收申请与受理、验收组织确定、项目预验收、现场总体情况检查、设备复查及验收、竣工验收、主管部门验收竣工文档交接及验收、出具验收报告。

（1）验收申请与受理

第一步，总包单位、各施工单位在完成项目的安装，经过子系统、单设备检测，并经过综合测试确认符合设计要求与相关标准，且满足下列条件后提出验收申请：在项目综合测试过程中出现的问题已纠正；设备、系统上架安装调试已完成，总包单位、各施工单位已对各自系统平台进行了自检，并满足设计要求与相关标准；验收申请相关文件应包括验收申请报告、项目竣工文件、自检报告等，并应满足建设单位和监理公司的编制要求。

第二步，建设单位和监理公司审查、核实后，受理该验收申请。

第三步，建设单位和监理公司审查核实总包单位、各施工单位提交的竣工文件是整个验收过程中最重要的环节。监理公司根据竣工文件编制验收方案，对验收申请审查合格后，建设单位和监理公司签署意见并批准。

（2）验收组织确定

验收方案编制完成后，建设单位和监理公司将总包单位、各施工单位的完工报告等相关文件提交给用户审核，并制定好相关的现场验收表格，然后与用户、项目管理公司、总包单位、各施工单位确定竣工验收时间和组织。

主要流程：建设单位和监理公司协助用户组织竣工验收机构；协助竣工验收机构

审查验收方案的合理性和完备性；协助竣工验收机构进行验收，并记录相应的验收结果；根据验收结果，对出现的问题提出整改意见，并会同用户、项目管理公司及相应施工单位确定整改进度表，直至问题得到彻底解决；若竣工验收内容均达到设计要求与相关标准，总包单位、各施工单位提供的文档完整，合同条款得到明确落实，参与签署竣工验收合格证书；向用户提交所有的机电管理文档。

（3）项目预验收

根据设计要求及国家相关规范要求制定各子系统功能验收表，对子系统各项功能进行预验收。预验收过程将采用必要的测试仪器进行客观性检测，或者根据子系统特点制定实验方法进行预验收，具体流程如下：审核总包单位提出的预验收方案；协助总包单位、监理公司、项目管理公司进行预验收，并记录相应的预验收结果；会同总包单位、监理公司、项目管理公司、用户确定系统预验收整改进度，重新进行相关的验收，直至问题得到彻底的解决；如果所有的验收内容均达到要求，参与签署子系统预验收合格证书。

（4）现场总体情况检查

现场总体情况检查包括下列内容：现场验证项目完工文件内容是否与项目实际保持一致（完工文件的一致性检查）；现场检查项目相关的安装调试是否已按合同及设计要求完成（完工文件的完整性检查）；检查所有设备安装是否稳固，通电运行状态是否正常，设备连接状态是否正常；设备安装工艺检查。

（5）设备复查及验收

①设备复查清点。竣工验收期间，建设单位将对前期供货的设备进行复查清点，复查清点的主要工作是核对前期记录与在场设备情况及设备完好度。复查清点的主要依据是前期的设备开箱清点记录，根据记录中的各项内容，设备组将对在场设备进行核对，一旦发生不相符或存在缺陷，立即明确责任方并形成项目问题报告。设备复查清点的工作内容如下：产品及其型号符合项目合同的设备清单和项目变更内容，产品必须是原厂包装、新的、无损坏的；产地及品牌符合合同规定的产品产地和品牌；数量符合合同或变更要求；产品说明书、合格证和保修卡等设备相关资料完整、有效。

②设备加电测试（必要时）。设备组将在竣工验收期间对重要设备重新进行加电测试，以确保设备工作一段时间后无硬件损坏造成的运行不正常问题。加电测试的主要依据是前期的综合测试方案，对方案中的各项内容，设备组将重新予以确认，一旦发生不符合现象，立即明确责任方并形成项目问题报告。

③验收设备汇总。设备复查清点工作及设备加电测试工作完成后，设备组对验收情况进行汇总，形成设备验收汇总报告，对经过验收的设备的名称、编号、数量进行记录并形成验收结论，将合格设备与不合格设备进行区分对比，明确责任方并进行协调解决。

（6）竣工验收

总包单位、各施工单位完成全部合同、设计文件要求的内容，并在自检合格的基础上编制竣工文件，将相关资料报建设单位和监理公司审核，并填报《项目竣工报验单》。建设单位和监理公司在确定资料齐全、现场具备验收条件的基础上向用户报告，建设单位和监理公司应及时组织相关单位人员进行竣工验收。竣工验收的主要工作包括：对总包单位、各施工单位在项目预验收阶段、设备复查及验收阶段出现的问题的整改情况进行复查；检查总包单位、各施工单位是否已做好用户培训工作；审查总包单位、各施工单位提交的竣工文档；参与项目竣工验收；参与签署项目竣工验收报告；向用户提交机电管理工作总结；对所有的机电管理材料进行汇总，并提交给用户。

（7）主管部门验收

数据中心工程项目竣工验收需要经当地主管部门（住建局）验收备案，由建设单位负责组织实施，工程勘察、设计、施工、监理等单位共同参与。

工程总承包单位编制《建设工程竣工验收报告》报监理公司、建设单位。监理公司负责编制《工程质量评估报告》。勘察单位负责编制质量检查报告。设计单位负责编制质量检查报告。建设单位取得规划、公安消防、环保、燃气工程等专项验收合格文件，以及监督站出具的电梯验收准用证，提前 15 日把《工程技术资料》和《工程竣工质量安全管理资料送审单》交监督站（监督站在 5 日内返回《工程竣工质量安全管理资料退回单》给建设单位）。工程竣工验收前 7 天把验收时间、地点、验收组名单以书面形式通知监督站，接受监督站现场验收。

（8）竣工文档交接及验收

竣工文档的交接与验收是竣工验收的一项重要内容。项目竣工后要实现顺利交接，各方面文档的交接是第一步。建设单位和监理公司将根据不同子系统的技术、施工特点提出一份全面的竣工文档验收清单。

①竣工文档的一般性要求。项目竣工文件应在施工设计文件的基础上，根据施工过程中的实际变更修改编制而成。项目竣工文件应满足完整性、一致性、可读性和指导性的要求。“完整性”是指项目竣工文件描述项目合同、设计所规定的项目内容，包括所有系统原理、设计依据、组成，以及设备型号、功能、主要参数及操作方法，必要时说明设备间参数的配合关系，并提供布局图、系统图、连接图等；“一致性”是指项目竣工文件应与项目实际保持一致；“可读性”是指项目竣工文件应描述清晰，易于理解和查阅；“指导性”是指项目竣工文件应足够详尽，并有操作说明，足以指导用户实施系统维护和管理。

②项目竣工文件至少应包括以下组成部分：项目概况（描述项目的系统、结构、设备、软件及地理分布等内容）；项目说明（记录项目在技术、施工等方面的特点和需要说明的重要事项）；竣工图纸（包括所有系统原理图、线路连接图、施工安装平面图等）；

安装技术说明（记录各子系统的布线路由、具体端口连接、端接方式、所用的材料等）；项目设备器材一览表；主要设备分布列表；线路连接标记配置表；项目变更、检查记录及施工过程中，需更改设计或采取相关措施时用户、管理公司、设计公司、施工单位间的洽商记录，要求原件 1 份、复印件 3 份；随工验收记录；隐蔽项目签证。

（9）出具验收报告

项目竣工验收完成后，由监理公司根据竣工验收和文件审核的结果整理并出具验收报告，其主要内容包括项目概况、验收内容、验收情况、项目交接情况、验收报告附件清单和验收结论。

3. 项目验收要点

在每个子项目完成时，建设单位都将敦促总包单位、各施工单位将该项目的竣工图纸编制出来；在整体项目完成后，编制竣工资料的速度将会加快，准确性也会提高。整体项目完成后，督促总包单位、各施工单位须做好自检，并严格要求自检的方法、内容。自检通过后按流程协调组织验收。

此阶段建设单位主要从数据中心装修和数据中心环境测试两个方面提出要求。

（1）数据中心装修验收要点

吊顶天花的品种、规格、图案应符合设计要求，吊顶下表面应平整，不得脱层和起鼓，吊顶板面不得有污染、裂纹、变形、锤伤等缺陷。

墙面的饰面板品种、规格、图案应符合设计要求；内部的龙骨安装应牢固、平直，铝合金或其他金属明龙骨安装应牢固、平直，不得有变形。

现场切割的地板，周边应光滑、无毛刺，并按原产品的技术要求进行处理。

活动地板铺设标高及地板布置应按设计严格放线。

各门应安装坚固、牢靠，四周缝隙紧密。

门扇、窗扇应平整，接缝严密、安装牢固，开闭自如、推拉灵活。

玻璃中不能有气泡，无烟波纹、气孔、刮痕或其他缺陷。

（2）数据中心环境测试验收要点

检查温、湿度及空气含尘浓度是否符合设计要求与相关标准。

检查照明、照度是否符合设计要求与相关标准。

供配电系统的线径面积、开关容量、拓扑结构、漏电保护等应符合设计要求与相关标准。

防雷接地装置宜与电气设备接地装置和埋地金属管道相连。

核对接地线线径、安装工艺是否符合设计要求与相关标准。

检查地线的安装是否牢固、接头的接触面积是否够大，地线离其他布线的距离是否足够、中间有无绕圈。

检查设备、开关、线材型号、配置、容量等是否与设计要求一致，并符合相关标准。

检查设备是否按设计要求安装，并符合相关标准。

检查竣工文件是否与实际安装情况一致。

检查系统安装是否正确，上电运行是否正常。

检查软硬件功能模块是否齐全，是否满足设计要求与相关标准。

检查门禁系统主机在单独工作的情况下能否保全门禁数据。

检查当有入侵时，蜂鸣器是否响起，声音是否足够大。

检查屏幕的亮度是否达到设计要求与相关标准。

检查屏幕的聚焦是否正确、图像是否清晰。

二、项目移交阶段

项目的顺利移交，标志着项目已按合同、设计所规定的项目内容建设完成，并满足了设计要求与相关标准，也最终通过了综合测试、竣工验收的审核，项目各系统可以正式投产运营。需要移交的主要内容包括移交项目各系统的全部竣工方案、竣工图纸等，核实并移交设备、软件、材料等的验收文档，移交项目施工文档，移交项目竣工文档，整体移交项目。

项目竣工验收合格后，建设单位和监理公司应组织总包单位、各施工单位将设备的保管权和使用权移交给用户，此时应明确设备的保管单位，并在各方在场的情况下会签设备移交表。

三、项目培训阶段

数据中心项目不仅要建设其硬件系统，还要建设一支有专业技能的信息化队伍。因此在本项目中，培训是一项很重要的工作，为了使培训达到预期的效果，需要各方共同努力，如总包单位、分包单位、设备供应商要编制培训材料，并委派有经验的资深工程师讲解，对用户中的有关人员进行软硬件维护和使用的授课培训。

在培训实施前，建设单位要了解各单位培训教材、讲师的准备情况，进行严格审核，并填写《培训审查报告》，只有通过了审查，才能进行培训。

在培训过程中，要核对各单位所提供的培训方式、培训内容、师资情况、培训时间等是否与实际一致，并要特别注意检查与软件有关的培训内容是否与交付的软件的功能一致。合同中要求的培训全部完成后，方能通过验收。

对培训的执行情况和效果，建设单位应以书面的形式予以收集整理，并上报用户备案。

第七章 数据中心测试与验证

导　读

测试与验证作为数据中心项目建设完成后交付之前的最后一个环节，是一个关键节点。在上业务之前，对数据中心基础设施关键设备和各系统进行测试验证，可以将设计问题、设备质量问题和施工问题完全暴露出来。项目建设完成后不做测试与验证而直接上业务，这些潜在的问题和风险会在未来几年逐步显露，并对系统安全运行产生危害。测试与验证的主要目的具体体现在以下三个方面。

（1）提高安全性。消除数据中心隐患；降低早期故障率；检查基础设施建设质量；及时发现和纠正施工问题。

（2）提高可靠性。满足国家相关规范要求；检测数据中心实际可靠性；验证基础设施系统能力；检验承载、冗余、故障切换能力。

（3）完善建设和运维的衔接。为运维团队提供技术支撑资料；降低运行风险和运维成本；提升运维团队工作能力；保障工程建设与运维的衔接。

第一节　测试的前提条件及准备工作

一、测试的前提条件

数据中心的测试验证工作是一项系统工作，由于不具备测试条件，项目在测试阶段延误交付的情况时有发生。做好充分的准备可以提高交付效率、节省参与方的时间和成本。以关键节点划分，测试的前提条件可分为测试验证进场前提条件和系统联合测试前提条件。

1. 测试验证进场前提条件

数据中心项目测试验证进场前提条件如下。

（1）数据中心工程（至少即将投放使用区域及其配套）施工完成，各分部、分项工程已经监理验收合格，完成自检调试。

（2）本次项目柴油发电机自检调试与预检查、告警功能、油罐、储油箱、供油系统、供油管道、阀门、单系统测试同步。

（3）暖通设备（冷却塔、冷水机组、空调机组、水泵、蓄冷罐、氟泵空调、新风机组、排风、恒湿机、变频补水、加药、砂滤、管道、阀门、管道压力及温度传感器、软水设备等）自检调试完毕，并提交自检报告。

（4）电气设备及系统（含变压器、高低压柜、各控制箱、UPS 不间断电源、HVDC 高压直流电源、电池组、直流屏、列头柜、变频柜、低压补偿装置、ATS 自动转换开关、机柜、PDU 等）自检调试完毕，并提交自检报告。

（5）智能化系统［含视频监控、门禁监控、电力监控、BMS 动环监控系统、BA（冷水自控）系统、入侵报警系统等］自检调试完毕，并提交自检报告。

（6）消防报警系统自检调试完毕，并提交自检报告。

（7）模块机房环境完成自检调试，机房温湿度传感器安装调试完成并上传动环、做好保洁。

（8）提交控制逻辑及电气系统切换逻辑说明。

（9）提交主设备的随机文件，含设备使用说明书、合格证、出厂报告等。

（10）提供全套系统图纸，包括但不限于建筑结构、给排水、暖通、电气、电照、弱电、消防、自控等图纸。

（11）相应配合单位已就位，包括但不限于施工建设方、厂家技术员、运维方、监理单位（如有）等有必要配合开展测试的人员。

（12）墙面刷墙漆、地面打磨涂层宜在设备开机前全部完成，避免粉尘对基础设施设备产生影响，必要时设备宜做防尘成品保护，设备送电开机后，区域内禁止易产生粉尘的施工作业。

（13）施工阶段的路由、电梯、吊装口宜在第三方测试验收工作开展前准备完成，以确保验收工作顺利开展；地面自流平等工作宜在设备进场前完成，从而避免影响测试进度。

（14）应配备足量的手持式灭火器以应对突发危险；应重点标注疏散走道和最近的安全出口。

（15）IDC 机房楼的双路外市电（正式或临时）已引入并完成送电。

（16）IDC 机房楼已具备正常电力供应及持续市政供水能力。

2. 系统联合测试的前提条件

数据中心项目系统联合测试的前提条件如下。

（1）系统联合测试的计划与流程已经通过甲方的审批，并获得其同意。

（2）所有需要进行系统联合测试的设备和系统均已经通过了功能测试。

（3）所有需要进行系统联合测试的设备和系统遗留的安装或者调试问题均已经进行识别，并已通过甲方与测试方对于综合测试影响进行的评估。

（4）所有的测试人员均已就位。

（5）所有的测试仪器和仪表均已就位。

二、测试的准备工作

1. 测试资料收集

在数据中心项目测试与验证前须收集表 7-1 中的测试资料。

表 7-1　数据中心项目测试与验证前须收集的测试资料

资料类别	备注描述
图纸资料	全套图纸资料，包括但不限于电气、暖通、弱电、消防、给排水、建筑、结构图纸
计算书	电池放电计算书、负荷计算书、水力平衡计算书、PUE 计算书
逻辑说明	中低压投切逻辑说明、柴油发电机逻辑说明、燃油自控逻辑说明、空调群控逻辑说明、消防联动逻辑说明、冷源自控逻辑说明
整定值表	高压综保整定值单、低压开关保护整定值单、空调系统整定值单
弱电点表	消防点表、BA 点表、动环点表、安防门禁点表
开机调试报告	电气系统：中压柜电气交接实验报告，变压器、低压柜、UPS 不间断电源、HVDC 高压直流电源、列头柜、ATS 自动转换开关等开机调试报告，油路打压冲洗记录
	暖通系统：冷水机组、水泵、变频柜、冷却塔、蓄冷罐、水处理设备、空调、恒湿机、新排风等开机调试报告，管道打压及保压记录，管道冲洗镀膜报告，蓄冷罐探伤报告，管道探伤报告，蓄冷罐基础沉降报告，空调间的闭水试验报告
开机调试报告	其他系统：BA 系统、消防系统、动环系统、安防门禁系统等

2. 计划安排（以一个单机柜功率 6kW 共 1 000 机架的数据中心测试验证项目为例）

（1）人员投入计划

一个单机柜功率 6kW 共 1 000 机架的数据中心测试验证项目的人员投入计划见表 7-2。

表 7-2　单机柜功率 6kW 共 1 000 机架的数据中心测试验证项目的人员投入计划

项目阶段	技术专家	项目经理	电气测试工程师	暖通测试工程师	弱电测试工程师	文档管理员	计划天数	备注
设计评审阶段	3 人						2 天	测试前
测试方案阶段		1 人	1 人	1 人	1 人		2 天	测试前
测试阶段		1 人	4 人	3 人	2 人	1 人	20 天	
整改复测阶段			2 人	1 人	1 人		3 天	包含于测试阶段
验收交付阶段			1 人	1 人	1 人		1 天	配合甲方验收

备注：技术专家可远程支持，非必须常驻测试现场。

（2）测试工期计划

该数据中心测试验证项目的测试工期计划见表 7-3。

表 7-3　数据中心测试验证项目的测试工期计划

序号	测试内容	测试开始时间	测试结束时间	参与方	前置条件
1	模拟负载上架	12 月 3 日	12 月 4 日	运维方、总包单位	进门手续、进场路由、电梯通畅
2	电气、暖通、弱电系统安装检查	12 月 5 日	12 月 10 日	总包单位	施工接线完成，编号完成，初步保洁完成
3	UPS 测试、电池放电，对应的变压器及机房配电功能测试（同步 BMS 核对）	12 月 11 日	12 月 12 日	UPS 厂家、电池厂家、变压器、低压柜厂家、BMS 厂家、运维、施工方	电池充电完成、UPS 正常运行

续表

序号	测试内容	测试开始时间	测试结束时间	参与方	前置条件
4	UPS 测试、电池放电，对应的变压器及机房配电系统等带载测试（同步 BMS 核对）	12 月 13 日	12 月 20 日	变压器厂家、高低压柜厂家、UPS 厂家、变压器厂家、电池厂家、BMS 厂家、运维、施工方、其他设备相关方	系统调试完成、制冷正常
5	空调热负荷测试，冷机、水泵、冷塔系统测试（同步 BA 系统核对）	12 月 21 日	12 月 25 日	空调厂家、冷机厂家、BA 厂家	系统调试完成、制冷正常
6	柴油发电机系统带载测试	12 月 13 日	12 月 20 日	柴油发电机厂家、油路厂家	系统调试完成、制冷正常
7	BA 系统测试、消防联动、承载前准备	12 月 26 日	12 月 27 日	BA 厂家、消防厂家、施工方	系统调试完成、制冷正常
8	安防监控系统测试	12 月 26 日	12 月 27 日	安防监控厂家、总包单位	系统调试完成
9	全系统承载测试（冗余 / 容错测试、系统承载）	12 月 28 日	12 月 29 日	全部厂家、施工方	系统调试完成、制冷正常

（3）人员组织架构

该数据中心测试验证项目的测试团队的人员组织架构如图 7-1 所示。

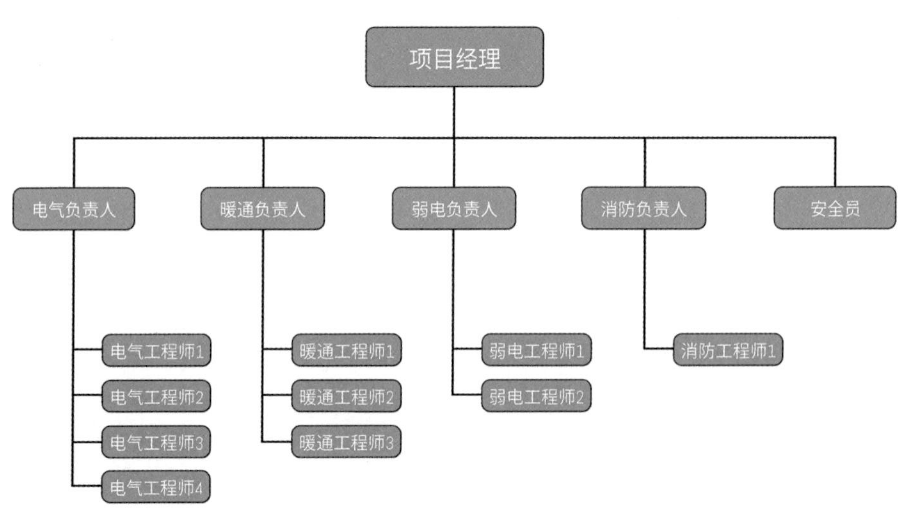

图 7-1 测试团队人员组织架构图

第二节　测试方案及流程

测试方案是针对每个具体的数据中心测试项目准备的工作依据，以及工作界面和主要内容的要求。提前准备好测试方案，是测试工作能全面、系统地验证设计、施工及设备质量满足设计要求的保障。测试方案一般由测试公司编写，经甲方批准实施。

一、测试依据标准

测试期间参照的标准规范及设计要求包括但不限于以下各项：

GB 50174—2017　《数据中心设计规范》
GB 50462—2015　《数据中心基础设施施工及验收规范》
SJ/T 10694—2006　《电子产品制造与应用系统防静电检测通用规范》
GB 50343—2012　《建筑物电子信息系统防雷技术规范》
GB 50243—2016　《通风与空调工程施工质量验收规范》
GB 50339—2013　《智能建筑工程质量验收规范》
SJ/T 10796—2001　《防静电活动地板通用规范》
GB 50016—2014　《建筑设计防火规范》
GB 50116—2013　《火灾自动报警系统设计规范》
GB 50166—2019　《火灾自动报警系统施工及验收标准》
GB 50222—2017　《建筑内部装修设计防火规范》
GB 50054—2011　《低压配电设计规范》
GB 50303—2015　《建筑电气工程施工质量验收规范》
GB 50057—2010　《建筑物防雷设计规范》
GB 50033—2013　《建筑采光设计标准》
GB 50263—2007　《气体灭火系统施工及验收规范》
GA/T 367—2001　《视频安防监控系统技术要求》
GB 4717—2005　《火灾报警控制器》
GB 16806—2006　《消防联动控制系统》
GB 12978—2003　《消防电子产品检验规则》
GB/T 15395—1994　《电子设备机柜通用技术条件》
YD/T1051—2018　《通信局（站）电源系统总技术要求》
YD/T1821—2018　《通信局（站）机房环境条件要求与检测方法》
YD/T1095—2018　《通信用交流不间断电源（UPS）》

YD/T2378—2020《通信用240V直流供电系统》

YD/T2319—2020《数据设备用网络机柜》

YD/T2322—2011《数据设备用交流电源分配列柜》

GBT 50312—2016《综合布线系统工程验收规范》

客户标准及规范

图纸资料及其他技术文件

二、测试流程

测试流程是为了保障测试方案顺利实施做出的程序性安排，可以让项目相关方清楚地了解工作步骤，以便安排好各自的工作计划。

1. 整体测试流程

数据中心测试验证项目整体测试流程如图7-2所示。

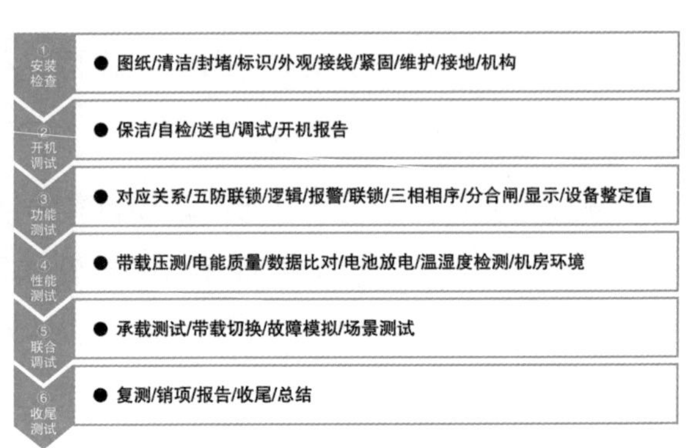

图7-2 整体测试流程

承载测试，单设备单系统测试完成后，以高压模组或整栋机房楼作为整体，按照设计机柜数量和功率要求布置等量模拟负载，模拟机房楼在25%、50%、75%、100%等不同负载率情况下的基础设施运行情况，包括但不限于电气设备、暖通设备、弱电监控设备等辅助设施运行工况，PUE监测，制冷设备故障切换等场景。

2. 单设备测试流程（以柴油发电机组测试为例）

数据中心测试验证项目单设备测试流程（以柴油发电机组测试为例）如图7-3所示。

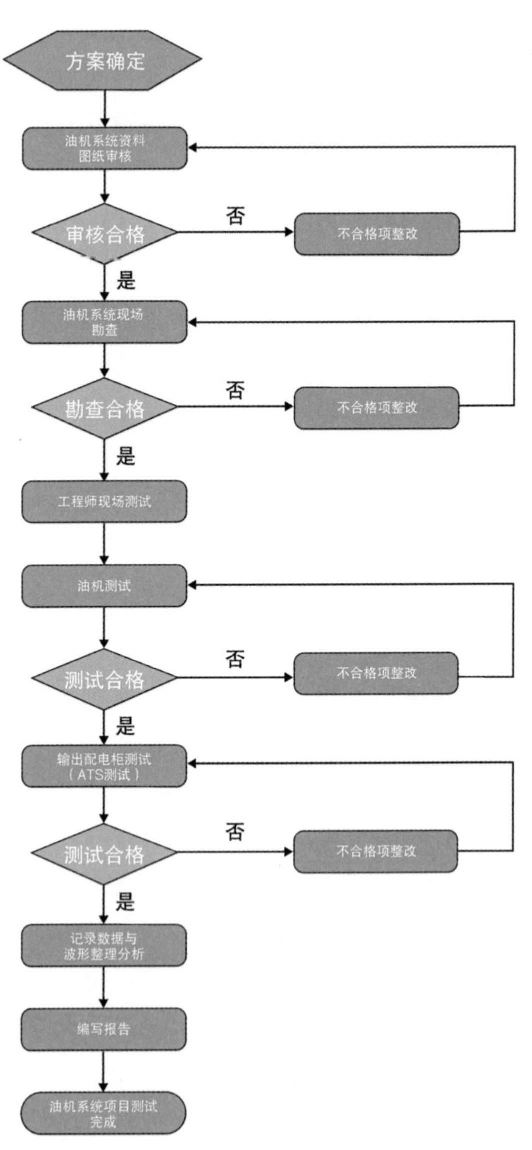

图7-3 柴油发电机组测试流程图

三、电气系统现场测试方法

1. 电气系统安装检查

电气系统安装检查的主要内容如下。

（1）发电机组

设备检查：包括设备型号和规格确认，设备外观、组件的完整性等的检查。

安装检查：包括所处环境位置、电气安装、供油系统安装、排气系统安装等的检查。

电力导线核查：包括电力导线的名称、接头、截面尺寸、尺寸和数量等的核查。

旁站启动检查：包括设备设定、标识、启动情况和监控状况检查。

（2）外部供油系统

容量确认：储油罐体积确认。

油泵型号确认。

油箱组件检查：排气孔、加油口、密封性等的检查。

油泵安装检查。

油位监控系统检查：压力传感器核对。

管道安装及支撑检查：供油管检查。

电气安装检查：油泵启动柜和线缆检查。

（3）低压配电系统

设备检查：包括设备型号和规格确认，设备外观、组件的完整性等的检查。

安装检查：包括所处环境位置、电气安装等的检查。

电力导线核查：包括电力导线的名称、接头、截面尺寸、尺寸和数量等的核查。

断路器数据和设定核查：断路器规格及其脱扣值和延时时间核查。

旁站启动检查：包括设备设定、标识、启动情况和监控状况的检查。

（4）UPS 不间断电源系统

设备检查：包括 UPS 及其电池型号和规格确认，设备外观、组件的完整性等的检查。

安装检查：包括所处环境位置、电气安装等的检查。

电力导线核查：包括电力导线的名称、接头、截面尺寸、尺寸和数量等的核查。

旁站启动检查：包括 UPS 及其电池设定、标识、启动情况和监控状况的检查。

（5）EPS 应急电源系统

设备检查：包括 EPS 及其电池型号和规格确认，设备外观、组件的完整性等的检查。

安装检查：包括所处环境位置、电气安装等的检查。

电力导线核查：包括电力导线的名称、接头、截面尺寸、尺寸和数量等的核查。

旁站启动检查：包括 EPS 及其电池设定、标识、启动情况和监控状况的检查。

（6）HVDC 高压直流电源系统

设备检查：包括 HVDC 及其电池型号和规格确认，设备外观、组件的完整性等的检查。

安装检查：包括所处环境位置、电气安装等的检查。

电力导线核查：包括电力导线的名称、接头、截面尺寸、尺寸和数量等的核查。

旁站启动检查：包括 HVDC 及其电池设定、标识、启动情况和监控状况的检查。

（7）母线

设备检查：包括母线及接插件规格确认，设备外观、组件的完整性检查。

安装检查：包括所处环境位置、电气安装等的检查。

电力导线核查：包括电力导线的名称、接头、截面尺寸、尺寸和数量等的核查。

（8）PDU

设备检查：包括 PDU 规格确认，设备外观、组件的完整性检查。

安装检查：包括所处环境位置、电气安装等的检查。

电力导线核查：包括电力导线的名称、接头、截面尺寸、尺寸和数量等的核查。

（9）低压补偿装置

设备检查：包括设备型号和规格确认，设备外观、组件的完整性等的检查。

安装检查：包括所处环境位置、电气安装等的检查。

电力导线核查：包括电力导线的名称、接头、截面尺寸、尺寸和数量等的核查。

（10）干式变压器

设备检查：包括设备型号和规格确认，设备外观、组件的完整性等的检查。

安装检查：包括所处环境位置、电气安装等的检查。

电力导线核查：包括电力导线的名称、接头、截面尺寸、尺寸和数量等的核查。

（11）自动转换开关（ATS）

设备检查：包括设备型号和规格确认，设备外观、组件的完整性等的检查。

安装检查：包括所处环境位置、电气安装等的检查。

电力导线核查：包括电力导线的名称、接头、截面尺寸、尺寸和数量等的核查。

断路器数据和设定核查：断路器规格及其脱扣值和延时时间核查。

旁站启动检查：包括设备设定、标识、启动情况和监控状况的检查。

（12）变频柜

设备检查：对变频柜规格型号、设备外观、完整性进行检查。

安装检查：包括所处环境位置、电气安装等的检查。

电力导线核查：包括电力导线的名称、接头、截面尺寸、尺寸和数量等的核查。

旁站启动检查：包括设备设定、标识、启动情况和监控状况的检查。

（13）直流屏

外观检查：对直流屏的型号规格、设备外观、组件的完整性、命名及路由标签进行检查。

环境检查：对是否完成保洁、是否有足够的维护和拆卸空间、周围环境是否影响设备正常运行进行检查。

电气安装：包括电力导线的名称、接头、截面尺寸、尺寸和数量等的核查。

旁站启动检查：包括设备设定、标识、启动情况和监控状况的检查。

（14）列头柜

设备检查：包括列头柜规格确认，设备外观、组件的完整性检查。

安装检查：包括所处环境位置、电气安装等的检查。

电力导线核查：包括电力导线的名称、接头、截面尺寸、尺寸和数量等的核查。

旁站启动检查：包括设备设定、标识、启动情况和监控状况的检查。

2. 电气系统设备功能、性能测试

电气系统设备功能、性能测试的主要内容如下。

（1）发电机组

状态指示验证：不在自动控制状态、电流断路器分开和闭合、引擎运行、控制电压错误、自动启动等状态显示检查。

报警验证：冷却液高低温、低油压、少油、引擎过速、电池高低压等的检查。

停机验证：低油压、冷却液高温、冷却液低液位、引擎过速、电池高低压、EPO发动等状况下的停机动作检查。

发电机断路器脱扣验证：逆功率、过电流、低电压、低频率等状况下发电机断路器脱扣动作检查。

4 小时发热试验：发电机在 100% 负载状态下运行 4 小时，检查发电机运行状态。

稳态运行测试：分别在 100%、50% 和 0 负载的情况下做发电机输出各项电参数（电压、频率、电流、谐波失真、电压调整度等）测试和相关仪表的校验情况的检查，以及噪声水平测试。

瞬态响应测试：发电机输出瞬间加载和减载试验（0 ~ 50%、50% ~ 100%、100% ~ 50%、50% ~ 0）。

测试输出电压、频率变化率和恢复时间，并进行发电机的冗余启动测试。

阻容性带载测试：根据招标要求或约定的超前功率因数上限确定超前阻容性负载的功率因数，比如功率因数超前 0.95，验证发电机输出稳定性和带载能力。

（2）外部供油系统

外部供油系统油位检测；漏油检查；油泵运行测试；自动加油测试供油管路打压测试：在设计管道压力下采用打压泵对油管进行打压测试，检查是否有渗漏情况等（一般为测试公司检查施工方或厂家的打压报告）； 供油管路探伤（焊缝 20 处抽测）：根据甲方及工程设计要求，采用比较成熟的超声波探伤方式以及严格的检查等级，验证管路焊缝是否符合招标、设计要求及压力管道规范（一般由施工厂家完成，测试单位负责审核查验）。

（3）高压配电系统

断路器运行测试：执行断路器操作、执行断路器插拔和模拟故障发生与恢复。

联锁检查：检查联锁装置是否具有正常闭锁功能。

（4）低压配电系统

断路器运行：执行断路器操作、执行断路器插拔和模拟故障发生与恢复。

联锁检查：联查连锁装置是否具有正常闭锁功能。

系统稳态检查：系统满载（30 分钟以上）运行情况下，使用红外热成像仪扫描电源接头、电缆、开关、铜排等部件的温度。

（5）UPS 不间断电源系统

报警和状态验证：UPS 各项报警、状态和参数显示检查。

UPS 单机瞬态响应测试：UPS 单机在线运行 0 ~ 50% 和 50% ~ 100% 负载加载和减载瞬态测试、UPS 单机旁路和逆转换、市电和电池转换试验，测试 UPS 单机输出电压变化率和转换时间。

电池测试：单台 UPS 满载电池放电时间和电池充电测试，放电过程中使用红外线热成像仪扫描电池接头、电缆、断路器等部件的温度。

UPS 并机发热试验：公共维修旁路、公共静态旁路输出满载运行情况下使用红外线热成像仪扫描其电源接头、电缆、电感等部件的温度。

UPS 并机稳态运行：分别在 100%、50% 和 0 负载的情况下 UPS 输出电参数（电压、频率、电流、谐波失真、均流等）测试和相关仪表的校验情况的检查。

UPS 并机瞬态响应测试：UPS 并机在线运行 0 ~ 50% 和 50% ~ 100% 负载加载和减载瞬态测试、UPS 并机旁路和逆转换、市电和电池转换、单台 UPS 故障冗余和恢复试验，测试 UPS 并机输出电压变化率和转换时间。

UPS 并机冗余功能测试：验证 UPS 在并机工作模式，带设计负载率情况下，模拟单台 UPS 故障，检查系统整体运行情况。

UPS 配合发电机工作测试； 验证在发电机发电输出时 UPS 带载运行情况，包括切换、充放电等动作是否正常。

（6）EPS 系统

报警和状态验证：EPS 各项报警、状态和参数显示检查。

EPS 单机切换响应测试：市电和电池转换试验，测试输出电压变化率和转换时间。

电池测试：单台 EPS 满载电池放电时间和电池充电测试，放电过程中使用红外线热成像仪扫描电池接头、电缆、断路器等部件的温度。

EPS 稳态运行测试：输入、输出电参数（电压、频率、电流、谐波失真、均流等）测试和相关仪表的校验情况的检查。

（7）HVDC 高压直流电源系统

报警和状态验证：HVDC 各项报警、状态和参数显示检查。

整流器功能 / 稳态功能测试：50% 负载测试、100% 负载测试、整流模块热插拔、休眠功能检查、峰值杂音、绝缘测试。

HVDC 瞬态功能测试：0 ～ 50% 和 50% ～ 100% 负载加载和减载瞬态测试，使用附带的波形记录器将该瞬态变化记录到负载阶跃响应。

电池放电测试：满载电池放电时间和电池充电测试，放电过程中使用红外线热成像仪扫描电池接头、电缆、断路器等部件的温度。

HVDC 老化发热测试：负载从 0 逐步增加至 100% 阻性负载，稳定带载 2 个小时以上，使用红外热成像仪扫描 HVDC 输入输出配电柜、电缆、开关、铜排、接线端子等的温度。

（8）干式变压器

100% 负载运行时变压器电能质量测试。

100% 负载运行 120 分钟以上，使用红外线热成像仪扫描电缆、绕阻、铜排等关键部位的温度。

100% 负载满载运行效率测试。

（9）变频柜

报警和状态验证：各项报警、状态和参数显示检查。

输出和输入电能质量测试：设定频率 30Hz 及 50Hz 时，测试电压谐波、电流谐波、电压、电流、频率是否满足变频器参数及电机设计要求。

变频柜承载测试：设定变频器频率为 50Hz，满载压测 2 个小时，每 30 分钟观察变频器有无异常，使用红外热成像仪扫描变频柜内电缆、铜排、接线桩头、变频器等的温度，温升不超过 70K。

（10）自动转换开关（ATS）

ATS 稳态运行检查：ATS 正常电源、应急电源 100% 负载运行情况下电能参数核对检查、状态指示检查。

ATS 运行：手动执行 ATS 操作、模拟故障发生与恢复 ATS 自动转换、检查联锁装置是否能够正常中断以及信号是否可以传输。

ATS 设定检查：ATS 切换工作的电压和频率阈值、延迟时间等参数设定的核实。

ATS 满载运行发热测试：使用红外热成像仪扫描柜内电缆、铜排、接线桩头、开关等的温度。

（11）静态转换开关（STS）

STS 稳态运行检查：STS 正常电源、应急电源 100% 负载运行情况下电能参数核对检查、状态指示检查。

STS 运行：手动执行 STS 操作、模拟故障发生与恢复 STS 自动转换、检查联锁装置是否能够正常中断以及信号是否可以传输。

STS 设定检查：STS 切换工作的电压和频率阈值、延迟时间等参数设定的核实。

STS 满载运行发热测试：使用红外热成像仪扫描柜内电缆、铜排、接线桩头、开关等的温度。

（12）机房列头柜

仪表校验：在满载情况下对设备仪表相关显示参数和实际值进行校验。

微断至 PDU 的对应关系检查。

列头柜老化发热测试：满载对列头柜压测 4 个小时，使用红外热成像仪扫描列头柜铜排、导线、开关、端子、互感器等的温度。

（13）PDU

满载电流校验。

满载零地电压测试、电源极性测试。

满载运行发热测试：满载压测不低于 2 小时，使用红外热成像仪扫描 PDU 壳体、线缆连接处、端子等的温度。

（14）直流屏

报警和状态验证：各项报警、状态和参数显示检查。

电池放电测试：查看电池监控是否已正常运行，电池放电过程中观察电池温度变化，对电池进行恒流放电，观察电压电流，对放电数据进行分析。

3.UPS 测试记录（示例）

UPS 测试设备信息见表 7-4。

表 7-4 UPS 测试设备信息

测试日期	2020-10-23	测试人员	×××
设备品牌	×××	规格 / 型号	500kVA*3
设备编号	UPS-A1-11~13	安装位置	xxx 变配电室
电池品牌	×××	电池型号	×××
电池数量	40 节 ×3 组	/	/

测试单位确认经过本测试流程后，测试过程和结果真实，测试结论见表 7-5。

表 7-5　测试结论

测试结果描述	结果确认	备注
合格，且无偏离，满足本测试流程	√	/
合格，有偏离，偏离项目参照问题清单		/
不合格，部分项目需重测		/
不合格，所有项目需重测		/

如有重测项目，重测结果在问题清单内体现，见表 7-6。

表 7-6　测试仪表及防护用具现场检查清单

设备名称		确认	备注
模拟负载数量满足单系统测试布置		√	/
电能质量分析仪配测试线		√	充电器、电压线 + 电流探头
笔记本电脑、文件夹板、笔		√	充电器、仪表软件
双向无线对讲机		√	充电器
数字万用表		√	表笔线、电池
热成像仪		√	充电器、内存卡
防护用具	护目镜	√	无破损
	安全帽	√	无破损
	绝缘手套	√	无破损

UPS 测试前提条件检查单见表 7-7。

表 7-7　UPS 测试前提条件检查单

检查内容	确认	检查内容	确认
施工图纸完备	√	设备按图安装完成	√
设备保洁完成	√	螺栓紧固点漆完成	√
参数整定完成	√	设备开机调试完成	√
BMS 安装调试完成	√	厂家及配合方就位	√

UPS 安装检查流程单见表 7-8。

表 7-8　UPS 安装检查流程单

序号	检查内容（预期结果）	预期结果确认（如否请备注）		
		是	否	备注
1	检查是否安装在图纸最终位置	√		/
2	检查管线及设备标高，铜排、电缆横平竖直	√		/
3	检查减震安装是否符合要求	√		/
4	检查设备标识、标牌、警示标识等无误	√		临时标牌
5	检查设备维护空间是否满足要求	√		/
6	检查设备、控制设备接地是否满足要求	√		/
7	检查控制线、信号线走线槽或护线带等	√		/
8	检查是否有防虫防鼠设施、挡鼠板等	√		/
10	检查操作摇把、钥匙是否在正确位置	√		/
11	检查低压柜 /UPS 前橡胶绝缘垫是否已经就位		√	保洁后铺设
12	检查柜内是否已完成贴图	√		/
13	检查互锁逻辑是否调试完成	√		/
14	确认配电柜上方无空调风口、冷凝水管、排水管	√		/
15	检查所有门、面板和部件，确定无腐蚀、划痕	√		/
16	检查设备是否已彻底清洁，柜内卫生良好	√		/
17	确认设备无硬件丢失	√		/
18	检查电缆是否固定到位	√		/
19	确认电缆固定、维护空间充足	√		/
20	确认螺栓紧固、安装牢靠，有点漆紧固标识	√		/
21	确认电缆去向标识、电缆挂牌完整	√		/
22	确认所有孔洞均封闭完成（柜体、穿墙孔等）	√		/
23	确认电缆弯曲半径满足要求，无硬弯和折损现象	√		/
24	确认电缆外皮无明显破损	√		/
25	检查断路器规格是否与图纸保持一致	√		/
26	检查防护、灭火装置是否安装正确	√		/
27	检查断路器卫生清洁是否满足要求	√		/
29	确认螺栓朝向巡检方向	√		/

续表

序号	检查内容（预期结果）	预期结果确认（如否请备注）		
		是	否	备注
30	检查 UPS 规格型号是否与图纸一致	√		/
31	检查电池、电池架、开关柜是否按照图纸施工	√		/
32	检查 UPS 供电路由是否与图纸一致	√		/

UPS 功能测试单见表 7-9。

表 7-9　UPS 功能测试单

A. 功能和状态检查

使用实际条件或者与报警发起点尽可能接近的模拟条件，以证明以下功能和状态会在所有的位置实现。

序号	检查内容（预期结果）	结果确认（如否请备注）		
		是	否	备注
1	检查 UPS 输入开关分闸，电池和逆变器启动正常	√		/
2	UPS 输入开关恢复，电池退出，整流和逆变器启动正常	√		/
3	确认 UPS 由整流和逆变转换到静态旁路工作正常	√		/
4	确认 UPS 由静态旁路转换到整流和逆变工作正常	√		/
5	确认 UPS 切换至外部维修旁路功能正常	√		/
6	确认 UPS 动作时状态指示正常	√		/
7	确认 UPS 面板数据显示正常	√		/
8	确认 UPS 紧急关机功能报警正常	√		/
9	确认 UPS 高温报警正常	√		/
10	确认主输入电源故障报警正常	√		/
11	确认 UPS 过载报警正常	√		/
12	确认 UPS 运行无异响 \ 异味	√		/
13	确认 UPS 电池脱扣功能正常	√		/

B. UPS 加载性能测试：验证 UPS 阶梯带载性能					
序号	测试流程	预期（实际）结果	是	否	备注
1	UPS 工作在整流逆变状态	UPS 工作正常	√		/
2	0 负载率下，记录 UPS 输入输出参数	记录数据	√		/
3	为 UPS 接入设计容量 50% 输出负载	50% 加载	√		/
4	50% 负载率下，记录 UPS 输入输出参数	记录数据	√		/
5	为 UPS 接入设计容量 100% 输出负载	100% 加载	√		/
6	100% 负载率下，记录 UPS 输入输出参数	记录数据	√		/
7	连接电能质量分析仪至 UPS 输入、输出侧	连接仪表	√		/
8	采集 UPS 电能质量参数	采集参数	√		/
9	确认 UPS 输入电压范围	标准：176~264V	√		/
10	确认 UPS 满载输入功率因数	标准：≥ 0.99	√		/
11	确认 UPS 满载输入电流谐波成分（%）	标准：＜ 5%	√		/
12	确认供电电源电压波形失真度（%）	标准：≤ 5%	√		/
13	确认供电电源稳态电压偏移范围（%）	标准值：－10～+7	√		/
14	确认供电电源稳态频率偏移范围（%）	标准值：±0.5	√		/
15	确认 UPS 满载效率	标准：≥ 100kVA 的效率应≥ 95%	√		/
16	将 UPS 切换到静态旁路输出	UPS 在静态旁路	√		/
17	100% 负载率下，记录 UPS 参数	记录数据	√		/
18	采集 UPS 电能质量参数	采集参数	√		/

C. UPS 瞬态测试					
序号	测试流程	预期（实际）结果	是	否	备注
1	连接示波器至 UPS 输入、输出侧	连接仪器	√		/
2	负载 100%～50%～0 突减测试	记录阶跃波形	√		/
3	负载 0～50%～100% 突加测试	记录阶跃波形	√		/
4	负载 100%～0 突减测试	记录阶跃波形	√		/

续表

序号	测试流程	预期（实际）结果	是	否	备注
5	负载 0 ~ 100% 突加测试	记录阶跃波形	√		/
6	负载恢复至 UPS 设计容量 100% 负载	恢复负载	√		/
7	逆变输出—静态旁路输出切换测试	无故障切换和运行	√		/
8	静态旁路输出—外部维修旁路输出切换测试	无故障切换和运行	√		/
9	外部维修旁路输出—静态旁路输出切换测试	无故障切换和运行	√		/
10	静态旁路输出—逆变输出切换测试	无故障切换和运行	√		/
11	市电—电池放电切换测试	无故障切换和运行	√		/
12	电池—市电切换测试	无故障切换和运行	√		/
13	确认市电电池转换时间	0ms	√		/
14	确认旁路转逆变时间	< 1ms	√		/
D . 老化及发热测试					
序号	测试流程	预期（实际）结果	是	否	备注
1	使 UPS 运行至逆变器状态	逆变运行正常	√		/
2	使 UPS 负载从 0 逐步增加至 100% 阻性负载	逐步加载	√		/
3	逆变状态下稳定带载 2h	稳定运行	√		/
4	将 UPS 切换至静态旁路模式下	切换正常	√		/
5	静态旁路模式下稳定带载 1h	稳定运行	√		/
6	将 UPS 切换至外部旁路模式下	切换正常	√		/
7	外部旁路模式下稳定带载 0.5h	稳定运行	√		/
8	各老化阶段扫描 UPS 输出配电柜、电缆、开关、铜排、接线端子等的温度	温升 < 70K	√		/
9	老化结束后，关闭模拟负载，使 UPS 恢复至测试前状态	模拟负载与 UPS 恢复	√		/
E. 电池自主性测试 应提供与设计功率相等负荷的线性负载，中断输入电源，在电池存储模式下进行操作					
序号	测试流程	预期（实际）结果	是	否	备注
1	检查电源质量分析仪，确认其正常工作并记录 UPS 输出参数	仪表可正常工作	√		/

续表

序号	测试流程	预期（实际）结果	是	否	备注
2	把模拟负载增加至设计的满载（100%）后，断开 UPS 主输入开关	UPS 自动切换至电池放电模式	√		/
3	每分钟记录电池放电数据，记录附表电池放电的数据	放电时间满足设计要求	√		/
4	核对电池监控数据	数据与现场一致	√		/
5	用红外热成像仪对电池的连接柱进行扫描	各部件及线缆连接点温升不超过 70K	√		/
6	待放电至电池截至电压或时间满足时，结束测试	切换正常	√		/
F. 测试结束					
将设备状态恢复至初始状态，整理测试仪器和测试表格					

将 UPS 测试结果记录到表 7-10 至表 7-28 所示的表格中。

表 7-10　E11-1-3-3UPS 并机（主路）性能测试记录（负载率 25%）

检测项目		E11-1-3-3UPS 并机（主路）性能测试记录								
检测地点		××× 变配电室			检测日期			2020-10-23		
检测人员		×××			审核人员			×××		
设备规格		500kVA*3			负载率			25%		
设备编号		UPS-A1-11			UPS-A1-12			UPS-A1-13		
输入侧		A	B	C	A	B	C	A	B	C
输入侧电量仪值	电流（A）	181.1	180.1	177.9	180.8	179.7	177.8	180.9	180.3	177.9
	电压（V）	232.4	233.3	234.5	232.5	233.4	234.7	232.5	233.4	234.7
	功率（kW）	41.8	41.7	41.4	41.8	41.7	41.4	41.8	41.8	41.4
	功率因数	0.99	0.99	0.99	0.99	0.99	0.99	0.99	0.99	0.99
	频率（Hz）	50.01			50.03			50.02		

续表

检测项目		E11-1-3-3UPS 并机（主路）性能测试记录								
检测地点		×××变配电室			检测日期		2020-10-23			
检测人员		×××			审核人员		×××			
设备规格		500kVA*3			负载率		25%			
设备编号		UPS-A1-11			UPS-A1-12			UPS-A1-13		
输入侧		A	B	C	A	B	C	A	B	C
输入UPS面板	电流（A）	203.9	204.2	203.6	203.3	203.4	203.1	204.6	205.5	205.0
	电压（V）	232.6	233.1	234.7	231.5	232.5	233.7	232.2	232.6	233.7
	频率（Hz）	49.97	49.97	49.97	50.02	50.02	50.02	50.02	50.02	50.02
输出侧		A	B	C	A	B	C	A	B	C
输出侧电量仪值	电流（A）	184.4	182.4	181.5	184.5	181.5	181.7	185.4	175.8	178.6
	电压（V）	220.26	220.3	220.3	220.0	220.4	220.2	220.1	220.4	220.3
	功率（kW）	40.5	40.1	39.9	40.4	38.2	39.1	40.7	38.7	39.3
	频率（Hz）	50.02			50.00			49.99		
	功率因数	0.99	0.99	0.99	0.99	0.99	0.99	0.99	0.99	0.99
输出参数UPS面板显示	电流（A）	186.0	184.0	184.7	185.6	183.6	184.2	188.1	186.0	186.8
	电压（V）	220.5	220.7	220.6	220.6	220.7	220.5	220.6	220.6	220.5
	功率（kW）	40.9	40.5	40.6	40.8	40.3	40.4	41.3	40.9	41.1
	频率（Hz）	49.99	49.99	49.99	49.99	49.99	49.99	49.99	49.99	49.99
	功率因数	0.99	0.99	0.99	0.99	0.99	0.99	0.99	0.99	0.99
负载电流不均衡度（%）		A 相：0.8；B 相：0.8；C 相：0.8								
测试结论		合格（UPS 主路均流度≤ 5%）								

表 7-11　E11-1-3-3UPS 并机（主路）性能测试记录（负载率 50%）

检测项目		E11-1-3-3UPS 并机（主路）性能测试记录								
检测地点		××× 变配电室			检测日期			2020-10-23		
检测人员		×××			审核人员			×××		
设备规格		500kVA*3			负载率			50%		
设备编号		UPS-A1-11			UPS-A1-12			UPS-A1-13		
输入侧		A	B	C	A	B	C	A	B	C
输入侧电量仪值	电流（A）	387.4	386.3	386.9	383.4	382.1	383.1	383.4	383.0	383.5
	电压（V）	230.1	232.6	234.8	230.2	232.5	235.0	230.3	232.3	234.5
	功率（kW）	89.9	89.6	90.4	89.2	89.7	90.7	88.2	88.9	89.7
	功率因数	0.999	0.998	0.997	0.999	0.998	0.997	0.999	0.998	0.997
	频率（Hz）	50.02			49.98			49.96		
输入UPS面板	电流（A）	393.2	393.2	393.1	395.0	395.2	395.0	394.5	395.6	394.1
	电压（V）	231.2	232.9	235.7	229.9	231.9	234.4	230.0	232.0	234.8
	频率（Hz）	50.02	50.02	50.02	49.98	49.98	49.98	49.98	49.98	49.98
输出侧		A	B	C	A	B	C	A	B	C
输出侧电量仪值	电流（A）	393.4	393.2	393.1	395.0	395.2	395.0	394.6	395.6	394.1
	电压（V）	219.7	220.2	219.9	219.7	220.1	219.9	219.6	220.2	219.9
	功率（kW）	86.4	82.4	85.4	86.4	82.7	85.5	86.9	82.0	85.1
	频率（Hz）	49.96			49.96			50.02		
	功率因数	0.99	0.99	0.99	0.99	0.99	0.99	0.99	0.99	0.99
输出参数UPS面板显示	电流（A）	398.4	377.8	393.7	397.4	376.9	394.3	400.8	375.7	396.0
	电压（V）	220.1	220.7	220.2	220.2	220.7	220.1	220.2	220.7	220.1
	功率（kW）	87.4	83.1	86.5	87.3	82.9	86.8	88.0	82.7	86.9
	频率（Hz）	49.99	49.99	49.99	49.99	49.99	49.99	49.99	49.99	49.99
	功率因数	0.99	0.99	0.99	0.99	0.99	0.99	0.99	0.99	0.99
负载电流不均衡度（%）		A 相：0.5；B 相：0.3；C 相：0.3								
测试结论		合格（UPS 主路均流度≤ 5%）								

表 7-12　E11-1-3-3UPS 并机（主路）性能测试记录（负载率 75%）

检测项目	E11-1-3-3UPS 并机（主路）性能测试记录									
检测地点	××× 变配电室				检测日期			2020-10-23		
检测人员	×××				审核人员			×××		
设备规格	500kVA*3				负载率			75%		
设备编号		UPS-A1-11			UPS-A1-12			UPS-A1-13		
输入侧		A	B	C	A	B	C	A	B	C
输入侧电量仪值	电流（A）	557.1	556.5	558.1	557.4	556.4	559.2	556.0	555.8	558.0
	电压（V）	235.0	235.4	236.4	235.4	236.1	236.8	235.3	235.9	236.8
	功率（kW）	130.9	131.0	131.9	130.9	131.0	132.0	130.8	130.9	132.1
	功率因数	0.99	0.99	0.99	0.99	0.99	0.99	0.99	0.99	0.99
	频率（Hz）	49.98			49.98			50.01		
输入UPS面板	电流（A）	564.7	565.3	564.6	563.2	562.8	563.4	563.4	564.9	563.9
	电压（V）	235.1	234.7	236.0	234.9	235.1	236.0	233.3	233.8	235.7
	频率（Hz）	50.02	50.02	50.02	49.95	49.95	49.95	49.97	49.97	49.97
输出侧		A	B	C	A	B	C	A	B	C
输出侧电量仪值	电流（A）	561.5	566.4	569.6	562.5	566.6	569.7	569.1	562.1	564.6
	电压（V）	219.6	219.9	219.9	219.7	219.8	219.9	219.6	219.9	219.9
	功率（kW）	123.3	124.4	125.1	123.5	124.8	124.9	124.8	123.1	124.1
	频率（Hz）	49.96			49.97			50.01		
	功率因数	0.99	0.99	0.99	0.99	0.99	0.99	0.99	0.99	0.99
输出参数UPS面板显示	电流（A）	567.7	571.4	576.0	567.5	566.2	573.3	576.0	567.7	571.0
	电压（V）	220.2	220.2	220.1	220.3	220.5	220.2	220.2	220.6	220.2
	功率（kW）	124.6	125.8	126.3	124.7	124.4	125.7	126.4	124.6	125.3
	频率（Hz）	50.13	50.13	50.13	49.99	49.99	49.99	49.99	49.99	49.99
	功率因数	0.99	0.99	0.99	0.99	0.99	0.99	0.99	0.99	0.99
负载电流不均衡度（%）		A 相：1.0；B 相：0.5；C 相：0.4								
测试结论		合格（UPS 主路均流度≤ 5%）								

表 7-13　E11-1-3-3UPS 并机（主路）性能测试记录（负载率 100%）

检测项目		E11-1-3-3UPS 并机（主路）性能测试记录								
检测地点		××× 变配电室			检测日期			2020-10-23		
检测人员		×××			审核人员			×××		
设备规格		500kVA*3			负载率			100%		
设备编号		UPS-A1-11			UPS-A1-12			UPS-A1-13		
输入侧		A	B	C	A	B	C	A	B	C
输入侧电量仪值	电流（A）	756.6	756.0	759.2	755.4	754.5	760.2	756.0	755.8	760.1
	电压（V）	233.8	234.5	235.7	233.6	234.5	235.6	233.6	234.5	235.8
	功率（kW）	176.8	177.2	178.8	176.7	171.0	179.1	176.5	177.2	179.1
	功率因数	0.99	0.99	0.99	0.99	0.99	0.99	0.99	0.99	0.99
	频率（Hz）	49.95			49.95			49.95		
输入 UPS 面板	电流（A）	772.0	772.8	772.4	769.7	767.9	767.9	767.9	770.6	769.2
	电压（V）	233.3	232.9	235.0	232.4	232.6	233.9	232.5	233.1	235.0
	频率（Hz）	49.95	49.95	49.95	49.97	49.97	49.97	50.02	50.02	50.02
输出侧		A	B	C	A	B	C	A	B	C
输出侧电量仪值	电流（A）	761.7	766.6	752.5	758.4	765.7	751.0	766.5	757.7	748.1
	电压（V）	219.2	219.5	219.8	219.3	219.5	219.8	219.1	219.6	219.8
	功率（kW）	166.8	168.2	165.3	166.2	167.7	165.0	167.8	166.3	164.3
	频率（Hz）	50.02			49.98			49.96		
	功率因数	0.99	0.99	0.99	0.99	0.99	0.99	0.99	0.99	0.99
输出参数 UPS 面板显示	电流（A）	772.6	772.8	766.5	770.2	765.6	759.5	780.4	766.3	758.0
	电压（V）	219.8	220.1	220.0	220.0	220.3	220.0	219.9	220.3	219.9
	功率（kW）	169.2	169.6	167.9	168.7	168.1	166.7	171.1	168.3	166.1
	频率（Hz）	49.99	49.99	49.99	49.99	49.99	49.99	49.99	49.99	49.99
	功率因数	0.99	0.99	0.99	0.99	0.99	0.99	0.99	0.99	0.99
负载电流不均衡度（%）		A 相：0.8；B 相：0.6；C 相：0.7								
测试结论		合格（UPS 主路均流度≤ 5%）								

表 7-14　E11-1-3-3UPS 并机（旁路）性能测试记录（负载率 100%）

检测项目	E11-1-3-3UPS 并机（旁路）性能测试记录									
检测地点	×××变配电室				检测日期		2020-10-23			
检测人员	×××				审核人员		×××			
设备规格	500kVA*3				负载率		100%			
设备编号		UPS-A1-11			UPS-A1-12			UPS-A1-13		
输入侧		A	B	C	A	B	C	A	B	C
输入侧电量仪值	电流（A）	836.6	817.9	816.0	761.4	764.6	762.4	802.5	804.0	802.2
	电压（V）	234.0	234.7	235.9	233.8	234.6	235.7	233.9	234.8	236.0
旁路 UPS 面板显示	电流（A）	845.0	824.0	828.6	767.4	766.9	769.1	808.4	807.5	811.0
	电压（V）	233.3	234.1	235.1	233.1	234.1	235.1	232.8	233.9	234.9
	频率（Hz）	49.95	49.95	49.95	49.95	49.95	49.95	49.98	49.98	49.98
输出侧		A	B	C	A	B	C	A	B	C
输出侧电量仪值	电流（A）	832.3	813.6	813.0	759.9	765.3	763.5	798.4	801.7	800.7
	电压（V）	231,1	232.1	234.1	231.9	232.0	233.9	231.3	232.4	234.2
输出参数 UPS 面板显示	电流（A）	845.9	824.0	828.6	767.4	766.1	770.2	809.4	806.2	809.9
	电压（V）	232.1	233.0	234.2	232.0	232.8	234.0	232.0	233.0	234.4
	功率（kW）	195.5	191.4	193.5	177.1	177.8	179.6	186.4	187.2	189.0
	频率（Hz）	49.99	49.99	49.99	49.99	49.99	49.99	49.99	49.99	49.99
	功率因数	0.99	0.99	0.99	0.99	0.99	0.99	0.99	0.99	0.99
负载电流不均衡度（%）		A 相：5.0；B 相：4.1；C 相：4.1								
测试结论		UPS 并机旁路运行正常								

表 7-15　E11-1-3-3UPS 并机（主路）不平衡负载测试记录

检测项目	E11-1-3-3UPS 并机（主路）不平衡负载测试记录									
检测地点	×××变配电室					检测日期		2020-10-26		
检测人员	×××					审核人员		×××		
设备编号		UPS-A1-11			UPS-A1-12			UPS-A1-13		
输入侧		A	B	C	A	B	C	A	B	C
输入侧电量仪值	电流（A）	503.7	503.7	498.4	503.8	503.0	498.8	502.7	502.8	497.8
	电压（V）	235.0	235.7	236.6	234.7	235.3	236.1	234.7	235.6	236.4
	功率（kW）	118.3	118.5	117.7	118.1	118.3	117.7	117.9	118.3	117.6
	功率因数	0.99	0.99	0.99	0.99	0.99	0.99	0.99	0.99	0.99
	频率（Hz）	49.97			49.97			50.01		
输入 UPS 面板	电流（A）	508.1	508.2	500.9	507.1	506.7	499.8	507.3	507.8	500.3
	电压（V）	235.0	235.3	236.7	233.9	234.5	235.6	234.1	234.6	235.9
	频率（Hz）	49.97	49.97	49.97	49.97	49.97	49.97	49.97	49.97	49.97
输出侧		A	B	C	A	B	C	A	B	C
输出侧电量仪值	电流（A）	384.0	391.5	755.1	384.1	387.6	756.9	391.2	388.9	749.9
	电压（V）	221.9	221.4	216.2	221.9	221.4	216.2	221.8	221.5	216.3
	功率（kW）	85.17	86.64	163.2	85.2	85.7	163.5	86.6	86.1	162.1
	频率（Hz）	50.02			49.97			49.96		
	功率因数	0.99	0.99	0.99	0.99	0.99	0.99	0.99	0.99	0.99
输出参数 UPS 面板显示	电流（A）	388.7	394.8	763.9	394.8	389.7	755.6	388.4	390.3	766.7
	电压（V）	221.9	221.9	216.8	222.0	222.1	216.9	222.0	222.2	216.8
	功率（kW）	85.9	87.4	165.1	87.4	86.3	163.4	86.1	86.3	165.8
	频率（Hz）	50.13	50.13	50.13	49.99	49.99	49.99	49.99	49.99	49.99
	功率因数	0.99	0.99	0.99	0.99	0.99	0.99	0.99	0.99	0.99

表 7-16　E11-1-3-1 UPS 单机（主路）超载性能测试记录

<table>
<tr><td colspan="2">检测项目</td><td colspan="4">E11-1-3-1 UPS 单机（主路）超载性能测试记录</td></tr>
<tr><td colspan="2">检测地点</td><td>××× 变配电室</td><td>检测日期</td><td colspan="2">2020-10-23</td></tr>
<tr><td colspan="2">检测人员</td><td>×××</td><td>审核人员</td><td colspan="2">×××</td></tr>
<tr><td colspan="2">设备编号</td><td>UPS-A1-11</td><td>设备规格</td><td colspan="2">500KVA</td></tr>
<tr><td rowspan="2">项目</td><td rowspan="2">参数</td><td colspan="4">负载率 120%</td></tr>
<tr><td>A</td><td colspan="2">B</td><td>C</td></tr>
<tr><td rowspan="6">输出 UPS 面板</td><td>电流（A）</td><td>910.6</td><td colspan="2">922.7</td><td>923.8</td></tr>
<tr><td>电压（V）</td><td>219.7</td><td colspan="2">220.0</td><td>219.6</td></tr>
<tr><td>功率（kW）</td><td>198.5</td><td colspan="2">201.4</td><td>201.2</td></tr>
<tr><td>功率因数</td><td>0.99</td><td colspan="2">0.99</td><td>0.99</td></tr>
<tr><td>频率</td><td>49.99</td><td colspan="2">49.99</td><td>49.99</td></tr>
<tr><td>负载率（%）</td><td>119.7</td><td colspan="2">121.5</td><td>121.9</td></tr>
<tr><td colspan="2">测试结论</td><td colspan="4">合格（UPS 超载 120% 后延时满足 10min 后自动切换至旁路模式）</td></tr>
</table>

表 7-17　E11-1-3-5 故障模拟测试记录

检测项目	E11-1-3-5UPS 故障模拟测试记录					
检测地点	× × × 变配电室		检测日期		2020-10-25	
检测人员	× × ×		审核人员		× × ×	
设备规格	500kVA*3		/		/	
UPS 编号	工作状态	三相	面板显示			
			电流（A）	电压（V）	功率（kW）	均分负荷
UPS-A1-11	逆变	A	253.7	220.2	55.7	是
		B	252.4	220.4	55.5	
		C	252.8	220.2	55.5	
UPS-A1-12	逆变	A	253.5	220.4	55.7	是
		B	251.1	220.6	55.2	
		C	250.0	220.3	54.9	
UPS-A1-13	逆变	A	256.5	220.4	56.4	是
		B	249.6	220.6	54.9	
		C	250.2	220.3	54.9	
UPS-A1-11	逆变	A	351.2	220.2	83.2	是
		B	383.4	220.3	83.8	
		C	383.1	220.1	83.7	
UPS-A1-12	逆变	A	380.2	220.5	83.1	是
		B	381.4	220.4	83.0	
		C	382.5	220.2	83.5	
UPS-A1-13	故障	A	0	0	0	/
		B	0	0	0	
		C	0	0	0	

表 7-18　E12-1-2-1 电池放电性能测试记录

检测项目	E12-1-2-1 电池放电性能测试记录			
检测地点	××× 配电室		检测日期	2020-10-23
检测人员	×××		审核人员	×××
设备编号	UPS-A1-11		自动脱扣	是
放电功率（kW）	450kW		截止电压（V）	420V
均充电流（A 或 C）	55.8		浮充电流（A 或 C）	0.1
放电时间	面板电压（VDC）	监控电压（VDC）	面板电流（A）	监控电流（A）
0 秒	539.8	539.8	0.5	0.5
30 秒	464.3	464.1	− 1 032.3	− 1 032.1
1 分钟	465.8	465.5	− 1 030.7	− 1 030.4
2 分钟	466.0	466.0	− 1 031.0	− 1 031.0
3 分钟	464.9	464.5	− 1 033.3	− 1 033.0
4 分钟	463.3	463.1	− 1 036.9	− 1 036.4
5 分钟	461.5	461.2	− 1 042.1	− 1 042.1
6 分钟	459.5	459.1	− 1 046.1	− 1 046.0
7 分钟	457.6	457.2	− 1 050.8	− 1 050.4
8 分钟	455.0	455.1	− 1 056.6	− 1 056.2
9 分钟	453.0	453.0	− 1 061.7	− 1 061.2
10 分钟	450.4	450.1	− 1 068.2	− 1 068.1
11 分钟	447.9	447.4	− 1 074.9	− 1 074.4
12 分钟	445.3	445.1	− 1 081.4	− 1 081.1
13 分钟	442.1	442.0	− 1 089.4	− 1 089.0
14 分钟	438.5	438.2	− 1 109.6	− 1 109.4
15 分钟	435.3	435.0	− 1 114.3	− 1 114.1

表 7-19　E11-1-4-1 UPS 单机（主路）稳态电能质量测试记录（负债率 25%）

检测项目	E11-1-4-1 UPS 单机（主路）稳态电能质量测试记录		
检测地点	××× 变配电室	检测日期	2020-10-23
检测人员	×××	审核人员	×××
设备编号	UPS-A1-11	设备规格	500kVA
检测仪表	电能质量分析仪	负载率	25%
挂表位置	UPS 输入输出侧	仪表型号	×××

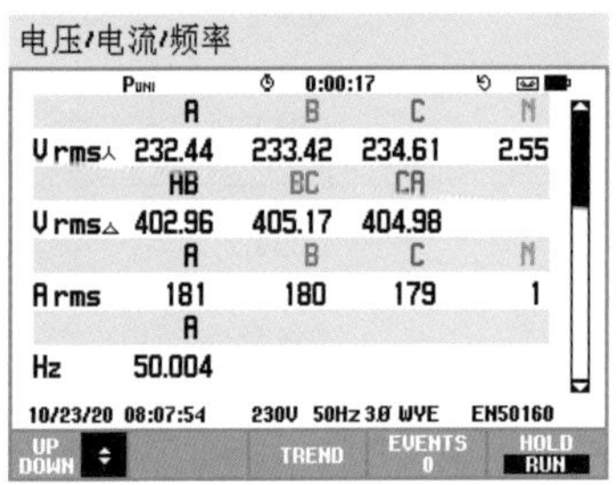

图 7-4　输入侧电压 / 电流 / 频率

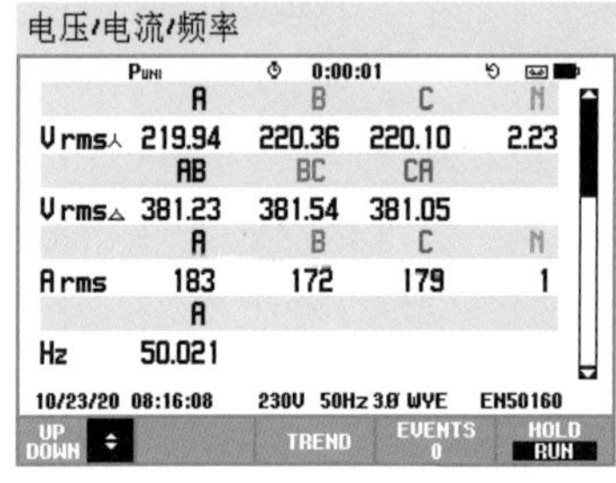

图 7-5 输出侧电压 / 电流 / 频率

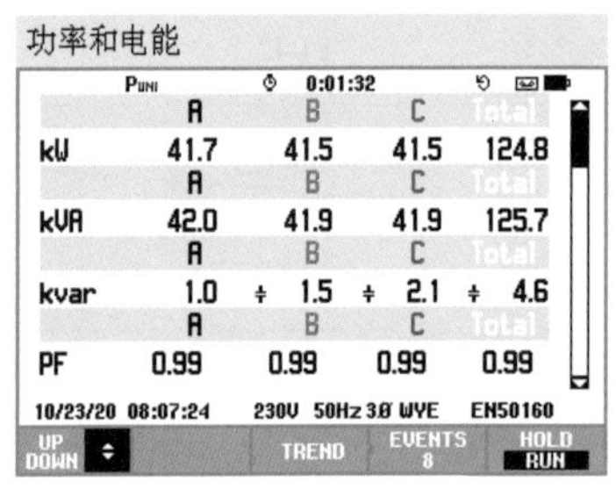

图 7-6 输入侧功率 / 功率因数

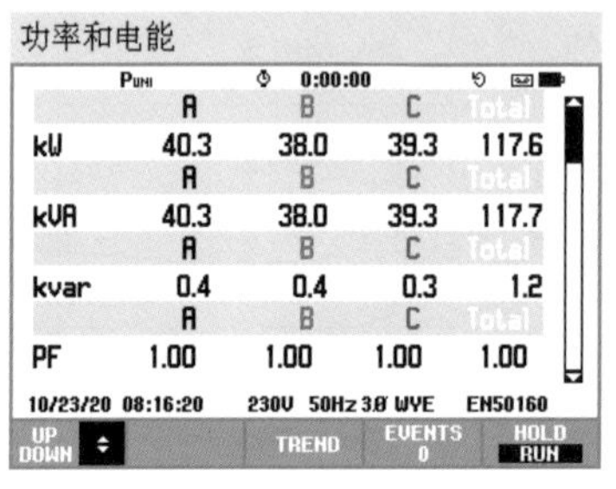

图 7-7 输出侧功率 / 功率因数

谐波表格
0:00:13
Amp A B C N
THD%f 9.5 10.0 10.1 17.8
Amp A B C N
DC%f 6.7 7.1 5.3 183.8
A B C N
K-factor 1.4 1.4 1.4 2.2
Amp A B C N
H1%f 100.0 100.0 100.0 100.0
10/23/20 08:08:17 230V 50Hz 3Ø WYE EN50160
UP DOWN HARMONIC GRAPH TREND EVENTS 0 HOLD RUN

图 7-8 输入侧电流谐波

谐波表格
0:03:36
Volt A B C N
THD%f 0.8 0.9 0.9 41.5
Volt A B C N
DC%f 0.1 0.0 0.1 4.3
Volt A B C N
H1%f 100.0 100.0 100.0 100.0
Volt A B C N
H2%f 0.0 0.1 0.0 0.4
10/23/20 08:15:56 230V 50Hz 3Ø WYE EN50160
UP DOWN HARMONIC GRAPH TREND EVENTS 8 HOLD RUN

图 7-9 输出侧电压谐波

表 7-20 E11-1-4-1 UPS 单机（主路）稳态电能质量测试记录（负债率 50%）

检测项目	E11-1-4-1 UPS 单机（主路）稳态电能质量测试记录		
检测地点	××× 变配电室	检测日期	2020-10-23
检测人员	×××	审核人员	×××
设备编号	UPS-A1-11	设备规格	500kVA
检测仪表	电能质量分析仪	负载率	50%
挂表位置	UPS 输入输出侧	仪表型号	×××

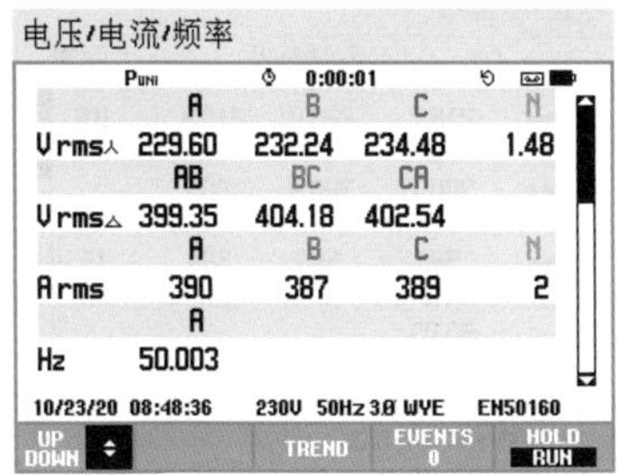

图 7-10 输入侧电压 / 电流 / 频率

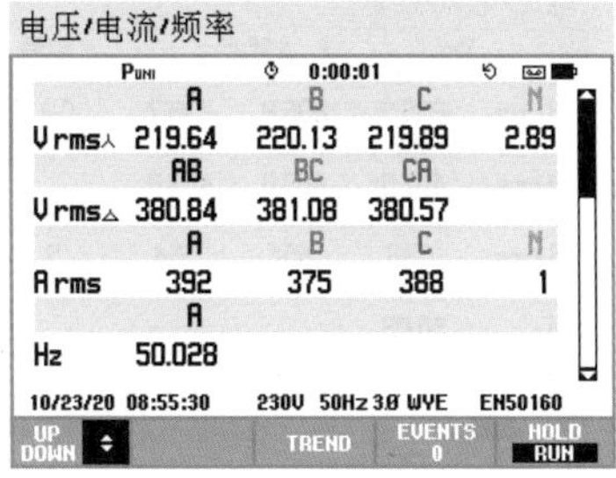

图 7-11 输出侧电压 / 电流 / 频率

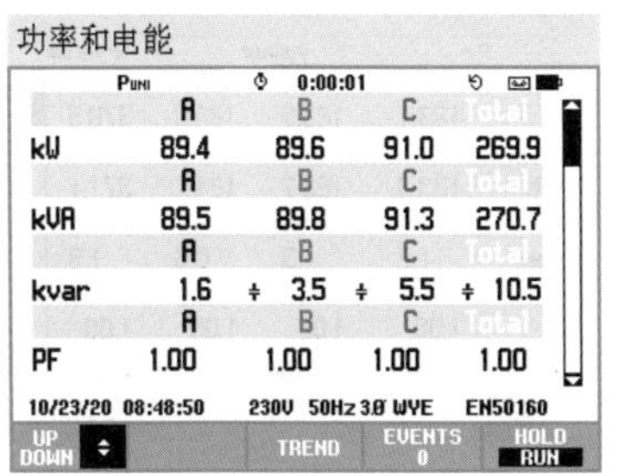

图 7-12 输入侧功率 / 功率因数

图 7-13 输出侧功率 / 功率因数

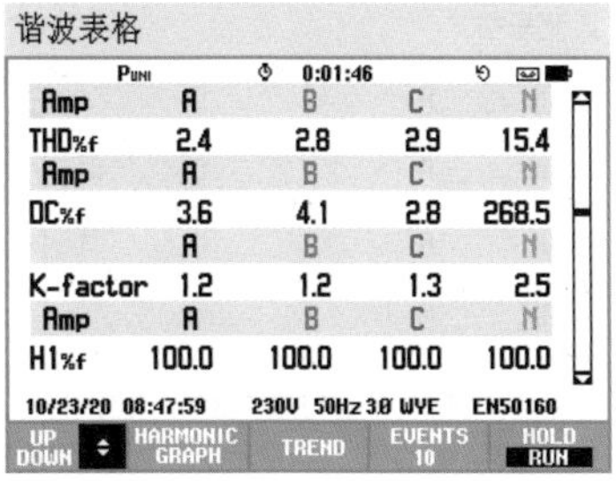

谐波表格

Amp	A	B	C	N
THD%f	2.4	2.8	2.9	15.4
DC%f	3.6	4.1	2.8	268.5
K-factor	1.2	1.2	1.3	2.5
H1%f	100.0	100.0	100.0	100.0

10/23/20 08:47:59 230V 50Hz 3Ø WYE EN50160

图 7-14 输入侧电流谐波

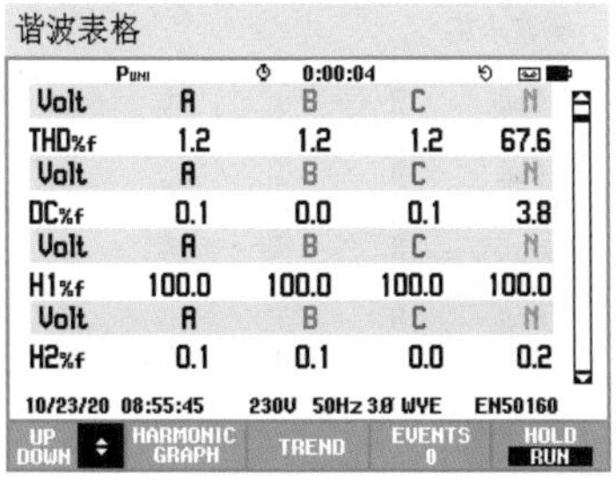

谐波表格

Volt	A	B	C	N
THD%f	1.2	1.2	1.2	67.6
DC%f	0.1	0.0	0.1	3.8
H1%f	100.0	100.0	100.0	100.0
H2%f	0.1	0.1	0.0	0.2

10/23/20 08:55:45 230V 50Hz 3Ø WYE EN50160

图 7-15 输出侧电压谐波

表 7-21　E11-1-4-1 UPS 单机（主路）稳态电能质量测试记录（负债率 75%）

检测项目	E11-1-4-1 UPS 单机（主路）稳态电能质量测试记录		
检测地点	××× 变配电室	检测日期	2020-10-23
检测人员	×××	审核人员	×××
设备编号	UPS-A1-11	设备规格	500kVA
检测仪表	电能质量分析仪	负载率	75%
挂表位置	UPS 输入输出侧	仪表型号	×××

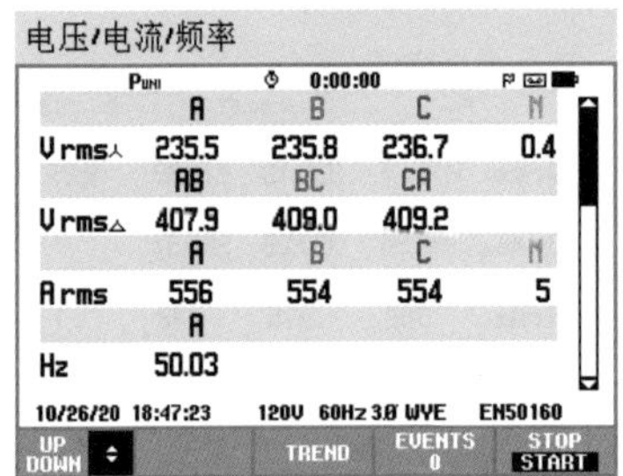

电压/电流/频率
0:00:00
A B C N
Vrms 235.5 235.8 236.7 0.4
AB BC CA
Vrms 407.9 409.0 409.2
A B C N
Arms 556 554 554 5
A
Hz 50.03
10/26/20 18:47:23 120V 60Hz 3Ø WYE EN50160
UP DOWN TREND EVENTS 0 STOP START

图 7-16 输入侧电压 / 电流 / 频率

电压/电流/频率
0:02:16
A B C N
Vrms 219.7 220.0 219.9 0.6
AB BC CA
Vrms 380.7 380.9 380.7
A B C N
Arms 561 563 564 15
A
Hz 50.03
10/26/20 18:31:05 120V 60Hz 3Ø WYE EN50160
UP DOWN TREND EVENTS 11 STOP START

图 7-17 输出侧电压 / 电流 / 频率

功率和电能
0:00:04
A B C Total
kW 130.7 130.3 130.9 391.9
A B C Total
kVA 131.0 130.6 131.3 392.9
A B C Total
kvar 1.5 3.4 3.6 8.6
A B C Total
PF 1.00 1.00 1.00 1.00
10/26/20 18:47:42 120V 60Hz 3Ø WYE EN50160
UP DOWN TREND EVENTS 0 STOP START

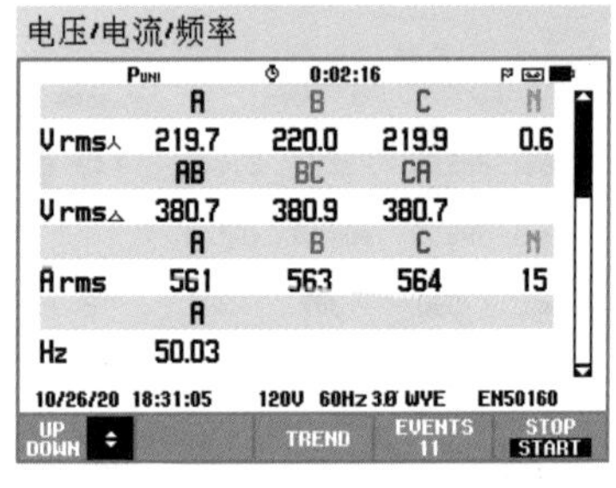

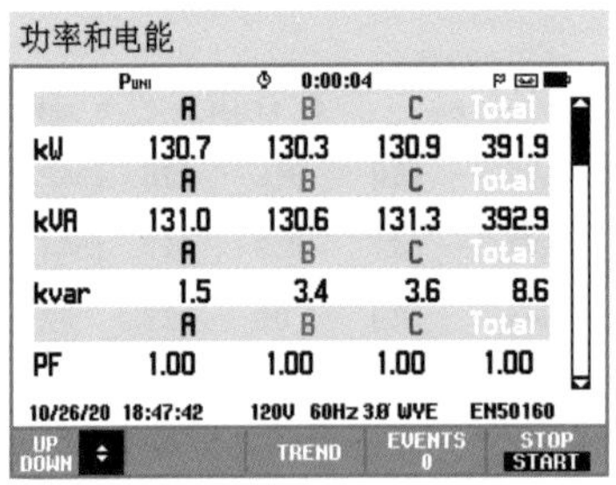

图 7-18 输入侧功率 / 功率因数

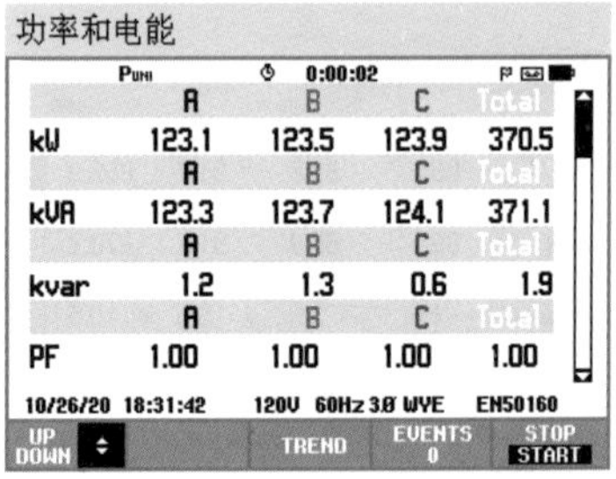

功率和电能
0:00:02
A B C Total
kW 123.1 123.5 123.9 370.5
A B C Total
kVA 123.3 123.7 124.1 371.1
A B C Total
kvar 1.2 1.3 0.6 1.9
A B C Total
PF 1.00 1.00 1.00 1.00
10/26/20 18:31:42 120V 60Hz 3Ø WYE EN50160
UP DOWN TREND EVENTS 0 STOP START

图 7-19 输出侧功率 / 功率因数

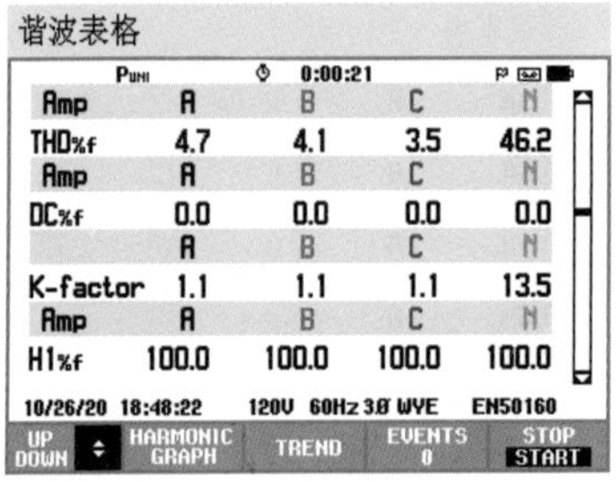

谐波表格
0:00:21
Amp A B C N
THD%f 4.7 4.1 3.5 46.2
Amp A B C N
DC%f 0.0 0.0 0.0 0.0
A B C N
K-factor 1.1 1.1 1.1 13.5
Amp A B C N
H1%f 100.0 100.0 100.0 100.0
10/26/20 18:48:22 120V 60Hz 3Ø WYE EN50160
UP DOWN HARMONIC GRAPH TREND EVENTS 0 STOP START

图 7-20 输入侧电流谐波

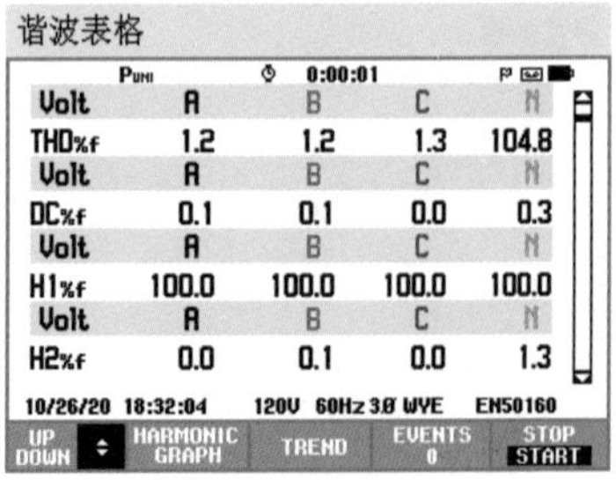

谐波表格
0:00:01
Volt A B C N
THD%f 1.2 1.2 1.3 104.8
Volt A B C N
DC%f 0.1 0.1 0.0 0.3
Volt A B C N
H1%f 100.0 100.0 100.0 100.0
Volt A B C N
H2%f 0.0 0.1 0.0 1.3
10/26/20 18:32:04 120V 60Hz 3Ø WYE EN50160
UP DOWN HARMONIC GRAPH TREND EVENTS 0 STOP START

图 7-21 输出侧电压谐波

表 7-22　E11-1-4-1 UPS 单机（主路）稳态电能质量测试记录（负债率 100%）

检测项目	E11-1-4-1 UPS 单机（主路）稳态电能质量测试记录		
检测地点	××× 变配电室	检测日期	2020-10-23
检测人员	×××	审核人员	×××
设备编号	UPS-A1-11	设备规格	500kVA
检测仪表	电能质量分析仪	负载率	100%
挂表位置	UPS 输入输出侧	仪表型号	×××

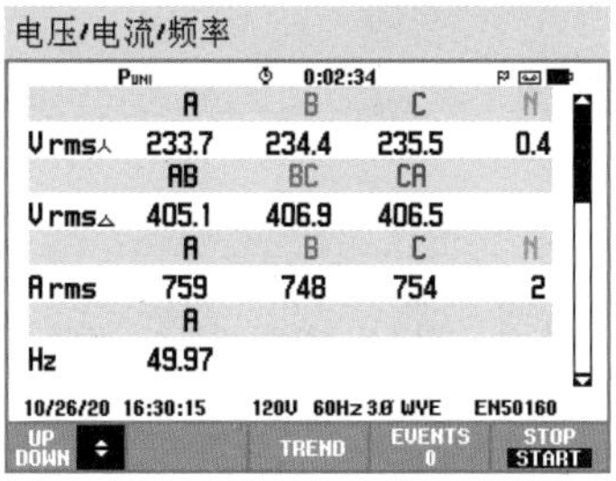

图 7-22 输入侧电压 / 电流 / 频率

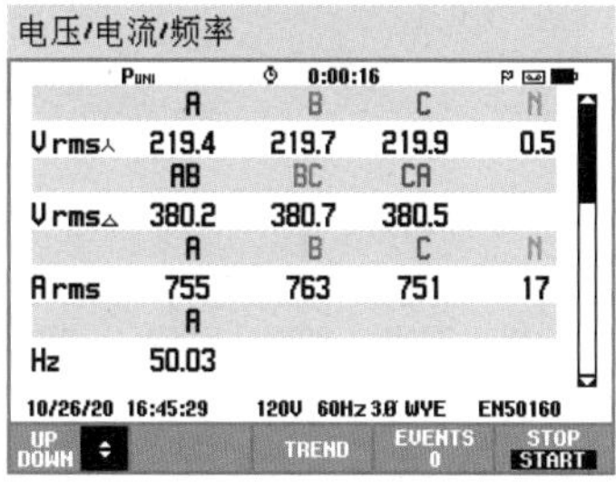

图 7-23 输出侧电压 / 电流 / 频率

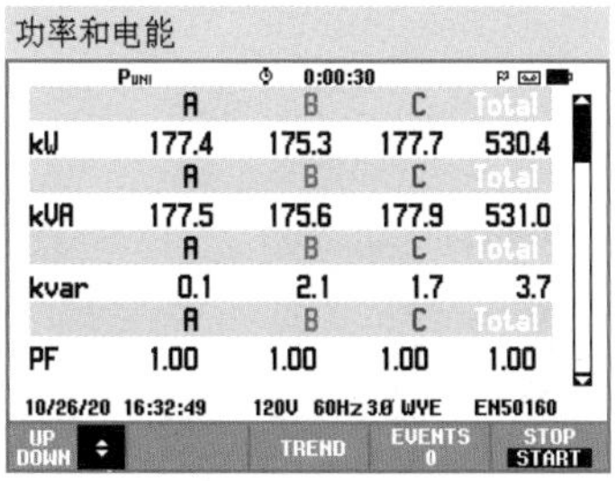

图 7-24 输入侧功率 / 功率因数

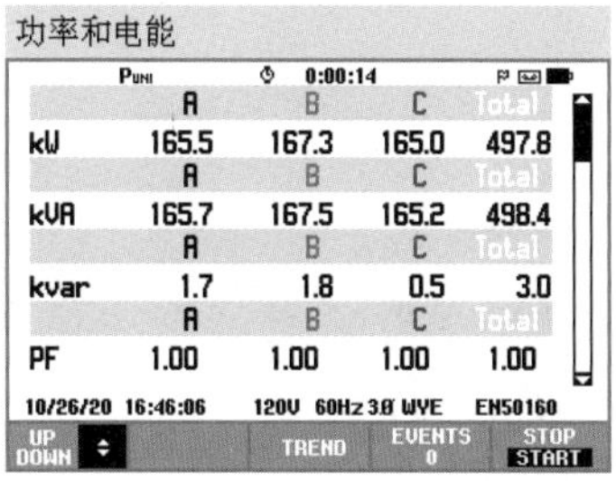

图 7-25 输出侧功率 / 功率因数

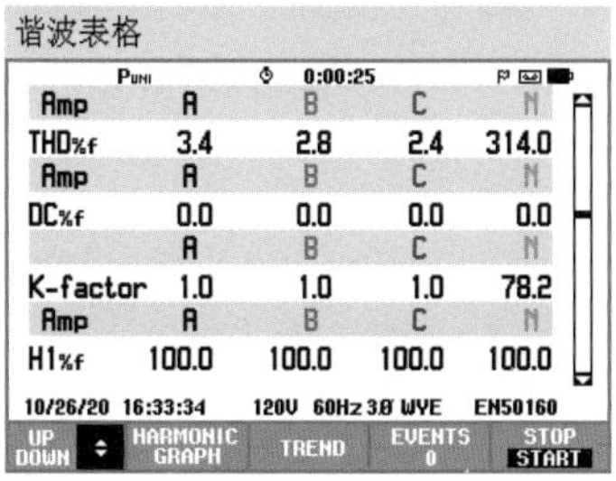

图 7-26 输入侧电流谐波

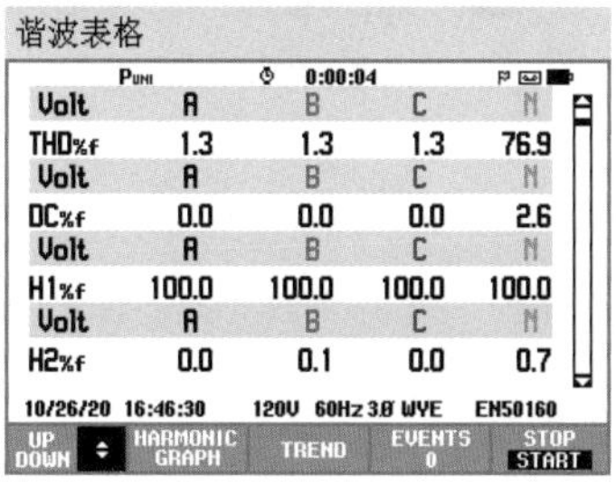

图 7-27 输出侧电压谐波

表 7-23　E11-1-4-1 UPS 单机（静态旁路）稳态电能质量测试记录（负载率 100%）

检测项目	E11-1-4-1 UPS 单机（静态旁路）稳态电能质量测试记录		
检测地点	××× 变配电室	检测日期	2020-10-23
检测人员	×××	审核人员	×××
设备编号	UPS-A1-11	设备规格	500kVA
检测仪表	电能质量分析仪	负载率	100%
挂表位置	UPS 输出侧	仪表型号	435

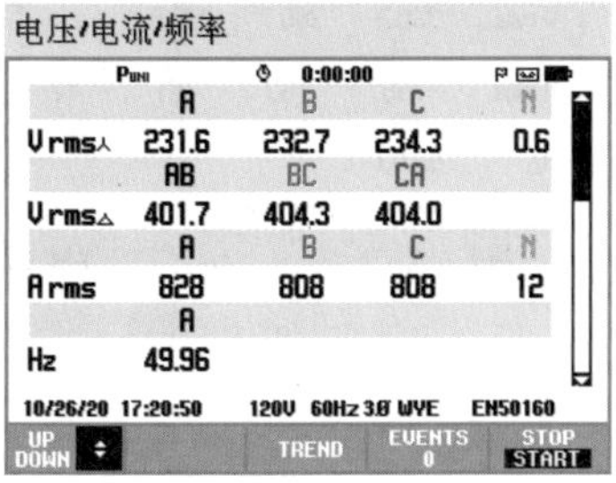

电压/电流/频率

P 0:00:00

	A	B	C	N
Vrms⅄	231.6	232.7	234.3	0.6
	AB	BC	CA	
Vrms△	401.7	404.3	404.0	
	A	B	C	N
Arms	828	808	808	12
	A			
Hz	49.96			

10/26/20 17:20:50 120V 60Hz 3Ø WYE EN50160

UP DOWN　TREND　EVENTS 0　STOP START

图 7-28 输出侧电压 / 电流 / 频率

功率和电能

P 0:00:27

	A	B	C	Total
kW	191.7	187.9	189.2	568.8
kVA	191.9	188.2	189.5	569.6
kvar	1.3	3.0	4.7	8.9
PF	1.00	1.00	1.00	1.00

10/26/20 17:21:33 120V 60Hz 3Ø WYE EN50160

UP DOWN　TREND　EVENTS 0　STOP START

图 7-29 输出侧功率 / 功率因数

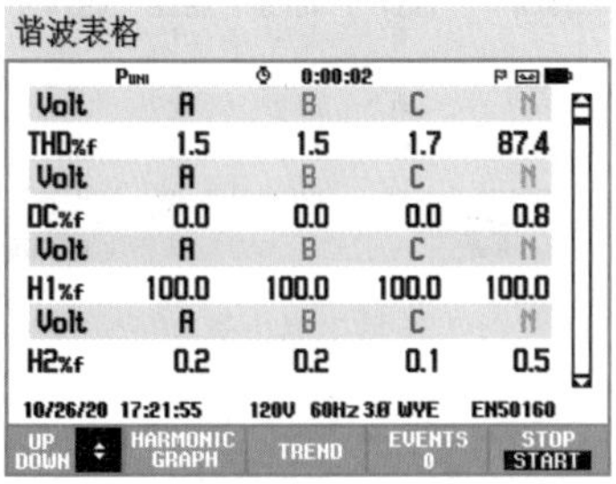

谐波表格

P 0:00:02

Volt	A	B	C	N
THD%f	1.5	1.5	1.7	87.4
DC%f	0.0	0.0	0.0	0.8
H1%f	100.0	100.0	100.0	100.0
H2%f	0.2	0.2	0.1	0.5

10/26/20 17:21:55 120V 60Hz 3Ø WYE EN50160

UP DOWN　HARMONIC GRAPH　TREND　EVENTS 0　STOP START

图 7-30 输出侧电压谐波

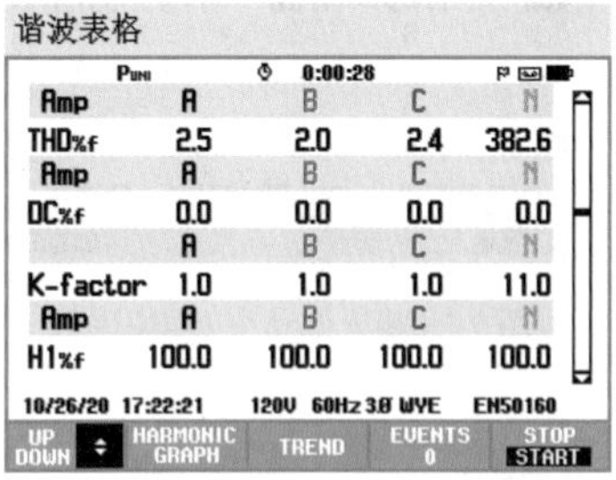

谐波表格

P 0:00:28

Amp	A	B	C	N
THD%f	2.5	2.0	2.4	382.6
DC%f	0.0	0.0	0.0	0.0
K-factor	1.0	1.0	1.0	11.0
H1%f	100.0	100.0	100.0	100.0

10/26/20 17:22:21 120V 60Hz 3Ø WYE EN50160

UP DOWN　HARMONIC GRAPH　TREND　EVENTS 0　STOP START

图 7-31 输出侧电流谐波

表 7-24　E11-1-4-1 UPS 单机（静态旁路）稳态电能质量测试记录（负债率 100%）

检测项目	E11-1-4-1 UPS 单机（静态旁路）稳态电能质量测试记录		
检测地点	××× 变配电室	检测日期	2020-10-23
检测人员	×××	审核人员	×××
设备编号	UPS-A1-13	设备规格	500kVA
检测仪表	电能质量分析仪	负载率	100%
挂表位置	UPS 输出侧	仪表型号	435

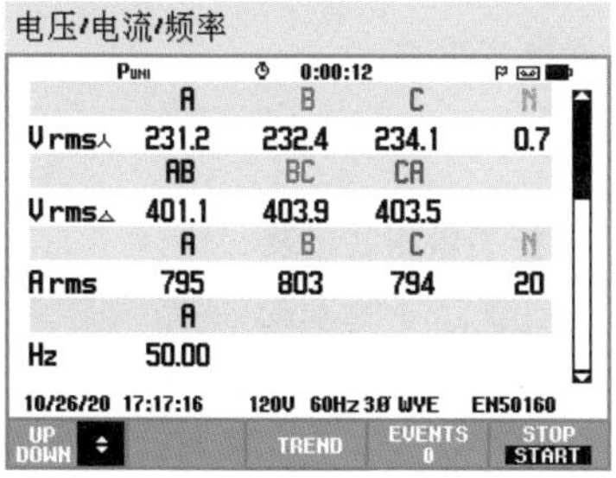

电压/电流/频率

	A	B	C	N
Vrms人	231.2	232.4	234.1	0.7
	AB	BC	CA	
Vrms△	401.1	403.9	403.5	
	A	B	C	N
Arms	795	803	794	20
	A			
Hz	50.00			

10/26/20 17:17:16　120V 60Hz 3Ø WYE　EN50160

图 7-32 输出侧电压 / 电流 / 频率

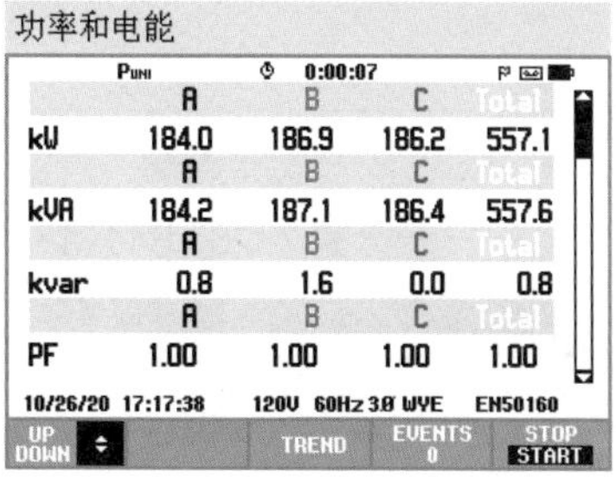

功率和电能

	A	B	C	Total
kW	184.0	186.9	186.2	557.1
kVA	184.2	187.1	186.4	557.6
kvar	0.8	1.6	0.0	0.8
PF	1.00	1.00	1.00	1.00

10/26/20 17:17:38　120V 60Hz 3Ø WYE　EN50160

图 7-33 输出侧功率 / 功率因数

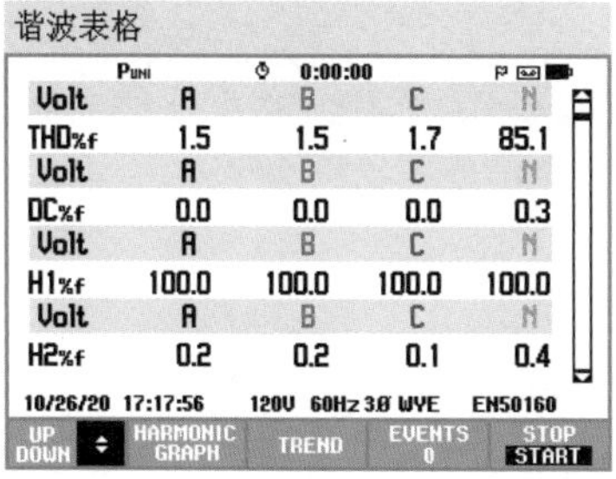

谐波表格

Volt	A	B	C	N
THD%f	1.5	1.5	1.7	85.1
DC%f	0.0	0.0	0.0	0.3
H1%f	100.0	100.0	100.0	100.0
H2%f	0.2	0.2	0.1	0.4

10/26/20 17:17:56　120V 60Hz 3Ø WYE　EN50160

图 7-34 输出侧电压谐波

谐波表格

Amp	A	B	C	N
THD%f	2.4	2.0	2.5	110.7
DC%f	0.0	0.0	0.0	0.0
K-factor	1.0	1.0	1.0	8.2
H1%f	100.0	100.0	100.0	100.0

10/26/20 17:18:21　120V 60Hz 3Ø WYE　EN50160

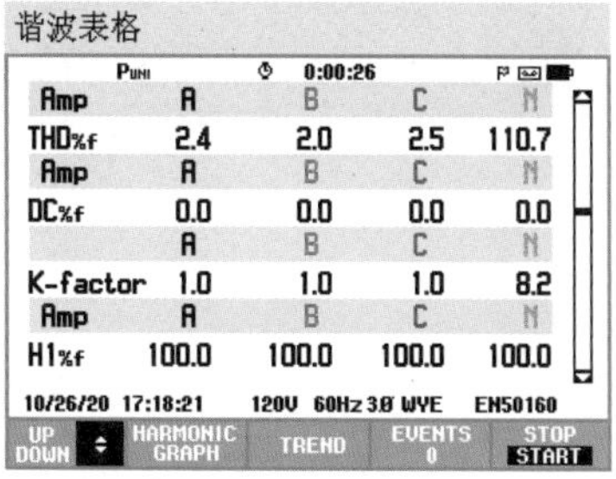

图 7-35 输出侧电流谐波

表 7-25　E13-3-4 纹波电压记录表

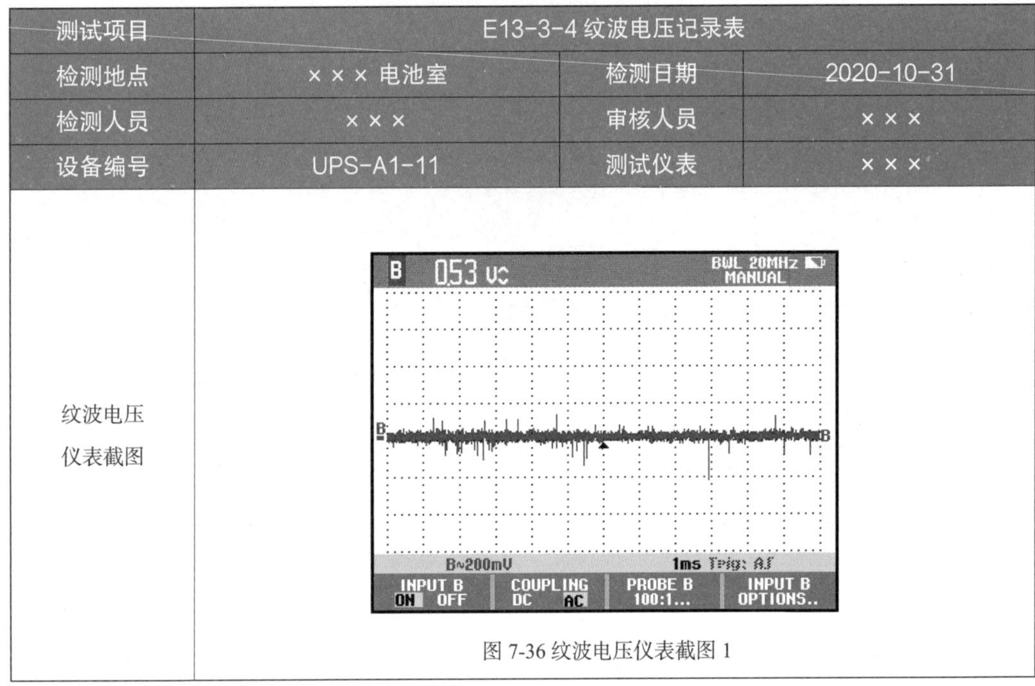

测试项目	E13-3-4 纹波电压记录表		
检测地点	××× 电池室	检测日期	2020-10-31
检测人员	×××	审核人员	×××
设备编号	UPS-A1-11	测试仪表	×××
纹波电压仪表截图	图 7-36 纹波电压仪表截图 1		

表 7-26　E11-1-4-3 UPS 单机瞬态电能质量测试记录

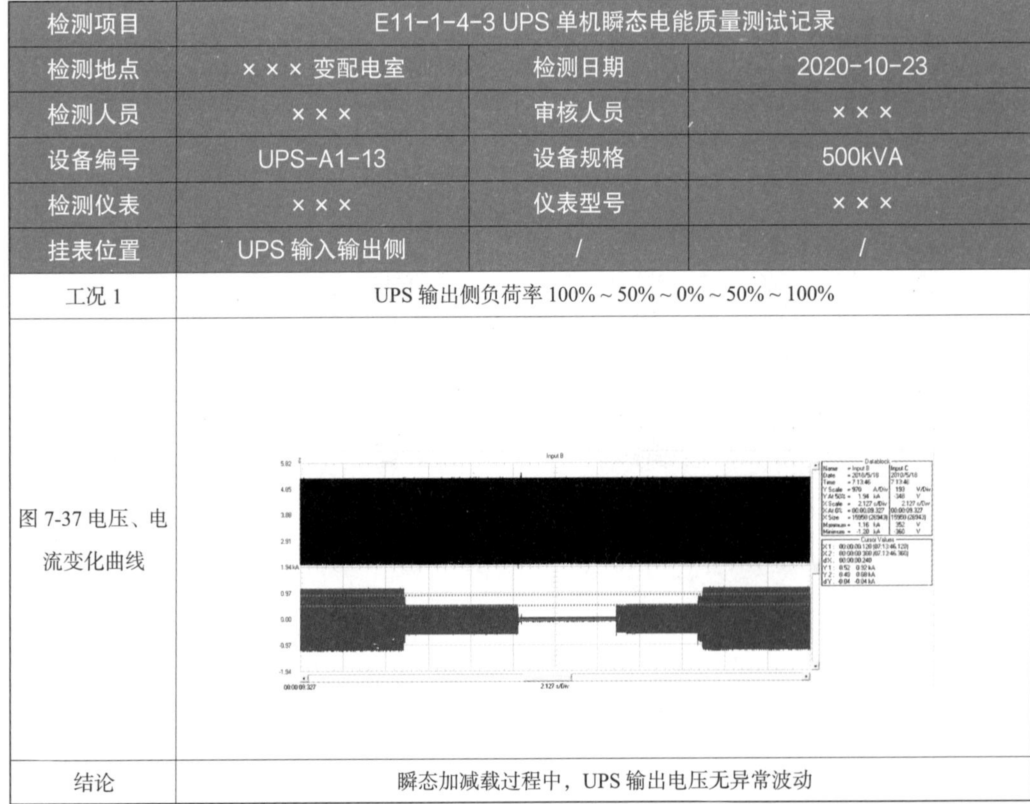

检测项目	E11-1-4-3 UPS 单机瞬态电能质量测试记录		
检测地点	××× 变配电室	检测日期	2020-10-23
检测人员	×××	审核人员	×××
设备编号	UPS-A1-13	设备规格	500kVA
检测仪表	×××	仪表型号	×××
挂表位置	UPS 输入输出侧	/	/
工况 1	UPS 输出侧负荷率 100% ~ 50% ~ 0% ~ 50% ~ 100%		
图 7-37 电压、电流变化曲线			
结论	瞬态加减载过程中，UPS 输出电压无异常波动		

续表

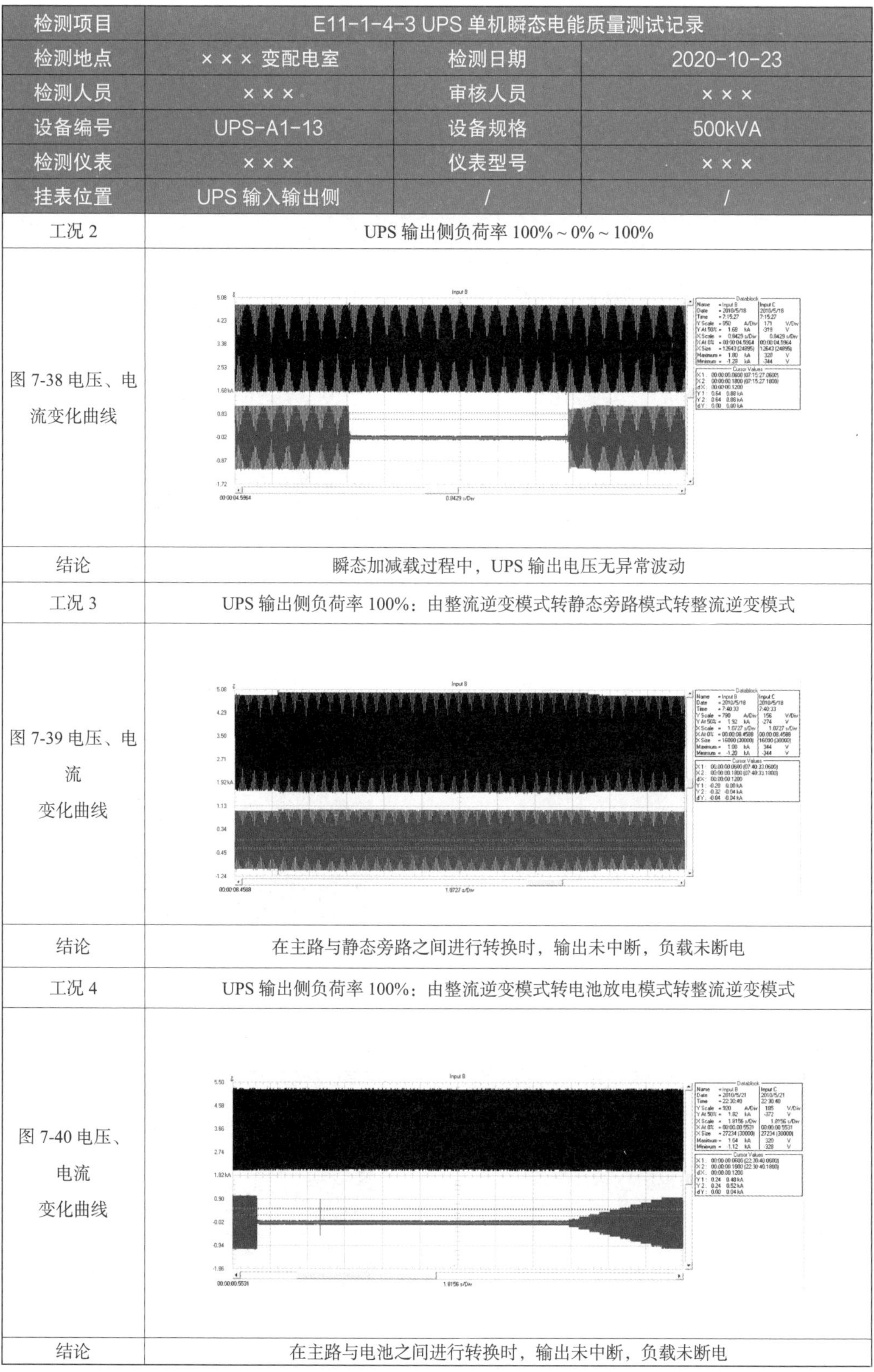

检测项目	E11-1-4-3 UPS 单机瞬态电能质量测试记录		
检测地点	××× 变配电室	检测日期	2020-10-23
检测人员	×××	审核人员	×××
设备编号	UPS-A1-13	设备规格	500kVA
检测仪表	×××	仪表型号	×××
挂表位置	UPS 输入输出侧	/	/
工况 2	UPS 输出侧负荷率 100% ~ 0% ~ 100%		
图 7-38 电压、电流变化曲线			
结论	瞬态加减载过程中，UPS 输出电压无异常波动		
工况 3	UPS 输出侧负荷率 100%：由整流逆变模式转静态旁路模式转整流逆变模式		
图 7-39 电压、电流变化曲线			
结论	在主路与静态旁路之间进行转换时，输出未中断，负载未断电		
工况 4	UPS 输出侧负荷率 100%：由整流逆变模式转电池放电模式转整流逆变模式		
图 7-40 电压、电流变化曲线			
结论	在主路与电池之间进行转换时，输出未中断，负载未断电		

表 7-27　E9-1-3 UPS 热成像扫描记录

检测项目	E9-1-3 UPS 热成像扫描记录		
检测地点	××× 变配电室	检测日期	2020-10-23
检测人员	×××	审核人员	×××
设备编号	UPS-A1-12	设备规格	550kVA
扫描位置	UPS 功率模块	结论	未见异常
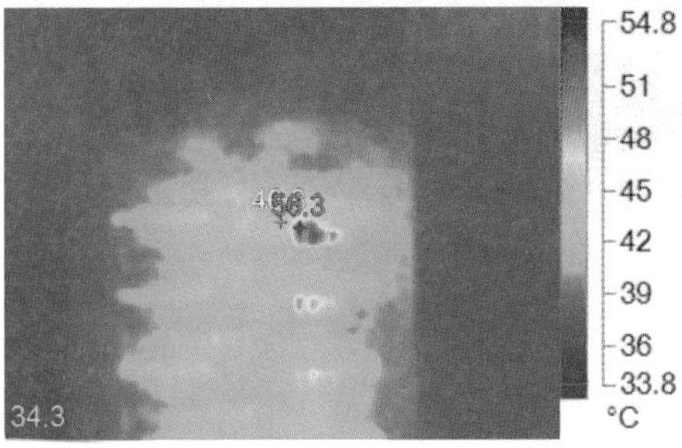 图 7-41 UPS-A1-12 功率模块红外光（1）		 图 7-42 UPS-A1-12 功率模块可见光（1）	
扫描位置	UPS 功率模块	结论	未见异常
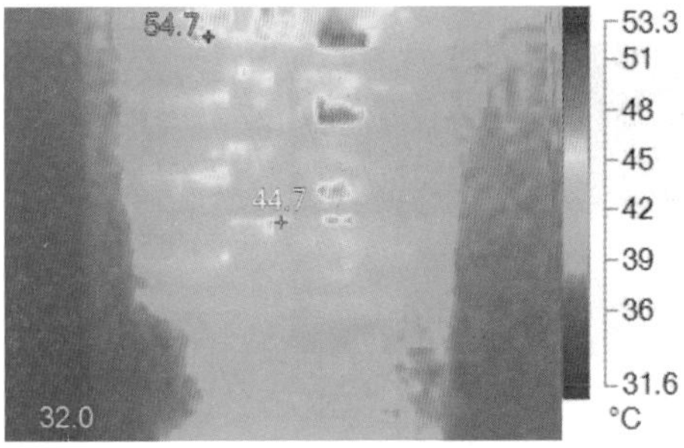 图 7-43 UPS-A1-12 功率模块红外光（2）		 图 7-44 UPS-A1-12 功率模块可见光（2）	
扫描位置	UPS 旁路模块	结论	未见异常
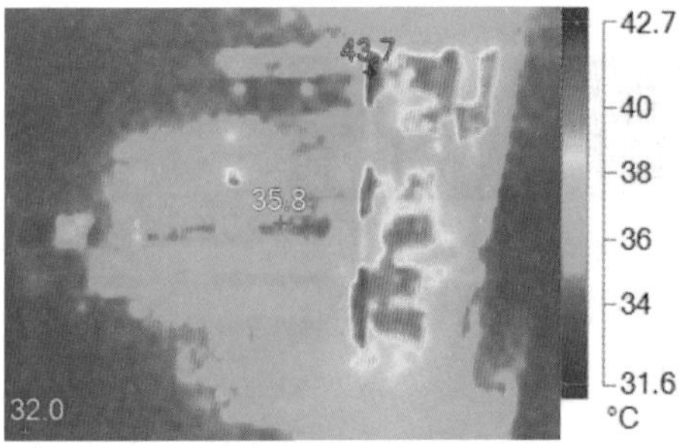 图 7-45 UPS-A1-12 功率模块红外光（3）		 图 7-46 UPS-A1-12 功率模块可见光（3）	

表 7-28　E9-1-3 电池柜热成像扫描记录

检测项目	E9-1-3 电池柜热成像扫描记录		
检测地点	B201 电池室	检测日期	2020-10-23
检测人员	×××	审核人员	×××
设备编号	UB-A1-13	/	/
扫描位置	断路器	结论	未见异常
图 7-47 UB-A1-13 功率模块红外光（1）		 图 7-48 UB-A1-13 功率模块可见光（1）	
扫描位置	接线端子	结论	未见异常
图 7-49 UB-A1-13 功率模块红外光（2）		 图 7-50 UB-A1-13 功率模块可见光（2）	
扫描位置	接线端子	结论	未见异常
图 7-51 UB-A1-13 功率模块红外光（3）		 图 7-52 UB-A1-13 功率模块可见光（3）	

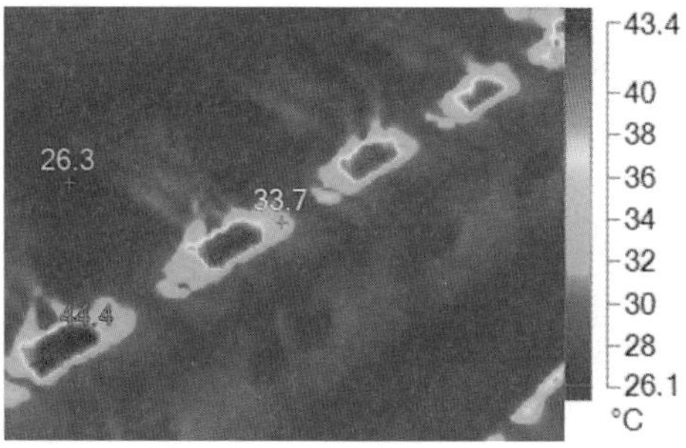

四、暖通系统现场测试方法流程

1. 暖通系统安装检查

暖通系统安装检查的主要内容如下。

（1）冷水机组

型号确认：等级、型号、参数检查。

组件检查：冷凝器、蒸发器、制冷剂充注、机油充注等的检查，可选组件核实；外观、密封、操作手册等的检查，油位检查。

安装及基础检查：基础、减震、接地和维护空间检查，标识检查。

管道安装及配套部件（过滤器等）检查：进出水管、阀门、仪器仪表检查。

电气安装检查：控制器、电缆、启动器、开关等的检查。

控制系统安装检查：流量开关、水温器、水流器等的检查，启动、高低压、油温等设定检查，控制、报警等的检查，与 BMS 联机检查。

（2）冷却塔

型号确认：等级、型号、参数检查。

组件检查：外观、检修门、水位阀、电加热器、电机风扇、填料等的检查。

安装及固定检查：吊装、固定支座、减震器、接地等的检查，标识检查。

管道安装检查：水管、水阀、平衡管等的检查。

电气安装检查：风机马达、电加热、电气开关等的检查。

控制系统安装检查：水位控制、加热器控制、电动阀控制、风机转速控制等的检查。

（3）水泵

型号确认：等级、型号、参数检查。

组件检查：外观、同轴、防水密封、润滑等的检查。

安装及减震检查：固定、减震、基础、接地检查，标识检查。

水管及配置部件（过滤器等）检查：防水、法兰、过滤器、阀门、仪器仪表等的检查；

电气系统安装检查：启动柜检查、线缆检查。

配套变频器检查：型号、安装、散热、设定等的检查。

（4）板式换热器

型号确认：等级、型号、换热片数量等的检查。

外观检查：包括密封、变形等的检查。

组件检查：上挂悬梁、下轴、固定螺栓、固定压紧板、活动压缩板、板片、密封件、支撑架等的检查。

管道安装及配套部件检查：进出水管、阀门、测试仪表、排气阀、排水阀等的检查。

（5）蓄冷罐

型号确认：等级、型号、参数检查。

外观检查：外观平整性、外形尺寸检查。

组件检查：布水器、保温层、检修孔、支撑等的检查。

管道安装及配套部件检查：进出水管、阀门等的检查。

控制系统安装检查。

（6）冷却水补水系统

型号确认：等级、型号、参数检查。

安装及固定检查：基础、固定等的检查。

管道及配套部件检查：密封、固定等的检查。

电气安装检查：启动柜、线缆等的检查。

控制系统安装检查：控制柜检查。

（7）管道

安装及支撑部件检查。

阀门、过滤器、平衡阀和仪器仪表检查。

保温检查。

管道流向标识检查。

（8）水冷精密空调

型号确认：等级、型号、参数检查。

安装位置及固定检查：支架、导流板等的检查，接地、减震、密封等的检查，维护空间检查。

内部组件检查：测试仪表、过滤网、盘管翅片、加湿器、加热棒和风机等的检查。

管道安装检查：包括冷冻供回水管道、自来水供排水管道、阀门等的检查。

电气安装及启动柜检查：包括电气开关、接触器、线缆、启动柜和 ATS 自动转换开关等的检查。

控制系统安装检查：控制板、BMS 连接等的检查。

送回风通道检查：主要检查线缆、管道等对风的阻挡情况。

（9）列间空调

型号确认：等级、型号、参数检查。

安装位置及固定检查：支架、导流板等的检查，接地、减震、密封等的检查，维护空间检查。

内部组件检查：测试仪表、过滤网、盘管翅片、加湿器、加热棒和风机等的检查。

电气安装及启动柜检查：包括电气开关、接触器、线缆等的检查。

控制系统安装检查：控制板、BMS 连接等的检查。

送回风通道检查：主要检查线缆、管道阻挡情况。

（10）风冷精密空调

型号确认：等级、型号、参数检查。

安装位置及固定检查：支架、导流板等的检查，接地、减震、密封等的检查，维护空间检查。

内部组件检查：测试仪表、过滤网、盘管翅片、加湿器、加热棒和风机等的检查。

电气安装及启动柜检查：包括电气开关、接触器、线缆、启动柜和 ATS 自动转换开关等的检查。

控制系统安装检查：控制板、BMS 连接等的检查。

送回风通道检查：主要检查线缆、管道等对风的阻挡情况。

（11）AHU 空调机组

型号确认：等级、型号、参数检查。

安装检查：外部变形损坏、密封、风道支撑等的检查。

内部组件检查：包括冷水盘管、风机、过滤器、风阀、加湿器和检修门等的检查。

管道检查：冷水管道、软化水管道、排水管等的检查。

电气安装及启动柜检查：启动柜、变频器、线缆检查。

控制系统安装检查：控制柜及温湿度、静压传感器、压差传感器等的检查。

（12）CDU 冷却液分配单元

型号确认：规格、型号、参数等的检查。

安装检查：外部变形损坏、密封、设备编号标识等的检查。

内部组件检查：包括 CDU 补液罐装置、循环泵、补液泵、过滤器、安全阀、积液盘、泄水阀等的检查。

管道检查：确认积液盘排水管顺畅，管道保温、流向标识，阀门挂牌标识检查，压力表、温度计、传感器等的检查。

电气安装检查：CDU 控制面板、线缆检查。

控制系统安装检查：控制柜及温湿度、压力传感器等的检查。

（13）新风机

型号确认：等级、型号、参数检查。

吊装及支撑检查。

风道检查。

电气安装检查：启动柜、线缆检查。

控制系统安装检查：控制柜及传感器检查。

（14）恒湿机

型号确认：等级、型号、参数检查。

内部组件检查：湿膜、水泵、风机、蓄水池、温湿度传感器、控制板等的检查。

供水、排水管道和阀门检查。

电气安装检查：线缆和开关检查。

（15）BA 及 BMS 安装检查

服务器及工作站型号确认：确认 BA 及 BMS 系统设备已贴上正确的命名及路由标签。

控制柜安装检查：柜门、标识、控制线缆、控制模块等的检查。

传感器安装检查：安装位置、精度、控制线缆等的检查。

电气安装检查：供电模块及线缆检查。

（16）通风设备及管道

安装检查：风机、管道、风口、风阀位置核对。

（17）附属设施安装检查

安装检查：加药设备、定压补水设备、旁流水处理器、软化水设备、恒压机组、无负压机组等附属设备安装检查。

（18）全新风系统及全新风系统 BA 工艺及安装检查

安装检查：高压微雾喷淋管道、喷头等的安装检查，新风阀、排风阀、回风阀安装检查，BA 及参数监控传感器安装检查。

2. 暖通系统设备性能、功能测试

暖通系统设备性能、功能测试的主要内容如下。

（1）冷水机组

机组启动与状态检查：启动时间、断电重新自启、加减载、油温、油压、蒸发和冷凝压力等运行参数检查。

冷水机组故障测试：模拟冷水机组故障时的报警及保护，以及 BA 显示。

计算 25% ~ 100% 负荷时，当时气象条件下机组的 COP。

主备用冷机切换检查。

喘振点测试：在设计冷冻水供水温度下，测试冷水机组减载至回水温度低至停机时的最低负载，记录冷冻水回水温度和此时的负载率，离心机组如有喘振，则记录喘振点。

满载冷水机用电功率测试：开启负载功率至冷水机组负荷的 25%、50%、75%、100% 时，记录不同负载下连续工作时的频率、电流、蒸发 / 冷凝压力、蒸发 / 冷凝温度、冷冻 / 冷却进出水温度（冷水机组）、冷冻水 / 冷却水流量、压缩机功率、油箱温度、油泵压差、震动、噪声等参数。

（2）冷却塔

启动与风机变速测试：来电启动和根据水温自动启停运行检查，根据不同水温设定标准，散热风机自动变速功能检查。

接水盘水位测试：包括补水和溢水检查。

接水盘电加热与管道电伴热测试。

散热能力和逼近度测试。

满载耗能测试。

测试记录 100% 风量时进风处的风速，并据此估算进风量。

测试记录 100% 风量时塔体的振动情况、设备运行的噪声。

冷却水管管路探伤（焊缝 20 处抽测，由厂家或施工方完成测试，测试单位核验审核报告）。

（3）水泵

手动和自动启动。

测试设备断电重启功能，并记录启动时间。

调整变频器频率，记录 30Hz、40Hz、50Hz 时水泵的电流、流量、扬程。

水泵变速控制：根据不同的水温或压力要求进行变速功能检查。

水泵运行振动和噪声检查：满载运行时的振动和噪声检查。

最小转速运行检查：最小转速时，水泵的连续运行能力检查。

（4）板式换热器

性能测试：温度、压力、阻力、换热温差、换热量。

冷水机组与板式换热器切换测试：板式换热器与冷水机组以及冷却塔之间的切换。

（5）蓄冷罐

充冷及快速充冷检查：正常情况下充冷和过量放热后冷水机组快速充冷检查。

放冷测试：当冷水机组故障时，记录蓄冷罐的放冷时间、进出水温度以及放冷过程中蓄冷罐的水平水温均布情况。

（6）冷却水补水系统

补水系统启动和关闭测试：检查补水系统，检查控制信号启停功能。

水泵启动与运行状态检查：水泵工作时，工作电流、振动、噪声等参数检查。

进行故障报警检查。

（7）水冷精密空调

启动与断电重启测试：启动时间和断电重新自动启动检查。

运行参数测试：根据不同负载情况和温湿度设定情况，进行风机转速、水阀开启度、压缩机等的工作状态检查，同时，检查运行状态下各系统的用电量。

满载时机房空调气流组织测试。

排水测试：检查排水槽的排水能力。

单边断水故障模拟。

温升测试：断水温升测试、断电温升测试。

故障报警测试：模拟高低温、高低湿、风机故障、气流丢失、过滤网堵塞、漏水等的报警和保护，以及 BMS 的显示情况。

（8）列间空调

启动与断电重启测试：启动时间和断电重新自动启动检查。

运行参数测试：根据不同负载情况和温湿度设定情况，进行风机转速、水阀开启度、压缩机等的工作状态检查，同时，检查运行状态下各系统的用电量。

故障报警测试：模拟高低温、高低湿、风机故障、气流丢失、过滤网堵塞、漏水等的报警和保护，以及 BMS 的显示情况。

（9）风冷精密空调

启动与断电重启测试：启动时间和断电重新自动启动检查。

运行参数测试：根据不同负载情况和温湿度设定情况，进行风机转速、压缩机等的工作状态检查，同时，检查运行状态下各系统的用电量。

故障报警测试：送回风高低温 / 高低湿、电源电压异常、风机故障、气流丢失、排气温度高、高压 / 低压告警、过滤网堵塞、消防联动切断、漏水等报警功能，主备用电源切换功能，以及 BMS 的显示情况。

（10）恒湿机

检查恒湿机启动和停止功能是否正常。

检查恒湿机送风方向是否正常，运行是否有异响、异味。

检查恒湿机自动上水功能、排水功能是否正常。

检查恒湿机低 / 高水位报警、恒湿机下方漏水报警、溢水告警功能是否正常。

加湿量计算、除湿量计算。

（11）CDU 冷却液分配单元

启动与断电重启测试：启动时间和断电重新自动启动检查。

检查一次及二次管路压力表、温度计显示是否正常，阀门启停功能和位置反馈是否正常，膨胀罐定压功能、二次侧补液装置液位视液管、二次侧补液装置液位开关功能、二次侧补液泵手动及自动补液功能、CDU 双路不间断电源供电切换、CDU 掉电记忆功能、CDU 来电自启功能、CDU 水浸传感器工作等是否正常。

运行参数测试：根据压差、温度设定记录负载率为 25%、50%、75%、100% 时一次侧进 / 出水压力、进水温度、水阀开启度、二次侧供回水压力 / 供回水温度、循环泵转速、旁通阀开度等参数。

温升测试：一次泵故障温升测试、制冷单元故障温升测试。

故障报警测试：检查一次侧、二次侧供水温度异常，CDU 液晶屏通信故障，CDU 漏液传感器，CDU 过滤器脏堵，CDU 温度传感器，CDU 压力传感器，CDU 变频器，CDU 二次侧出口温度过高 / 过低，CDU 泵入口压力过低，CDU 掉电，CDU 储液箱缺液，CDU 板式换热器脏堵，CDU 通信中断等故障报警功能是否正常。

（12）新风机

启动和状态参数检查：启动及工作状态检查，包括工作电流、振动、噪声、送风温湿度、洁净度，机房压差等的测试。

控制测试：按控制要求检查新风机手动和自动工作情况。

（13）BMS 系统

运行界面检查：检查入侵系统、门禁系统、CCTV 系统、温湿监控系统激活时，软件界面的友好程度。

功能检查：入侵系统的界面、管理、报警和联动等的检查，门禁系统的管理、读卡、控制和历史记录等的检查，CCTV 系统的图像质量、摄像机、存储与分配检查，环境监控系统的界面、管理、传感器和历史记录检查。

（14）通风设备及管道

功能检查：风量，风量平衡；振动、噪声的检查。

（15）附属设施功能测试

功能检查：加药设备、定压补水设备、旁流水处理器、软化水设备、恒压机组、无负压机组等附属设备功能测试。

（16）全新风系统功能测试

功能测试：BA 及参数监控传感单点核对，BA 新风控制器根据机房压差对新风机进行开关和频率控制，冷冻水模式切全新风模式、全新风模式切冷冻水模式以及全新风模式、全回风模式、混风模式间切换。

（17）BA（冷水自控）系统功能测试

BA 单点核对：对冷水机组、板式换热器、冷却塔、水泵等主设备动作及参数进行核对，电动阀门状态核对，温度 / 压力传感器核对，流量计数据核对，电动阀自保持核对。

BA 系统逻辑测试：一键启停、系统自动加减机测试、变频工况测试（冷冻水泵、旁通阀、冷却水泵、冷却塔）、设备轮循测试、故障及告警测试、自控故障不影响系统运行测试、制冷模式切换、服务器通信中断测试、蓄冷罐充冷放冷功能测试等。

五、弱电系统现场测试方法流程

弱电系统现场测试方法流程如下。

1. 弱电系统安装检查

弱电系统安装检查的主要内容如下。

（1）BA 系统

设备外观检查：设备外观、组件完整性检查，系统是否正确命名及张贴正确的路由标签。

设备环境检查：周围是否完成卫生保洁，周围维护和拆卸空间是否足够，周围是否有影响设备正常运行的物品。

设备电气安装检查：包括电力导线的名称、接头、截面尺寸、尺寸和数量等的核查。

（2）BMS 动环监控系统

设备外观检查：设备外观、组件完整性检查，系统是否正确命名及张贴正确的路由标签。

设备环境检查：周围是否完成卫生保洁，周围维护和拆卸空间是否足够，周围是否有影响设备正常运行的物品。

设备电气安装检查：包括电力导线的名称、接头、截面尺寸、尺寸和数量等的核查。

（3）安防系统

视频设备安装：视频设备是否依照图纸和有关规范进行安装施工，以及施工完成情况。

视频设备本体：视频设备的规格型号及存储是否满足要求。

门禁设备：门禁设备是否依据图纸及有关规范进行安装施工，以及施工完成情况。

门禁设备本体：门禁读卡器电磁锁是否安装牢固，标签路由是否张贴完毕。

（4）电力监控

设备外观检查：设备外观、组件完整性检查，系统是否正确命名及张贴正确的路由标签。

设备环境检查：周围是否完成卫生保洁，周围维护和拆卸空间是否足够，周围是否有影响设备正常运行的物品。

设备电气安装检查：包括电力导线的名称、接头、截面尺寸、尺寸和数量等的核查。

2. 弱电系统功能、点位核对

弱电系统功能、点位核对的主要内容如下。

（1）BA（冷水自控）系统功能测试

BA 单点核对：冷水机组、板式换热器、冷塔、水泵等主设备动作及参数核对，电动阀门状态核对，温度 / 压力传感器，流量计数据核对，电动阀自保持。

BA 系统逻辑测试：一键启停测试、系统自动加减机测试、变频工况测试（冷冻水泵、旁通阀、冷却水泵、冷却塔）、设备轮循测试、故障及告警测试、自控故障不影响系统运行测试、制冷模式切换测试服务器通信中断测试、蓄冷罐充冷放冷功能测试等。

（2）安防功能测试

视频设备点位：视频系统的点位是否正确，视频图像的清晰度是否满足要求。

视频设备的功能：视频监控是否具备存储、回放、电子地图、时钟、人脸识别、红外夜视等功能。

门禁设备点位：门禁系统的点位是否正确，门禁系统是否可以远程开关门。

门禁设备的功能：门禁系统是否具备电磁锁开关、电子地图、读卡器、指纹识别、消防联动、门禁玻破按钮等功能。

（3）电力监控

电力监控点位：点位是否正确，数据是否完全上传且正确无误。

电力监控功能报警：点位的阈值是否完成设定，功能告警是否正确上传。

（4）BMS 系统

BMS 单点核对：低压柜、列头柜、UPS 不间断电源、HVDC 高压直流电源、ATS 自动转换开关、空调、机房温湿度、直流屏等主设备动作及参数核对。

BMS 功能报警：点位的阈值是否完成设定，功能告警是否正确上传。

六、环境测试

1. 环境测试标准

数据中心环境测试应遵循以下标准。

（1）压差

增强级（A 级）和标准级（B 级）数据中心的主机房应保持正压，其与室外静压差不宜 小于 10Pa，与走廊或其他房间的压差不宜小于 5Pa。

（2）磁场

主机房和辅助区工频磁场强度不应大于 30A/m。

（3）照度

数据中心主机房和辅助区照度标准见表 7-29。

表 7-29　数据中心主机房和辅助区照度标准

房间名称		照度标准值 lx
主机房	服务器设备区	500
	网络设备区	500
	存储设备区	500
辅助区	进线间	500
	监控中心	500
	测试区	500

（4）噪声

总控中心内，在长期固定工作位置测量的噪声值应小于 60dB（A）。

（5）颗粒物

数据中心场地基础设施主机房内尘埃数量每升空气中大于或等于 0.5μm 的尘粒数要小 于 17 600 粒 /L。

（6）振动

在电子信息设备停机条件下，主机房地板表面垂直及水平方向的振动加速度不应大于 500mm/s。

（7）无线电

主机房和辅助区内的无线电骚扰环境场强在 80 ~ 1 000MHz 和 1 400 ~ 2 000MHz 频段 范围内不应大于 130 dB（μv/m）。

（8）接地电阻

电子信息设备进行等电位联结；若防雷接地单独设置接地装置，防静电接地、屏蔽接地、交流工作接地、直流工作接地、信号接地等接地宜共用一组接地装置，其接地阻值不应大于其中最小值，即数据中心采用联合接地方式时，其接地电阻应符合设计要求。

（9）静电

主机房和安装有电子信息设备的辅助区应有静电泄放措施和接地构造，防静电地板、 地面的表面电阻或体积电阻值应为 2.5×10^{4} ~ $1.0\times10^{9}\Omega$。

（10）温湿度

数据中心温湿度标准见表 7-30。

表 7-30 数据中心温湿度标准

项目	技术要求		
	增强级（A 级）	标准级（B 级）	基础级（C 级）
冷通道或机柜进风区域的温度	18℃ ~ 27℃		
冷通道或机柜进风区域的相对湿度和露点	露点温度宜为 5.5℃ ~ 15℃，同时相对湿度不宜大于 60%		
主机房环境温度和相对湿度（停机时）	5℃ ~ 45℃，8%~80% 同时露点温度不宜大于 27℃		
主机房和辅助区温度变化率	使用磁带驱动时，应小于 5℃ /h 使用磁盘驱动时，应小于 20℃ /h		
辅助区温度、相对湿度（开机时）	18℃ ~ 28℃，35% ~ 75%		
辅助区温度、相对湿度（停机时）	5℃ ~ 35℃，20% ~ 80%		
不间断电源系统电池室温度	20℃ ~ 30℃		

2. 环境测试方法

数据中心环境测试遵循以下方法。

（1）温度和湿度

测试点位置应选择距离地面高度 0.8m、距离设备表面 0.8m 以外处，并避开出、回风口；测试点布置面积不大于 $50m^2$ 时，应采用对角线 5 点布置，测试点分布按五点法布置；如机房大于 $50m^2$，每增加 20 ~ $50m^2$，增加 3 ~ 5 个测试点，测试点应平均分布在机房各个区域；或者按照每 4 个标准机柜一个测试点（2 ~ 3m）布置。

（2）颗粒物

所使用的尘埃粒子计数器，流量在 0.1ctm 时，分辨率应为 1 粒。

对于新建数据中心机房，应对机房和空调系统进行清扫，并应在空调运行 24h 后进行测试。

采用光散射粒子计数法，对粒径大于或等于 0.5μm 的尘埃粒子计数。

采样时采样管必须干净，连接处严禁渗漏；管的长度根据测量仪器的允许长度选择，当无规定时不宜大 于 1.5m。

计数器采样管口的朝向应正对气流方向，对于非单向流的机房，采样管口宜向上。

测试时，应尽量减少室内人员，且测试人员应在采样口的下风侧。

测试布点和采用热通道 / 冷通道布局规则的数据中心机房处理方法。

每个测试点至少连续测量 3 次，取其平均值作为最终测试数据。

（3）照度

测试所使用的照度计，分辨率应为 1lx。

在房间内距墙面 1m（小面积房间为 0.5m）、距地面 0.8m 的水平工作面上进行测试。

在两排设备之间的通道内进行测试时，测点应布置在两排设备之间的通道内的中心线上。

工作区内应按照 2 ~ 4m 的间距布置测试点，对于面积较大的机房，可以根据其设计对其进行区域划分抽样，抽样应具有代表性。

测试时，感光球的平面应尽量保持水平，且尽量避开机柜等阴影区，照度技术要求允许偏离。

（4）噪声

测试用的声级计分辨率应为 0.1dB。

测试点分布可参照五点法要求；如机房面积大于 $50m^2$，可按面积增加测试点，测试点应均匀分布在机房的各个区域。

测试点应距离地表面 1.2 ~ 1.5m。

选用 A 计权声压级，测试的稳定值即为该点的实测数值。

（5）振动

所采用的振动测试仪频率范围覆盖 1Hz ~ 20kHz。

测试点选择 3 ~ 5 点，大面积房间可增加测试点。

在每个点读数前先让仪器在该点停留 5 ~ 10min，取最大值。

（6）无线电

无线电骚扰环境场强测量仪表应符合《无线电骚扰和抗扰度测量设备和测量方法规范 第 1-1 部分：无线电骚扰和抗扰度测量设备 测量设备》的技术要求。

测量前照明灯具应全部正常开启。

测试点应选择机房内距专用空调、UPS 主机及电池、新风机、机房动力配电柜等机房专用辅助设备 1m 以外处，如果距离不满足要求，应在报告中注明。

每 $50m^2$ 布置不少于 5 个测试点。

记录每个测试位置的频谱图，当峰值大于限值时，需要给出此位置采用准峰值检波的最大值。

（7）磁场

测试点应选择机房内距专用空调、UPS 主机及电池、新风机、机房动力配电柜等机房专用辅助设备 0.6m 以外处。

每 $50m^2$ 布置不少于 5 个测试点。

使用低频磁场强度测试仪进行检测。

（8）压差

测试仪器为压差计，准确度等级为 1.0 级。

测点布置：任意选择室内气流扰动较小的点。

注意在测量时测量口不应朝着气流方向。

测试主机房与室外的静压差、主机房与走廊或其他房间的静压差。

（9）接地

测试仪表为接地电阻测试仪，仪表分辨率应为 0.01Ω，仪表精度应为 ±（2% 读数 +2 个数）。

可采用的三点测量法或夹钳法。

（10）静电

使用仪表为接地电阻测试仪和标准电极，精度不低于 5%，允许使用满足要求的同类型仪表。

检测产品点对点电阻时，测试电极之间建议距离 300mm；在进行地面工程检验时，测试电极之间建议距离 900 ~1 000mm。

测量表面电阻或体积电阻。

3. 环境测试记录表格（以空气含尘浓度测试为例）

空气含尘浓度测试记录表见表 7-31。

表 7-31　空气含尘浓度测试记录表

检测内容	空气含尘浓度测试记录表			
仪器名称	尘埃粒子计数器	仪器型号		× × ×
检测人员	× × ×	检测日期		2020-2-28
检测指标	尘埃数量每升空气中大于或等于 0.5 的尘埃数要小于 17 600 粒 /L			
房间号	1#101 运营商接入间			
点位图	F 101　运营商接入间 1　2　3 01 5KW　02 5KW　03 5KW　04 5KW　05 0KW　06 0KW　07 0KW　08 0KW 4　5　6			
监测点	第 1 次（粒 / 升）	第 2 次（粒 / 升）	第 3 次（粒 / 升）	平均值（粒 / 升）
1	697	792	783	757
2	687	697	752	712
3	679	795	783	752
4	1 165	1 176	1 357	1 233
5	627	635	629	630
6	599	657	639	632

七、系统联合调试测试

1. 联合调试测试参与方

甲方、运维方、施工方、各关键岗位厂商技术员、第三方测试验证团队。

2. 主要测试内容

系统承载测试 1：双路市电供电 100% 设计负载至少运行 1 小时；在 25%、50%、75%、100% 设计负载下进行测试，验证不同负载下设计 PUE；验证双路供电条件下各系统运行状况。

系统承载测试 2：双路市电供电 100% 设计负载至少运行 1 小时；在 100% 设计负载下 BA 冷源控制模式切换，验证在冷源控制模式切换时对末端机房温湿度的影响。

系统承载测试 3：模拟 A 路 10kV 市电故障，中压母联拒动，低压母联自投；模拟 A 路 10kV 市电故障恢复；验证电力系统控制逻辑是否正常；验证冷源系统自启逻辑是否正常；验证系统放冷逻辑是否正常。

系统承载测试 4：模拟 AB 路 10kV 市电故障，柴油发电机自动投入，验证柴油发电机带载能力（柴油发电机带载 60 分钟以上），验证柴油发电机系统全系统承载性；模拟单台或多台柴油发电机故障，验证柴油发电机系统控制逻辑是否正常；模拟柴油发电机备自投 PLC 故障，验证备自投 PLC 冗余是否正常；柴油发电机带载情况下进行冷机切机及 UPS 主路—静态旁路—手动维修旁路切换；验证冷机及 UPS 切换对柴油发电机系统的影响；模拟 10kV 市电恢复，验证电力系统控制逻辑是否正常；验证冷源系统自启逻辑是否正常；验证系统放冷逻辑是否正常。

系统冗余 / 容错性测试 1：动力 UPS（所有）故障无输出，断开 UPS 输出总开关，验证动力 UPS 故障对暖通系统的影响。

系统冗余 / 容错性测试 2：弱电系统 UPS（所有）故障无输出，断开 UPS 输出总开关，验证弱电 UPS 故障对弱电系统及冷源系统的影响。

系统冗余 / 容错性测试 3：冷冻水主管道供回水阀门故障，切断主管道供回水手动阀，验证主管道故障对机房温湿度的影响；切断模块间冷冻水环网管道供回水手动阀，模拟管路跑水。

系统冗余 / 容错性测试 4：（N+x）配置精密空调故障，模拟最不利点的 x 台精密空调故障，验证精密空调故障对机房温湿度的影响。

系统冗余 / 容错性测试 5：BMS/BA 服务器单台宕机，记录服务器双机热备切换时间。

全系统失效应急演练 1：外市电全部失电，柴油发电机未启动，全手动启动柴油发电机；运维人员 EOP。

全系统失效应急演练 2：BA 控制器全部宕机，冷机全停，全手动启动冷源系统；运维人员 EOP。

第三节　应急预案

测试验证，是数据中心所做的第一次真实带载试验，存在诸多不确定因素，故在整个测试验证过程中应做好应急处置预案，避免发生人身和设备安全事故。如果出现安全事故，需要参与人员清楚地知道该如何正确处理，并及时汇报。

一、人员触电应急预案

测试过程中需要人员接触或靠近带电体时，应由专人进行看护，并通知相关人员不能私自操作任何开关设备。

当发生操作人员触电事故时，应按照如下预案进行应急处理。

（1）看护人应第一时间断开所在位置电源。

（2）看护人及时查看触电人员情况，及时上报上级、联系救护车等。

（3）如触电人员昏迷可采用人工呼吸救助法对其进行施救。

（4）应急小组人员应第一时间到现场开展救护和维护工作。

（5）隔离事故现场，任何人不得擅自进入，更不能操作任何设备。

（6）对他人私自误操作设备引起的事故应依法追究其民事责任和刑事责任。

二、测试设备故障应急预案

各设备测试前应由厂家安装调试完成，并出具调试报告，确认设备可以执行测试程序。

测试过程中出现设备故障时（如 UPS 中断输出、低压主开关脱扣、某接点位置过热），由测试主导人员统一发布指令，执行预案。

（1）及时通知负载巡视人员关闭末端模拟负载，降低系统负荷，同时避免事故升级扩大。

（2）在未明确故障点、故障原因及解决方案实现前，不得私自操作或复位设备。

（3）设备故障的排除、操作和复位等均应由厂家专业人员进行，他人不得随意参与。

（4）对产生设备损毁的情况，根据实际情况进行调查，防止劣质产品入驻，最大限度地保证业主的利益。

三、模拟负载故障应急预案

为保证测试的真实性，末端机柜内会放置模拟服务器运行的机架式模拟负载。

模拟负载内部含有发热元件，一定程度上存在故障风险。当模拟负载设备出现故障时，巡视人员应按照预案进行操作。

（1）第一时间关闭对应电源。

（2）将模拟负载下架，放置在安全区域。

（3）查看设备故障是否对其他设备设施造成损害，及时记录并上报。

（4）机房均配备灭火器，必要时应采取相应措施。

四、短路 / 爆炸等重大事故应急预案

设备操作和测试前的检视应由厂家专业人员进行，他人不得私自操作各类设备或改变设备的任何参数设置。

测试过程中一旦出现短路、设备爆炸等重大事故，现场人员应按照如下预案进行

应急处理。

（1）各人员应及时撤离现场，并通知周边人员禁止靠近。

（2）现场负责人及时通报应急小组，应急小组应第一时间到场开展事故处理工作。

（3）通知相关权限负责人对整个关联范围的设备（如断开高压总进线并将柴油发电机自动控制按钮拨至“手动”位置，防止误启动）断电，并悬挂相应标识。

（4）此类重大事故现场负责人应及时上报给公司领导层，并在此后间断性通报（如每一个小时汇报一次现场情况）。

（5）现场设置隔离措施，并由专人进行看管，他人不得私自进入管制区域。

（6）如果现场造成人员伤害，应及时送救，人身安全高于一切。

（7）如果需要通报其他部门（如报警、政府部门、供电部门），应及时通报，并定时间断性通报（如每一个小时汇报一次现场情况）。

（8）如事故引起火灾，应及时通知消防部门。现场人员也应协助进行救助。

（9）事故发生后现场负责人及参与人不得私自离开现场，随时准备配合相关事故分析甚至接受调查。

（10）如果存在相关责任，应依法追究相关人员的民事责任和刑事责任。

五、火灾事故发生时的应急预案

测试过程中，测试范围内不应存在与工作无关的可燃物，并且测试区域应配备灭火器材。

当现场出现异味、冒烟、明火等现象时，负责人应立即关闭相关电源，并查看现场情况。如有设备或其他可燃物发生燃烧应及时通知周边人员撤离，优先保障人身安全。根据现场情况判定，在可以保障人身安全的情况下，用配备的灭火器进行灭火。

现场人员应熟练掌握灭火器操作方法，在保证人身安全的情况下实施灭火。

如果火情严重，应及时拨打火警电话。

现场人员在事故未处理完毕之前不得擅自离开现场。

六、空调突发故障应急预案

测试过程中，为模拟数据中心真实运行情况，末端会配置相应的机架式模拟负载。负载运行时会发出相应热量来模拟服务器发热，对机房进行气流组织测试，此时机房的制冷实现必不可少。

当机房在进行加载测试时，空调可能出现突发故障导致机房制冷量不足，此时机房会迅速温升，应按照如下预案进行操作。

（1）负载巡视人员发现机房迅速升温时应及时汇报暖通负责人，询问情况。

（2）暖通负责人接收到通知后应及时查看相关事宜。

（3）如果机房温度过高，巡视人员应第一时间关闭运行的模拟负载。

（4）巡视人员可采取打开机房门和通道门等措施进行辅助散热。

（5）原则上在不伤及人身的情况下保证业主的设备安全是最重要的。

（6）查看机房升温原因，与业主及运维人员共同分析系统故障点及存在的隐患，将故障排除。

（7）如果有必要可让运维形成相关故障记录，以便为以后运维提供相关材料。

（8）故障未排除前，不可随意加载进行测试。

七、管道漏水应急预案

测试工作会对数据中心暖通系统进行相关测试。在对制冷系统进行测试时，需要管道内水量充足以模拟数据中心运行时的真实情况。

在模拟测试过程中，制冷系统管道可能会发生漏水现象（如法兰处螺栓未紧固、阀门连接不良、焊口位置开裂、软连接爆管、水泵处有应力）。当管道某处漏水时，现场人员应按照如下预案进行操作。

（1）发现人应及时通知暖通负责人。

（2）暖通负责人接到通知后第一时间赶赴现场查看。

（3）通知负载组人员及时关闭模拟负载，中止测试。

（4）漏水点周围如存在电气设备，应及时关断上级电源。

（5）及时关闭冷水机组、冷冻泵、冷却泵等运行设备。

（6）及时关闭漏水点最近端的阀门。

（7）暖通负责人召集业主方、运维方、厂家等相关负责人到场查看情况。

（8）检查周边是否有设备因此受潮、被淹等，及时进行干燥处理。

八、水泵突发故障应急预案

水泵是制冷系统运行必不可少的动力设备。在测试期间水泵可能发生异响、缺相、振动异常等故障。

当水泵发生故障时，现场人员应按照如下预案进行操作。

（1）现场人员及时通知暖通负责人和冷机厂家。

（2）及时关闭水泵电源，避免故障升级扩大。

（3）及时关闭冷机或切换备用泵，防止水流静止后冷机冻伤。

（4）如需关闭冷机，及时通知负载组人员关闭末端模拟负载。

（5）禁止任何人随意操作水泵电源，以及相关变频器、软启动器等设备。

（6）请厂家查验设备是否造成永久损伤，必要时更换设备。

九、市政供水中断应急预案

冷却塔在模拟测试过程中，将机房热量排到空气中。在此过程中会消耗大量水，设备需要随时补水，水源一般来自市政自来水供应。

市政供水尤为重要，一旦供水中断可能造成极大灾害，如机房温升、冷却塔干涸、甚至对冷水机组造成严重损害。当市政供水突然中断时，应按照如下预案进行操作。

（1）及时通知暖通负责人到场。

（2）暖通负责人接到通知后及时到场查看。

（3）通知负载组人员密切观察机房情况，必要时关闭模拟负载。

（4）查看应急补水泵状态，及时启动进行补水。

（5）联系市政部门询问断水原因及恢复供水时间。

（6）如市政水不能及时恢复，则根据实际情况暂停测试。

十、冷水机组故障应急预案

冷水机组作为制冷系统的核心设备，测试过程中会对其进行制冷带载模拟测试，来验证冷水机组的实际制冷能力工况。

测试过程中应密切关注冷水机组的运行情况。冷水机组在测试过程中可能出现故障（如油压不足、压缩机故障、冷凝压力过高），当冷水机组机出现此类报警或故障时，应按如下预案进行操作。

（1）及时通知机房末端关闭模拟负载。

（2）及时通知暖通负责人到场查看。

（3）及时通知冷水机组机厂家进行停机处理。

（4）水泵可适当延时关闭，利用管道水辅助散热，防止机房温升。

十一、柴油发电机故障的应急预案

柴油发电机系统作为数据中心的后备力量，在数据中心电力供应中起着关键作用。测试过程中会对柴油发电机进行带载测试、切换测试和并机测试等内容。

在测试期间柴油发电机可能发生故障（如报警停机、皮带断裂、风扇故障、轴承飞车）。当故障发生时，应按照如下预案进行操作。

（1）厂家应及时操作柴油发电机急停按钮。

（2）分断柴油发电机输出开关，并摇出至抽出位。

（3）及时通知电气负责人到场查看。

（4）关闭测试模拟负载，及时散热。

（5）机组发生较严重故障时，应隔离现场，等待调查。

（6）厂家、运维各在场人员应积极配合故障调查。

十二、测试工作应急保障小组

成立现场测试工作应急保障小组。小组人员由业主方、运维方、测试方共同组成。出现灾害或事故时，应急小组应第一时间赶赴现场进行协调处理。

应急小组在处理应急事务时，应遵循以下基本原则。

（1）人身安全第一，任何情况下应绝对优先保证人员的安全。

（2）影响范围最小化，通过各种手段控制问题范围。

（3）业主利益最大化，最大限度地保证业主的利益。

（4）公平公正，不得因人对事，应对事不对人。

（5）不得徇私舞弊，应积极主动配合相关事宜。

（6）需要通报相关上级或部门的，不能拖报、瞒报。

第四节　其他测试要求

一、测试要求

为了确保测试验证目标顺利圆满达成，确保客户数据中心顺利交付，确保数据中心能够长期稳定安全地运行，根据以往测试项目工作经验，对项目测试提出以下建议。

（1）进场测试前甲方应指定本项目唯一总接口人，避免因多人指挥造成方案和测试分歧，导致测试延误。除此之外，还应分专业指定接口人，并提供联系方式，且确保分专业接口人随叫随到，以保障现场测试的顺利进行。

（2）进场测试前，建议数据中心所有设备完成安装调试，包括安装到位。已完成线缆搭接、通电调试等，以免因施工未完成就进场测试导致施工交叉，既存在安全隐患，又会影响测试工期。

（3）进场测试前，建议数据中心所有房间编号、设备及电缆路由标识（包括管道阀门标识）张贴完成，此举便于路由核对、设备核对、问题记录及整改，可以提高工作效率避免因编号理解出入导致问题整改方找不到问题所在位置。

（4）进场测试前，建议双路市电、柴油、水等物料具备条件，以免由于物料不足导致测试延期。

（5）部分设备测试期间需要厂家到场配合，建议客户根据测试需求提前通知厂家准时到场配合，因为部分设备需要厂家保障测试的顺利进行，比如 UPS 操作，电池放电过程中电池发热虚接等问题需进行及时处理。

（6）部分影响后续测试进程的问题建议及时整改，测试期间出发现大量设备、工艺、安装等问题，部分影响后续测试进场的问题需整改方及时整改并及时复测，以免造成测试延期。

（7）测试期间禁止非测试相关人员随意操作相关测试设备、开关电源等，以免因为人员误操作造成人员安全和设备安全事故，测试期间应张贴警示标识或拉开警戒范围。

二、配合要求

设备厂商及施工方等配合单位，每天早上准时参加早晚会完成签到表签到。

现场配合的设备厂家或施工方，应具备相应的能力，能够熟练操作现场设备或处理现场问题。

测试模拟负载搬运转移时需确保电梯正常运行，优先保障负载的运输。

测试期间，为保证测试质量、人身及设备安全，测试区域内禁止无关施工。

各厂家或施工方，应根据测试计划调整施工调试计划，以满足整体测试计划进度要求，不得延误。

测试期间，配合厂家或施工方离开现场，需要向测试公司报备请假，取得同意方可离场。

测试期间，发现的测试问题，厂家或施工单位应积极配合整改，并主动完成问题销项闭环。

测试期间和测试完成后电气设备开关的操作和暖通系统的制冷保障，须确认责任方。

测试期间问题销项中，高等级问题由测试方和运维方共同见证销项，低等级问题由测试方见证即可，建议每周组织 1 ～ 2 次测试问题销项会。

三、安全要求

数据中心测试期间应满足以下安全需求：施工阶段进出现场，应按照规定佩戴安全帽；工作区域内，无关人员禁止在场；输送电过程，应逐级逐点核对后再执行；不允许操作的电气设备等应悬挂警示标识；电气测试至少需要两人同时在场，互相监督；专业设备应由专业厂家进行操作；测试过程中，应配置门禁卡或暂时关闭门禁系统，防止阻碍逃生；测试现场应配备灭火器材，必要情况下应拉警戒带；某些测试应在试验位置进行，不可擅自模拟危险动作；现场有登高需求时，必须有专人看护，必要时佩戴安全绳等工具；当发现设备异响、异味时，应及时通知相关人员，并看护现场防止他人靠近。

第五节　交付物清单

交付物清单，是整个数据中心测试验证工作成果的最终体现，也是过程记录的重要资料，一般包括以下内容：测试团队人员表；测试验证计划终稿；测试验证方案终稿；应急预案；现场管理制度及各参与单位协调方案；测试过程水电油及其他物料消耗的预估；测试工具名单及工具校正证明文件；测试工作日志；测试问题清单；改进方案及复测数据（如有）；消耗物料用途记录；输出测试总结报告；完整版验证测试服务报告（原始数据）。

第六节　测试工具清单

测试工具是数据中心测试验证工作开展的必要手段，每个项目都需要配备满足本项目系统需要的特定工具。数据中心项目测试常见的工具清单见表 7-32。

表 7-32　数据中心项目测试常见的工具清单

序号	名称
1	数字万用表
2	交流 / 直流钳形电流表
3	与钳形电流表配套的柔性电流钳（配柔性 CT）
4	电源输出测试仪（用于测试 PDU 相序）
5	绝缘测试仪
6	电能质量分析仪
7	示波器
8	三相相序测试仪
9	红外热成像仪
10	便携式红外线点温仪
11	噪声测试仪
12	洁净度测试仪
13	风量罩
14	温湿度仪
15	风速仪
16	压差计
17	超声波流量计
18	光照度测试仪
19	振动测试仪
20	接地电阻测试仪
21	磁场测试仪
22	电池内阻测试仪
23	直流屏放电测试仪

运营篇

第八章 数据中心运营管理

导　读

数据中心的概念已经发生了很大变化，早期谈到的数据中心更多是指数据机房，后期逐渐转变为单体数据中心楼，再后来转变为由多栋数据中心楼组成的综合性园区，而现阶段数据中心已经发展成为包括变电站、光伏发电、储能系统、动力楼、数据中心楼、运维楼、培训楼、住宿楼等在内的一体化的大型综合性园区，除可以提供传统运维服务外，还可以提供驻场研发、培训、餐饮、住宿、娱乐等服务。数据中心运营模式和运营思路也在发生转变，大型综合性数据中心园区在运营方面与小型数据中心的传统机房存在很大差别。

据 Uptime Institute 全球数据中心调查显示，2021 年，全球数据中心年平均 PUE 为 1.57，距离绿色节能数据中心相比还有很大差距。虽然新建数据中心设计 PUE 一般都会小于 1.3，但对于许多已投产运营的数据中心来说，为降低 PUE 而对现有设备进行大规模升级改造在经济上是不可行的。对大量已投产运营的数据中心，通过全面化、体系化的能耗管理、气流管理，通过数字化、精细化的逻辑调整、数据分析，通过良好的运营管理一样可以提升整体效率、降低 PUE、降低能耗和运行维护成本，同时，还可以起到延长数据中心生命周期的作用。

根据霍尼韦尔 2021 年发布的《数据中心的安全与可持续性》报告显示，超过九成的受访物业经理表示在过去 12 个月里遭遇过一次以上的宕机事件，由数据中心基础设施和网络等原因导致的宕机必然会让数据中心遭受收入、时间和声誉损失，因此，良好的运营对数据中心的稳定运行和可持续发展有很大作用。

目前，数据中心行业普遍存在重建设轻运营、重市场轻维护、重技术轻管理的现状，在数据中心规划布局、建设模式、业务布局和 AI、数字孪生等新技术应用等方面都比较重视，但对于投产后的运营、运维重视程度不足，很大程度上影响了数据中心稳定、持续的发展。本章主要探讨数据中心运营阶段的管理。

第一节　数据中心运营管理概述

一、管理范畴

什么是数据中心运营管理？数据中心运营管理包括哪些内容？对此，业界并没有明确的定义，不同人会有不同的理解。从狭义上来说，通常说的运营管理主要还是指运维方面。从广义上来说数据中心运营管理涵盖数据中心设计、建设、运维和退网全生命周期过程中的运维管理和经营管理，运维管理重点关注质量、成本、效率、技术、安全等指标，经营管理重点关注产品、业务、客户、收入、利润、服务等指标，如图 8-1 所示。本节将重点介绍运维管理以及部分经营管理内容（以下简称运营管理）。

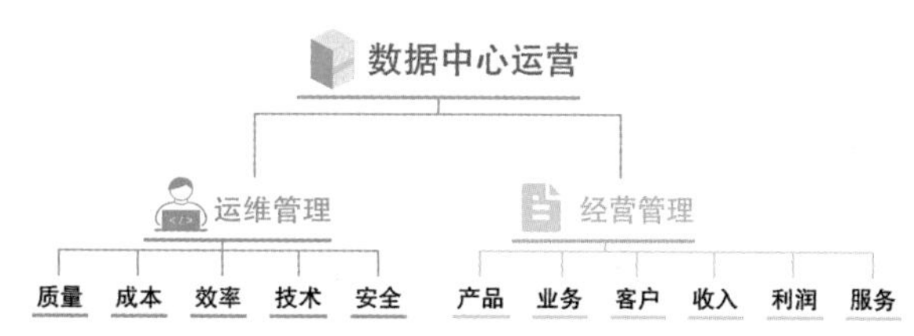

图 8-1 数据中心运营管理（广义）

从运营方式上来说，数据中心主要有自建自营、合建共营和整租经营三种模式。自建自营模式数据中心由企业独立投资建设和运营，具有前期投入大、建设成本高、建设周期长等特点，建成后到投入使用往往还需要一段时间，作为重资产行业，投产后每年折旧费用和运营成本会给销售部门带来极大的压力。电信运营商基于国资背景和全国一体化优势，一般会采用此种方式进行全国核心节点的布局，比如联通集团规划布局“5+4+31+X”数据中心体系、移动集团规划布局“4+3+X”数据中心体系等。金融行业和互联网行业考虑其业务重要性和安全性也会采用自建自营的方式，而第三方运营商从投资回收期和资产运营角度考虑，一般只会在京津冀、长三角、大湾区、成渝和东数西算这些核心节点通过自建自营方式进行部署。

随着数据中心产业的高速发展，越来越多的上下游企业为最大限度地发挥各自的优势、减少运营压力，也会采用合建共营和整租经营的模式。数据中心服务商可以与设备厂商、集成商合作，也可以与客户合作，经营方式比较灵活。

二、影响因素

数据中心运营管理影响因素可以概括为外部因素和内部因素两个方面的内容。

1. 外部因素

外部因素主要包括资质、政策、环境和业务；内部因素主要包括技术、成本、服务和供应链，如图 8-2 所示。

主要影响因素	外部因素	内部因素
	· 资质 · 政策 · 环境 · 业务	· 技术 · 成本 · 服务 · 供应链

图 8-2 数据中心运营管理主要影响因素

资质是开展运营的前提，按工信部电信相关法规的规定，国内电信业务分为基础电信业务和增值电信业务两大类。基础电信业务是指提供公共网络基础设施、公共数据传送和基本话音通信服务的业务；增值电信业务分为第一类增值电信业务和第二类增值电信业务两类。数据中心开展正常经营活动需要取得增值电信业务经营许可证（IDC 经营许可证）和电信与信息服务业务经营许可证（ICP 许可证）。IDC 经营许可证又称为互联网数据中心业务经营许可证，属于第一类电信增值业务服务。近年来，随着云计算、大数据等应用的蓬勃发展，各种涉及服务器托管、云主机、云存储、云平台、IDC 带宽出租等相关业务的企业都需要办理 IDC 经营许可证。ICP 许可证是网络内容服务商，即向用户综合提供互联网信息业务和增值业务服务的内容运营商，通过网上广告、代制作网页、出租服务器内存空间、主机托管、有偿提供特定信息内容、电子商务及其他网上应用服务等方式获得收入。ICP 许可证属于第二类增值电信业务信息服务业务（B25 类）。

政策和环境因素将影响数据中心从规划、建设、运营到退网的全过程。税收政策、电费补贴、周边电力供应能力、经济文化发展水平、科技教育环境、交通便利条件、人力资源供应能力和水平以及绿色能源情况，都会对数据中心长期稳定运营产生重大影响。

数据中心在规划设计、施工建设和生产运营各阶段都会与外部单位进行对接，在运营阶段，主要对接单位包括行政管理部门、职能监察部门、行业协会组织、设备制造商、施工商、维保服务商和代维服务商等。

数据中心企业在经营活动中，会经常与国家发展改革委、工信厅、通信管理局对接数据中心税收减免、研发补助、奖励申报、落户补助、电费水费补贴等政策，与能源局对接落实绿色能源和电能使用效率等指标。

数据中心企业在经营活动中会接受应急管理部门关于安全生产、消防防火等的监督检查，接受生态环境局关于环境污染防治的监督管理等。

业务因素将决定需求情况。需求将直接影响数据中心上架率、上架进度，需求类型还将影响数据中心的收入和利润等。

2. 内部因素

技术因素贯穿数据中心全生命周期，通常会影响运营质量、故障率、SLA、PUE等技术指标。

成本因素直接影响数据中心的收入和利润，影响整个项目的投资回收周期，影响企业整体规划布局。

服务因素主要体现在数据中心新客户的拓展能力和老客户的忠诚度上。

供应链因素包括建设过程供应链和运营过程供应链，是反映数据中心能否实现对建设、运维和业务需求的快速响应的关键因素。数据中心代维供应商、维保供应商等的供应质量对数据中心稳定运营能起到至关重要的作用。

三、能力评定

1. 数据中心管理体系认证

管理体系是组织内部建立的、为实现立项目标所必需的、系统的管理模式，是组织的一项战略决策，它涵盖了创造价值全过程的策划、实施、监控、纠正与改进活动的要求。对数据中心来说，如何在基础条件不变的情况下实现运行成本最低、营收效益最高是管理的本质。

数据中心管理体系常用的参考标准一般包括 ITIL IT 服务管理实践、ISO/IEC 20000 IT 服务管理体系标准、ISO/IEC 27001 信息安全管理体系标准等。

ITIL（Information Technology Infrastructure Library）最早由英国政府部门中央计算机和电信管理中心（Central Computer and Telecommunications Agency，CCTA）于 20 世纪 80 年代末发布的，自 20 世纪 80 年代英国商务部提出 ITIL 以来，ITIL 已成为事实上的 IT 服务管理全球标准，几乎全球所有的 IT 巨头都宣布支持 ITIL。设计之初，ITIL 只是作为英国政府的 IT 行动指南，然而现在 ITIL 所蕴含的流程结构已经被全球几乎所有部门和机构所接受，IBM、微软、惠普、CA、ASG 等国际闻名的跨国企业都在 ITIL 技术的基础上陆续向市场推出了提供 IT 服务管理的应用软件与具体实施方案，一跃转变为 ITIL 技术的市场拓荒者。ITIL 技术于欧美等地区的应用已十分广泛，全球已有不少于一万家驰名公司给出了实施 ITIL 技术获取巨大成功的积极案例，这些拓荒者们通过实施 ITIL 技术，使得 IT 服务与业务发展实现了快速而高效的融合，企业的 IT 服务质量也得到了巨大的提升。

ISO/IEC 20000 源自 BS 15000 标准，而 BS 15000 标准是英国标准协会（British Standards Institution）针对 IT 服务管理制定的一个标准，最早始于 1995 年，几经改版

成为目前由两部分内容构成的 ISO/IEC 20000 信息技术服务管理标准，并成为被 IT 服务管理企业广泛接受的标准。

2. 数据中心绿色低碳认证

（1）国家绿色数据中心

为推动数据中心节能和能效提升，引导数据中心走高效、低碳、集约、循环的绿色发展道路，助力实现碳达峰、碳中和目标，由工业和信息化部办公厅、国家发展改革委办公厅、商务部办公厅、国管局办公室、银保监会办公厅和能源局综合组织开展国家绿色数据中心评选工作。评选由数据中心向所在地省级工业和信息化主管部门提交申报材料，省级工业和信息化主管部门择优向工业和信息化部推荐，再由工业和信息化部会同相关部门组织专家对申报材料进行审查，必要时可进行现场抽查，研究确定年度国家绿色数据中心名单。

（2）数据中心绿色等级评估

为积极响应国家碳中和战略，引领数据中心行业可持续发展，鼓励和推动数字基建行业零碳发展，助力国家碳达峰、碳中和目标的实现，中国信通院、工信部新闻宣传中心、开放数据中心委员会（ODCC）、绿色网格（TGGC）（中国）联合开展数据中心绿色等级评估工作，评估包含能源和碳利用效率、低碳节能技术与方案、低碳战略与管理 3 个维度，评估结果分为 5 个等级：1A~5A，其中 2A~5A 企业分别被授予“碳中和数据中心推动者”“碳中和数据中心先行者”“碳中和数据中心创新者”与“碳中和数据中心引领者”称号。

（3）数据中心低碳等级评估

为更好地推动数据中心行业节能减排，加速推动产业链各方对数据中心节能减排技术探索和管理模式创新，为我国数据中心行业的绿色低碳发展起到示范和引导作用，助力数据中心行业早日实现碳中和目标，中国信通院、工信部新闻宣传中心、ODCC 开放数据中心委员会、联合开展数据中心低碳等级评估工作，评估包含能源和碳利用效率、低碳节能技术与方案、低碳战略与管理 3 个维度，并设置了购买绿色电力证书，造林和再生林、土壤固碳、资源回收、算力算效提升等加分项目，根据评估结果将企业划分为 1A~5A 五个等级。

3. 数据中心技术能力认证

（1）专利

据公开资料显示，2010—2021 年，中国数据中心行业专利申请人数量及专利申请量均呈现增长态势，2020 年中国数据中心行业专利申请数量为 43 327 项，授权数量为 11 512 项，授权比重为 26.57%。虽然数据中心相关专利更多以发明型专利为主，主要分布在架构优化、结构调整和外观保护等方面，与运营阶段关系不大，但数据中心服务商在低碳环保、节能减排、技术改造、运行调优、智能化甚至运营品牌等方面持有更多的专利将会提高数据中心影响力和被认同度，从而极大地提升数据中心的地位。

（2）软件著作权

计算机软件著作权作为企业技术研发工作中的一项重要指标，获得软著登记证书的计算机软件将得到国家法律和“中国版权保护中心”的重点保护。企业获得计算机软件著作权证书，不仅是企业长期重视技术创新、知识产权保护的体现，也表明企业在教学领域的软件开发与应用能力不断提升、产品技术不断创新升级，进一步提升自主创新能力。

数据中心软件著作权主要涉及管理系统、运行系统和业务系统三个方面，大型、超大型数据中心一般会采用自主研发的方式提高系统的自主可控性和定制化功能。以业务系统为例，拥有自主可控的云计算产品在强调数据安全在大环境下已经成为企业经营的必要条件，云数据中心企业一般会在云主机、云存储、负载均衡等方面获得几十甚至几百项以上的云计算相关软件著作权。

（3）标准

数据中心标准按级别不同可以分为国家标准、行业标准、地方标准、团体标准和企业标准 5 个部分。国家标准更强调强制性，行业标准更强调推荐性，地方标准更强调特殊性，团体标准更强调市场性，企业标准更强调技术性。一般来讲，从国家标准到企业标准，技术性、成本性和市场性越来越高，而权威性、推广性和安全性越来越低。

数据中心企业参与制定的国家标准、行业标准、地方标准、团体标准和出台的企业标准越多，证明企业相应的技术能力越强、权威性越高。

4. 数据中心服务能力认证

《信息技术服务 数据中心服务能力成熟度模型》适用于数据中心对自身服务能力进行构建、监视、测量和评价，也适用于外部评价机构对数据中心服务能力成熟度进行测量和评价。其提出了数据中心服务能力框架，规定了数据中心服务能力成熟度评价方法和数据中心服务能力管理要求。

《信息技术服务 数据中心服务能力成熟度模型》用于对数据中心单个或整体服务能力管理的效能测量。成熟度的高低反映了数据中心单个或整体服务能力管理的充分性、适宜性和有效性的综合性水平。该标准从数据中心战略发展、运营保障和组织治理 3 个方面，提出数据中心需要具备的 33 个能力项（流程）以及每个能力项的关键活动要求。该标准将数据中心成熟度级别由低到高分为 5 个等级：起始级、发展级、稳健级、优秀级和卓越级，同时提出了不同成熟度级别需要规范的能力项。

第二节　数据中心组织管理

一、组织架构

数据中心的组织构架是确保数据中心有序运转、业务系统稳定运行的重要方面，良好的组织构架可以提高整体工作效率、激发员工热情并形成有利于组织健康发展的凝聚力。数据中心的组织构架往往取决于资产主体的行业属性或业务职能，且受一定的历史因素影响，但数据中心的组织构架不是一成不变的，应随着数据中心的规模、盈利方向和业务形态的变化而变化，向着有利于支撑数据中心良性发展和高效管理的方向创新、转变。

（1）数据中心应建立满足运行、维护和管理要求的组织构架，并根据主用机房、同城灾备、异地灾备、多地多活等不同数据中心的等级以及经营、管理的需求和业务模式设置相应部门。

（2）数据中心应根据实际需求设置信息化业务系统、网络系统、信息安全系统、监控调度系统和机房基础设施系统的运维与管理部门，各部门遵照统一的事件管理、变更管理等配套制度相互配合、彼此支撑。

（3）数据中心应建立符合自身特点和需求的运行、维护和持续改进管理模式，在各部门职能定位明确的基础上简化运转流程、促进信息共享、提升工作效率。

（4）数据中心应根据机房基础设施的操作、维护、巡检、维修等工作内容涉及不同专业方向、不同服务商和服务等级的情况制定相关制度和流程，实现有人负责、有人组织、有人操作、有人考核的运行效果。

二、岗位职责

数据中心需要运维、开发、测试、财务、人力、采购、后勤、客服等十几个部门协作配合才能良好运转，为各层级的人员定岗、定责是一项重要工作，岗位设置要满足数据中心战略发展需求，岗位职责与人员资质要求相匹配，恰当的岗位设置还可以提升基层人员竞争向上的工作动力。

数据中心应根据既定的管理模式合理设置相应的岗位，从高层、中层管理岗一直到规划岗、运维岗、研发岗、支撑岗、操作岗、合规管理岗等基础岗位都应具有明确的任职要求和职责说明。

数据中心基础设施运维岗应负责基础设施维保计划的制订和维保方案的编制、维修改造时间窗口的协调和实施流程确认、维护与维修服务报告的审核、基础设施风险清单更新、应急预案编制及应急事件处置等相关工作。

数据中心基础设施操作岗应负责按照方案落实具体内容、核对设备运行模式与运行状态、作业现场安全条件确认与情况反馈、跟踪仪器仪表测量结果、填写记录表单等相关工作。

不同数据中心有不同的组织架构和不同的岗位设置，通常来讲，数据中心不可或缺的主要岗位包括数据中心经理、基础设施负责人、基础设施工程师岗、基础设施监控岗和基础设施技工岗等岗位。

1. 数据中心经理

数据中心经理是数据中心的总负责人。数据中心经理的主要职责如下。

（1）负责数据中心的整体规划（容量、能效、可用性和业务持续性），确保满足业务需求。

（2）负责将业务需求转换为数据中心需求。

（3）负责数据中心所有的日常运营管理工作。

（4）负责数据中心的运维体系规划、实施和持续改进。

（5）负责数据中心运行计划的制订和实施。

（6）负责数据中心运行成本的有效管控。

（7）负责推动数据中心服务能力的提升。

（8）负责数据中心团队的管理。

（9）负责重大事件的上报和跟踪处理等工作。

2. 基础设施负责人

基础设施负责人是数据中心基础设施运行维护的负责人，向数据中心经理负责。其岗位职责如下。

（1）负责数据中心基础设施的规划，确保满足业务发展需求。

（2）负责数据中心基础设施服务，保障计划的制订和实施改进。

（3）负责设施、设备的运行、维修和保养工作，进行定期和不定期的巡查，确保操作规程及设备检修保养制度的落地。

（4）负责数据中心服务外包商评审及场地验收。

（5）负责设施类重大、较大变更评审，及时采取措施推动数据中心设备保障能力的提升。

（6）配合项目部门制定与部署运维保障方案。

（7）负责基础设施重大事件的上报和跟踪处理。

（8）负责数据中心节能优化、设备综合效能等工作。

3. 基础设施工程师岗

数据中心基础设施工程师岗，向基础设施运维负责人负责。其岗位职责如下。

（1）负责本班次基础设施运行安全。每班次至少对机房进行一次全面巡查，保证设备设施的正常运行。

（2）负责人员管理。对监控岗、技工岗的协调管理：检查本班监控岗、技工岗的工作纪律、工作质量、履行岗位职责的情况，督导其工作，并协调处理有关事务；审核当班技工岗交接班报告、巡检记录，并签字确认。对服务商的管理：管理服务商的工作，审核当班时段的服务商报告，并签字确认。

（3）负责故障处理。实时关注监控系统状态、邮件和手机故障报警，发现报警或接到故障通知后，对故障原因迅速定位并组织相关人员及时处理。二级以上故障应立即报告小组负责人及管理者代表，并实时报告故障处理进展情况。

（4）根据实际相关计划或工作需求，负责制定变更的序列并按流程进行变更申请，按计划组织实施变更。

（5）掌握重点负责设备的运行状况、技术数据和技术档案，保障设备处于良好的工作状态。对各种设备隐患和改进需求，按流程制定变更方案、提交变更申请。

（6）按期完成重点负责的文档工作。按照相关规范和时间要求持续进行文档更新。

（7）积极主动地承担或参与临时安排的工作，如培训与演练的组织协调、变更跟进、运维方案文件的制定等。

（8）组织相关人员，协助进行项目施工、现场管理、竣工验收等工作。

（9）完成上级交办的其他工作。

4. 基础设施监控岗

数据中心基础设施监控岗，通常向基础设施运维工程师负责。其岗位职责如下。

（1）负责 7×24 小时通过机房监控系统对机房基础设施的运行情况进行监控。

（2）每隔 1 小时在监控系统中巡检机房运行状态，包括机房冷冻水、精密空调、高低压供配电、UPS、STS、精密配电柜、空调配电柜、监控录像等。

（3）出现基础设施故障时，能初步分析故障原因，通知基础设施工程师协调强电技工和空调技工处理故障，或者协助召开电话会议进行故障处理，详细记录故障处理进度，发布故障通知。

（4）故障应急状态下，及时通过邮件、对讲机通报监控系统中的故障情况。

（5）统计每班次基础设施六级（含六级）以上告警数量和处理措施。

（6）每个晚班负责进行统一的监控摄像检查，检查出来的问题通报基础设施运维组，上报事件单并持续跟进。

（7）积极参加公司组织的演练、培训及小组会议等集体活动，通过相关活动提高自己的业务水平和职业素养。

（8）完成上级交办的其他工作。

5. 基础设施技工岗

数据中心基础设施技工岗，向基础设施运维工程师负责。其岗位职责如下：

（1）负责机房基础设施（包括供配电系统、空调系统、消防系统、环境卫生等）管理。每班次按相关规范和频次进行巡检，发现设备隐患立刻上报基础设施工程师。

（2）负责机房楼梯、楼道、墙体、墙面、楼板、天花、屋面等土建装饰修补工作；定期检查机房墙壁、屋顶有无漏水、渗水、脱落等现象；定期检查机房照明灯具、应急照明设施，确保使用良好。

（3）按照基础设施工程师的指导与要求，合理调整中央空调主机（新机房）和机房内精密空调设备运行，提高空调运行效率、节约能耗。

（4）按照基础设施工程师的指导与要求，及时处理机房供配电、消防设备故障，空调、给排水设备故障，保证机房供配电、消防设备、供冷、供水运行正常。

（5）协助配合维护商对机房供配电、消防设备、空调、给排水设备的维护，跟进后续问题处理。

（6）负责所辖设备环境卫生，管理好值班器材、钥匙、工具。

（7）负责机房各类装潢、办公家具、门窗、门锁、地板、地毯的维修、更换工作，各类粉刷及油漆工作，机房照明、指示灯等维修工作。

（8）负责机房钢架制作、地板支撑、地板切割等工作；负责机房地板的整改、修理工作，监督施工人员对地板的操作，不得拆除地板支撑架，对地板下扎带、线头等杂物要清理干净，并于施工后恢复原状。

（9）熟悉机房的孔洞位置，监督并督促施工人员在施工后做好孔洞安全封堵工作。

（10）协助新项目施工现场管理、竣工验收。

（11）协助进入人员进出机房管理。未经同意，严禁外来人员进入机房，基础设施变更管理人员不到现场，施工人员及处理故障人员不得进入机房。

（12）值班人员需监督施工人员，保证施工现场的材料整齐有序，并做好进入人员的登记，确保人员进出对设备硬件安全不造成影响。

（13）负责机房内资料、工具、备件等物品的保管工作。每次交接班进行清点，对清点结果和借还情况，要在值班日志中体现。

（14）积极参加公司组织的演练、培训及小组会议等集体活动，通过相关活动提高自己的业务水平和职业素养。

（15）按照交接班要求填写交接班日志。对所发生情况进行详细记录，保证记录的准确性、完整性。

（16）完成上级交办的其他工作。

三、培训管理

数据中心是技术密集行业，服务器设备、存储设备、网络设备和相关软件发展速度快，尤其是近年来新技术层出不穷，对数据中心从业人员持续学习的能力提出了很高的要求。数据中心的管理者必须重视培训工作，大兴研究之风，适时选择培训课题，鼓励内部人员讲课，通过培训达到更新知识、拓宽眼界、引领创新的目的。

（1）数据中心应制订年度培训计划，培训计划应涵盖数据中心运行与维护的各个岗位，培训内容应满足岗位工作的要求。

（2）数据中心应对运行维护相关岗位人员进行岗前培训及能力测评，完成培训并通过能力测评的人员方可上岗。

（3）数据中心基础设施操作岗位人员除内部培训外，还应通过参与行业资格培训的方式取得相应操作证书并持续提升个人实操能力。

（4）数据中心宜通过组织设备原厂商、设计院或机房集成商进行技术培训的方式深入了解设备性能指标、运维重点、常见故障等信息，以提高运维相关岗位人员的业务水平。

（5）数据中心应对员工培训的执行情况进行记录，并对培训效果进行验证，留存相关材料作为岗位绩效考核和人员能力评估的依据。

第三节　数据中心质量管理

一、成本管理

数据中心总体拥有成本（Total cost of Ownership，TCO），一般分为建设成本和运营成本两部分，其中，建设成本是指必要的建设投资及一段期限折旧后的再投资，通常为一次性投入；运营成本是指维持系统设备正常运行所付出的成本，电力成本一直在运营成本中占有较高比例。低成本是数据中心服务商建立竞争优势的关键，也是缩短投资回收期和实现持续发展的关键。数据中心成本关键因素如图 8-3 所示。

建设成本一般包括土地获取、规划设计、设备购置、建筑安装、系统调测、升级改造等费用；运营成本一般包括人工成本、折旧费、租赁费、运行成本、维护成本、服务成本、技术支撑、市场营销，其中，运行和维护成本所占比例相对较高，可优化空间相对较大。 运行成本是指为保障数据中心通信生产和网络运营发生的租赁费、水电取暖费、外购动力费、燃料润料费、规费等。其中，租赁费包括电路、网元、设备等的租赁费，规费包括 IP 地址费、仪器仪表及生产设备检测费等。维护成本是指为了保证数据中心设备、线路、系统、OSS（各专业网管、电子运维、资源管理、网络分析、客户响应等支撑系统）、云平台、边缘计算、机房等的正常运行而对外支付的大修理、维保、代维、单次日常修理，以及维护耗材及低价值仪器仪表等成本费用。

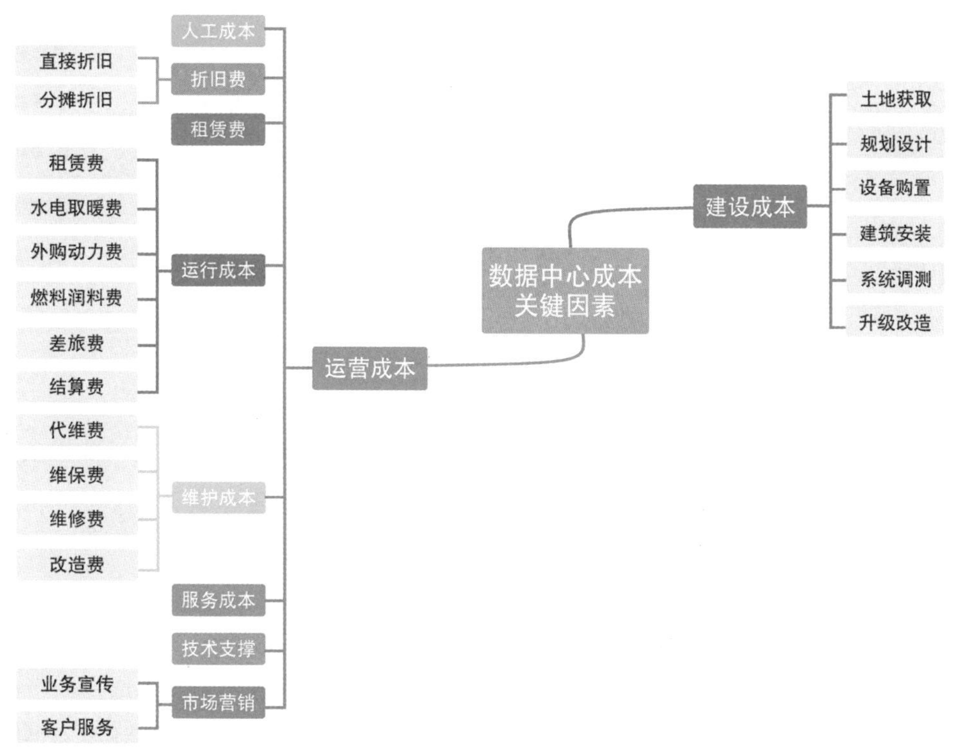

图 8-3 数据中心成本关键因素

参照 iResearch 和前瞻产业研究院整理得出的数据，数据中心各运营成本中电力成本占比通常较高，可以达到运营成本的 50% 以上，其次是折旧成本，占比 25% 左右。对于第三方数据中心来说，由于需要额外购买网络带宽，其网络成本根据业务情况，一般占比达到 10% ~ 20%。

从整体来看，数据中心运营成本主要受到电费补贴、税收减免、PUE、维护水平、资源上架率、上架设备负载率等因素的影响，这些因素也是数据中心降低运营成本的关键所在。负载越低，电费占比越低，机电折旧占比越高，投资有效性也就越低。因此在运营过程中，在 IT 负载率较低的情况下，需要重点关注机架上架情况，提高投资的有效性。在达到较高 IT 负载率的情况下，关注度可以转到运营 PUE 与设计 PUE 对比，以及如何降低电费成本方面。

二、客户管理

根据中商产业研究院整理得出的我国数据中心下游客户结构可以看出，数据中心主要客户有互联网厂商（含云业务服务商）、金融业、制造业、政府机构等。当前互联网客户是数据中心的主要客户群体，占 60% 以上的份额，互联网企业数据量和用户规模较大，对数据中心规模、等级、网络带宽、时延、运维服务能力等各方面指标要求均较高。大型金融企业占比 20% 左右，金融企业通常会规划建设自有数据中心，建设“两地三中心”的架构，但部分企业会通过外部采购的方式租用全部或部分数据中心。政府机构占比在10%左右，但地方政府政务平台一般会默认根据“数据不出省、不出市”的原则，选用本地数据中心。制造业占比3%左右，处于发展阶段，规模较小，但随着物联网和工业互联网的快速发展，上升空间最大。数据中心客户结构如图8-4所示。

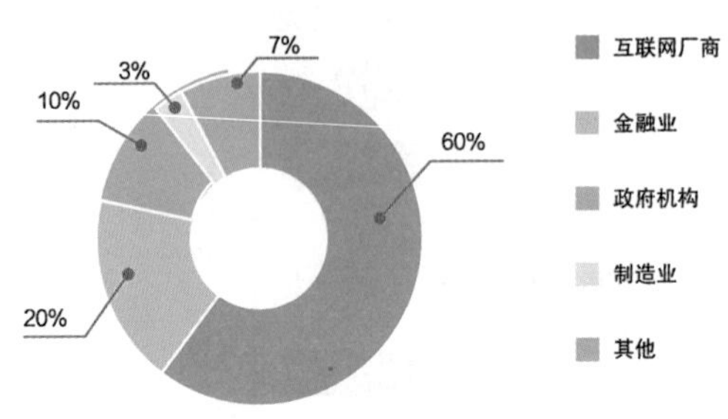

图8-4 数据中心客户结构

通常情况下，影响数据中心客户需求的主要因素除了价格之外，还包括地理位置、经济条件、政策环境、网络配套、电力配套、电力成本、交通环境、气象条件和人才条件等，与数据中心选址的关键因素具有强关联性。

三、供应链管理

对数据中心服务商来说，安全稳定、可持续发展、核心竞争力等重要运营指标已不完全由数据中心内部因素所决定，而是由数据中心内部因素、政策、环境和供应链等外部因素共同决定，其中供应链是数据中心可控制的重要因素。供应链的质量与效率如何，关系到数据中心在市场竞争中能否取得优势。数据中心与供应链之间的关系，也不再是过去简单的买卖关系，而是越来越深入的、紧密的合作伙伴关系。数据中心与供应链供应商之间既有不同利益的矛盾，也有共同利益的合作。

数据中心供应商按所提供产品与服务的用途，可分为“生产供应商”与“非生产供应商”两大类。“生产供应商”是指其所提供的产品或服务，数据中心并非最终使用者，如产品和材料等供应商，为数据中心提供维保、代维服务的供应商等。“非生产供应商”，是指其所提供的产品或服务，数据中心是最终使用者，如数据中心所使用的办公用品、仪器设备的供应商等。

数据中心在运营管理过程中，涉及供应商的管理维度主要有三个方面：一是与供应商在日常业务过程中的商务协同；二是对供应商生命周期与关系的管理，包括供应商准入、资格认证、协议与合同管理等内容；三是对供应商的评价机制，包括合同履行阶段评价供应商响应的及时性、到货或服务交付的及时性、调测验收方面的表现、产品质量或服务质量情况等，在网络运行阶段评价供应商售后服务、维保维修、技术支持、故障处理情况等。

需要特别关注的是，供应链的管理需要和廉洁风险防控管理相结合起来，防止出现违反规定的不当行为，主要表现在以下几个方面：采购过程或业务交往中发生商业贿赂等违法行为；采购过程中存在围标、串标、骗标等违法行为；在采购及合同执行过程中存在欺诈、瞒骗、弄虚作假等行为；供应商因被收购、重组或宣布破产，拒绝或无法履行合同，造成损失。

四、报表管理

数据中心在运营过程中，通常会定期公开一些运营报表和数据，主要包括以下几种。

1. 企业年报

按工商总局要求，企业应当按年度在规定期限内，通过市场主体信用信息公示系统向工商机关报送年度报告，并向社会公示，任何单位和个人均可查询。企业年报的主要内容包括公司股东（发起人）缴纳出资情况、资产状况等，企业对年度报告的真实性、合法性负责，工商机关可以对企业年度报告公示内容进行抽查。

数据中心企业在年报中除了披露以上常规内容之外，一般还会披露数据中心整体布局、建设规模、投产规模、上架率、IT 负载率、PUE、成本支出模型等运营数据以及业务类型、收入模型、客户类型等业务数据。

2. 环境、社会及治理报告（ESG 报告）

ESG 报告是环境、社会及公司治理报告的简称，“ESG”就是 Environment（环境）、Society（社会）和 Governance（治理）三个单词的首字母缩写，是企业在其环境、社会及治理方面的政策和表现，及其有重大影响而定期向投资者等利益相关方进行披露的沟通方式。ESG 也是一个企业成长到一定规模后承担社会责任、实现可持续发展的重要举措。上海证券交易所于 2022 年 1 月 18 日，通过内部系统向科创板企业发布《关于做好科创板上市公司 2021 年年度报告披露工作的通知》，明确提出科创板企业应当在年度报告中披露环境、社会和公司治理（ESG）相关信息。

ESG 报告实际上具有广义和狭义之分。狭义的 ESG 报告是一种报告的名称，与社会责任报告、可持续发展报告同属一个概念层次。广义的 ESG 报告是指任何包含有环境、社会和公司治理信息的非财务报告，其中也包括社会责任报告、可持续发展报告。绝大多数公司的 ESG 工作模式，是将原有的运营管理归属于 ESG 中，而非由 ESG 出发引导相关工作的开展和完善。

数据中心服务商近几年才开始重视和发布 ESG 报告，据公开资料显示，中国数据中心行业首份 ESG 报告是由秦淮数据集团在 2020 年 7 月发布的，随后万国数据、世纪互联等数据中心运营服务商也相继发布了 ESG 报告。

数据中心 ESG 报告并没有固定格式，以万国数据和世纪互联为例，万国数据 ESG 报告全面展示了 2020 年企业在环境、社会及公司治理三方面所取得的成绩，并制定了相应的长期目标——将环境影响降到最低、为所有利益相关者创造价值、以严格的公司治理建立信任。在环境方面，以 100% 使用绿色电力为目标，万国数据通过提高可再生能源使用比例、建设绿色数据中心和提升运营效率来最大限度地减少对环境造成的影响。通过积极参与绿色电力交易、加强新能源投资与探索新兴技术等组合模式，万国数据不断降低数据中心的碳排放。在社会方面，万国数据专注于以智能基础设施和服务赋能客户数字化转型，并通过创造多元、包容、平等的工作环境及促进个人发展等方式赋权员工，同时联合供应链和生态圈伙伴一同为社会创造积极影响。在治理方面，万国数据始终保持最严格的公司治理标准，严守数据安全和隐私，并通过全面监督促进公司的可持续发展。为此，万国数据已搭建了 ESG 管理架构并成立了可持续发展委员会。100% 的员工接受合规、反腐败培训，100% 的员工接受网络安全培训，公司保持每两年一次的合规和反腐败审查，充分保障了服务客户全过程透明且可信。

世纪互联 ESG 报告分为公司治理、员工管理、绿色发展、产品服务和社会关怀 5 个部分，其中绿色发展部分公开了包括企业汽油、柴油、外购电力和可再生电力等能源消耗情况，水资源消耗情况，以及温室气体排放核算范围 123 的情况。在数据中心选址与设计方面，世纪互联将环保考量融入各个环节，除了满足国家《数据中心设计规范》的要求，在立项备案时需要评估环境（主要关注空气、水、噪声、固废、柴油储罐风险等）对数据中心的影响，将环境质量现状监测与评价、环境影响分析与评价、环境经济损益分析、环境管理与监测计划、污染源及防治措施、污染防治可行性分析和污染物排放总量控制列入关键评估方向。

随着我国“双碳”政策的持续推进和数据中心低碳绿色化发展，越来越多的数据中心企业主动发布企业 ESG 报告，展示企业积极践行绿色低碳战略，共建生态文明的企业形象。企业通过定期发布 ESG 报告可以加强风险管理、改善集资能力、满足供应链需求、提升声誉、缩减成本及提供利润率、鼓励创新、保留人才和获得社会认可。

3. 能源利用状况报告

为加强重点用能单位的节能管理，提高能源利用效率、控制能源消费总量，促进生态文明建设，国家发展改革委于 2018 年 2 月 22 日对《重点用能单位节能管理办法》进行修订版的发布，明确重点用能单位的范围，包括年综合能源消费量一万吨标准煤及以上的用能单位，以及国务院有关部门或者省、自治区、直辖市人民政府管理节能工作的部门指定的年综合能源消费量五千吨及以上不满一万吨标准煤的用能单位。

全国人大常委会于 2018 年 10 月 26 日通过了《中华人民共和国节约能源法》修订版，其中明确重点用能单位应每年向管理节能工作的部门报送上年度的能源利用状况报告。能源利用状况包括能源消费情况、能源利用效率、节能目标完成情况和节能效益分析、节能措施等内容。重点用能单位应当每年制订并实施节能计划和节能措施，确保完成能耗总量控制和节能目标。节能措施应当技术上可行、经济上合理。

4. 固废公开情况

全国人大常委会于 2020 年 4 月 29 日通过了《中华人民共和国固体废物污染环境防治法》的修订版本，其中明确产生、收集、贮存、运输、利用、处置固体废物的单位，应当依法及时公开固体废物污染环境防治信息，主动接受社会监督。

对于数据中心行业，可能涉及产生、收集和储存的废物和需要定期公开的信息主要包括以下几个方面。

（1）废矿物油与含矿物油。数据中心常用的矿物油与含矿物油主要包括柴油机组用到的机油、防冻液，自然冷却系统用到的乙二醇，液冷系统用到的矿物油冷却液，以及各系统用到的润滑油等。像机油、防冻液等均会产生废物，需要定期更换，乙二醇溶液一般是通过定期检测报告（腐蚀度、浓度和冰点等）来判断是否进行更换或补充。

（2）废蓄电池。数据中心常用的蓄电池主要包括生产机房、监控系统、消防系统等用到的 UPS 配套蓄电池和应急照明系统，弱电等系统用到的 EPS 配套蓄电池。UPS 配套蓄电池更换周期根据环境和使用情况等因素综合确定，通常情况下，在一、二类市电，有发电机组保证，有空调的机房，单体 2V 蓄电池浮充寿命为 8 年，单体 6V 或 12V 的蓄电池寿命为 6 年。

（3）污水。数据中心常见的污水主要是生活用水产生的污水，一般都是经市政管网集中处理达标后排放。冷塔蒸发的冷却水一般为城市自来水，不需要按污水处理。

（4）固体废物生活垃圾。一般为生活垃圾和生产设备外包装垃圾，由市政环卫部门统一处理。

（5）危废贮存情况。以废蓄电池为例，如拆卸后不能第一时间完成运输，需要对危废物品进行分类管理，需要存放在专用的危废仓库中，如企业没有自建仓库必须通过租用的方式实现临时存储，直到完成运输。

（6）危废转运处置过程。危废品不能随意运输和处理，根据《中华人民共和国固体废物污染环境防治法》和《危险废物转移联单管理办法》的有关规定，危险废物转移采用联单管理办法，通常简称为“五联单”。危险废物的正规运输主要包括以下五个步骤：第一步，数据中心和处置企业签订危废物品回收处置合同；第二步，数据中心上报环保局、环保厅，环保厅下发红头文件；第三步，当地环保局颁发五联单给数据中心，让危废处置企业提供有危险货物运输许可证的运输公司派出车辆，车内需装有摄像头全程监控，并派专人押车；第四步，运输车辆将危险废物转移到五联单上登记的回收处置企业，并加盖公章；第五步，将五联单的回执单交到发货单位，运输结束。此外，产废数据中心还需要针对各危废品制定危险废弃物专项应急预案，并定期组织演练。

第四节　数据中心流程管理

数据中心在运营管理中涉及的流程非常多，由于每个服务商在组织架构、运营方式、管理模式等方面均有一定差别，因此本节只对常规的通用服务请求、故障处理、巡检和问题管理 4 个流程进行通用性介绍，作为参考。

一、通用服务请求流程

通用服务请求流程帮助迅速响应数据中心服务需求，流程始于服务请求的接收和报告，结束于经过确认的服务请求解决，如图 8-5 所示。具体流程说明见表 8-1。

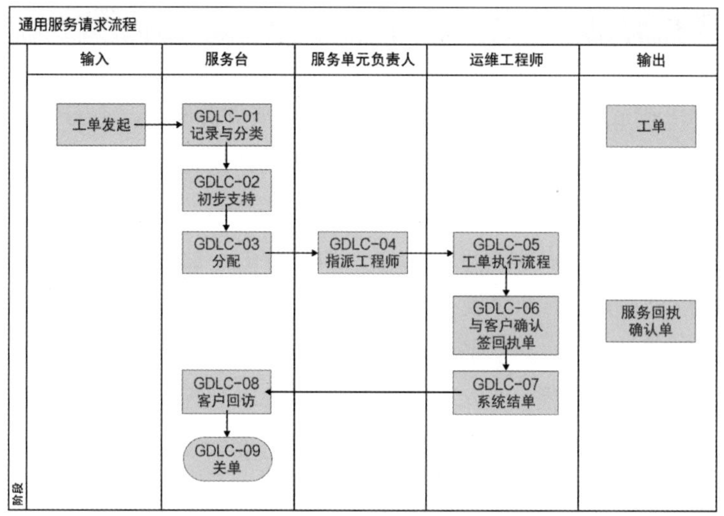

图 8-5 服务请求流程

表 8-1　通用服务请求流程说明

序号	流程编号	流程描述	输出物	负责人	参与人
1	工单发起	发起服务请求	工单	运维负责人	
2	GDLC-01	记录与分类：记录所需信息，创建工单；根据预先定义的服务请求进行分类和确定优先级；保证信息的准确性和完整性	服务合同	服务台	
3	GDLC-02	初步支持：对服务请求单进行记录后，查询客户所反馈的服务请求是否在合同服务范围内，如果超出服务合同范围或者无合同，直接反馈给对应的商务跟进客户并报价	工单	服务台	

续表

序号	流程编号	流程描述	输出物	负责人	参与人
4	GDLC-03	分配：服务台根据分配原则将工单分派给各服务单元负责人	工单	服务台	
5	GDLC-04	指派工程师：服务单元负责人将工单指派给本单元工程师	工单	服务单元负责人	
6	GDLC-05	工单执行流程：按照工单执行流程中约定的标准操作步骤执行工单操作；若遇到一线工程师处理不了的问题，需要升级交由二线工程师进行处理；若有特殊服务请求不在工单执行流程规范中，按照单元负责人提供的解决方案进行服务请求操作	工单	一线工程师 二线工程师	服务单元负责人
7	GDLC-06	与客户确认，签回执单：需要客户在服务回执单上签字，确认服务完成	服务回执确认单	一线工程师 二线工程师	
8	GDLC-07	系统结单：解决所有请求内容，在系统平台中结单	工单	一线工程师 二线工程师	
9	GDLC-08	客户回访：调查客户对此次服务的满意度	回执单	服务台	
10	GDLC-09	关单：对回访完毕的服务请求，关闭工单，提交客服部经理审核	工单	服务台	

通用服务请求流程的关键控制见表 8-2。

表 8-2　通用服务请求流程的关键控制

活动	关键控制点	控制标准	控制者
记录和分类	是否所有的服务请求均已建单	无漏单	交付团队 服务台
及时响应	是否按照 SLA 进行服务响应	参照合同 SLA 标准	交付团队 服务台
工单执行流程	是否按照流程规定进行工单执行；操作是否超时	参照工单执行标准及工单处理时限指引	交付团队
结束工单	是否有客户在回执单上的签字确认是否在系统平台进行结单操作	工单操作结束 2 个工作日内，是否有提交客户签字确认的回执单，且完成结单操作	交付团队
客户满意度	服务台对工单回访调查的客户满意度	客服回访结果为非常满意	工程师与服务台

二、故障处理流程

故障处理流程的主要功能是在设备发生故障时，服务台可根据流程响应及处理客户故障服务请求，保障运维服务正常稳定，如图 8-6 所示。具体故障处理流程如下。

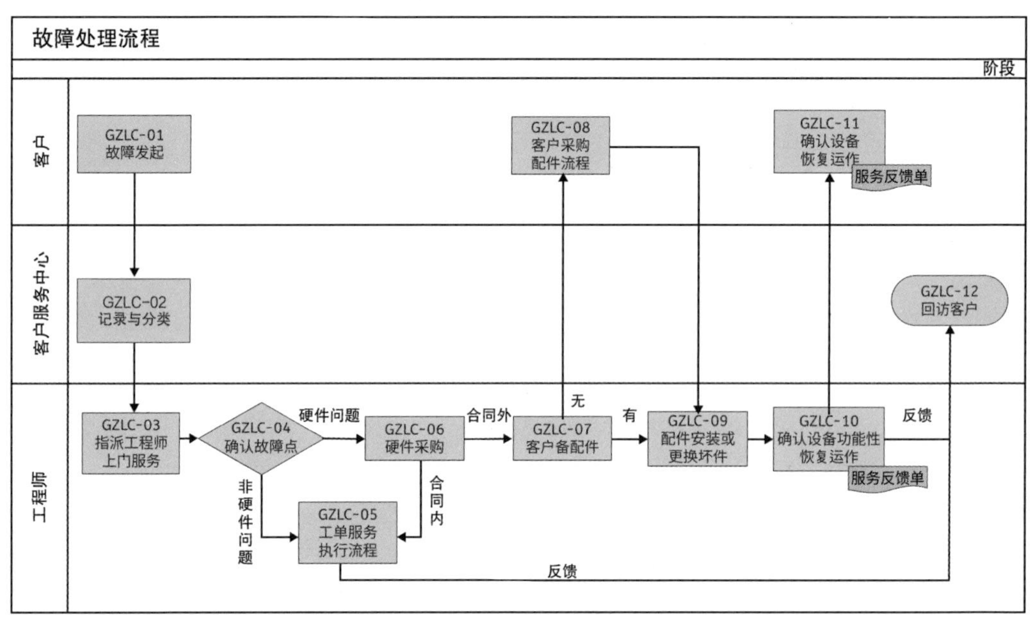

图 8-6 故障处理流程

（1）快速响应故障及服务请求。

（2）在线获得帮助。

（3）沟通故障解决的状态 。

（4）确认故障的解决。

故障处理流程说明见表 8-3。

表 8-3 故障处理流程说明

流程编号	责任人	内容	输出	备注
GZLC-01	运维负责人	故障发起：相关负责人向服务台发起请求	工单	
GZLC-02	客户服务台	记录与分类：记录所需的信息，创建工单；根据预先定义的事件分类进行分类和确定优先级	工单	
GZLC-03	客户服务台	指派工程师上门服务：客户服务台将故障分到各服务单元负责人后，再由服务单元负责人指派工程师上门服务	工单	
GZLC-04	工程师	确认故障点：在指定日期上门服务；确认故障点的根本故障原因（非硬件 / 合同保的硬件按照 GZLC-05 执行，合同外的硬件按照 GZLC-06 执行）	工单	

续表

流程编号	责任人	内容	输出	备注
GZLC-05	工程师	工单服务执行流程：按照工单执行流程中约定的标准操作步骤执行工单操作；若有特殊事件不在工单执行流程规范中，按照单元负责人提供的解决方案进行事件操作	工单	
GZLC-06	工程师	硬件采购、客户备配件：当故障需更换硬件时，需与客户服务台确认硬件是否在合同范围内；硬件在合同范围外的需知会客户，让客户自备硬件，再通知上门服务；硬件在合同范围内的按 GZLC-05 执行	工单	
GZLC-07	工程师	配件安装或更换坏件：硬件到货后，在指定日期上门服务；告知操作的注意事项，减少操作失误	工单	
GZLC-08	工程师	确认设备功能性恢复运作：配件安装或更换坏件后，观察确认功能已恢复运作；设备功能恢复后，填写服务反馈单	服务反馈单	
GZLC-09	客户	确认设备恢复运作：工程师反馈设备功能恢复后，进行状态确认；确认恢复后，签服务反馈单	服务反馈单	
GZLC-10	客户服务台	回访客户：工程师反馈服务完毕后，调查此次服务的满意度		

三、巡检流程

本流程在与客户签订巡检合同后，对客户合同内的要求定期进行巡检维护，保障客户的运维服务正常稳定。巡检流程及规范如图 8-7 所示。巡检流程说明见表 8-4。

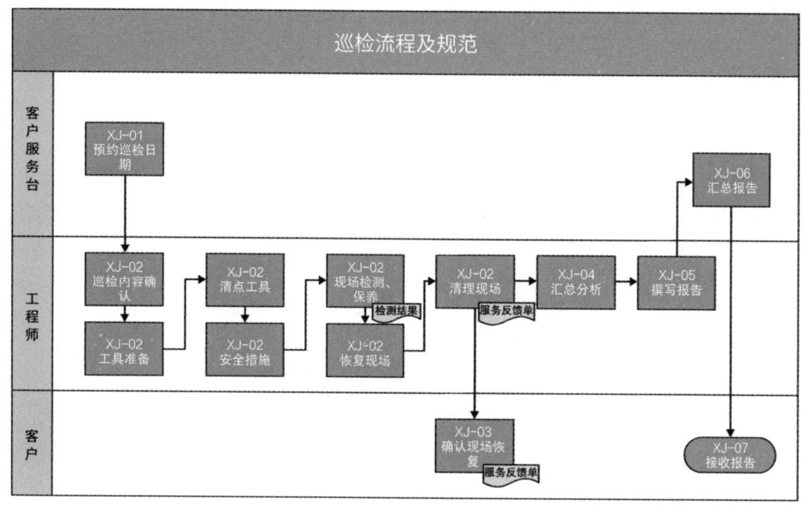

图 8-7 巡检流程及规范

表 8-4　巡检流程说明

流程编号	责任人	内容	输出	备注
XJ-01	客户服务台	预约巡检日期：以电联或邮件的形式与客户约定确认巡检日期	巡检单	
XJ-02	工程师	巡检事宜：确认巡检内容、工具以及安全措施；指定日期巡检；现场检测、保养，同时记录检测结果；巡检后，清理并恢复现场；填写服务反馈单	检测结果、服务反馈单	
XJ-03	客户	确认现场恢复：工程师通知巡检结束后，确认工程师是否已清理并恢复现场；未有其他问题后，在服务反馈单上签字确认	服务反馈单	
XJ-04	工程师	汇总分析：对检测结果进行汇总分析	检测结果	
XJ-05	工程师	撰写报告：将汇总分析结果按要求撰写成报告，并提交客户服务台	初步巡检报告	
XJ-06	客户服务台	汇总报告：将工程师们提交的报告汇总起来，撰写巡检报告，并发放给客户	巡检报告	
XJ-07	客户	接收报告：接收客户服务台发放的巡检报告		

四、问题管理流程

问题管理流程的根本目的是消除或减少生产环境中事件发生的数量、降低事件的严重程度，从而为企业建立一个稳定的生产环境，提高服务的可用性，以便从根本上解决问题。问题管理流程如图 8-8 所示。其主要目的包括：分析并确定事件发生的根本

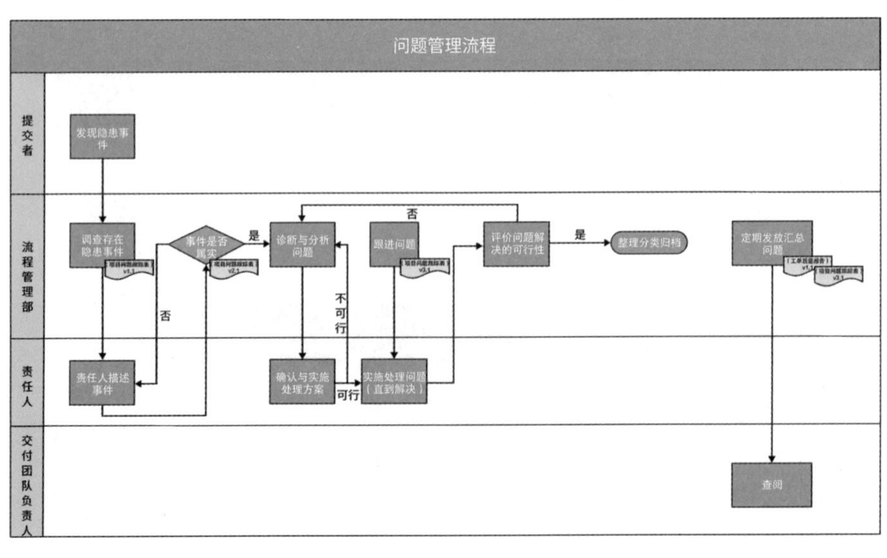

图 8-8 问题管理流程

原因，找到最终解决方案，以防止此类事件再次发生；确保问题分派给了正确支持人员，以提高问题解决率；根据问题优先级合理分派资源；对事件记录做趋势分析，主动提出预防措施；提高服务的可靠性；降低支持成本。

1. 问题生成

对于潜在或已暴露的问题，提交到流程管理部进行跟进管理，并交代问题的大致情况：发生时间、事件起因、责任人、可能造成的影响等。

注：问题可能会存在以下情况：对事件处理时间过长（超过 10 个工作日）、事件多次处理后仍存在、同类型事件多次发生且处理时间过长、（质量）巡检时发生的问题、客户抱怨 / 不满意服务的质量、已经变成投诉事件。

流程管理部每周一对《未关闭工单》中的问题事件进行分析分类，并记录在《项目问题跟踪表》中，记录问题名称、发生时间、事件起因、责任人、现有措施等。

流程管理部将提交的问题记录在《项目问题跟踪表》中，并与责任人确认问题的情况，评定情况是否属实。

注：流程管理部确认问题不属实时，关闭问题，并通知提交者。

2. 问题跟进处理

流程管理部诊断与分析属实的问题，识别出问题产生的根本原因，制定可行的实施方案，并与责任人沟通确认可行性，或由责任人提供一个可行的方案。责任人按可行的方案进行处理，流程管理部跟进问题的实施进度，同时评价处理过程中方案的可行性，如果方案不可行，要在 30min 内与责任人沟通，修改方案，或进行升级处理。

识别问题后，可先从知识管理中查找相关问题的解决办法，如未找到相关的问题解决办法再制定方案。

流程管理部对已解决好的问题以客户回访的形式来评价方案的可行性。当得到满意的回访结果时，将问题分类归类在知识管理中；当得不到满意的回访结果时，应先与客户沟通了解问题情况，再与责任人沟通确认后续方案。

流程管理部定期跟进《未关闭工单》中的问题，与工程师沟通确认问题的处理状态，了解下一步的处理或预计解决时间，并记录在《项目问题跟踪表》中。

3. 问题关闭

流程管理部对已解决好的问题以如下方式评价方案的可行性。

当问题涉及客户时，回访客户，如得到满意的回访结果，将问题归类在知识管理中；当得不到满意的回访结果时，应先与客户沟通了解问题处理情况，再与责任人沟通确认后续方案。

当问题未涉及客户时，经过一段时间的回顾，回顾解决方案是否达到预期的效果。如果已经达到预期效果，则关闭问题。

确认问题已完全解决后，对问题的整个处理过程进行整理分类，归档在知识管理中。

对跟进问题的状态定期进行进度汇总。

定期整理问题知识库，确保知识管理处于最新状态。

4. 问题信息

常见的问题类型见表 8-5。

表 8-5 常见的问题类型

组名	类型
数据中心运维组	制冷系统
	电气系统
	智能化系统
	消防系统
	其他

根据问题严重程度不同（见表 8-6），问题解决时限参见表 8-7。

表 8-6 对严重程度的描述

序号	严重程度	描述
1	重大	从以下方面考虑，问题是否：影响关键业务；影响范围极大；紧迫程度高；问题处理后可大幅节省投资、人力，有效提高服务质量与维护效率
2	中等	从以下方面考虑，问题是否：影响较关键业务；影响范围极大；问题处理后可有效节省投资、人力，一定程度上可以提高维护质量
3	普通	从以下方面考虑，问题是否：影响非关键业务；有一定影响范围；问题处理后对维护质量和效率有所提升

表 8-7 问题解决时限（以严重程度判定时限）

序号	严重程度	解决时限
1	重大	2 个工作日
2	中等	10 个工作日
3	普通	20 个工作日

注：如果问题是处理中工单，按事件管理流程执行，流程管理部需定期跟进

根据问题解决时间与问题解决时限的关系，问题主要有 3 种解决状态，见表 8-8。

表 8-8　问题解决状态

序号	解决状态	描述
1	正常	在解决时限内完成
2	超时	超过规定时限 15 个工作日以内
3	严重超时	超过规定时限 15 个工作日以上

在进行问题管理时，需要定期汇报，见表 8-9。

表 8-9　问题管理过程中需要定期汇报的内容

序号	内容	描述
1	问题总数	统计记录在《项目问题跟踪表》中的问题，但需注意以下问题：统计范围不包括调查后不属实的问题；统计范围不包括重复的问题
2	问题正常解决数量	统计问题在正常的时限内完成的数量
3	问题超时解决数量	统计问题在超时的时限内完成的数量
4	问题严重超时解决数量	统计问题在严重超时的时间内完成的数量
5	关闭问题数量	统计在《项目问题跟踪表》中“已解决”的问题，但以下问题需注意：统计范围包括正常、超时与严重超时的问题数量
6	成功解决率	统计成功解决的问题占问题总数的比例：成功解决数 / 问题总数 × 100%
7	重大事件	汇报当周内出现的重大事件

问题管理流程关键控制点见表 8-10。

表 8-10　问题管理流程关键控制点

活动	关键控制点	主要控制者	其他控制者
提交问题事件	事件是否属实	提交者	流程管理部
问题诊断、分析	问题是否找到根本原因	流程管理部	责任人
问题跟进	是否定期与责任人沟通	流程管理部	
问题解决状态	问题解决后是否得到客户的高度认可	责任人、流程管理部	

第五节　数据中心运行管理

一、数据中心日常运行操作

数据中心的日常运行操作是最频繁、最基础的工作，空调切换、访问控制策略调整、地址转换等都属于日常运行操作的范畴。日常运行操作的安全性控制是运行管理的关键，把简单的操作流程化、规范化、责任化是提高运行管理效率的有效措施，日常运行操作可靠性高，应急处置能力才有保障，故而运行操作的管理是运行管理应时刻磨炼的“内功”。

（1）数据中心业务系统、机房基础设施的启停、切换、变更、升级等运行操作均应履行审批流程，不同等级、不同影响范围的运行操作应由相应岗位的人员审核批准。

（2）数据中心业务系统、机房基础设施的运行操作应统筹考虑，国家重大政治活动期间、供电部门例行倒闸检修期间、业务量高峰期间均不应安排可能引发危险的操作。

（3）数据中心业务系统、机房基础设施的运行操作应由熟悉相关业务、设备的人员实施，操作步骤应严格按照既定方式执行，且应做好操作失败回退的相关准备，视具体运行操作内容的重要性和风险性安排监护人员陪同操作。

（4）数据中心机房基础设施运行操作中，机柜及机柜内 IT 设备的上下电操作应仔细核对设备位置、开关编号，上下电操作完成后应确认线缆绑扎整齐牢固。

（5）数据中心机房基础设施运行操作过程中，电气操作人员应穿戴绝缘靴、绝缘手套操作开关，操作前后均应核验电压是否正常，观察开关及其周边电缆有无放电、烧糊痕迹，严格按照电气操作规程进行操作。

（6）数据中心机房基础设施运行操作过程中，UPS 设备、冷冻机组、冷却塔、板式换热器等核心基础设施设备的工作模式调整及设备启停等内容在实际操作前务必向现场负责人确认，不得擅自操作。

二、值班巡检

随着单体数据中心的规模越来越大、空间密度越来越高，为了确保成千上万台 IT 设备的良好运行，数据中心必须做好值班巡检工作。虽然机器人巡检已经在数据中心实际环境中试水，但人工值班巡检仍是当前数据中心行业无法省略的基本业务。值班巡检的重要意义在于，数据中心 7×24 小时常备一支随时可调用的技术力量，能够及时发现业务系统和基础设施的意外事件，应急处置各种突发情况。

（1）数据中心业务系统、机房基础设施的值班巡检应制定具体办法，明确巡检的频次、巡检的路线、巡检和值班人员数量与工作职责。

（2）数据中心业务系统、机房基础设施的值班巡检工作与事件管理和风险管理应紧密结合，巡检和值班人员应跟踪判断已有风险的最新状态并及时报告新发现的风险和事件。

（3）数据中心业务系统、机房基础设施的值班巡检工作结果应每日向相关责任人进行汇总报告。

（4）数据中心业务系统、机房基础设施的值班巡检人员应熟悉应急处置预案，对于突发事件有能力第一时间在现场进行处置。

（5）对数据中心业务系统、机房基础设施的值班巡检的过程应定期对照人员班次、刷卡记录和视频监控信息进行抽查，以确保巡检工作的实际效果达到预期标准。

三、风险控制

数据中心随时面临着内部风险和外部风险，对一般企业影响不大的停电、停水事件或者信息系统安全漏洞等事件，对于数据中心而言都是重大考验，因为数据中心是为全社会提供实时信息服务的基础设施，其服务的可靠性、稳定性决定着数据中心的生死存亡，所以数据中心的风险控制意识要明显高于其他行业。

（1）数据中心应定期对业务系统、机房基础设施相关的软件、硬件、网络设施及主要供应商等相关情况进行系统性风险识别，可以进行风险自查，也可以通过咨询机构进行第三方风险评估，主动深挖风险隐患，及早采取风险处置和控制措施。

（2）数据中心应关注相关政府机构的安全警示信息，对行业通报的产品漏洞、安全事件进行对照检查和处置。

（3）数据中心应及时更新风险清单，对风险的危害性和可能性进行综合评估，并对重大风险的处置进行督办，风险的发现、处置和危害性控制效果均应作为部门和个人绩效考核的重要指标。

（4）数据中心应做好关联性风险的预警工作，对运营商网络故障、软硬件服务断保、本地汛期水患或冬季寒潮等相关情况及时做出响应并提出预警，尽量降低外部输入性风险。

四、持续改进

数据中心行业在近十几年的时间里从起步、发展到转型、创新，无论是从规模上还是从质量上都有很大进步，但我国的数据中心行业与美国相比差距依旧巨大，且数据中心建设、运行的思路仍较为保守，所以我国数据中心的持续改进潜力巨大，需要数据中心管理者和从业者主动作为、敢于创新，把数据中心安全运行的保障能力提升到更高的水平。

（1）数据中心运行管理随着业务系统逐步云化、多地多活部署灾备等新技术、新构架的发展而同步改变，运行管理也应逐渐向智能化、远程化、集中化转型。

（2）数据中心运行管理应随着《中华人民共和国国家网络安全法》《关键信息基础设施安全保护条例》《等保测评工作规范》《分保测评规范》《中华人民共和国数据安全法》等法律法规的出台或更新不断提高运行效率和管理质量，以国家法律法规为根本指导原则进行开拓创新，带动整个数字经济领域高质量发展。

第六节　数据中心维护管理

一、数据中心维护保养

数据中心的维护保养工作是为了满足业务高可靠性要求而采取的周期性、预防性养护操作，旨在维持设备运行性能、延长其使用寿命、提前化解设备故障风险。维护保养工作的实施，如操作不规范、不科学、不合理，有时也会给基础设施设备带来负面影响，所以维护保养工作应尊重设备实际情况、重视维护经验总结，通过制订科学严谨的维保计划、专项维保方案确保维保目标的顺利实现。

数据中心应提前制订年度维护保养计划，并将具体内容和时间安排通知服务商、客户等相关单位，设备维护保养的内容、频次应符合相关国际标准或行业标准。

数据中心维护保养计划中应对维护保养的内容进行分级分类，对实施风险大、影响范围广的重大维护保养内容应制定专项工作方案，包括时间计划、人员安排、风险分析、实施步骤、影响范围等在内的信息应准确无误。

数据中心维护保养过程中涉及的电气操作票、特种设备操作证及设备原厂商颁发的合格服务人员证书等材料均应提前进行审核，并与维护保养过程记录文件一并存档。

数据中心维护保养过程中应按规定布置灭火、隔离设施，操作人员应穿戴安全帽、绝缘靴、绝缘手套、护目镜、口罩、减噪耳罩等安全防护用品。

数据中心维护保养过程中涉及的一些地域性、季节性工作，如北方春季清洗室外机翅片杨柳絮，应视具体情况灵活安排。

数据中心维护保养工作，必须请设备原厂工程师协助实施的应提前预约原厂安排技术人员，原厂技术人员应相对固定。

二、维修改造

数据中心的维修改造年年有，有些维修改造是计划性的，有些是随机性的。根据经验，维修改造工作往往有考虑不够周全、准备不够充分的情况，所以在研究讨论阶段应充分预判多种可能性，准备多种解决方案，且维修改造过程中不得对其他设施设备及业务系统造成影响。

数据中心维修改造工作应尽量安排在业务系统日结完成或业务量低的下班时间或周末开展。

数据中心维修改造工作需要局部停电或使用临时电源的，应注意设备电源端子的可靠连接以及停、送电操作的安全性，开关位置应张贴警示标志。

数据中心维修改造工作在配电室、UPS 间或机房内等重要区域设施改造的，还应注意防火、防尘、防水、防误碰开关按钮等问题。

数据中心维修改造工作需要切割焊接的，应提前完成动火证审批并布置好消防器具。

数据中心维修改造工作涉及叉车、地牛搬运重设备的，应注意叉车、地牛的安全使用，提前规划设备入场、退场路线并做好电梯、地面等的防护。

数据中心应针对老化、易坏设备及配件进行有计划的储备，以便实现及时更换。

三、检验检测

在日常值班巡检和维护保养的基础上，数据中心还需要进行一系列检验检测，方能满足上级管理部门的管理要求和安全运行的实际需求，通过这些检测有利于从第三方角度审查自身安全性漏洞，消除麻痹大意思想，确保数据中心运行维护工作的合规性和科学性水平。

数据中心机房防雷检测，是由气象主管部门实施的设施年度检测项目，数据中心机房需具备防雷检测甲级资质的单位进行检测。

数据中心高压配电室预防性检测，是电力主管部门强制实施的检测（每两年 1 次），数据中心高压配电室预防性检测需具备电力设备承试资质的单位进行检测。

数据中心屏蔽机房电磁屏蔽性能检测，是保密主管部门强制实施的检测（每三年 1 次），数据中心屏蔽机房电磁屏蔽性能检测需要由保密主管部门授权的单位进行检测。

数据中心机房动力环境检测，金融行业专门发布了《金融业信息系统机房动力系统测评规范》，数据中心可根据实际情况定期进行检测。

数据中心腐蚀度检测，数据中心特定的温湿度环境和尘埃粒子相互作用，积累在 IT 设备和基础设施设备部件上会造成一定程度的腐蚀，尤其对 IT 设备的板卡影响较大，数据中心可根据实际情况进行挂片检测或采用固定检测设备实现腐蚀度连续监测。

数据中心水系统水质检测，是部署水系统的数据中心必须定期实施的检测，尤其是开式冷却水系统，以确保水系统散热效果，避免发生结垢、生藻等影响系统运行的问题。

数据中心致病菌检测，军团菌、A 族乙型溶血性链球菌等极易引发群体性感染事件的菌落近年来屡有发生，有条件的数据中心应定期对机房、办公区和食堂进行检测，做好群体性感染事件预防。

第七节　数据中心安全管理

数据中心安全管理主要包括信息安全、物理安全、人员安全、廉洁风险安全等几方面内容，金融类数据中心在安全性上较其他类数据中心有更高的要求。通常情况下，数据中心会参考 ISO/IEC 27000 信息安全管理体系、GB/T 21052—2007《信息安全技术 信息系统物理安全技术要求》，以 ISO 9001 等体系为指导，力求做精做细，保证数据中心各个环节的安全稳定运行。

一、物理安全管理

物理安全是指需保证数据中心的机房、设备及其他场地的安全。这是整个数据中心信息系统安全的前提。如果机房的物理安全得不到强有力的保证，存在各种不安全的因素，整个数据中心的安全也就不可能实现。

数据中心不仅需要在建设阶段基于《数据中心设计规范》A 级标准，为数据中心的物理安全打下良好的基础，在日常运维工作中也需要制定不同级别的访问控制管理制度，对人员出入安全、物品出入管理、消防安全等均作出明确规定。

1. 物理安全配置

数据中心的物理安全配置一般可分为五级：园区级、楼宇级、机房级、区域级、机柜级。

园区级：园区需设置入侵检测、车辆识别、门禁等系统，并由园区安保人员负责实时巡查。

楼宇级：数据中心大楼需设置门禁、安检仪、防爆检测仪、体温测试仪等，大楼安保负责对出入大楼的人员进行管理。

机房级：数据中心各机房均需通过人脸识别、刷卡、指纹等模式验证，方可进入。

区域级：数据机房内部，会根据客户的不同进行分区管理，通过机笼、冷通道的方式隔离，每个隔离区域都设置独立的门禁和监控系统，只有专属用户才允许进入相关区域。

机柜级：数据机房内，各个机柜前后门都会上锁，以确保专属用户才可进入。

2. 安全管理机制

对具备数据中心进出权限（进出卡、指纹信息、虹膜信息），需长期进出数据中心的内部工作人员，进出人员清单由数据中心基础设施管理人员在出现直接进出人员权限变动时更新，并每月由基础架构部主管数据中心的领导进行确认。

对不具备数据中心直接进出权限，但因工作关系需要临时进出数据中心的内部及外部人员，在取得相关申请通道的审批后，由具备直接进出权限的相关人员带领进出数据中心。

凡需进出数据中心的直接进出人员，可按照数据中心进出权限申请流程提交申请。申请通过后数据中心基础设施管理人员根据申请人分配的权限对申请人员工牌添加相应进出权限。数据中心进出人员根据工作内容被赋予进出相关区域的相应权限，其他无关区域不得越权进出。数据中心直接进出人员因工作区域发生变化、工作调动或离职等原因需要进行权限变更、注销，可按照数据中心进出权限变更流程提交申请。审批通过后由数据中心基础设施管理人员进行权限变更。

数据中心进出权限（包括进出卡、指纹信息、虹膜信息）与其持有人具唯一的对应关系，直接进出人员的进出记录均保存在数据中心门禁系统内，每月由数据中心基础设施工程师检查门禁系统访问权限分配，及时删除不必要的访问权限并提取权限清单报中心经理审批确定。直接进出人员须牢记数据中心安全责任承诺，妥善保管进出卡，严禁转借他人；如进出卡不慎遗失，应第一时间办理挂失手续。

当数据中心有参观接待任务时，必须由内部员工作为申请人，提前两个工作日按照数据中心参观申请流程在对应的工作平台中提交申请，列明来访原因、到访时间、参观区域等信息，审批通过后由数据中心运维组人员安排现场参观。

3. 人员进出管理机制

间接进出人员进出数据中心，必须在安保岗一一登记，参观类来访人员及物流搬运人员可以由一名代表进行登记。快寄服务人员可以凭工作证免登记手续进入办公区域，但需要机房内部的被访人员陪同。第一次进入数据中心的间接进出人员要签署保密协议。

安保值班员应督促间接进出人员在“访客登记系统”中登记，包括姓名、单位 / 部门、进入时间、来访目的、进出区域、携带进出的物品及人数等相关信息。间接进出人员中的员工须提供工牌进行信息录入，外单位人员须提供有效证件（身份证、护照、社保卡或驾照）进行信息录入，并领取来访证及来访单。

间接进出人员离开数据中心，应归还来访证及来访单，被访人须在来访单上签名确认，并填写来访人离开时间。来访人员须主动在“访客登记系统”中登记离开时间，安保值班人员应确保“访客登记系统”各项内容的真实性和完整性。

在“访客登记系统”出现技术性故障时，可使用《数据中心进出登记簿》临时登记进出人员信息，并按相关记录管理规范保存及归档。

保洁人员及相关管理人员可凭专用门禁卡出入被授权区域，未授权区域必须由数据中心值班人员全程陪同带领进出。

间接进出人员管理要求如下。

（1）当来访者要求对数据中心或者其他包含敏感信息的工作区域进行访问时，应事先向数据中心管理部门提出申请，在获得进入许可凭证后，由数据中心运营当班人员在规定的时间段内带领进出数据中心。但需进入新机房的外来人员必须先通过安检门检测，通过安检门人员及物品需服从值班安保管理。

（2）来访人员到达数据中心后，需在指定区域做维护前准备工作或者休息，其他办公区域未经许可，禁止逗留。

（3）涉及机房变更的间接进出人员应在数据中心每日维护窗口时间（通常为每日23:00 至次日 06:00）之前做好准备工作，如 IT 设备出库、备件查找等工作。

（4）进出数据中心人员须注意进门后门禁的闭合情况，严禁将机房门保持常开状态。数据中心值班人员应留意各机房门禁闭合状态，发现问题及时处理。

（5）对于未取得进入授权的区域，来访人员不得随意进入或尝试进入。一经发现，将向客户有关方及数据中心的领导进行通报，如果情节严重，数据中心有权取消其访问权限。

（6）未经批准，任何人员不得使用摄像 IT 设备在数据中心内拍照、摄影（除机房工作人员因工作需要外），或将数据中心内的任何物品携带出数据中心，且不得将软件版本、技术档案、内部资料等秘密以上级别的文件等携带出数据中心或对外泄密。来访人员必须根据机房保密制度签署保密协议。

（7）进入数据中心人员如需对设施、IT 设备进行硬件维护、装卸，或需移动光纤、网线、电源插座、电缆线等，须先告知数据中心运维当班人员，并在其指导下进行。

（8）数据中心的一切线缆和地板不允许随便触动。需要拉接电源线、网络线等强弱电线路时，须通知数据中心规划管理人员，由其统一规划和分配插座、端口，并由数据中心运维人员安排实施；严禁私自揭开地板，乱拉电源线和网线。

（9）所有外来人员进入数据中心 IT 设备区域，一律不得携带背包。

（10）涉及设施、IT 设备维护的人员在维护工作结束后离开数据中心前，若有登录相关服务器的须退至安全口令上一级，并等待 IT 设备相关管理人员确认无误，再在安保值班岗处办理离开手续后方可离开数据中心。

4. 物品进出管理机制

安保值班岗位负责对数据中心的物品进出情况进行监督，确保符合物品进出相关管理要求。数据中心内不得带入食品和饮料及与工作无关的物品，严禁携带易爆、易燃、易破碎、易污染等危险品和可能干扰计算机 IT 设备的强磁场物品进入数据中心。所有需带入数据中心 IT 设备区域内的物品，都须由安保人员进行清点，个人物品统一存放至储物柜。

严禁携带未经授权的个人笔记本与数码相机进入数据中心，如需使用，可填写《数据中心工具借用登记表》向数据中心运维当班人员借用。

非个人物品带出数据中心，须凭物品放行条，涉及数据安全的磁性介质类 IT 设备还需要经过运维值班人员做消磁处理，由保安值班人员核验无误后方可放行。

5. 消防安全管理机制

数据中心应建立以下消防安全管理机制。

（1）消防安全教育、培训制度

数据中心需要定期组织员工学习消防法规和各项规章制度。

每年以消防系统笔试考核和实操演练等多种形式，增强全体员工的消防安全意识，提高消防技能。

（2）防火巡查、检查制度

落实逐级消防安全责任制和岗位消防安全责任制，落实巡查检查制度。

消防维保厂家每月对数据中心消防设施进行一次防火检查并进行复查追踪改善。

检查中发现火灾隐患，检查人员应填写防火检查记录，并按照规定要求有关人员在记录上签名。

（3）安全疏散设施管理制度

数据中心应保持疏散通道、安全出口畅通，严禁占用疏散通道，严禁在安全出口或疏散通道上安装栅栏等影响疏散的障碍物。

应按规范设置符合国家规定的消防安全疏散指示标志和应急照明设施。

应保持防火门、消防安全疏散指示标志、应急照明、机械排烟送风、火灾事故广播等设施处于正常状态，并定期组织检查、测试、维护和保养。

（4）用火安全管理制度

严格执行动火审批制度，确需动火作业时，作业单位应按规定提前申请动火许可证，审批完成后方可实施。

动火作业前应清除动火点附近 5m 范围内的易燃易爆危险物品或做适当的安全隔离，并向保卫部借取适当种类、数量的灭火器材随时备用，结束作业后应及时归还，若有动用应如实报告。

如在生产区域就地动火施工，应按规定经经理级（含）以上主管人员审批通过，运维人员须现场全程跟随监督。离地面 2m 以上的高架动火作业必须保证有一人在下方专职负责随时扑灭可能引燃其他物品的火花。

二、人员安全管理

在保证数据中心安全运行的过程中，人员的人身安全必须放在最重要位置，数据中心应高度重视人员的人身安全，把安全管理贯穿到数据中心生产的每个环节。

1. 人员安全培训

员工安全培训覆盖新入职员工和已经上岗的运维人员。新入职员工试用期内需按照《数据中心人员培训作业指导书》的要求进行岗前安全培训，培训完成后需进行安全考核，考核成绩 80 分为合格，员工通过考核后方可上岗工作。

安全培训负责人每年 12 月份制订下一年度安全培训计划，并提交领导审批通过后实施，培训内容应在往年安全培训内容的基础上，结合本年度运维工作实际事例和外部安全事故进行优化、梳理，以保证运维人员在日常运维工作中的人身安全。运维人员需按照《数据中心人员培训作业指导书》的要求每年定期进行安全培训，培训完成后需进行安全考试，80 分以上为合格。考试成绩纳入年度考核指标。培训内容包括：①电气安全规范；②暖通安全规范；③场地工具使用规范；④机房出入规范；⑤往年安全事件回顾等。

2. 日常安全管理

数据中心人员在日常生产工作中，需严格遵从数据中心电气安全规范、暖通安全规范和场地工具使用规范等。

（1）电气安全规范

操作电气设备的运维人员应身体健康，经医生鉴定无妨碍工作的疾病；具备必要的电气知识，执证上岗；必须掌握触电急救法及电气防火和救火方法。

运维人员操作电气设备时不得少于两人，一人操作，另一人监督。值班时如遇特殊情况仅有一人，此人必须具有独立工作和处理事故的能力，并只能监护设备运行，不得单独操作电气设备。

运维人员必须穿绝缘鞋；接触设备外壳和构架时，应戴绝缘手套。

在一经合闸即可送电到工作地点的开关和刀闸的操作把手上，均应悬挂“禁止合闸，有人工作！”的标示牌。

供电设备无论仪表有无电压指示，凡未经验电、放电，都应视为有电。

经重大变更审批同意停电时，应按范围停电，不得随意扩大停电范围。

运维人员须按时巡检，严肃认真、正确无误地记录运行日志，按时按质抄报所规定的表单和报表。

运维人员不得在醉酒状态下值班，不得在值班时间做与工作无关的事，不得擅自离开工作岗位。

（2）暖通安全规范

运维人员应身体健康，经医生鉴定无妨碍工作的疾病；具备必要的暖通知识，执证上岗。

运维人员操作暖通设备时不得少于两人，一人操作，另一人监督。

冷水机组运行切换为每月月度例行维护时进行，不得随意切换。如冷机故障需切换至备用机组运行时，需上报值班工程师同意后方可实行。

运维人员须按时巡检，严肃认真、正确无误地记录运行日志，按时按质抄报所规定的表单和报表。

运维人员禁止赤脚赤膊，禁止穿着短袖、短裤及拖鞋进入数据中心；严禁在酒后、疲劳和重病状态下进入数据中心；严禁在数据中心内追逐打闹。

（3）工具安全使用规范

运维人员使用工具时须遵循《数据中心工具管理规定》的要求，认真填写工具借用登记表，谨慎使用，及时归还。

运维人员进行现场焊割作业时，必须符合防火要求，遵守电焊作业规范，佩戴护目镜等必要的劳动保护用具。

运维人员进行高空作业离地 2m 以上时，必须佩戴安全带。安全带需定期检查，每次使用前应检查安全带结实可靠，不得擅自接长使用。遵循高挂低用，严禁低挂高用的原则。

带电作业时必须穿绝缘鞋，佩戴绝缘手套。试电笔、万用表等设备必须按时进行电气性能检验。

使用打磨机、切割机和电动螺丝刀等电动手持工具时须佩戴防护眼镜，工具需带有漏电保护装置。如有损坏必须由专人修理，并检查合格后方可再次投入使用。

使用梯子进行低空作业前，需检查梯子的牢靠度，防止跌落受伤。

三、信息安全管理

随着信息化水平的不断提高，数据中心的信息安全逐渐成为人们关注的焦点，目前 ISO/IEC 27000—2005 信息安全管理标准已得到大多数国家的认可，数据中心可以参考此标准对信息安全进行系统管理，保密制度可参考如下标准制定。

（1）遵守企业计算机信息网络安全保密规定。

（2）未经批准，任何人员不得将机房内的任何物品携带出机房，且不得将机密文件、软件版本、技术档案、内部资料等携带出机房或对外泄密。

（3）不得泄露其他有关数据中心的秘密、机密、绝密信息，包括数据及文件等。

（4）不得泄露服务器资料，如账号、密码等信息，严禁盗用其他人员的账号和 IP 地址。

（5）未经授权，任何人不得进入数据中心非公开区域，不得接触和使用数据中心或与自身工作无关的 IT 设备，不得干扰和妨碍数据中心或其他人员的正常工作。

（6）未经授权，任何人不得变换数据中心内网络及计算机等 IT 设备的安装环境，不得擅自更改网络及服务器等 IT 设备的各项参数。

（7）严禁随意挪用、变换和破坏数据中心内的公共设施。

（8）首次进入数据中心的外来人员（如维护、参观等）须签署《保密承诺函》，并配合数据中心管理人员和保安人员进行必要的安全检查。如有违反安全保密制度的情况，将视其情节轻重，根据数据中心管理规定对当事人进行必要的处理。如果该行为构成犯罪的，将申报至公司法律和安全部门追究相关人员的相应法律责任。

（9）办公电脑专人专用，由计算机管理员统一安装操作系统，严禁个人擅自重装操作系统。

（10）严格执行办公系统账号和口令标准，不得随意泄露给他人，登录密码每三个月更改一次，在发生工作岗位调动或离职时须按时交还办公电脑。

（11）因工作原因需外发邮件时，须抄送直属上级领导，经直属领导审批后方可放行。邮件内容及附件涉及账号、密码、IP 等敏感信息须采取必要的屏蔽措施。

四、廉洁风险管理

数据中心在规划、建设、招标、采购、维护、营销、招待等全过程中，都存在廉洁风险安全隐患，要采取加强教育、分权分域、流程管控等方式，通过建立和落实详细的安全监管机制开展防范工作，应避免流于形式走过场。数据中心在运营阶段主要的廉洁风险防控安全点有以下几个。

（1）升级、改造、大修理和耗材等成本费用支出的必要性、合理性、合规性监督；

（2）机柜、网络、中继光缆等资源开通手续的合规性、起租时间的准确性等的监督；

（3）业务调度单审核与复核监督，防止调度人员不按需求制作调度单，盗取公司资源；

（4）电路调度、数据配置与复核监督，防止数据配置人员不按调度单要求制作数据配置，私自开通网络端口或增大带宽，盗取公司资源；

（5）项目招标、采购方案编制和审核等过程、手续的合理性、非排他性等的监督；

（6）报废设备、拆旧电缆、工程余料等瞒报、私自变卖等问题的监督防范；

（7）工程建设虚增工程量、伪造竣工验收及结算材料，骗取施工材料和施工费等问题的监督防范。

第八节　数据中心应急管理

应急管理作为数据中心运营管理的重要组成部分，并没有受到更多的重视，应急管理制度、流程、演练等通常流于形式，对自身业务连续性管理也存在认知不足和能力不足等问题。随着近几年城市极端降雨天气引发的城市内涝、部分地区有序送电等情况的发生，应急管理才被更多的数据中心所重视。数据中心从保障业务连续性的角度出发建立一套完整详细且行之有效的应急管理体系，不仅能保障数据中心生产运营安全，也能提高客户满意度和提升数据中心影响力。

数据中心在运营阶段一般需要定期开展全面的风险评估，但受到评估标准、评估方案、评估预算和人员能力等多重因素的影响，通常只会进行简单的风险排查，基本停留在配电、空调、IT 等基础设施系统层面，对组织、流程、制度等内部风险和气象、治安、传染病等外部风险基本很少识别。

本节主要从数据中心应急保障管理、数据中心应急防护管理、数据中心应急演练管理 3 个方面对数据中心应急管理体系进行介绍。

一、应急保障管理

1. 应急供电

数据中心应急供电系统主要包括 UPS 系统、柴油发电机组和储能系统三个部分，具体架构信息在前面章节有所体现，这里不再赘述，只谈几点注意事项。

（1）蓄电池（包括 UPS、EPS）和蓄能系统要严格按照规范进行容量核对性放电试验，部分数据中心由于运营不规范接维后不做测试，甚至接维前也没有进行容量测试，无法确保蓄电池组的后备供电时间达到设计标准，存在业务连续性风险和客户索赔风险。

（2）数据中心要进行油机带真负载测试，验证各系统连接关系、油机并机系统逻辑控制关系、电气参数设置等，以确保紧急情况下可以正常投入使用。部分数据中心由于容性负载、过压过流保护设置、相序和谐波等问题，在实际生产中并没有实现一次性带载成功，维护人员日常的空载和假负载测试也并不能有效地模拟多台油机满载并机和供油管路系统满载供油的状态，所以数据中心投产前后一定要开展油机带真负载测试，一方面确保其具备可用性，另一方面可提升维护人员的应急处理能力。

2. 应急供油

《数据中心设计规范》中明确规定，柴油发电机应设置现场储油装置，A 级数据中心柴油发电机燃料存储量宜满足 12h 用油需求，当外部供油时间有保障时，储存柴油的供应时间宜大于外部供油时间。需要注意的是，柴油发电机燃料存储量并不是一成不变的，而是随着数据中心业务量的变化而变化的，为确保储油量能一直满足此标准，需要由专人进行负载和油量的跟踪对比，定期进行复核。

数据中心通常会为每台油机配置日用储油箱，并在园区设置储油罐以满足 12h 带载连续运行的需求。我国电网质量相对比较稳定，但部分数据中心仍出现过双路市电停电的极端情形，或者受到有序用电等政策影响，需要启动油机进行供电，因此数据中心与供油公司签署紧急供油协议作为后继可靠保障是非常必要的。数据中心可以与中石油、中石化签署紧急供油协议，也可以与数据中心应急供油第三方企业签署协议，协议协议里一般需要明确紧急供油的启动流程、供油时间、供油接口、油罐车容量、结算方式等。根据《危险化学品名录（2015 年版）》的规定，闭杯闪点小于 60℃的柴油将列入危化品名录，因此闭杯闪点小于60℃的柴油在运输加油前还需要按照《道路危险货物运输管理规定》办理通行证，并按照申报的行车日期、行车时间段和行车路线行驶。

在国家或者城市举办重要活动等重点保障时期，相关地区通常会出台禁止运载危险化学品车辆在规定区域内行驶的规定。例如，北京冬奥会期间，北京市人民政府出台了《关于北京2022年冬奥会和冬残奥会期间采取临时交通管理措施的通告》，明确规定了2022年1月30日0时至2月20日24时、3月1日0时至3月13日24时，禁止运载危险化学品（含剧毒化学品）车辆在本市行政区域内道路行驶。保障城市生产生活、确需进入禁限区域道路行驶的运载危险化学品车辆，须经市交通委员会、市应急管理局、市公安局公安交通管理局联合备案后，按照规定的行驶路线通行。一般情况下此时期也是数据中心重点保障期，禁行规定会极大地影响重点保障期内数据中心的应急保障能力，因此数据中心需要与应急供油企业加强沟通，明确禁行期间的应急供油措施，必要时可采取油罐满油储备、临时供油车驻场储备以及提前办理通行证等措施，以确保重点保障期内万无一失。

数据中心服务商还需要与应急供油企业定期开展联合演练、制定应急供油流程，确保应急供油速度能满足生产需求，确保应急供油工作顺利开展。

3. 应急供冷

数据中心由于机房内IT设备较为密集且功率密度较大，运行产生的热量巨大，需要持续稳定的制冷系统确保机房处于相对恒温恒湿的运行环境。根据Uptime Institute 2021全球数据中心调查报告显示，冷却系统故障引起的业务中断占数据中心总中断的15%左右，所以在应急供冷方面，数据中心运营人员要引起足够的重视。数据中心应急供冷可以分为蓄冷罐应急供冷、干冰应急供冷、冰块应急供冷和自然通风几种方式。

（1）蓄冷罐应急供冷

按照《数据中心设计规范》中规定，采用冷冻水空调系统的A级数据中心宜设置蓄冷设施，蓄冷时间应满足电子信息设备的运行要求。在实际规划中，蓄冷罐的冷量一般会与UPS蓄电池时间保持一致，以确保双路停电油机启动前维持业务系统至少15分钟的稳定运行。蓄冷罐应急供冷一般是当冷机、冷塔或者冷塔供水等冷却系统出现问题时投入使用。蓄冷罐应急供冷有以下特点：蓄冷罐具有响应快、安全系数高等特点，是最稳定可靠的应急供冷系统；蓄冷罐投入使用时运维人员应该密切关注各机房流量情况，避免冷冻水流量变化引起机房温度的变化。

（2）干冰应急供冷

干冰是在标准大气压下以−78.5℃存在的固体二氧化碳，在常温下可以直接升华为二氧化碳气体，升华过程中会吸收热量，能为机房提供应急供冷服务。据测算，干冰升华为25℃二氧化碳时，吸热量约为650kJ/kg，紧急情况下可以将干冰布置在末端空调的出风口或者冷通道地板上方，为机房提供冷量。

（3）冰块应急供冷

冰块虽然一直被用作数据中心应急冷源，可以通过大量冰块融化过程中吸收热量为机房提供冷量，但实际应用却并不多。冰块制冷有以下特点：①冰块制冷效率不高，冰的溶解热为335kJ/kg，基本为干冰的一半，机房负载较高时，需要大量布放冰块。②冰块换热效率不高，冰块制冷无法满足高功率密度机房的高散热量的需求。③冰块吸热制冷后会产生大量的水，一方面机房内不允许水的存在，可能产生安全隐患；另一方面水会引起机房湿度的迅速提升，影响IT系统安全。

4. 应急供水

水在数据中心中有着和电一样的重要地位，数据中心通常在制冷和消防系统上会用到水资源。数据中心在制冷方式上有很多种选择，一般根据机柜功率密度不同选择风冷或液冷等不同方式；根据地理位置不同会选择直接蒸发制冷、间接蒸发制冷和直接新风制冷等不同冷却模式。目前数据中心制冷模式还是以水冷冷水机组为主，对采用开式冷却塔的数据中心来说，持续供水是一个必然的要求。

《数据中心设计规范》中明确规定，采用水冷冷水机组的冷源系统应设置冷却水补水储存装置，储存时间不应低于当地应急水车抵达现场的时间。当不能确定应急水车抵达现场的时间时，A级数据中心可按12h储水。因此，数据中心在规划建设时，都会建有冷塔补水容灾水池和消防水池等，以确保水资源持续供应。

数据中心停水一般包括以下两种情况。

一是市政停水。一旦停水时间超过蓄水池可用时间，最大影响是将导致冷却塔缺水，造成冷机回水温度过高引起冷机停机，冷却系统瘫痪。缺水初期可以通过释放蓄冷罐冷量维持机房温度，通常情况下满载只能维持15分钟左右。因此，数据中心与供水服务企业签署应急供水协议作为后继可靠保障是非常必要的，在出现停水时，可以利用大型水车提供连续的水源，保障数据中心供水的连续性。应急供水协议一般需要明确应急供水的启动流程、供水时间、供水接口、供水车容量、结算方式等内容。需要特别注意的是，储水量也不是一成不变的，它是随着数据中心业务量的变化而变化的，为确保一直满足此指标，需要专人进行跟踪并定期复核。大型和超大型数据中心由于机柜数量多、功率密度大，每小时所需要的水量也是巨大的，因此一定要做好测算，根据送水路线和时间确定应急供水车的数量。

二是冷却塔补水管路故障。虽然园区冷却塔补水一般为双管路，但由于水源为一处，几乎无法避免出现一段或者多段共路由的情况发生，对此种原因引起的冷却塔补水停水，需要通过临时应急补水的方式解决。

数据中心服务商需要与应急供水企业定期开展联合演练、制定应急供水流程，确保应急供水速度能满足生产需求，确保应急供水工作顺利开展。

二、应急防护管理

数据中心应急防护管理主要分为自然灾害应急防护和非自然灾害应急防护两类。

1. 自然灾害应急防护

自然灾害种类繁多，比较常见的包括洪涝、干旱灾害，台风、暴雪、沙尘暴等气象灾害，火山、地震灾害，山体崩塌、滑坡、泥石流等地质灾害，风暴潮、海啸等海洋灾害，森林草原火灾和重大生物灾害等。在数据中心运营过程中可能会遇到的自然灾害主要包括暴雨、暴雪、地震、台风、雷击等，一般都属于不可抗力事件。

《中华人民共和国合同法》第一百一十七条规定："因不可抗力不能履行合同的，根据不可抗力的影响，部分或者全部免除责任，但法律另有规定的除外。"数据中心服务商在与客户签订的 IDC 基础业务合同中，一般也会有不可抗力"免责条款"，类似"因不可抗力导致甲乙双方或一方不能履行或不能完全履行本合同项下有关义务时，双方相互不承担违约责任。不可抗力事件包括严重自然灾害、政府行为、火灾、第三方服务故障等不可抗拒的事件"，对不可抗力情况进行免责说明。

虽然如此，但很多自然灾害有一定可能会伴随园区外部电缆、光缆或相关系统中断，如果应急处理不当，客户业务连续性必然会受到影响，因此如何在自然灾害发生时确保数据中心安全稳定持续地运行，是每个管理者必须要思考的事情。

数据中心在防护自然灾害方面重点要做好以下五个方面的工作

第一，增强防范意识，做好风险预警。数据中心应有专职部门（安委办、监控中心等）专人负责自然灾害的预警，根据气象信息和政府预警信息做出自然灾害分级，向各个部门和客户提前发出预警，并根据灾害级别提前做好抗灾准备。

第二，完善应急体系，制定专项预案。要完善数据中心应急制度，明确各涉灾部门的职责分工，细化应急预案，详细规定不同级别预警之下，各部门需要采取的应急措施，建立统一、高效、规范的应急系统，也要落实数据中心应急物资储备，并遵守储备场所就近、安全和分散的原则，保证物资的种类与数量符合应急要求。

第三，以预防为主，以抢修为辅。数据中心防自然灾害的关键是自然灾害发生前的预检预修是否及时、各隐患位置是否及时处置、应急物资储备是否充足、防护抢修预案是否执行到位等，做到防患于未然。

第四，定期开展应急演练，提高响应速度。数据中心一定要在自然灾害发生前开展全专业的联合应急演练和各专业的专项演练，以实战演练的方式提升响应速度。

第五，防护抢前抓早，提前启动预案。预案一定要在灾害发生前启动，并提前布置好挡水坝、安装好排水泵、做好门窗等防风加固、备好应急供油车、拉低冷冻水温度和储存好生活物资等，尽可能采取一切措施做好提前防护，避免灾害发生时手忙脚乱。

数据中心可能受到的自然灾害包括汛情、暴雪、雷击、台风、地震和雾霾 6 种。

（1）汛情

2021 年 7 月，河南省遭遇历史罕见特大暴雨，郑州气象观测站最大小时降雨量（20 日 16—17 时，201.9 毫米）突破我国大陆有记录以来小时降雨量历史极值，多条河流发生超警以上洪水，郑州等多地遭受特大暴雨洪涝灾害。郑州市部分数据中心陆续出现市电中断油机带载等情况，由于附近油站因道路积水暂时无法供油，已建议客户紧急备份数据和远程关机，另一部分数据中心从安全角度出发甚至出现了主动断电等情况。

数据中心防汛工作，事前的预防非常重要，汛期前要做到以下几点：检查建筑屋面、夹层、墙体、门窗等是否存在明显破损和开裂，定期清除屋面排水系统杂物，保证排水管道畅通；处于顶层的配电系统和电池系统，务必要加装临时防水装置，避免漏水引发断电和安全事故；处于地下的电缆隧道、光缆隧道、管网等，要定期检查和测试自动排水系统，确保处于完好可用状态；各机房、区域的漏水检测系统，要定期测试漏水绳的响应时间和准确度；园区排水、数据中心楼内卫生间和排污等系统，要定期做好疏通，并做好防反水措施；定期检查防水塑料布、沙袋、排水泵、应急电源等应急储备物资。

数据中心在应急防汛期间，除启动预案应急处理外，还应重点关注以下几个方面问题：漏水可能导致漏电，在确保设备安全稳定运行之前，应首先保证现场人员的人身安全，特别是要减少地下隧道等封闭区域人员流动，在水中操作时须做好漏电保护，及时切断可能进水的配电系统等；如遇漏水情况发生，应设置专人密切关注漏水影响范围，必要时可对有潜在影响的系统采取主动断电等措施，并提前将业务切换至备用系统；做好与客户的沟通，提前发出预警，建议对相关系统进行备份、将关键业务进行迁移，避免造成数据丢失。

数据中心防汛工作结束后，还要做到以下几点：清点人员，关注是否发生人员伤亡事件；确认客户业务系统是否正常，并根据实际情况对切换的系统进行恢复；对各生产、生活系统进行全面检查，特别是被水泡过的区域，确定受灾范围，制定维修方案和维修前应急处理方案；检查工器具，清点应急物资使用情况，补充应急耗材；召开专项总结会，对防汛期间出现的各种问题、事件进行复盘，修订应急预案，并重新宣贯，做好下一次应急准备工作。另外，在郑州特大暴雨事件中也能看到，处于高地势区域的数据中心受灾较小，因此防汛问题在选址时就应提前考虑。

（2）暴雪

暴雪灾害通常出现在北方数据中心，暴雪对数据中心的影响和数据中心的应对措施主要包括以下几点：暴雪有可能伴随着园区外部的电力、供水、网络等的供应故障，数据中心要提前启动应急预案进行应对；暴雪一般伴随着强风和严寒，可能会冻结数据中心外部的设施，包括冷却塔补水、排水系统、油机供油系统、空调系统加热盘管和加湿装置等，要做好预检预修；暴雪期间可能会出现交通封闭等情况，影响人员出行、厂家人员巡检和紧急故障处理，要与厂家做好事前沟通，重点保障期间可要求厂家提前驻场；暴雪期间，为保障人员安全，数据中心通常会降低各专业人员室外巡检的频次，特别是夜间对屋面设备的巡检，可能造成隐患发现不及时，因此各监控系统也要进行预检预修，确保 BA、动环等自控和监控系统都处于可用状态。

（3）雷击

雷击事件是一种数据中心无法避免的严重自然灾害，雷电造成人员伤亡及设备损坏的事件屡有发生，雷击、感应雷击、电源尖波等瞬间过电压已成为破坏电子设备的重要原因。雷电对数据中心的侵害有直击雷侵害和感应雷侵害两种。雷电直接击中设备所在建筑物或设备连接线路并经过网络设备入地的雷击过电流称为直击雷。直雷击击中建筑物，会产生强大的雷电流，如果电压分布不均会产生局部高电位，对周围电子设备形成高电位反击，击毁建筑物、损坏设备，甚至会造成人员伤亡；由雷电电流产生的强大电磁场经导体感应出的过电压、过电流所形成的雷击称为感应雷。感应雷一般由电磁感应产生，通过电力线路，信号馈线感应雷电压入侵计算机网络系统，从而造成网络系统设备的大面积损坏。

数据中心防雷和接地通常同时出现，防雷主要是指预防因雷击而形成危害，接地主要是指保障设施的正常工作和人身安全。《数据中心设计规范》中明确规定：“数据中心内所有设备的金属外壳、各类金属管道、金属线槽、建筑物金属结构必须进行等电位联结并接地。”数据中心的防雷和接地设计除应满足人身安全及电子信息系统正常运行的要求，并应符合现行国家标准《建筑物防雷设计规范》和《建筑物电子信息系统防雷技术规范》的有关规定外，还要执行《数据中心基础设施运行维护标准》中的规定，“防雷与接地装置的电气连通性应每年进行一次检测”。数据中心要对整体接地情况每年进行一次全面检查和整改。由于种种原因，屋面防雷网最容易出现开焊等情况，要进行重点检查和维修。防雷接地整体检查和整改一定要在每年雨季来临前完成。每次发生雷击后应主动开展对相关设备的检查，雷电活动较强烈的时期，应增加对防雷装置的检查次数。

（4）台风

台风一般伴有强风、暴雨和雷电，面对暴雨和雷电可参考前面讲过的方法。面对强风除要保障设备安全外，更要确保人员安全，应减少人员室外活动，特别是要减少屋面的活动，调整冷却塔等设备的巡检频次。另外，强台风也可能伴有因外部变电站故障导致园区供电中断和因架空光缆故障导致园区网络中断等情况，需要启动相应的应急防护措施和预案。

（5）地震

地震与上述自然灾害最大的不同在于其具有不确定性和不可预知性，因此数据中心规划建设中的选址和抗震设计显得尤为重要。《数据中心设计规范》附录 A“各级数据中心技术要求”中规定，“地震断层附近不应设置数据中心”，在源头上尽量避免地震对数据中心的影响。高等级震源浅的地震一旦发生，对数据中心的影响可能是致命的，数据中心电气设备和IT设备相对比较敏感，可能产生设备松动、电缆接头损坏、接头虚接打火、静电地板坍塌等情况。地震历时通常较短，因此数据中心针对地震防护要做好预防和震后检查两个方面的工作。

一是设备固定和加固。地震破坏力的主要表现就是对建筑物进行左右、前后的晃动，在建设中要保证所有设备、机柜、地板支架等按要求进行固定，并定期开展检查进行紧固。对数据机房内客户自带机柜进行改造时，务必做好机柜和支架的加固工作。

二是加强工器具管理。在施工和改造过程中，部分施工单位的工作人员由于能力不足以及数据中心管理不规范等原因，工器具、螺丝等耗材随意摆放，甚至放到机柜、配电柜内部和上方，平时可能不会出现问题，一旦发生地震导致设备震动，很可能出现短路等情况引发故障。因此，施工期间要加强随工管理，出现类似情况要第一时间制止，同时要建立进场工器具施工前后的清点工作。

三是业务系统建议多点部署。从业务角度来说，防护自然灾害最好的方式就是建立同城双活、两地三中心或者异地灾备架构。

四是地震结束后，各专业要第一时间对建筑物、地下设备、电缆隧道等容易受损的点位进行检查，对设备固定、电缆接头、接地连接等情况进行检测，发现问题第一时间修复。

（6）雾霾

雾霾的主要成分是二氧化硫、氮氧化物和可吸入颗粒物，前两者为气态污染物，最后一项颗粒污染物才是加重雾霾天气污染的罪魁祸首，雾霾除了污染空气、伤害人体健康，对数据中心的危害也非常大。飘浮颗粒一旦进入数据中心，可能会覆盖在各电子元件表面，减少设备使用寿命；可能聚集在一起堵塞防尘网，影响设备散热性能，可能腐蚀设备裸露的端口、接头，导致绝缘能力下降等。雾霾对数据中心的影响不是实时的，通常需要积累到一定程度影响才会体现，因此数据中心防雾霾是一项长期持续性的工作，需要做好以下几点。

一是保持机房正压，防止雾霾进入。《数据中心设计规范》中规定：“主机房应维持正压。主机房与其他房间、走廊的压差不宜小于 5Pa，与室外静压差不宜小于 10Pa。”通常数据中心会通过新风系统向机房内部持续输入经过过滤的空气，加大机房内部的气压来维持机房的正压，从而达到屏蔽外部雾霾的目的。

二是维持机房湿度，减少灰尘流动。严格控制机房内空气的湿度，根据现场情况设置合理湿度区间，既要保证减少扬尘，也要避免空气湿度过大或过小对设备产生影响。

三是定期检查机房密封性。定期检查机房的门窗封闭、槽道封堵情况，定期清洗空调过滤网，特别是新风系统过滤网，维持机房空气清洁。

四是预先做好防雾霾措施。雾霾天气应该减少新风系统的使用，加大新风过滤网更换的频次，机房内应配备专用的防尘垫和鞋套等物资。

（7）高温

高温天气，特别是极端或持续高温天气，将会对数据中心安全、稳定运行产生非常大的影响，同时考验着数据中心冷却系统的工作极限，当外部温度升到足够高时，数据中心将面临更难冷却和自然冷却时间降低的问题，极大地考验数据中心运维队伍的应急能力。在这种情况下，数据中心应采取以下措施避免设备故障或高温引发火灾。

一是高温天气来临前，运维人员应提前完成各冷却系统、末端空调的风扇、防尘网等通风系统的预检预修和维护保养，保证进风、排风顺畅，并应提前完成相关备用系统和冗余系统的启动测试，确保随时可投入使用。

二是高温天气来临时，不仅要加大冷却系统的制冷强度，也要加强对柴油发电机组供油管路、日用储油箱、地下储油罐等状态的巡检巡查，避免高温引发火情。同时，要减少或推迟不必要的室外高空作业，将冷塔等必要的屋面作业尽可能调整到日落后，避免由于中暑引发人员安全事故。

三是高温天气过后，要对关键系统再次进行检验检测，并在对备用、冗余系统进行保养后，进行下电处理。

2. 非自然灾害应急防护

数据中心需要长期稳定的运行环境，任一方面出现问题都可能会对系统运行或客户业务连续性产生影响，数据中心其他应急防护事件主要包括防火，防疫，防环境污染，防鼠、防虫，防爆、防恐、防盗和维稳等事件。

（1）防火

数据中心都会部署包括极早期空气采样和温感烟感等在内的完善的火灾风险预警系统，同时配置气体灭火、高压细水雾、水喷淋、消火栓等系统和各类型灭火器，但这些依然无法阻止火情的发生，处置不当甚至无法消灭初期火灾。数据中心火灾的主要特点是散热困难，烟气量大，以电气火灾居多，火灾损失大，扑救难度大，节点易燃烧。近两年全球各地数据中心火灾频繁发生。

2020 年 8 月，澳洲电信 Telstra 位于英国首都伦敦的托管数据中心由于 UPS 故障引发火灾并引起宕机。

2021 年 3 月，欧洲最大的云服务和网络托管服务运营商 OVH 位于法国斯特拉斯堡的数据中心发生严重火灾，360 万个网站被迫下线。

2021 年 4 月，WebNX 位于美国犹他州的奥格登数据中心因备用柴油发电机问题引发火灾。

2021 年 12 月，位于印度尼西亚雅加达南部的 Cyber1 数据中心由于服务器爆炸引发火灾。

数据中心火灾频发的原因总结起来有以下几个：设备老化，数据中心存在大量 24 小时持续工作的供配电系统、空调系统和 IT 等系统，容易由于老化引发火情；电缆、接头、开关等存在短路、过载等安全隐患；数据中心内存在蓄电池、柴油、电容和生产生活垃圾等容易引起火灾的物品；楼宇接地不良，容易出现外部雷击等强电侵入引发火灾；设备和人身静电处理不好可能引发静电导电产生火花引发火灾。

为保证数据中心生产安全，避免出现火灾和快速处理初期火灾，建议做到以下几点。一要做好应急预案制定。不仅要制定园区整体翔实的消防预案，还要针对重大火灾风险点制定专项预案，比如针对蓄电池起火制定专项预案。二要加强人员培训。很多数据中心除自营人员外，还存在大量代维和物业人员，这类人员流动性比较大，要加强对新入职人员的培训和周期性培训。三要加强联合应急演练。火灾可能出现在任何一个机房，消防防控人员不仅要开展本专业内的演练，还要与其他专业加强联合演练，如与电源专业加强油机起火联合演练等。四要建立专业消防队伍。数据中心应积极招聘一些具有公共安全、应急管理、消防等专业或相关工作履历的人员，让专业的人做专业的事，依托物业公司和“微型消防站”建设，着力建设一支训练有素的应急消防队伍。

（2）防疫

疫情对数据中心正常经营产生了很大影响，疫情防控已经纳入数据中心常规生产运营体系中。

自身防疫要实现精细化、数字化管理。

①疫情发生时，数据中心除成立应急小组开展专项工作外，还需要由专人紧盯各疫情信息发布平台，第一时间动态调整疫情防控政策。

②每天需要开展在岗人员健康管理和排查，定期开展集体核酸检测。特别需要注意的是，在岗人员家属和同住人员也要纳入管控范围。

③开展疫情联防联控管理，各区域明确防控和消杀责任人。

④数据中心需要开展疫情风险评估，确定能保证安全生产的最小岗位和人数，重要岗位人员建议实行 AB 角制度，确保任何时期都有最小单位生产人员处于可用状态，避免出现确诊、密接等情况引起群体隔离导致无法正常生产的情况发生。必要时可实行部分人员远程办公制度和视频会议制度，减少人员接触。

⑤数据中心每天有大量人员在现场办公，且人员较混杂，包括自有人员、代维、物业管理人员等 5×8 小时固定人员，也包括自有人员、代维、物业等 7×24 小时轮流值班人员，还包括客户的驻场人员和临时进场维修人员，以及设备厂家、项目施工、

参观接待、监督检查等各种临时进场人员。部分人员由于工作性质的原因流动性较强，是数据中心需要重点防控的对象，除查看行程码和健康码外，更需要建立严格的进入审批制度，将防控下沉到申请进入的单位，由其开展前置检查，再由数据中心复核。

⑥数据中心需要利用更多数字孪生、室内定位等先进技术支撑疫情防控，实现精准化防控，实现对进入人员的分区分域管理和实时定位管理，并通过设置人员活动区域和固定时间范围等方式，有效避免出现违规越区情况和人员聚集情况。

⑦由于疫情发生具有不可预见性和突发性，因此数据中心要做到及时储存和更新疫情防控物资，要全面保障疫情期间值班人员生活用品、应急物资、防疫物品、应急药品、生产用备品备件、工器具和耗材的供应。

（3）防环境污染

前面章节已经提到，数据中心在生产经营过程中，要接受生态环境局等单位关于环境污染防治的监督管理。数据中心可能在很多方面对环境产生影响：废旧蓄电池、废旧设备、废旧电光缆等固体废品排放和电子垃圾；液冷冷却液、电池电解液、冷却水、乙二醇、废机油、废防冻液等液体排放；蓄电池充电产生的硫酸雾、油机使用所产生的尾气等气体排放；噪声震动、电磁辐射等常规排放污染；依赖化石能源供电产生的碳排放污染；柴油、机油等泄漏引发的环境污染等事件。数据中心除了针对各污染源制定专项应急预案，也要请专业机构定期开展污染源评估。

（4）防鼠、防虫

鼠患和虫患对数据中心正常生产运营会产生一定的风险。比如，老鼠可能咬断光缆尾纤等引起网络中断、咬破电缆绝缘材料引发短路、钻入变压器和低压柜引起燃爆、咬破输油管路引起漏油等电力故障，严重时甚至会引发火灾，因此数据中心服务商要对鼠患和虫患足够重视，要加强管理，防患于未然。《低压配电设计规范》中明确规定了落地式配电箱底部适当抬高是为了防止水进入配电箱内和便于施工接线；底部抬高后还应将底座四周封严，以防止鼠、蛇类小动物爬入箱内裸导体上引起短路事故；鼠、蛇类等小动物往往能从密合不严的门缝和通风孔爬入室内，因此配电室的门窗应密合，并应在通风孔上装设遮护网罩。数据中心在运营中需要注意以下几点。

①防鼠防虫最直接的办法就是保持机房的全封闭，保持数据中心机房内部与外部隔离，保持数据中心机房的密封性。机房门口要设置挡鼠板，电缆隧道、光缆槽道、各种穿墙管路要进行完全封堵，特别注意挡鼠板高度并没有国家标准，一般不低于500mm，也要根据当地实际情况进行调整。

②加强机房环境管理，机房内要严令禁止携带食物、饮料等生活物品，防止生活残渣引来小动物。

③数据中心保洁要密切关注各卫生区域，一旦发现老鼠屎等情况要及时发起预警。

④数据中心楼内可以布放鼠笼、粘鼠板等，但尽量不要放置鼠药，避免老鼠在槽

道等区域死亡，掉入配电系统引发事故。

⑤机房范围内的新（排）风系统与大楼新（排）风管道连接处也要设置防鼠钢网。

（5）防爆、防恐、防盗

按照《数据中心设计规范》规定，A 级数据中心安全防范系统应包括出入控制和视频监控系统，并与总控中心连锁报警。通常情况下，数据中心在规划建设中，安防体系按区域一般分为园区级防护、楼宇级防护、房间级防护、通道级防护等多个管理层级，每个区域均设有门禁控制、视频监控、入侵检测、防尾随等系统，再配合出入审批制度、人工安检和人工实时监控，保证数据中心生产安全。

数据中心安全防护体系在硬件方面有以上较为全面的系统和多重防护设施，在防爆反恐防盗等方面需要重点关注的是制度、流程和人员管理等方面，具体包括：进入园区、楼宇、机房等各区域人员的合规性审核；进入园区、楼宇、机房等各区域前的安全教育和宣贯；进入园区、楼宇、机房等各区域前安检人员的责任心；安防系统应采用更多的新技术，比如视频监控系统采用移动侦测、人脸识别技术，园区利用数字孪生等技术实现人员综合定位管理，入侵检测与视频监控系统实现联动，安检配置防爆检测仪等；适当加大视频存储的时间，一般数据中心视频存储时间为 3 个月，可适当加大出现问题时的回溯时间；安防和消防等专业要定期开展应急演练，提高现场处置的响应速度。

在国内，数据中心发生爆炸、恐怖袭击等事件的概率极低，但数据中心管理者也不能掉以轻心，特别要注意外部爆炸对数据中心的影响。例如，2015 年 8 月 12 日，天津滨海新区发生爆炸事故，周边腾讯天津数据中心、国家超级计算天津中心和惠普云计算解决方案中心等均受到不同程度的影响，其中距离爆炸地 1.5km 的腾讯数据中心受损严重。因此，在规划建设期数据中心选址显得非常重要，可参考本书第三章内容。

（6）维稳

数据中心除做好以上应急事件的防控外，还要密切关注工作人员的家庭状况、情绪和状态等，做好以下几个方面的工作，防止出现工作人员对生产系统进行冲击和破坏的发泄或报复情形。

①做好账号密码管理和分权分域管理，严格执行数据变更审批和一人操作一人复核制度，防止出现恶意删除生产数据等情况的发生。

②数据中心除自有人员外，还可能配置代维和物业人员，这部分人员的归属感相对较低且比较敏感，需要重点关注其情绪上的变化。

③尽量避免一个人长时间连续工作，比如连续加班、串班等情况，容易造成情绪上的不稳定。

④数据中心要建立心理健康定期辅导制度，一方面及时发现人员心理问题，提出预警，另一方面减少工作人员心理问题对工作的影响。

⑤可以通过工会等方式给予工作人员更多的人文关怀。

三、应急演练管理

1. 应急预案

数据中心应针对各潜在风险制定专项应急预案，针对各专业制定专业应急预案，也要结合风险范围制定园区级联合应急预案。应急预案除了应具备常规的组织架构、应急处置方案、应急物资之外，还需要重点关注以下几个方面的内容。

（1）应急联络

当发生重大应急事件时，很可能伴随着停电，出现没有照明、没有手机信号等情况，因此在应急预案中，特别是联合应急预案中一定要注明应急联络方式。数据中心应急联络通常以对讲机为主，部分数据中心由于园区规模较大、楼宇较多，应当配套安装对讲机信号放大系统，安装时，要将对讲机信号放大系统接到U电，确保断电时可用。同时，为防止单一运营商手机网络故障的影响，数据中心最好准备多运营商手机卡。

（2）应急照明

双路市电断电等极端情况可能会导致部分生产区域照明失效，由EPS供电的应急照明系统也可能出现照度不足等问题，影响现场人员开展应急抢修工作。数据中心各专业人员不仅要常备可随身携带的手电、头灯等应急照明设备，也要准备大功率应急照明灯和室外防雨照明灯，以确保任何天气下都可正常使用，同时要定期对设备进行充电和检查，保证用时电量充足。

（3）系统图纸

数据中心应急图纸一般建议按专业分类存放，并在消防控制中心和监控中心各备存一套，方便内部人员指挥调度和外部人员应急抢修时使用。图纸除电子版存档外，务必有一份纸质存档。应急图纸主要包括建筑结构、电缆路由、管路路由、光缆路由等关系图和各供配电、BA逻辑等结构图。

（4）应急钥匙

数据中心安全等级较高，都会进行分权分域和多重防护管理，而且可能存在门禁卡、实体钥匙、遥控钥匙、密码锁等多种门禁管理方式，因此在担负消防管理职责的消控中心和担负生产指挥调度责任的监控中心务必要有各机房钥匙的备份，确保某一房间出现火灾或漏水等情形时，任何救援都能第一时间到现场进行处理。

（5）专项物资

除了常规应急物资外，数据中心在疫情防控、自然灾害防控期间，需要储备季节性和针对性强的专项物资。比如疫情防控期间除准备常规的防护服、口罩和酒精等物资外还需要储备食品、淡水和一些生活必需品，以确保满足园区封闭管理期间工作人员的日常生活所需。

（6）应急队伍

数据中心除建立内部应急队伍外，还应与外部应急抢修队伍保持密切联系。数据中心虽然处在相对封闭的区域内，光缆和电缆等一般都在隧道内或者管井内，发生光缆中断、电缆中断和供水管路中断的可能性非常低，一旦发生将对整个园区的运营产生很大影响，因此建议提前联系好光缆、电缆和水路系统的抢修队伍，保持沟通，并在应急预案中加以体现。

2. 应急演练

数据中心运营团队根据各系统实际运行情况，应制定详细、完善的故障和事件应急操作流程，并定期组织应急演练，以提高整个团队应对各种突发故障和事件的应急处置能力。

数据中心应急演练通常可按表 8-11 中的方式进行类型划分。

表 8-11　数据中心应急演练的类型划分

序号	按模式	按范围	按内容
1	沙盘推演	单专业内部演练	单（专）项演练
2	跑位演练	全专业联合演练	客户业务类演练
3	实操演练	与外部协同演练	应急抢通类演练

（1）沙盘推演

沙盘推演也叫作“桌面推演”，参与演练的人员以会议方式，按照预先准备的应急预案，由参加演练的人员描述各自负责的应急内容、应承担的职责及将会执行的方案和步骤，沙盘推演更多是让人员熟知应急预案内容，并进行理论验证。可以通过沙盘推演，对人员分工、职责熟悉度、衔接连贯性、步骤合理性、组织有效性等进行判断，找到推演结果与现实要求间的差距，进而完善预案和演练。

（2）跑位演练

跑位演练也叫作“模拟演练”，是以沙盘推演结果为基础，模拟真实应急事件发生场景进行真实跑位、虚拟操作和模拟处理，通过跑位演练来验证应急预案是否可以达到预期的目标。比如，在模拟双路市电断电的跑位演练中，通常会关闭常规照明启动应急照明系统、模拟手机信号失效启动应急对讲系统，并要求操作人员着装操作，以真实计算应急抢通历时。

通过跑位演练可以进一步完善沙盘推演阶段形成的应急预案，发现演练流程中存在的问题，总结演练中指挥、协同、通信、工具、备件等存在的问题并加以改进。跑位演练是一种对现有生产环境完全没有影响的演练方式，但可以实现对应急预案相对完整的验证。

（3）实操演练

实操演练是指完全按照应急演练内容进行真实操作的一种演练方式，在开展演练之前一定要经过多次沙盘推演和跑位演练，确保操作步骤、应急过程准备无误，并与业务部门沟通确认，经过内部审批后开展。任何一种操作都存在风险，因此实操演练除非客户有特别要求，否则不宜频繁开展。

应急演练的三种模式，是从理论到实操、从业务模拟到业务参与的递进过程，通过不同情形、不同深度、不同人员的演练来验证各系统的可用性和有效性，通过演练结果来修订、完善应急预案和补充工具、备件，以保障业务系统的连续性。

第九章 数据中心碳中和

导　读

2020 年 9 月 22 日，中国提出了“双碳”目标——二氧化碳排放力争于 2030 年前达到峰值，努力争取 2060 年前实现碳中和。碳中和是国家长期战略，数据中心行业要以“双碳”目标为导向，开展相关技术、运营模式的长期演进和组合，数据中心实现碳中和是一项系统工程，重要的是实现过程和落地路径。

数据中心的碳中和应紧密跟踪国际和国内碳中和的相关公约、协议、标准以及规定。数据中心运营商在具体开展碳中和工作时，需要建立相应的碳排放量核算标准，制定明确的碳管理目标并进行年度分解，从战略规划、组织体系、资金技术等方面进行全方位推进。

数据中心碳中和就是在确保数据中心功能和安全标准的同时，从供能侧、用能侧、碳抵销侧和上下游供应链等维度着手，采用多种可持续能源供应方式、全生命周期绿色数据中心技术应用等手段，在数据中心实现低碳绿色发展的基础上，充分利用碳排放抵销技术，实现数据中心碳中和最终目标。

第一节 碳中和的意义

一、碳中和背景

通常认为，人类过度的碳排放会直接或间接地导致全球变暖。“碳”就是石油、煤炭、木材等由碳元素构成的自然资源。“碳”使用得多，导致地球暖化的元凶“二氧化碳”也制造得多。全球变暖影响着人们的生活方式，带来了越来越多的问题。

2002 年，南极洲一块面积为 3 250 平方千米的冰架脱落，并且在 35 天内融化消失。根据美国宇航局的最新数据显示，格陵兰岛平均每年要融化 221 立方千米的冰原，是 1996 年融冰量的两倍。

碳中和，是指企业、团体或个人测算在一定时间内，直接或间接产生的温室气体排放总量，通过绿电、植树造林、节能减排等形式，抵销自身产生的二氧化碳排放，实现二氧化碳的“零排放”；而“碳达峰”指的是碳排放进入平台期后，进入平稳下降阶段。简单地说，也就是让二氧化碳排放量“收支相抵”。

2020 年 9 月 22 日，中国政府在第 75 届联合国大会上提出：“中国将提高国家自主贡献力度，采取更加有力的政策和措施，二氧化碳排放力争于 2030 年前达到峰值，努力争取 2060 年前实现碳中和。”

2021 年 3 月 5 日，2021 年国务院政府工作报告中指出，扎实做好碳达峰、碳中和各项工作，制定 2030 年前碳排放达峰行动方案，优化产业结构和能源结构。

二、碳中和政策

在习近平总书记提出我国“双碳”目标后，国内陆续出台和完善了碳中和相关政策。

2020 年 12 月 31 日，生态环境部发布《碳排放权交易管理办法（试行）》，建设全国碳排放权交易市场，利用市场机制控制和减少温室气体排放、推动绿色低碳发展，使之成为落实我国二氧化碳排放达峰目标与碳中和愿景的重要抓手。

2021 年 3 月 11 日，第十三届全国人大第四次会议通过《中华人民共和国国民经济和社会发展第十四个五年规划和 2035 年远景目标纲要》，明确 2035 年远景目标是广泛形成绿色生产生活方式，碳排放达峰后稳中有降。

2021 年 3 月 26 日，生态环境部印发《企业温室气体排放报告核查指南（试行）》，规范全国碳排放权交易市场企业温室气体排放报告核查活动。

2021 年 5 月 17 日，生态环境部发布《碳排放权登记管理规则（试行）》《碳排放权交易管理规则（试行）》和《碳排放权结算管理规则（试行）》，规范全国碳排放权登记、交易、结算活动。

2021年10月26日，《国务院关于印发2030年前碳达峰行动方案的通知》发布，重点任务是将碳达峰贯穿经济社会发展全过程和各方面，重点实施能源绿色低碳转型行动、节能降碳增效行动、工业领域碳达峰行动、城乡建设碳达峰行动、交通运输绿色低碳行动、循环经济助力降碳行动、绿色低碳科技创新行动、碳汇能力巩固提升行动、绿色低碳全民行动、各地区梯次有序碳达峰行动等“碳达峰十大行动”。

2022年2月11日，国家发展改革委等部门发布《高耗能行业重点领域节能降碳改造升级实施指南（2022年版）》，其中提出，对于能效在标杆水平特别是基准水平以下的企业，积极推广本实施指南、绿色技术推广目录、工业节能技术推荐目录、“能效之星”装备产品目录等提出的先进技术装备，加强能量系统优化、余热余压利用、污染物减排、固体废物综合利用和公辅设施改造，提高生产工艺和技术装备绿色化水平，提升资源能源利用效率，促进形成强大国内市场。

三、碳中和价值

1. 社会价值

随着各国陆续接受“碳中和”概念并着力实现相关目标，“碳中和”概念下相关绿色产业将迎来发展机遇。从产业发展角度看，中国节能减排相关产业起步较晚，早期注重经济发展，该产业未获得足够重视。随着发展过程中绿色环保意识的增强，以节能服务为代表的相关产业企业数量显著增加、产业结构日益完善，但总体存在多而小的局面。未来在“碳中和”目标驱动下，节能减排相关产业将有望得到政策高度重视，迎来良好的发展机遇，带动全社会资源，产生良好的社会价值。

碳中和目标意义重大、涉及领域广泛，是中国提出的重要战略发展方向。其中，发展新能源是碳中和顶层设计中较为关键的环节，直接催生了众多新兴产业，如光伏发电、水力发电、氢能发电等。随着相关政策的不断完善，新能源在中国碳中和目标的整体框架和顶层设计下进入蓬勃发展阶段。

在绿色经济的倡导下，以清洁能源为代表的新能源技术有望再次改变现有数据中心的能源结构，推动相关技术的快速发展。在此趋势下，能源转型持续进行，清洁能源发电和消费比重显著提高，新能源利用成本将有所降低、利用率继续攀升，进而给现有数据中心能源供应和能源利用带来冲击。

2. 企业价值

在碳中和目标推动下，企业可持续发展能力将包括三个新的因素，也是碳中和为企业发展带来的无形价值。

（1）低碳发展能力

低碳发展能力会成为企业可持续发展能力的重要内容。低碳发展能力的核心是低碳发展的技术和研发能力。

（2）企业责任担当

过去，中国很多企业家认为企业的社会责任主要是做公益。未来，企业将承担更多对环境和气候变化的责任，更多承担对公众和社会的责任。其中包括消费者数据是否被滥用、消费者权益是否受损，以及对环境和对气候变化的责任等更广阔的范围。

（3）公司治理能力

企业要谋求发展，也要为大众、为社会甚至是为人类社会的进步而服务。因此，企业需要有公正、公开、规范、透明的公司治理机制和治理能力，以维护和保障所有利益关联方的利益。公司治理能力要求把关联方的所有责任纳入公司的治理体系当中，因此我们原来的管理制度、管理程序、管理思想都做出相应调整，即意味着在可持续发展能力上增加了新的内容。

企业的共同语言是企业的共同责任和价值。产品、市场价格属于企业自身的特殊语言，只有在共同语言、共同价值的基础上再谈特色，才会获得市场的认可。要求企业必须具备可持续发展能力，正是碳中和带来的价值影响。

3. 商业价值

随着碳达峰、碳中和被纳入生态文明建设整体布局，数据中心行业将迎来新一轮变革。积极推进太阳能、风能、生物质能、氢能等可再生能源在数据中心的利用是双碳目标推动下数据中心能源开发技术的变革趋势。中国正致力依托科技进步和创新走绿色发展的道路。数据中心对推动低碳经济增长有着举重若轻的作用。

面对“双碳”的机遇和挑战，数据中心企业需要从价值链和业态分析入手，制定中短期和长期的目标并明确企业自身碳中和工作的范围，需要在务实的底层逻辑上推演顶层设计。实现“双碳”目标是复杂的系统工程，需要站高一层，从整个社会范围来指导对问题的分析和规划，从而制定并实施推进；需要有供给端和消费端的协调进展，供给端需要开发解决方案，提供基础设施支撑；消费端需要同步形成绿色消费的生活方式和日常行为。同时，我们倡导提升政策导向的效率，强化监管、评估和监测的效果，加强公共教育的效能，疏通绿色价值变现的渠道，进而形成一个促进“双碳”目标达成的社会化协调、合作和创新的生态。

第二节　数据中心碳中和现状

一、用电量现状分析

目前，数据中心能耗问题阻碍了其自身的发展与节能社会的构建，尤其是“北上广深”等一线城市，面临着数据需求旺盛和能耗“双控”要求严格的矛盾，新建数据中心指标越发难以获取。因此，随着国家“碳达峰、碳中和”目标要求的提出，绿色低碳势必成为未来数据中心建设运营的重要目标。低碳绿色，乃至碳中和数据中心已经成为未来数据中心发展的风向标和趋势。为此，如何对数据中心的碳排放进行精准盘查核算就成为非常基础和必要的关键工作。

数据中心行业如何实现“双碳”目标？最首要的问题是要“摸清家底”，清晰了解我国的行业发展现状。所谓“摸清家底”就是要知道中国的数据中心目前与未来到底有多少 IT 设备在运行，以及这些 IT 设备及其配套的基础设施每年用多少电、折合多少二氧化碳。

以 x86 服务器每年的出货量为计算依据，根据 IDC 及 CDCC 提供的调研数据显示，2019 年，中国数据中心在线运行的服务器为 1200 万台，每年服务器的出货量、每年在线运行服务器的数量如图 9-1 和图 9-2 所示。

将数据中心节能效果分为两个阶段，以 2025 年为界，2025 年之前平均 PUE 按 1.4 计算，从 2025 年开始，平均 PUE 按 1.3 计算。

根据在线运行服务器的数量，测算出每年数据中心全部设备的使用功率、全国数据中心年用电量如图 9-3 和图 9-4 所示。

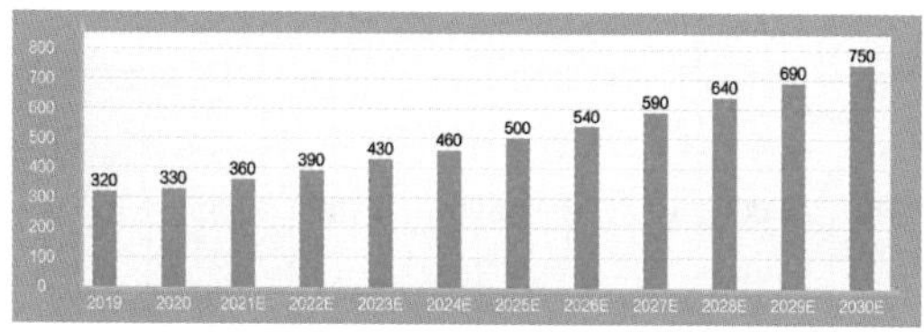

图 9-1 每年服务器出货量（万台）

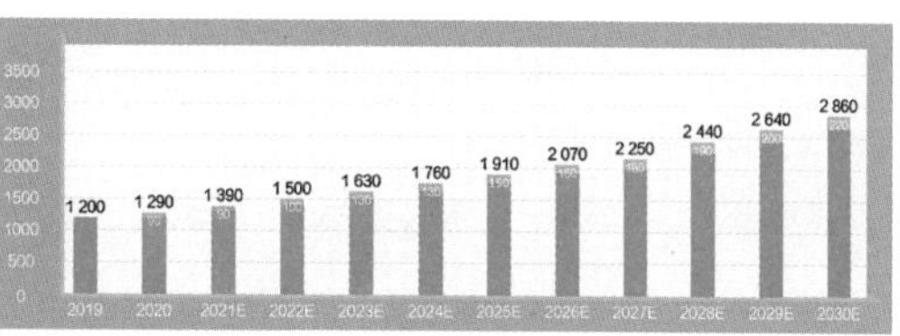

图 9-2 每年在线运行服务器的数量（万台）

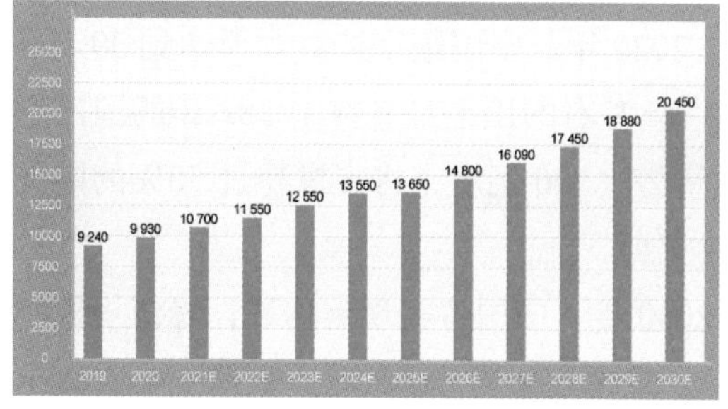

图 9-3 每年数据中心全部设备的使用功率（MW）

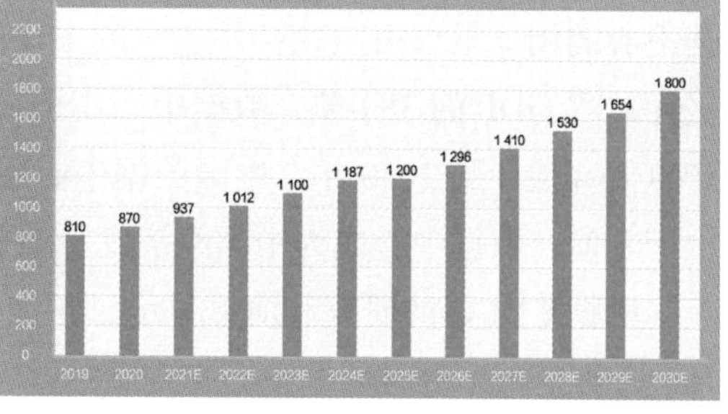

图 9-4 全国数据中心年用电量（亿度）

经测算，全国数据中心年用电量和二氧化碳排放量见表 9-1。

表 9-1 全国数据中心年用电量和二氧化碳排放量

年份	2019	2020	2021	2022	2023	2024	2025	2026	2027	2028	2029	2030
新增服务器（万台）	320	330	360	390	430	460	500	540	590	640	690	750
净增服务器（万台）	—	90	100	110	130	130	150	160	180	190	200	220
在线运行服务器（万台）	1 200	1 290	1 390	1 500	1 630	1 760	1 910	2 070	2 250	2 440	2 640	2 860
使用功率（MW）	9 240	9 930	10 700	11 550	12 550	13 550	13 650	14 800	16 090	17 450	18 880	20 450
PUE	1.4	1.4	1.4	1.4	1.4	1.4	1.3	1.3	1.3	1.3	1.3	1.3
年用电量（亿度）	810	870	937	1 012	1 100	1 187	1 200	1 296	1 410	1 530	1 654	1 800
折合标煤量（万吨）	2 510	2 700	2 900	3 140	3 410	3 680	3 710	4 020	4 370	4 740	5 130	5 550
二氧化碳排放量（万吨）	6 780	7 290	7 830	8 480	9 210	9 940	10 000	10 850	11 800	12 800	13 850	15 000

2020 年，中国全社会用电量为 75 110 亿度，全国数据中心用电量为 870 亿度，数据中心的用电量仅占全社会用电量的 1.16%。2020 年，中国数字经济规模达到 39.2 万亿元，占 GDP 的 38.6%，数据中心用全社会 1%左右的用电量支撑了 38.6%的国民生产总值。预计到 2030 年，中国数据中心用电量为 1 500 亿度，将支撑超过 50%的国民生产总值，数据中心成为中国经济发展的重要支点。

根据 CDCC 的研究和演算显示，预计到 2030 年，中国将实现碳达峰，峰值规模在 100 亿吨左右；中国数据中心实现碳达峰，峰值规模在 1.5 亿吨左右，数据中心的碳排放量占全社会碳排放量的 1.5%。

数据中心行业在“双碳”的道路上任重道远，碳达峰是节能手段，碳中和才是最终目标。分析数据中心碳达峰的目的是摸清家底，采取措施减少数据中心对能源的需求量，使数据中心从高碳行业转向低碳行业，从而降低二氧化碳排放量。

二、碳排放现状分析

1. 盘查对象

本节针对数据中心碳排放的盘查对象仅指二氧化碳（CO_2）。

2. 盘查原则

为确保碳盘查结果的准确性，在盘查过程中务必坚持以下原则。

（1）完整性，排放主体的盘查应涵盖与该主体相关的直接和间接排放。

（2）真实性，排放主体用于盘查的数据应真实、完整。

（3）可控性，排放主体应建立符合自身排放特征的、能覆盖整个碳排放环节的、科学可行的监测计划，确保整个盘查周期的碳排放能够准确监测和盘查计算。

（4）一致性，用于盘查的碳排放方法应与监测计划保持一致。

（5）可溯性，盘查过程中所获取的活动水平等原始数据是可溯源和复核的。

3. 盘查方法

数据中心的碳排放一般分为直接排放和间接排放（不涉及过程排放）。对于大部分数据中心来说，直接排放主要指柴油等化石燃料燃烧产生的排放，间接排放主要指外电力或热力等所产生的排放，见表 9-2。在市政电力供应可靠的区域，数据中心 95% 以上的二氧化碳排放为间接排放。

表 9-2　数据中心的碳排放类型

排放类型	排放示例
直接排放（燃烧排放）	柴油、煤、石油、天然气、汽油等燃烧排放
间接排放	外购电力和热力产生的排放

大部分数据中心在运营过程中，直接排放为柴油发电机组燃烧柴油产生的排放，间接排放为外购电力产生的排放。但是，也不排除有部分数据中心会产生其他类型的直接排放和间接排放。如使用三联供燃气机组过程中燃烧天然气产生的直接排放，或者外购蒸汽产生的间接排放。

（1）直接排放

直接排放主要基于分燃料品种的消耗量、低位热值、单位热值含碳量和氧化率计算得到。

（2）间接排放

间接排放是指排放主体因使用外购的电力和热力等所导致的碳排放，该部分排放源于上述电力和热力的生产。

4. 监测计划

监测和盘查应该是一对“孪生兄弟”，没有制订科学可操作的监测计划，就不能获取可靠的原始数据，若不能确保原始数据的准确性，那么盘查工作就无从开展，盘查所得的碳排放结果的准确性也就无法保证。对于大部分数据中心来说，制订碳排放的监测计划，就是制订电和柴油的监测计划。排放主体应根据核算方法的特征，对活动水平数据和相关参数等进行监测。活动水平数据的监测主要是指对能源消耗量的监测，如对柴油、天然气、电力和热力的消耗量等的监测，具体可通过结算凭证或存储量记录等方式实现。相关参数的监测主要是指对低位热值、单位热值含碳量、氧化率和过程排放因子等的监测。若排放主体选择监测的方式是对相关参数（如柴油的低位热值等）进行监测，则应遵循标准方法。监测计划的制订可参考国家或数据中心所在地区主管部门发布的相关核算指南，一般应包括排放主体的基本信息、排放主体的边界、核算方法的选择和相关说明等。

5. 行业特征

（1）数据中心的碳排放特征

从碳排放的计算公式可以看出，直接排放量的计算主要取决于柴油等实物能源消耗量、该能源品种的低位热值和单位热值含碳量。一般企业在计算直接排放时，低位热值和单位热值含碳量会直接采用相关技术标准中的缺省值。但是，一些以直接排放为主的高排放企业，如热电厂，在计算碳排放量用于参与碳交易市场时，会对上述两个参数进行定期实测，在计算碳排放量时采用实测值而非缺省值（实测值小于缺省值的情况十分常见），充分释放政策红利。曾有热电企业，通过排放因子的实测等举措，在消耗等量等质化石能源的条件下，碳排放减少了 5% ~ 10%，对于一年上百万碳排放总量的企业来说，碳减排的经济效益是十分可观的。但是，大部分数据中心是以间接排放为主，间接排放量计算的关键是外购电力消耗量和电力排放因子，电力排放因子的数值以各省市主管部门发布的数据为主，是由区域电网电厂的总排放除以总发电量计算得出的，不受数据中心等重点排放企业控制或影响。因此，对于大部分数据中心来说，主要的碳减排路径就是在达成同等算力算效的工况下减少电力消耗，以及中和电力消耗所产生的碳排放。

（2）原始活动水平数据和相关参数的获取

这里仅简要阐述大部分数据中心使用的主要能源品种，即电力和柴油等原始活动水平数据及其相关参数的获取。

数据中心年度电力消耗数据的获取和认可，目前主要是以电力公司出具的电费单据为依据。若某数据中心存在电力转供等相关实际情况，则应扣除转供部分的电力。当然，对于转供电力的计算，依赖于转供电力表具的精准计量和转供电量的及时准确统计。

对于数据中心年度柴油消耗的统计计算，尤其是柴油消耗量较大的数据中心，原则上可通过“消耗量 = 购买量 +（期初存储量 - 期末存储量）- 其他用量”计算得出。

但是，随着我国社会经济的不断发展，城市供电可靠保障能力有了极大的提升，这对于建设在城市内，尤其是数据业务需求旺盛的一线城市来说，数据中心的柴油消耗量极少，基本仅用于每月柴油发电机空载或带载测试。因此，目前部分数据中心对于柴油消耗的精准统计体系暂未建立，年度柴油消耗是通过空载（带载）小时油耗和相应月度测试时间的乘积累加计算得出的，而非实际监测统计数据。从碳排放数据的可靠性来说，这种计算方法是不完善的，仅为初期碳排放盘查的权宜之计，而非长远之策。因此，针对各数据中心不同的柴油消耗特征，从各自运维实际出发，建立科学可行的柴油消耗监测统计方法是急需解决的问题。当然，对于柴油等化石燃料消耗量较大的数据中心，定期按批次对柴油低位发热值等相关参数进行实测，以便统筹考虑实测值和缺省值之间的关系，也是应有之举。

（3）节能技改对数据中心碳减排的影响

数据中心实施节能技改后能否抵扣碳排放量，首先要弄明白，数据中心实施的是何种类型的节能技改项目。例如，数据中心实施余热回收利用项目，而且回收的余热以热水的形式转供数据中心周边用户，那么转供部分就应该在数据中心的碳排放量中予以折算扣除。若数据中心实施自发自用、余电上网模式的分布式光伏建设项目，或者冷源系统的节能改造项目，那么这种类型项目的节能（减碳）量在数据中心的总能耗中已经体现，无法再次进行抵扣。因此，总体来说，节能技改项目产生的碳减排量是否进行抵扣的判断依据是：是否存在载能工质对外的输出再利用。

6. 其他间接温室气体排放

温室气体排放通常分为三类，其他间接温室气体排放是某排放主体活动的后果，但由非该排放主体拥有或控制的来源发生，主要包括上游排放和下游排放，见表 9-3，涉及的排放范围和排放主体比较繁杂，且具有针对性，应根据某特定排放主体具体分析计算。对于许多排放主体而言，源于主体外部的能源消耗所产生的温室气体排放，可能远高于其范围一和范围二所产生的温室气体排放。

表 9-3 范围三温室气体排放上、下游示例

类别	活动
上游	购买的商品和服务；非主体受控的上游运输和配送；员工出差和通勤；运营产生的废物等
下游	所售产品的再次加工和使用；非主体受控的下游运输和配送；下游租赁资产等

三、碳中和现状分析

1. 摸清数据中心碳家底

数据中心要实现碳中和，首先要知道自身的能源消费总量、碳排放总量、能耗强度、碳排放强度四个指标，要知道碳产生、碳排放分布、碳排放结构等数据，需要基于企业碳排放模型进行客观的评估，才能掌握自身的碳数据，找到减碳的范围和制订专项计划，逐步实现碳中和。国外部分先进企业提出的碳中和目标都是建立在摸清碳排放家底的基础上，这些企业已建立了十多年的内部碳排放清单，建立了碳排放管理平台，少数企业更是建立了整个供应链的碳排放清单，像管理财务一样对碳排放进行精细化和数字化管理。

世界资源研究所和世界可持续发展工商理事会联手建立了温室企业核算体系，《温室气体核算体系：企业核算与报告标准（修订版）》是最有影响力的标准之一，也是被引用最多的标准之一，从运营边界的角度明确定义了碳排放的三个范围（范围一、范围二、范围三）。其中，范围一是指企业直接温室气体排放；范围二是指电力产生的间接温室气体排放，如核算企业所消耗的外购电力产生的温室气体排放；范围三是指其他间接温室气体排放，是一项选择性报告，考虑包含了企业所有的其他间接排放，如图 9-5 所示。

图 9-5 碳排放范围

现阶段，大部分企业并不清楚碳排放核算和碳中和计算标准，并没有真正开展碳盘查、核算碳排放量，也并不清楚自身的减碳空间，碳排放基本都是通过简单计算而不是通过详细测算和测量得到，企业在制订碳达峰碳中和计划前，摸清碳家底、建立碳清单、掌握碳排放足迹是非常关键的环节，建立全生命周期的数字化碳管理平台也是必要环节。

2. 优化数据中心能源结构

国家统计局、国家能源局公布的全国发电量结构数据显示，现阶段，国内能源结构仍然比较单一，以煤炭和石油等化石能源为原料的火电依旧占据主导地位，占比达到 70%，而风电和太阳能发电相加占比不超过 10%，如图 9-6 所示。在能源生产和消费领域，我国虽然通过多年的政策倾斜、产业调整，经过多年的优化，绿色能源占比仍然不高，整体能源结构需要加快调整。

随着“双碳”政策的推行，我国现有能源结构也需要进行适应性调整，向着两个方向发展：一是光伏、风电和水电等绿色能源已经进入快速发展通道，发电规模正在逐年增

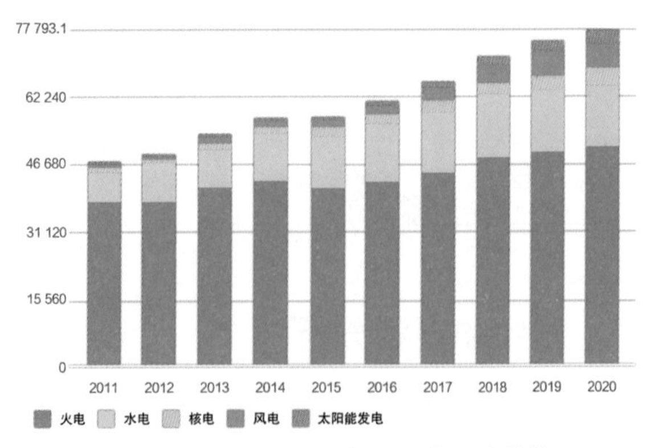

图 9-6 2011—2020 年全国发电量结构

加，不仅政府、发电企业在主导，用电企业也结合自身情况小规模地部署屋顶光伏等，对能源结构起到辅助调整的作用。二是绿色能源的最大缺陷是不稳定，很容易受到自然环境影响，比如光伏，每天只能在白天非阴天的情况下才能发电，因此我国在发展绿色能源的同时，需要大规模发展集中式和分布式储能系统保持电网的稳定性，为实现“双碳”目标做出贡献。

数据中心作为能源消耗较高的产业，通常情况下，其绿色能源比例与售电侧保持一致，电网能源结构不合理势必导致数据中心用能结构的不合理。

3. 提高基础设施节能效果

根据工信部信息通信发展司发布的《全国数据中心应用发展指引（2020）》中给出的数据，全国数据中心能效水平保持平稳，截至2019年年底，全国超大型数据中心平均PUE为1.46，大型数据中心平均PUE为1.55，与前两年相比水平相当，最优水平达到1.15。全国规划在建数据中心平均设计PUE为1.41左右，超大型、大型数据中心平均设计PUE分别为1.36、1.39，如图9-7所示。

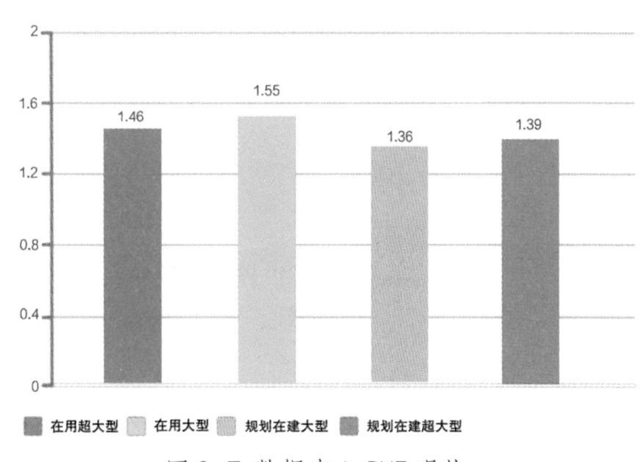

图 9-7 数据中心 PUE 现状

PUE通常大于1，越接近1表明数据中心设施节能效果越好，能效水平越高。

数据中心的总耗能部分主要包括IT设备、制冷系统、供配电系统、照明系统及其他辅助和支撑设施（包括安防、消防、供暖等）。根据CDCC《数据中心间接蒸发冷却技术白皮书》中给出的参考模型，由服务器、存储和网络通信设备等所构成的IT设备系统所产生的功耗约占数据中心总功耗的60% ~ 75%（其中服务器系统约占50%，存储系统占35%，网络通信设备占15%）。空调系统仍然是数据中心提高能源效率的重点环节，它所产生的功耗约占数据中心总功耗的20% ~ 25%。电源系统和照明系统分别占数据中心总耗电量的5%和1%左右，如图9-8所示。当然，实际运行数据与上架率和IT负载率均有一定关系。

可以看出，现阶段我国基本形成布局合理、技术先进、绿色低碳、算力规模与数字经济增长相适应的新型数据中心发展格局。数据中心设施节能还处在中等水平，随着科技的不断进步，在技术、运维和管理等方面有很大的提升空间。

4. 提升能源到算力转换效率

随着数据中心向着集中化、规模化和绿色化的方向发展，数据中心在数字经济时代对经济社会各领域的赋能程度和应用效果在持续提升，仅以PUE作为数据中心指标

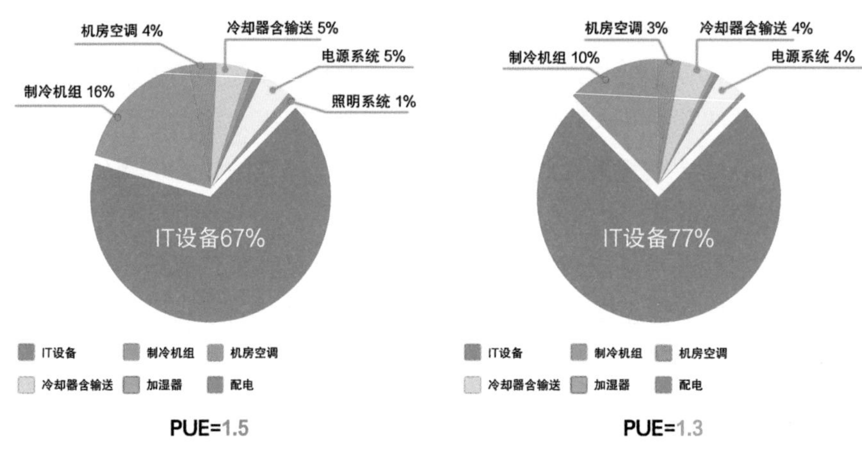

图 9-8 数据中心能耗结构

的评价机制已经不适合新型数据中心的发展，PUE 存在更关注整体、无法体现总电量、无法体现电价、缺少对 IT 能耗的评价等局限性，无法全面真实地评价数据中心绿色节能情况，需要新的评价机制，算力评价仍属于起步阶段，暂时没有形成统一、标准和全面的规范。

从 PUE 的角度看，数据中心基础设施自身只消耗 1.X 中 0.X 的能耗，随着 PUE 越来越小，IT 设备消耗的能耗已超过数据中心总能耗的 75%。据公开资料显示，IT 设备耗电 97% 都转化成了热能，只有 3% 真正用于计算，而这部分热能还需要数据中心通过制冷去中和，整个数据中心能源到算力的转换效率非常低，现阶段数据中心产业虽然在大力推广液冷等技术，但这些技术关注的更多是实现如何降低 PUE，能源浪费情况仍然存在，因此如何提升能源到算力的转换效率才是实现数据中心碳中和的核心，数据中心在生产侧的变革势在必行。

第三节　数据中心碳中和评价

一、评价原则

1. 全范畴

数据中心的碳中和不仅是指自身的碳中和，也是指产业链上下游的碳中和；不仅包括数据中心运营阶段，也包括设计、建设、改造和报废等全生命周期。

2. 合规性

数据中心碳中和的目标和实现路径、措施是符合国家政策导向和国内 / 国际相关技术标准要求的。

3. 并重性

数据中心实现碳中和要紧紧围绕供能侧、用能侧、碳抵销侧和产业链，即“三侧一链”四个方面。四个方面的推进应该齐头并进，不能仅仅侧重于某一个方面，尤其不能仅重视和运用碳抵销技术，而忽视供能、用能侧的节能降碳措施。

4. 特征性

数据中心碳中和方案的制定并非“一刀切”，在政策合规、技术适用的前提下，应根据不同数据中心的具体用能和碳排放特征，制定“量体裁衣”的碳中和方案。

5. 经济性

碳中和数据中心实现的路径和措施是多样化的，在达成同等碳减排效果的前提下，采用不同路径和措施能带来显著的成本差异。数据中心运营商需要探索和求得数据中心碳中和的“最佳效益解”。

6. 普适性

在资本市场、政府主管、行业团体等不同受众和应用场景下，碳中和数据中心实现的路径是不同的，实践主体必须考虑不同路径带来的风险和成本压力，尽可能采用普遍认可的具有普适性的方法。

二、评价定位

数据中心实现碳中和是运用各种低碳技术和商业模式创新的综合集成，主要包括：

在数据中心的规划中，应尽可能利用自然风资源、自然水资源、地热以及周边的发电供热、LNG 系统冷能等外部环境资源。

在数据中心的建设运营中，应采用绿色低碳的设计，集成运用各种低碳、高能效技术持续优化 IT 设备、制冷系统、供电系统和建筑本身的能效水平，建设和运营储能、余热回收系统，提升数据中心能源体系的总体效率，持续提升减排水平。

数据中心可投资建设集中和分布式的风、光、氢等清洁可再生电力系统，也应充分利用电力交易、碳交易等手段，通过电力和绿证交易体系购入光伏发电、风电、水电等清洁可再生能源和绿电证书，提高数据中心的绿电使用率；通过碳配额交易、碳自愿减排认证交易等措施，抵销化石能源使用产生的碳排放。

同样值得重视的是，在数据中心的产业链体系中，应努力构建低碳产业链，赋能行业碳中和。建立数据中心行业低碳运营的设计、建设、运营基线标杆和标准输出，为数据中心上游客户提供高标准的碳中和服务，引导下游供应链积极践行碳中和战略。

三、评价认证

随着“双碳”目标的提出，节能环保、绿色低碳和可持续性发展对数据中心已经非常重要。为推动数据中心节能和能效提升，引导数据中心走高效、低碳、集约、循环的绿色发展道路，助力实现碳达峰、碳中和目标，工信部等相关机构组织开展了数据中心绿色低碳等相关认证。

工业和信息化部办公厅、国家发展改革委办公厅、商务部办公厅、国管局办公室、银保监会办公厅和能源局，会定期组织开展国家绿色数据中心评选工作。评选通常由数据中心向所在地省级工业和信息化主管部门提交申报材料，内容重点包括数据中心低碳、绿色、节能和环保等方面的运营情况和运营数据。省级工业和信息化主管部门择优向工业和信息化部推荐，再由工业和信息化部会同相关部门组织专家对申报材料进行审查，必要时可进行现场抽查，研究确定年度国家绿色数据中心名单。

另外，能源与环境设计先锋（Leadership in Energy and Environmental Design，LEED）是全球范围内认可度最高、使用范围广泛的绿色建筑认证体系，通过认证，也代表数据中心在节能、节水、减少碳排放等方面具有较为突出的表现。要通过 LEED 认证，数据中心要具备高效的暖通空调和配电系统、智能控制系统和施工废弃物管理等低碳环保措施等硬实力，还要具备绿色的运营策略、高效的能源利用技术和智能化的运维管理等。

第四节　数据中心碳中和技术路线

对于数据中心运营者来说，要不断提升技术能力，充分研究、合理应用先进的可落地的节能减排技术，从而最大限度地实现数据中心绿色、低碳、节能地运行，为未来数据中心实现碳中和的最终目标打下坚实的基础。

节碳应该贯穿数据中心全生命周期，数据中心在规划建设、投产运营和报废退网阶段需要采取相应措施，指导形成碳的闭环管理。数据中心全生命周期各阶段节碳管理的主要内容如图 9-9 所示。

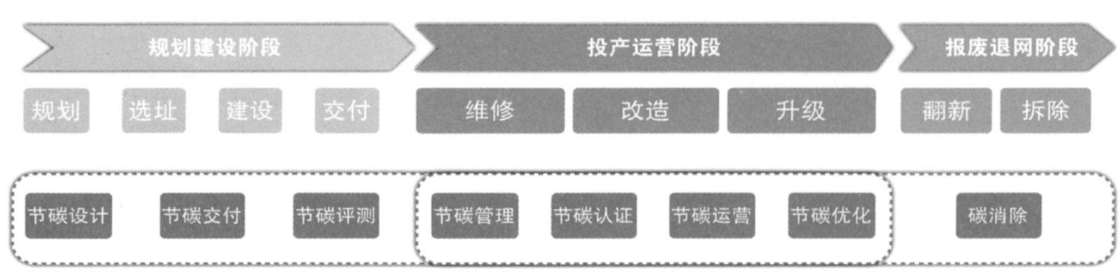

图 9-9 数据中心全生命周期碳管理

数据中心实现碳中和的主要技术包含能源侧技术、用能侧技术和管理侧技术三个部分，其中用能侧技术主要涉及节能方面。

一、能源侧技术

1. 可再生能源

能源通常分为再生能源和非再生能源两大类。再生能源包括太阳能、水能、风能、生物质能、波浪能、潮汐能、海洋温差能、地热能等。它们在自然界可以循环再生，是取之不尽、用之不竭的能源。

太阳能是指太阳所负载的能量，它的计量一般以阳光照射到地面的辐射总量为依据，包括太阳的直接辐射和天空散射辐射的总和。

水不仅可以直接被人类利用，它还是能量的载体。太阳能驱动地球上水循环，使之持续进行，地表水的流动是其中重要的一环，在落差大、流量大的地区，水能资源丰富。

风能是指风所负载的能量，风能的大小取决于风速和空气的密度。我国北方地区和东南沿海地区一些岛屿，风能资源丰富。

生物质能是指能够当作燃料或者工业原料的、活着或刚死去的有机物。生物质能最常见于由种植植物所制造的生质燃料，或者用来生产纤维、化学制品和热能的植物。

海洋能是潮汐能、波浪能、海洋温差能、盐差能和海流能的统称，海洋通过各种物理过程接收、储存和散发能量，这些能量以潮汐、波浪、温度差、海流等形式存在于海洋之中，所有这些形式的海洋能都可以用来发电。

地热能是贮存在地下岩石和流体中的热能，它可以用来发电，也可以为建筑物供热和制冷。

众多可再生能源中，由于光伏发电具有安装便利、灵活等特点，太阳能在数据中心应用最多，数据中心可以在建筑物屋面和墙面上安装分布式光伏发电系统，解决部分生活用电甚至生产用电需求，有效缓解电网可再生能源消纳压力。

2. 储能技术

数据中心应用储能技术有三个方面的好处：一是利用“峰谷平”电价，通过储能来进行“削峰填谷”，降低电价，降低企业付现成本；二是可以尝试通过储能系统替代同等装机容量的柴油发电机，降低供电系统复杂度、降低系统维护难度，同时降低碳排放；三是通过储能系统与光伏等可再生能源相结合，减少可再生能源不稳定性对系统的冲击。

储能技术主要包括热储能、电储能和氢储能，详细分类如图 9-10 所示。

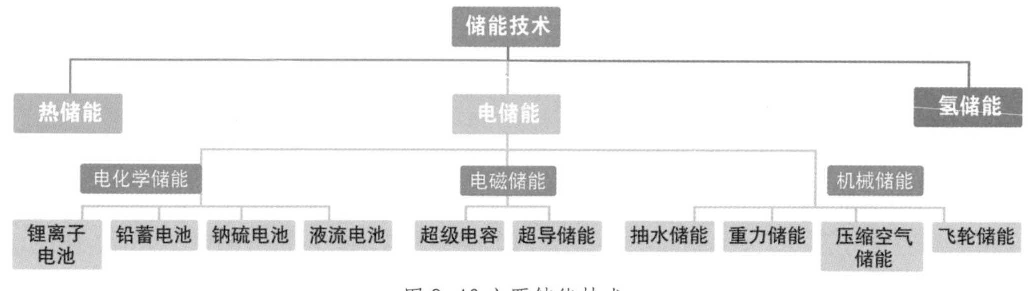

图 9-10 主要储能技术

二、用能侧技术

数据中心碳中和的用能侧技术，主要以节能技术为主，包括基础设施节能技术、资源回收技术、IT 系统节能技术三个方面。

1. 基础设施节能技术

数据中心基础设施节能技术，参考本书第五章“数据中心基础设施组成”第七节“适合金融数据中心的绿色节能技术”中的相关内容。

2. 资源回收技术

（1）污水回收技术

循环水排污水质与循环水系统运行水质基本相同，需要去除的污染物主要有金属离子、酸根离子、胶体、悬浮物、细菌 / 微生物等，且 pH 呈弱碱性。通常采用的循环水排污回收装置的主要工艺流程为：絮凝沉淀阶段—初滤阶段—反渗透及出水阶段。这是现阶段各行业比较常见的循环水排污回收装置，不过该系统的应用成本较高、运维难度较大，是现阶段数据中心循环水利用的一大阻碍，也是未来数据中心节水技术的重要突破口之一。

（2）冷却水回收

冷却层面的用水是数据中心主要用水领域，冷却水排污也自然成了数据中心主要废水来源，直接排放不但浪费了水资源，还有可能对环境造成污染，基于此，循环利用冷却水成为数据中心节水、保护环境的重要举措之一。越来越多的数据中心也在开展将回收的冷却水与农业灌溉等方面相结合的尝试。

（3）热回收技术

数据中心内大量的电能最终是以服务器发热的形式损耗掉，大量的热源浪费是节能减排的巨大浪费，将数据中心巨大的热量输送给有需要的场地，既可以帮助整个社会节能减排，又能减少数据中心的能源消耗。

随着液冷技术的发展和应用，IT 余热的回收和利用将更加便捷，部分新建数据中心已经直接将热回收技术纳入规划设计当中。

3. IT 系统节能技术

数据中心 IT 能耗已占到数据中心总能耗的 75% 以上，因此在保证 IT 设备算力、稳定性的同时，需要从 IT 硬件、云平台、应用软件等方面降低能耗，以达到更好的节能效果。

（1）IT 服务器节能

IT 服务器大量的能耗最终都转换成了热能，真正用于计算的部分非常少，因此 IT 服务器需要通过为 CPU 和内存预留更大空间，支持强力散热的宽体散热器，让进出风带走更多热量，支持更高功耗的部件与配置，实现在降低风扇能耗、提升 CPU 功耗的情况下，提升服务器整体散热能力的目标。可以通过在服务器前窗、挂耳加设温度传感器，优化入风口温度检测机制，让温度监控更为精准。可以利用智能温度调控技术，采用风扇分区调控策略，优化温度场及流场，使风扇根据不同的发热器件的功耗上升及温升过程进行调速，确保各个器件工作温度在正常范围以内，也可以尽量控制风扇电流及功耗保持在比较低的水平，以节省因散热而产生的功率消耗。

（2）云平台节能

云计算技术具有超大规模、虚拟化、按需分配服务、高可靠性、可动态伸缩、广泛网络访问、节约能源等特点，其中按需分配服务，可以避免传统服务器的浪费情况，降低系统能耗。但在实际应用中，由于业务方更多关注访问效率、安全机制以及 SLA 等指标，并没有真正运行在节能模式下，需要在稳定和节能间实现平衡。

（3）程序代码节能

程序代码节能是很容易被忽视的，因为程序编写更多是以结果为导向，只要实现功能就可以，很少会关注能耗情况。研究表明，不同程序语言编写的代码，运行起来能耗差别很大，按照相同逻辑实现同一功能，不同程序语言之间能耗差别可以达到 4 倍以上。即便采用相同程序语言，由不同人员编写，能耗差别也较大。因此，要建立评价机制，鼓励采用绿色代码的程序部署在数据中心，实现节能的目的。

三、管理侧技术

1. 日常节能

对于生活区域和部分生产区域，鼓励采用智能照明系统，通过物联网的方式将人员与照明系统结合到一起，做到人走灯灭，尽可能降低人为的用电损耗。

2. AI 节能自控技术

数据中心 AI 节能自控技术，可以实现机器学习精准节能，采用 AI 挖掘和分析更多数据去适应数据中心的复杂情况，从而实现稳定控制温度、消除局部热点。

3. 全节点联动技术

如图 9-11 所示，数据中心制冷系统中，冷却、冷冻、蓄冷释冷和末端系统一般

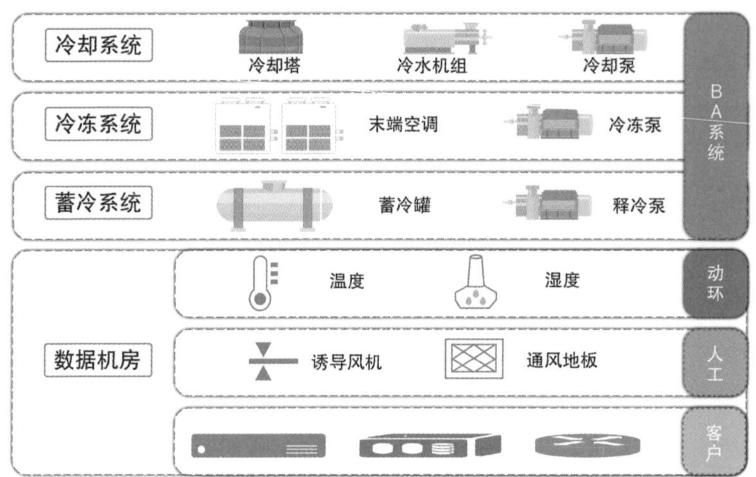

图 9-11 数据中心暖通系统逻辑

由 BA 系统进行控制，机房温湿度的检测由动环系统采集，而诱导风机和通风地板一般不在自控范围内，客户 IT 设备风扇等未纳入数据中心的运维的监控体系，所以从逻辑上看，整个制冷系统分为能自控、可手动控制和不能控制三个部分。数据中心应将这些节点全部纳入一体化监控体系，通过全系统联动实现最优的节能控制。

4. 数字孪生等术

数据中心实现碳达峰、碳中和的过程中，存在碳使用不确定性和减排路径不确定性，管理者无法掌握碳的核心数据，根源在于碳信息不全面、不准确、不对称、不可预测，这些正是数字孪生技术可以破解的难题，数字孪生可以助力碳减排与碳中和精准规划，是数据中心实现碳中和目标的重要环节和重要辅助支撑技术。

基于数字孪生系统，可以建立数据中心全景化的碳地图，构建输入侧碳分析、使用侧碳排放追踪和碳中和模拟推演、能耗整体分析等能力，从而开展清晰的碳排放监测、管控、规划和策略实施，可以健全从碳来源数据分析、碳排放数据采集、精准碳感知及监测到碳中和精准规划的全生命周期数字化管理，通过对数据驱动的治理，依靠碳大脑对整个数据中心与碳相关的数据进行分析，建立实时碳足迹追踪、碳排放预测和碳调整等全面评估体系。

数字孪生技术还可以有效促进数据中心能源供给侧和使用侧的协调，在能源供给侧，可实现能源集约化、数据化、精细化，为能源生产运行提供安全可靠的技术支撑；在能源使用侧，数字孪生技术可对数据中心各系统构建 AI 模型，通过模型寻优，实时调整孪生系统各设备设定值，模拟出当前状态下最优系统运行数据，并与物理实体形成联动，根据需求不同，使整个系统达到某种最优（最低能耗、最低 PUE 或最低维护成本等），优化数据中心碳排放，助力实现碳中和。

第五节　数据中心碳中和行动路径

一、碳中和观点

1. 数据中心参与碳交易的更大作用是促进碳中和产业及市场发展

通过购买绿电减少“碳排放”的方式单独来看确实可以实现碳中和，但数据中心本身在碳产生、碳排放方面并没有减少，并不是通过调整自身去解决问题，从全社会视角来看，这些方式并不能说已经实现了有效中和。

可再生能源在自然界的作用我们并不完全清楚，也许其在自然界也能起到一定的碳中和的作用，在不完全了解其真实作用的情况下，过多使用也许并不是个很好的决定。如果现在生产侧能源全部用光能、风能和水能替代，会对自然界产生多大影响和连锁反应不得而知，因此加大对风、电、光等可再生能源的利用，短期看可能是降低碳排放的最快方式，但从碳中和视角来看，并不一定是最优方式。

虽然如此，为实现“双碳”目标仍需全社会全行业共同努力，现阶段采用碳交易、购买绿电等方式的更大作用是提升碳的流通价值，促进碳中和产业及市场的发展。

2. 数据中心自建绿电和储能的更大作用是辅助调整全国能源结构

专业的人做专业的事，数据中心是用电侧，并不是供电侧，能源结构正常应由供电侧负责，而用电侧更应关注如何提升能源转换效率、如何减少整体能源使用等。

很多数据中心都在部署绿电和储能系统。以光伏发电系统为例，由于条件限制，基本无法在园区土地上直接建设，更多是利用现有楼宇进行改造，光伏发电真正并网量并不大，只能辅助解决数据中心少部分用电需求，更多的是解决生活用电问题。储能系统对数据中心确实可以起到削峰填谷、降低绿电不稳定冲击和降低付现成本的作用，规模化之后甚至可以替代柴油发电机组，直接变成数据中心第三路电源，降低建设复杂度和维护难度。虽然大部分数据中心依靠自身部署的绿电和储能系统并不能完全实现碳中和，但从全社会层面来看，会对建立全国分布式能源存储、调整全国能源结构、降低绿色能源不稳定性对全国能源结构的冲击起到辅助支撑的作用。

数据中心光伏发电，按 150W/m^2、全年可用 1 300h 测算，不算转换系数、传输、储存和并网损耗，全年可发电不到 200 度。1 个 5kW 机柜，按 PUE=1.3、负载率 50% 测算，全年需要电 28 000 度，可以简单得出 1 个机柜需要 140m^2 光伏空间，1 个 2 000 机柜独立数据中心需要 400 多亩的光伏空间。

3. 数据中心碳中和不等于能源侧变革，更应是生产侧变革

CUE（Carbon Usage Effectiveness，碳利用效率）的定义可能会误导碳中和重点是利用可再生能源，实际上，碳中和是排放零碳，并不一定要通过使用零碳能源来实

现，更需要的是生产方式、生产结构和生产技术的变革。

4. 数据中心碳中和是一个过程

数据中心碳中和要提前布局、尽快落地，但不建议用力过猛、过快，要充分考虑经济效益和性价比。过度、过早追求所谓零碳，就会像追求饮料的零糖零卡一样，看起来不错，但未必是最适合消费者的。企业要从经济角度考虑碳中和，刚投产的设备就实施跟风改造，性价比会很低，退网设备的报废和新设备的生产一样会产生碳。国家已给出充足的过渡时间，企业既要结合自身情况制订短期和长期计划，也要充分考虑成本和技术问题。

已建成数据中心碳中和的重点建议放到节能和逐步替换改造上，而规划中数据中心可以尝试采用全低碳架构，现阶段虽然很多企业通过购买绿电宣布已实现碳中和，但从某种程度上来看以这样的方式提前实现碳中和，可能会降低其后期的能动性。

二、总体思路

数据中心碳中和过程，除引入绿色能源、购买 CCER（国家核证自愿减排量）等能源侧的变革外，更应该深入开展的是产业变革、架构变革、技术变革、业务变革和运维变革，如图 9-12 所示，现阶段数据中心产业在碳中和方面所做的变革还远远不够。

1. 数据中心产业变革

数据中心的碳中和，一定不是使用了 100% 清洁能源的电中和，一定是整个数据中心与外部自然界的中和，其终极目标是一个新数据中心建成后，气体排放、污染物、碳排放等对当地无影响，与自然界和谐共处。这不是某个行业能推动实现的，需要整个数据中心产业上下游形成多行业联动，才能达到这种平衡状态。

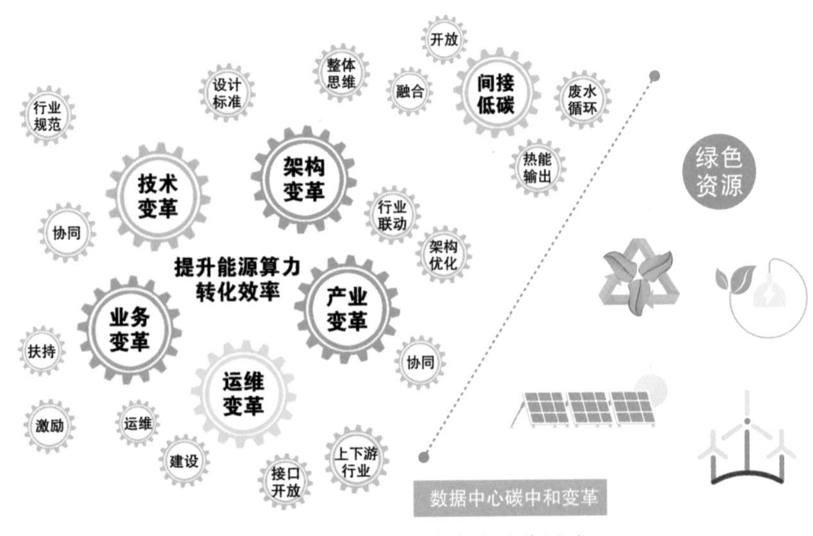

图 9-12 数据中心碳中和总体思路

以节能为例，数据中心前期节能更多是围绕基础设施建设和运维开展，以实现降低 PUE 为目标。实际上，数据中心产业对碳中和最大的支持不是节约能耗，而是提升能耗算力的转化效率，这就需要全产业的支持。重点应该改变的是占比达到 80% 的 IT 行业，而不是占比只有 20% 的基础设施行业。由于各种现实原因，相关行业自身改变的意愿并不强烈，而相应的行业政策和数据中心服务商也没有制定相关鼓励策略推动实现这方面的转变。

因此，需要行业组织牵头，推动数据中心上下游全产业的联动和变革，达到降低数据中心整体能耗、提升数据中心整体效率的目的，站在社会的角度为行业发展做出贡献。

2. 数据中心架构变革

从碳中和视角来看，数据中心园区应该作为一个整体考虑。从土地到建筑到设备、从用水到用电再到网络，整个园区接入能源、输出算力、排放碳和热，而这个过程中要实现零碳排放，一方面需要接入绿色能源，另一方面更应该从架构上提高基础设施、网络和 IT 设备的能源利用率，提升数据中心整体能源到算力转化效率，而不是仅仅降低 PUE。

数据中心各子系统应该作为一个整体考虑。比如，在做数据中心制冷系统设计时，要将基础设施制冷系统的冷却侧、冷冻侧和末端侧与 IT 系统的散热和风扇联动结合，实现整体节能，避免出现由于 IT 风扇能耗过大导致总能耗上升但 PUE 下降的情况。

数据中心各机房也应该作为一个整体考虑。以气流组织为例，在现有封闭冷通道架构中，冷热空气的气流运动均涉及大量方向的调整，冷风从末端空调向前进入机房，再从通风地板向上到冷通道，然后通过 IT 风扇向左右吹到热通道，再自然向上，借助诱导风机向后回到末端空调上方，最后向下吸入末端空调，形成循环。可以看到，机房内制冷过程中气流涉及多次方向调整，而每次方向调整均需要消耗能量，因此，数据中心在架构上需要做大胆的变革，比如考虑将空调的送风系统和回风系统分开设计，实现冷气流方向和 IT 设备风扇方向保持一致，减少气流碰撞造成的能耗损失。

数据机柜同样应该作为一个整体考虑。由于云平台的优越性，现阶段各业务系统基本都部署在云平台上，但单个服务器性能有限，部署时基本会采用几十甚至几百台服务器虚拟化的方式形成云池。一般 1 个机柜会部署十多台性能一样的服务器，虽然 CPU、内存和存储形成云资源统一使用，但服务器自身的主机、配电和风扇等制冷系统仍是独立设计和使用的，会造成一定的能耗浪费。因此，大胆设想，IT 设备商将数据机柜作为一台大服务器去整体设计，将服务器内配电、制冷和运算等进行整体布局，能极大地提升单机柜的效率，既可以提升算力，又可以提升能耗利用率。

数据中心架构变革均涉及系统性调整，并不是单独某个专业就可以实现的，实际落地难度会更大，因此仍然需要整个行业和行业组织去开展更多前瞻性的思考和探索，去推动架构变革的落地。

3. 数据中心技术变革

随着数据中心储能系统的大力发展，数据中心供电方式也可以同步优化。比如，现阶段讨论得比较多的双路市电 + 储能替代双路市电 + 一路油机，储能系统替代柴油发电机能有效减少碳排放和污染排放。同时，储能系统替代油机，蓄冷罐也可以考虑取消，制冷系统的复杂度将有效降低，维护工作量也将减少，由于人员操作失误引起的故障也会同比例减少。

在利用自然资源方面，不应只关注室外低温冷空气和地下水资源，还有城市地下供水管路资源可以利用。以北方地区为例，地下管网自来水水温常年在 10℃左右，还具备流量大、稳定性高等特点，可尝试通过板式换热器等方式为数据中心提供辅助冷源。

在能源循环利用方面，以北方数据中心为例，一方面，通过制冷去中和 IT 产生的热能；另一方面，利用额外的电能进行辅助加热，包括办公区供暖、生活用水加热、冷塔补水管路和蓄冷罐电伴热保温、油机水套加热等，余热浪费非常大。采用开式冷却塔的数据中心，水资源的浪费也非常大。数据中心园区应该积极收集余热和废水，循环利用，也许在不久的将来，建立养殖和灌溉等系统，打造成像“稻田养鱼”一样的自循环生态系统将成为可能。

在选址方面，除近期比较热门的海底数据中心之外，水电站周边建数据中心貌似是一项不错的选择，一方面，由水力发电提供不间断的电力供应；另一方面水流带走热量，为数据中心提供安全稳定的冷却系统。此外，随着航天科技的不断发展，平流层数据中心也能实现太阳能发电、低温散热、减少污染。

4. 数据中心业务变革

数据中心基础设施和客户 IT 系统在可靠性方面存在多重叠加。数据中心客户基本以政府客户、金融客户和互联网客户为主，客户对业务连续性的要求均比较高，从安全角度考虑，客户业务系统都需要部署为双活、两地三中心或异地灾备等方式。以金融客户为例，一般 1 套业务系统需要部署在两地三中心上，也就是需要部署 6 套 UPS（每套均为 N+1），需要 9 路外接电源（每中心 2 路市电 1 路油机）。从宏观角度看，为确保 1 套业务系统的稳定运行，全部配套资源的利用率和负载率均不会很高，以 UPS 为例，每台 UPS 均无法达到最佳的工作效率，不仅资源浪费较大，而且能源浪费较多。

业务系统需要在连续性和低碳节能之间实现平衡，业务架构有必要进行变革优化。云计算业务系统理想和实际能耗曲线如图 9-13 所示。比如，可以将主备等多系统看作一个整体，只需保证整体可用性而不需保证每个独立系统的可用性。数据中心也需要进行有针对性的调整优化，比如可以多个数据中心承接整套业务系统 SLA，而不是每个数据中心单独承接 SLA。

在云业务部署方面，以云存储为例，为保证业务安全一般会设置 3 份以上数据备份，单服务器甚至单机柜掉电，在虚拟化层面会自动切换，不会对业务产生影响。现

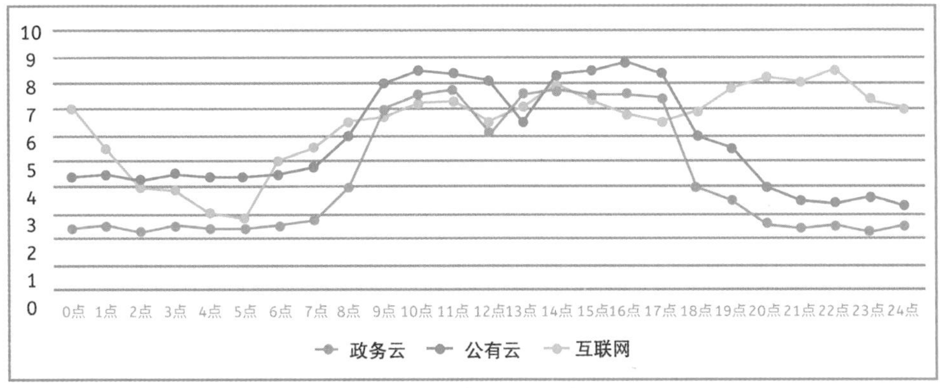

标准的业务系统24小时业务曲线

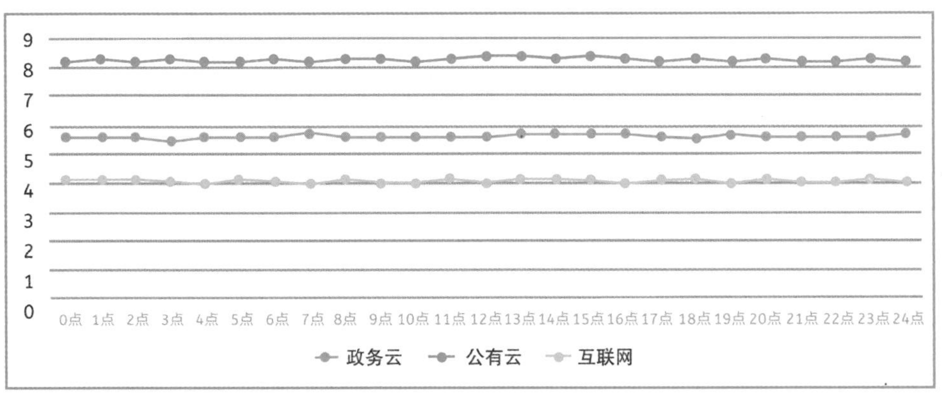

实际中业务系统24小时能耗曲线

- 任务调度机制更关注负载均衡、响应时间等性能指标，忽视能耗控制。
- 数据部署机制更关注访问效率、安全机制、一致性，忽视对数据多重冗余、无序访问的能耗控制。
- 集成商和应用商更关注QOS和SLA，忽视能耗。

稳定和节能间平衡

数据中心基础设施

IT系统硬件设备

云计算软件系统

图 9-13 云计算业务系统理想和实际能耗曲线

阶段客户从维护安全和使用方便的角度来看，更多的是将整套云平台部署在一个机房、一套 UPS 下，一旦动力或制冷出现问题，整个列头或机房将不可用，业务没有切换的余地。因此，从充分发挥云平台优势的角度来看，云平台机柜应该采取物理分散的方式，部署在不同机房和不同区域。

云计算的特点，是可以根据业务需求动态分配调整资源，理论上能耗应该随业务调整而调整，但很多云系统并没有呈现出这种状态，能耗与业务量之间并没有线性的关系，很大原因在于集成商和应用商更关注系统的 QoS 和 SLA，没有对系统进行能耗优化。数据中心行业要结合基础设施、IT 硬件和软件行业，在业务稳定和节能低碳间实现一种平衡。

5. 数据中心运维变革

数据中心除常规的节能和低碳措施外，在运维方面也要尝试与业务系统建立更多关联和实现更紧密的结合，甚至不同客户要开展不一样的精细化服务，比如进行业务预测性服务等，目的是更精确地控制动力和制冷系统能耗。同时，可以协同客户将应用系统与电力的峰谷平紧密结合，多利用谷区域进行数据备份、同步、大数据分析运算等后台应用，起到一定的节能降碳作用。

数据中心实现碳中和，不是数据中心运营商通过自建、购买绿电等方式就能简单实现的，也不是数据中心运营商仅凭一己之力就能实现的，而是一个长期的过程，需要从数据中心行业整体思考，通过产业上下游共同努力，不断变革，以提升能源到算力的转换效率，并建立类似海绵城市和稻田养鱼的自循环体系，实现数据中心和自然的充分融合。

三、整体规划

数据中心需要依据相关政策要求，结合自身经营发展情况，设定碳中和目标，制定科学的减碳路线，将节能、减碳、碳抵偿等多种举措进行整合，按计划、按生命周期各阶段开展碳中和行动，如图 9-14 所示。

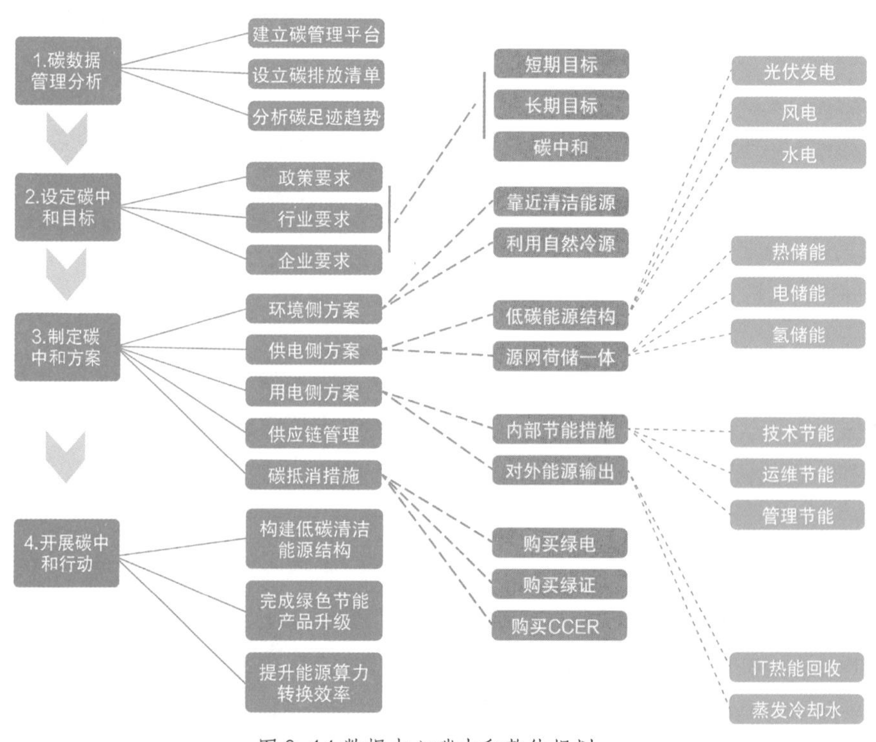

图 9-14 数据中心碳中和整体规划

数据中心碳中和整体规划通常分为以下四个部分。

1. 碳数据管理分析

碳足迹是指企业机构、活动、产品直接或间接产生的温室气体总排放量，用以衡量人类活动对环境的影响，碳足迹以二氧化碳当量为单位计算。数据中心要实现碳中和，首先要建立数字化的、全生命周期的、全供应链的碳足迹管理体系，掌握自身碳产生、碳排放等数据，并通过设立碳排放清单，分析预测数据中心碳足迹趋势。

全生命周期、全供应链的碳足迹管理体系包括数据中心设计、建设、运营、维修和拆除的全过程，也包括数据中心设备的原料供应、制造、运输、安装和拆除的全过程，以及运营、客户、厂家等人员做数据中心相关生产活动的全过程。

2. 设定碳中和目标

掌握自身碳数据后，数据中心需要结合国家、地方相关碳政策的要求，结合数据中心行业要求，再结合集团、企业的碳达峰、碳中和规划，制定切实可行的短期目标、长期目标和碳中和最终目标。

3. 制定碳中和方案

数据中心在设定好碳中和目标后，需要结合自身规模、规划、技术、运维和管理等情况，制定详细碳中和方案。方案按类别、管理范畴可以有很多种分类方式，这里主要分为环境侧方案、供电侧方案、用电侧方案、供应链管理和碳抵消措施 5 个方面。

环境侧方案：主要是在选址时更加靠近清洁能源、更充分地利用自然冷源。

供电侧方案：数据中心作为能源消耗量较大的行业，外部能源供应带来的碳排放占数据中心碳排放总量的绝大部分，在运营时，要面对能源不可能三角（安全可靠、清洁低碳和成本低廉）的挑战。随着风电、光电和水电等可再生能源发电技术的发展成熟以及成本的不断下降，可再生能源向数据中心供应能源技术路线将不断成熟，在发展时，需要与能源行业碳中和路径保持一致。一方面，要利用楼宇楼顶、墙面和废旧厂房屋面等区域开展光伏发电，低碳化能源结构；另一方面，要在园区规划建设储能系统，保证数据中心用电的安全性和连续性，同时结合储能利用峰谷平电价，实现削峰填谷，降低电价和数据中心付现成本。

用电侧方案：包含两个方面的内容。一是通过引入电源、制冷等新节能产品，应用 AI、数字孪生等新节能技术，结合数字化的管理方式提高基础设施能效，降低生产侧用电能耗；运用自动化控制技术、空调精密控制、智能照明组合策略和精密控制等，实现建筑设备的智能化管理，实现人走灯灭、空调等用电设备自动关闭，降低生活侧用电能耗。二是对 IT 热能进行回收，实现区域供暖，对蒸发冷却水进行回收，实现区域灌溉等，变相降低碳排放。

供应链管理：数据中心不仅要做好自身的碳管理，也要将整个供应链纳入碳管理体系中，推动整个供应链朝着低碳方向发展，加快数据中心低碳供应链生态体系的构建，并协同上下游产业，将自身碳中和能力赋能整个行业。

碳抵消措施：碳抵消措施主要包括购买绿电、购买绿证和购买 CCER。

绿证是“绿色电力证书”的简称，是指国家对发电企业每兆瓦时非水可再生能源上网电量颁发的具有独特标识代码的电子证书，是非水可再生能源发电量的确认和属性证明，也是消费绿色电力的唯一凭证。国家可再生能源信息管理中心向发电企业核发绿证后，厂商可以将绿证卖给有需求的企事业单位、政府机构和个人等消费者。

CCER 是国家核证自愿减排量的缩写，是指对我国境内可再生能源、林业碳汇、甲烷利用等项目的温室气体减排效果进行量化核证，并在国家温室气体自愿减排交易注册登记系统中登记的温室气体减排量。CCER 作为全国碳排放权交易市场的补充机制，可以抵销碳排放配额的清缴。2021 年 1 月 5 日，生态环境部发布的《碳排放权交易管理办法（试行）》中明确规定，重点排放单位每年可以使用国家核证自愿减排量抵销碳排放配额的清缴，抵销比例不得超过应清缴碳排放配额的 5%。

数据中心可以通过购买绿电、绿证和 CCER 来抵销碳排放实现碳中和，具体实现时应该如何选择？在减排覆盖范围方面，绿电绿证购买只用于抵销范围二，即数据中心外购热力电力排放部分的碳排放，而 CCER 可以用于覆盖范围一、二、三的排放，即从数据中心直接温室气体排放，到外购电力，也包括生产、运输相关的间接排放。在时间限制方面，绿证要求遵循“21 个月原则”，即企业当年财务报告期的 12 个月，加上前 6 个月和后 3 个月，总共 21 个月，而 CCER 在开发项目的计入期内均可实现碳抵消作用。

4. 开展碳中和行动

数据中心碳中和行动与碳中和方案内容保持基本，概括起来包括构建低碳清洁能源结构、提升能源算力转换效率和升级基础设施节能产品三个方面的内容，如图 9-15 所示。

一是构建低碳清洁能源结构，主要由数据中心上游产业中的能源生产企业和能源交易中心负责，数据中心通过辅助光伏发电和辅助储能系统等辅助系统进行补充完善。

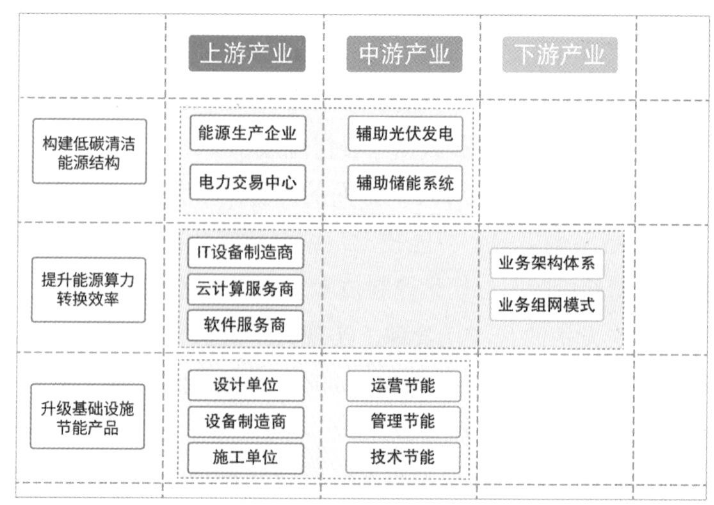

图 9-15 数据中心碳中和行动

二是提升能源算力转换效率，主要由数据中心上游产业中的 IT 设备厂商、云计算服务商、软件服务商以及数据中心下游产业中的客户负责，上游产业对IT设备在硬件和软件方面进行变革，提升能源到算力的转换效率，下游产业对业务系统架构和组网模式进行变革，降低能源和算力的消耗。

三是升级基础设施节能产品，主要由数据中心上游产业中的设计单位、设备制造商、施工单位以及数据中心在运营、管理和技术方面共同推进。

第六节　数据中心碳中和实例

数据中心需要挖掘内部节能减碳的潜力，通过对设计、建设、运营全过程建立全生命周期的管理，利用先进技术手段，最大限度地提高能源使用效率，再结合大规模绿色能源的使用，达到充分减排基础上的碳中和。数据中心实现碳中和是一项长期的工作，目前，数据中心还只是处于碳中和的起步阶段，下面通过实例来了解互联网头部企业、通信运营商和第三方数据中心服务商都开展了哪些碳中和工作。

一、腾讯数据中心

2022年2月24日，腾讯正式公布“净零计划”，并首次发布《腾讯碳中和目标及行动路线报告》（以下简称《报告》），腾讯在《报告》中承诺将在2030年之前，实现自身运营及供应链的全面碳中和，同时实现100%使用绿色电力。

为兑现这一承诺，腾讯将遵循“减排和绿色电力优先、抵消为辅”的原则，大力提升数据中心能效水平，积极参与绿电转型和相关市场建设，不断探索碳汇领域的技术革新，并在推进实现自身碳中和的同时，发挥“连接器”作用，助力经济社会低碳转型。比如，腾讯不断探索数据中心创新制冷与电气技术，探索“三联供”、液冷、余热回收等节能技术，以及正在推进可再生能源采购，参与绿电市场化交易等，2022年度已签订5亿度绿色电力采购合同。

作为数字科技企业，腾讯实现碳中和战略的意义，不仅在于自身的节能减排，更重要的是以碳中和为契机，带动科技研发和应用创新，助力中国低碳技术实现跨越式发展，并与消费互联网、产业互联网进行融合创新，不断普及低碳生活方式，促进传统产业转型升级，推动中国经济社会向低碳、绿色、循环方向发展，最终为全球应对气候变化提供中国方案和中国智慧。

腾讯在数据中心碳中和方面做了以下主要工作：

（1）腾讯云清远数据中心厂房屋顶规划光伏发电组件，设计使用年限内年均发电量约为1 200万度。

（2）第四代 T-block 技术采用更高效率的制冷和供配电架构。一个拥有 30 万台服务器的园区一年就能节省 2.5 亿度电。

（3）清远数据中心探索冷板式液冷技术规模化应用，有望将数据中心的极限 PUE 降至 1.06。

（4）经过软硬件一体化研发，腾讯云首款自研服务器星星海散热性能可以提高 50%，云服务器性能提升了 35%。

（5）信息系统全面覆盖行政、财经、IT、HR 等领域，采用降低纸张消耗等措施，基本实现日常办公低碳化。

（6）通过智能差旅管理，优化差旅成本并降低出差能源消耗。

（7）楼宇能源智能管理，包括节能降耗管理、智能照明系统、中水管理系统、过滤饮用水系统、生态陶瓷透水砖等。仅腾讯滨海大厦一地，每年就可节省电量超过 598 万度。

二、阿里巴巴数据中心

2021 年 12 月，阿里巴巴正式发布《阿里巴巴碳中和行动报告》（以下简称《报告》），这是国内互联网科技企业提出的首个碳中和行动报告。《报告》提出三大目标：不晚于 2030 年实现自身运营碳中和；不晚于 2030 年实现上下游价值链碳排放强度减半，率先实现云计算的碳中和，成为绿色云；用 15 年时间，以平台带动生态减碳 15 亿吨。

阿里巴巴发布的行动报告中指出“提高可再生能源发电在电力消费中的比例是我们实现范围 1、范围 2 碳中和的最重要手段”。分布式光伏成为首选项，有数据显示，2020 年，菜鸟网络的 6 个屋顶光伏物流园区年发电量超过 1 800 万度；高鑫零售旗下的 16 家卖场门店屋顶和停车场布置光伏发电设备，在 2020 年发电量超过 1 100 万度。

三、中国联通

2021 年 6 月，中国联通发布了“碳达峰、碳中和”十四五行动计划，力争到 2023 年能源消费总量增幅达到峰值，2028 年碳排放总量提前达峰，明确实施“3+5+1+1”行动计划。

“3”是指围绕低碳循环发展，建立三大碳管理体系：碳数据管理体系、碳足迹管理体系、能源交易管理体系。通过建立健全三大体系，完善能源指标，绘制重点用能设备碳足迹，并有序参与碳排放权交易市场。

“5”是指聚焦五大绿色发展方向：一是推动移动基站低碳运营，推广极简建站、潮汐节能等技术，有序提高清洁能源占比；二是建设绿色低碳数据中心，通过供电降损简配、空调利用自然冷源等，提高系统能效；三是深入推进各类通信机房绿色低碳化重构；四是加快推进网络精简优化、老旧设备退网；五是提高智慧能源管理水平。

“1”是指深化拓展共建共享，深入推进行业基础设施资源共建共享，试点扩大合作对象范围。

最后一个“1”是指数字赋能行业应用，助力千行百业节能降碳。

四、万国数据

2021 年 11 月，万国数据在 ESG 报告中提出了“绿色智能基础设施连接可持续未来”的愿景，成为国内首家承诺 2030 年同时实现碳中和及 100% 使用可再生能源的数据中心企业。

万国数据将主要通过三大方式进行实践：利用以 Smart DC 为代表的新技术方案，实现设计优化、大规模敏捷交付和精细化高效运营；采用能源投资、绿电（证）交易等组合模式优化数据中心的能源结构，减少碳足迹；加强数据中心与城市能源体系的综合复用，提升能源整体利用效率。万国数据碳中和之路可简单划分为以下两个部分。

1. PUE → 1

提高数据中心能效，是数据中心碳中和的重要一环，PUE 是数据中心能效的直观体现。万国数据已经通过完善的硬件体系、智能化的数据中心设计、自己研发的管理系统等综合技术手段，构建起一套完整的运营管理系统。其中强大的数据中心能源管理模块，助力万国数据中心 PUE 值达到全国领先水平，如华北区域最优 PUE 达 1.17，低于行业均值。

万国数据将利用新技术、强运营等手段，持续实现能效提升，使数据中心 PUE 无限趋近于 1。

2. CUE → 0

CUE 是数据中心运营可量化碳排放指标。将 CUE 变为 0 有多种路径：直接的绿电交易（DPP）、可再生能源投资、绿证（RECs）交易、碳减排认证。

数据中心的碳中和，一定是多种路径的组合，不同区域的数据中心，碳中和实现路径不同。万国数据在成都的数据中心通过完全使用水电已经实现了碳中和，在上海的三座数据中心则采用部分水电交易 + 绿证的组合方式，实现碳中和。

在企业 100% 使用可再生能源路径中，万国数据构建了可再生能源交易 + 整体的能源综合利用的体系，以支撑目标的达成。

报告显示，万国数据与中广核、华润等全国性能源集团，以及京能集团、深圳能源等区域性能源集团，建立了完整的能源生态合作，这成为实现 100% 绿电和碳中和的重要基础。上述合作涵盖可再生能源投资、绿电交易、绿证交易、综合能源解决方案等，万国数据已经与中广核达成了 10 年 30 000GWh 绿证的采购协议。

在用能侧，万国数据把新能源技术与传统减排方案相结合，在不同区域广泛试点光伏、氢能发电和储能等技术。

第七节　展望

当人们越来越习惯于采用数字化的远程手段来满足工作和生活需求的时候，我们需要不断建设更多的数据中心以满足不同的业务场景的需求。作为未来数字世界的核心，数据中心的数量和规模一直在快速增长，而未来数据中心的发展方向也是行业内的焦点话题，编者将多位专家的观点总结为以下几点：以能源推动技术架构变革、新兴业务带来市场发展演进、智能化保障预测性维护三个大的方向，推进未来数据中心将走向极简、绿色、智能、安全的变革。

一、低碳可持续发展演进路径将更加清晰

随着政策逐渐清晰化，PUE、WUE 已经被选择为数据中心能耗管控的抓手指标，如何实现数据中心行业的可持续发展已经成为众多行业专家关注的问题，过去我们只专注可用性和 PUE，未来整个行业会更加全面地考虑对环境的影响进行转变，比如：温室气体的排放、水资源的使用、废弃物的处理以及对生物多样性的影响等。

数据中心作为“节碳”先行者需要执行更前瞻的管理。在“低碳”背景下，人们期待 CUE 能够成为“降碳”抓手。虽然 CUE 的监测和评估涉及较多变量，并且正在尝试涵盖 PUE、WUE，预计管理起来比 PUE、WUE 要复杂得多，但令人欣慰的是，我们看到现在有很多机构正在不断努力完善，帮助数据中心行业定义可持续发展数据中心的关键要素、衡量指标，提出了通过设计高效的运行系统并实现高效运行维护、提高可再生能源使用比例和进行供应链脱碳等实现数据中心可持续发展。

二、全生命周期的碳足迹监管将更加重要

数据中心作为“节碳”先行者，不仅要关注自身的低碳运营，还需要在全链条上实现“节碳”。

碳足迹管理作为一种必要手段，要求行业上下游的碳排放管理严丝合缝。供应商自身的低碳管理不到位，可能会影响数据中心的运营安全。数据中心先行践行碳足迹管理可以更好地帮助上下游企业实现绿色节碳，从而推动整个数据中心产业的可持续发展，促进实现 ESG 长远目标。令人欣慰的是，我们看到不少领军企业已经开始认真付诸行动。

三、差异化的需求将推动数据中心的群落化与多样化演进

数据中心不仅要受 PUE、CUE、WUE 等硬性的共同政策指标的约束，不同行业、不同用户还会根据其业务特点和业务价值，给 TCO、可用性、可靠性、性能等运营

指标赋予不同的权重，并在规划、设计、建设中实施。比如金融行业会不妥协地把高可靠性、高可用性放在首位；承载社交搜索类应用的数据中心会持续把低 TCO 放在首位；大型仿真等需要海量并行计算的应用，对信号时延要求非常苛刻，也会继续强调其对数据中心高功率密度的要求。

这些客观存在的差异化需求会不断推动数据中心向群落化、多样化演进，包括公有云、私有云、混合云、行业云、Colo、Edge，它们既相互竞争，又相互协作，以满足客户不断变化的业务需求。

数据量和超低时延的应用，诸如 Web 3.0、高清流媒体、AR/VR、自动驾驶汽车、工业 4.0 中的 M2M（Machine to Machine）和视频分析等需要我们扩展带宽、降低时延、提高数据的安全性，同时降低通信的成本和复杂性。这就要求传统的电信网络以开放性架构与互联网的 IT 架构进行融合，通过标准的 IT 设备来实现过去由专业的电信设备才能实现的网络分配、聚合等功能，同时实现数据处理。数以百万计的微型边缘计算数据中心将被部署在网络边缘的“最后一公里”，并利用新的技术，如 5G、Wi-Fi 6、光纤接入（FTTX）来支持更多的 IoT 设备、互联网 4.0 和新的应用。这些边缘计算的部署将面临独特的挑战，因为它们的数量和应用场景众多，很多位于室外或恶劣的环境中，并且多样的 IT 和电信设备给物理基础设施诸如供配电、制冷和运维管理带来挑战。业界将定义下一代电信与 IT 融合的网络边缘，分析大规模部署所面临的独特挑战，并提供一系列的最佳实践来实现网络边缘部署的可持续发展和韧性。未来将呈现：大的更大，小的更小，以应用指导建设的格局。

四、模块化、预制化、智能化将全面落地

在过去的几年间，行业专家们已经深刻认识到模块化和预制化能够大幅降低 TCO，这种进步可以体现在设备预制、系统总成预制和建筑预制等不同层面上，比如天蝎机柜、巴拿马供配电、智能 PDU 等。现在需要更进一步思考的是，融合的最佳颗粒度和融合范围（供配电、制冷、智能化），并加入 AI、数字孪生等技术，从而实现最优化 TCO、缩短工期，并提高可用性目标。从部件到解决方案到数据中心，全模块化、预制化、按需建设、弹性扩容将是未来的发展方向之一。

五、AI 将加持数字化与智能化的高速融合

在数据中心运维管理精益求精的趋势下，AI 与大数据深度融合，可应用于数据中心的优化控制、故障诊断和智能决策中。其中，优化控制和故障检测已成熟落地。优化控制的成熟方案通常采用深度学习算法，该算法在大型数据中心的应用已取得良好的效果，但在小型数据中心仍充满挑战，目前正在进行强化学习以期解决这一问题。

数据中心可以通过 AR/VR 等数字孪生、元宇宙技术建立一套模拟演练系统，模拟

多种 EOP 事件场景进行模拟演练操作，确定应急和抢险预案，同时可以训练运维团队，对运维人员能力水平进行考核，还可以实现故障的快速定位，同时提供可视化的操作指引。编者认为，将现实世界复刻到虚拟世界，在虚拟世界完成所有的价值链，是实现数据中心未来智能化运维的有效手段。智能决策也是一个让人憧憬的目标，在真正实现它之前，我们还需要做出很多努力。

时值“十四五”开局的关键历史时刻，数字经济在“十四五”规划中单独成篇，作为数字经济底层支撑的数据中心也将迎来发展的黄金时期。